神经科学

主　编　海向军

副主编　欧阳思维　曾学玲

编　委（按姓氏汉语拼音排序）

　　　白静雅　海向军　何进全　马　斌

　　　莫晓丹　欧阳思维　魏　栋　杨战利

　　　叶青山　曾学玲　张　荃

U0263585

科学出版社

北京

内 容 简 介

本书将神经科学知识按照从微观到宏观、从形态到功能、从基础到临床等层次进行整合，将以往片断化、碎片化的神经科学知识，转变为整体的、综合的系统化知识学习体系。全书分为 9 章，包括概述、中枢神经系统、周围神经系统、脑电活动及觉醒和睡眠、脑的高级功能、内分泌系统、脑断面解剖、神经系统现代研究方法、神经系统病例诊断分析，将组织学、系统解剖学、生理学、神经系统现代研究方法和神经系统疾病病例分析 5 部分整合而成。

本书可供临床本科、医学研究生及临床工作者参考。

图书在版编目(CIP)数据

神经科学 / 海向军主编.—北京：科学出版社，2018.8
ISBN 978-7-03-058325-3

Ⅰ. ①神… Ⅱ. ①海… Ⅲ. ①神经科学 Ⅳ. ①Q189

中国版本图书馆 CIP 数据核字(2018)第 163682 号

责任编辑：朱　华 / 责任校对：郭瑞芝
责任印制：赵　博 / 封面设计：陈　敬

科 学 出 版 社 出版
北京东黄城根北街 16 号
邮政编码：100717
http://www.sciencep.com

北京天宇星印刷厂印刷
科学出版社发行　各地新华书店经销
*

2018 年 8 月第 一 版　　开本：787×1092　1/16
2025 年 3 月第 三 次印刷　　印张：18 1/2
字数：510 000

定价：118.00 元
(如有印装质量问题，我社负责调换)

前 言

课程整合是现代医学教育改革的趋势，是临床医学专业教学改革的必由之路。神经科学课程是将神经科学知识进行了整合，整合思路是将神经科学从微观到宏观、从形态到机能、从基础到临床等层次进行整合。通过整合可将以往片断化、碎片化的神经科学知识，转变为整体的、综合的系统化知识学习体系，避免了授课过程中的知识重复及脱节问题。同时，学生可以融会贯通和全面了解医学的知识框架，为未来的终身学习和自主学习打下良好的基础。该课程整合的特点如下：

1. 整合内容的课程体系是将组织学、系统解剖学、生理学、神经系统现代研究方法和神经系统疾病病例分析 5 部分整合而成，全面系统阐述神经科学的知识。

2. 整合思路符合临床医学医师资格考试模式和现代医学综合考核及应用能力考核的需要，同时，也符合人类认知的习惯。知识整合框架是将形态与机能整合，基础和临床整合。

3. 增加神经科学的现代研究方法，有利于培养学生创新能力和初步科研能力。

4. 设置神经系统病例诊断分析章节，通过讨论、分析等互助教学形式，培养学生的临床思维能力，符合现代临床医学培养的"早临床、多临床和反复临床"的培养标准。

5. 避免了授课过程中知识重复、脱节的问题。节省了课时，强调了学生自主学习和终身学习能力的培养。

6. 实践部分是将神经科学形态观察与机能操作相整合，有利于培养学生的实践创新能力和综合应用能力。

本书可供临床本科、医学研究生及临床工作者参考。

本书得以问世，有赖于各位参编人员的辛勤劳动和全力配合；同时也得到了西北民族大学医学院领导的鼎力相助和学校经费支持。在本书即将出版之时，特向所有为本书做出过贡献的人致以最衷心的感谢。

最后还必须提及的是，由于编者水平所限，书中如有遗漏、不当之处，恳请各位读者给予批评和指正。

海向军

2016 年 9 月于兰州

目　　录

第一章　概　　述

神经系统（nervous system）由位于颅腔内的脑与椎管内的脊髓构成的中枢神经及遍布全身各处的周围神经组成，是人体中结构和功能最复杂、起主导作用的调节系统。

人体内各系统器官在神经系统的协调控制下，完成统一的生理功能。神经系统调节生理活动的基本方式是反射。通过神经调节，机体能快速适应内、外环境的各种变化，调整其功能状态，以维持机体正常的生命活动。例如，当进行体育锻炼时，除肌肉强烈收缩外，也会出现呼吸加深加快、心跳加速、出汗等一系列的生理变化。神经系统使人体的活动能随时适应外界环境的变化，维持人体与不断变化的外界环境之间的相对平衡。如天气寒冷时，通过神经系统调节，使周围小血管收缩减少散热，同时肌肉收缩产生热量，使人体体温维持在正常水平。人类神经系统的形态和功能是经过漫长的进化过程而获得的，它既有与脊椎动物神经形态相似之处，也有其特点。在漫长的生物进化基础上，人类由于生产劳动、语言交流和社会生活的发生和发展，大脑发生了与动物完全不同的质的变化，不仅含有与高等动物相似的感觉和运动中枢，而且有了语言分析中枢及与思维、意识活动相关的中枢。人脑远远超越了一般动物脑的范畴，不仅能被动地适应环境变化，而且能主动地认识客观世界和改造客观世界。总之，神经系统协调人体各系统器官的功能活动，使人体成为一个有机的整体，维持内环境的稳定，适应外环境的变化，认识及改造外界环境。

神经系统的复杂功能是与神经系统特殊的形态结构分不开的。组成神经系统的细胞以特殊的方式连接起来，使神经系统组合成具有高度整合能力的结构形式，同时把全身各器官组织联系在一起。在此基础上，通过各种反射，机体得以进行多种多样的复杂活动。

一、神经系统的区分

神经系统（图1-1）在结构和功能上是一个整体，为了叙述方便，神经系统可分为中枢部和

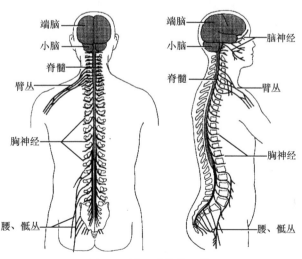

图1-1　神经系统的区分

周围部。中枢部即中枢神经系统（central nervous system），包括脑和脊髓，分别位于颅腔和椎管内；周围部即周围神经系统（peripheral nervous system），其一端与中枢神经系统的脑或脊髓相连，另一端通过各种末梢装置与身体其他各器官、系统相联系。根据与中枢不同部位联系的角度，我们可以把周围神经系统中凡是与脑相连的部分称为脑神经（cranial nerve），共 12 对；而把凡是与脊髓相连的周围神经称为脊神经（spinal nerve），共 31 对。如果从周围神经系统在各器官、系统中的不同分布对象考虑，我们又可把周围神经分为躯体神经和内脏神经。躯体神经（somatic nerve）分布于体表、骨、关节和骨骼肌；内脏神经（visceral nerve）则支配内脏、心血管、平滑肌和腺体。由于躯体神经和内脏神经都需经脑、脊神经与中枢部相连，因此脑、脊神经内均含有躯体神经和内脏神经的成分。为叙述简便起见，一般可把周围神经系统分为三部分，即脑神经、脊神经和内脏神经。

脑、脊神经和内脏神经中各自都有感觉和运动成分。在周围神经中，感觉神经是将神经冲动自感受器传向中枢部，故又称传入神经（afferent nerve）；运动神经则是将神经冲动自中枢部传向周围的效应器，故又称传出神经（efferent nerve）。内脏神经中的传出部分专门支配似乎不受人的主观意志所控制的平滑肌、心肌和腺体的运动，故又称为自主神经系统（autonomic nervous system）或植物神经系统（vegetative nervous system），它们又分为交感神经和副交感神经。这些，将在后面章节中详述。

二、神经系统的组成

构成神经系统的基本组织主要是神经组织，它由神经细胞和神经胶质细胞两类细胞组成。神经细胞又称神经元（neuron），是神经系统的结构和功能的基本单位。它们通过突触联系形成复杂的神经网络，完成神经系统的各种功能性活动。神经胶质细胞（neurogliocyte）简称胶质细胞（glial cell，gliocyte），具有支持、保护和营养神经元的功能。

（一）神经元

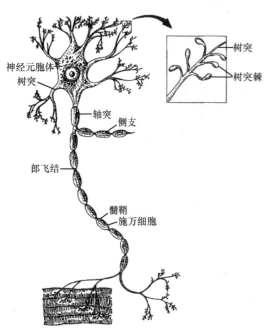

图 1-2　神经元模式图

1. 神经元的构造　神经元是神经组织中具有传导神经冲动功能的基本单位，每个神经元即一个完整的神经细胞。尽管人类神经系统中含有数目多达 10^{11} 且可以分辨出超过 10 000 种形态各异的不同类型的神经元，但各神经元一般都有共同的特征（图 1-2、图 1-3），即都由胞体和突起两部分构成。胞体为神经元的代谢中心，分胞核和核周体两部分。从胞体发出的突起一般有两类：树突和轴突。

（1）胞体：为神经元的代谢中心，细胞核大而圆，核仁明显。胞质内含有神经细胞所特有的尼氏体（Nissl body）、神经原纤维（neurofibril）（图 1-4）、发达的高尔基复合体（Golgi complex）和丰富的线粒体。典型的神经元胞体富含粗面内质网、滑面内质网和游离多聚核糖体，后者聚集于粗面内质网，这种富含 RNA 结构的聚集物，即光镜下所见到的嗜碱性的尼氏体。胞体内有丰富的神经丝（neurofilament）和微管（microtubule），神经丝聚集成束即光镜下所见的神经原纤维。

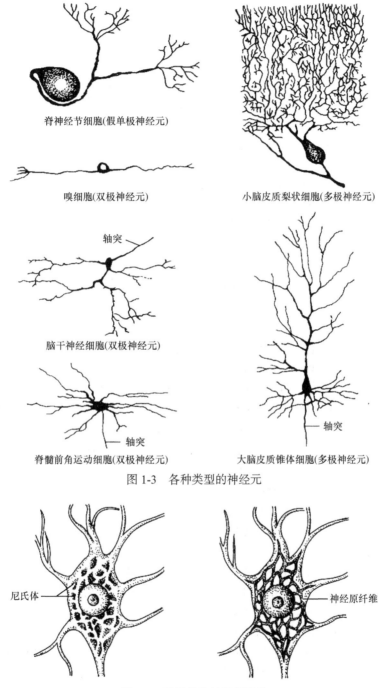

脊神经节细胞(假单极神经元)

嗅细胞(双极神经元)

小脑皮质梨状细胞(多极神经元)

轴突

脑干神经细胞(双极神经元)

脊髓前角运动细胞(双极神经元)

轴突

大脑皮质锥体细胞(多极神经元)

轴突

图 1-3　各种类型的神经元

尼氏体

神经原纤维

图 1-4　尼氏体和神经原纤维

（2）突起：是神经元的胞体向外突起的部分，按其形态构造分为树突和轴突。

1）树突（dendrite）：神经元的树突通常有多个，这些类似树枝状的突起，是接受其他神经元发来传入信息的装置。树突基底部较宽，向外逐渐变细并反复分支，其小分支上有大量的微小突起，称为树突棘（dendrite spine），是接受信息的装置。

2）轴突（axon）：通常只有一条，但可进一步发出不同分支。不同类型神经元的轴突粗细长短相差悬殊，直径可为 0.2～20μm，长短则可从数十微米到 1m 以上。轴突起始处有一特化区称轴丘（axon hillock），轴突和轴丘处无尼氏体。轴突远端发出许多终末分支，其末端即轴突终末（axon terminal），可与其他细胞构成突触。轴突是神经元的主要传导装置，它能不衰减地把电信号从轴突的起始部传到很远的末端。轴突内的细胞质称为轴质（axoplasm），与胞体的胞质相通，具有不断的流动性，称为轴质流（axoplasmic flow），轴质流是双向的。轴突因缺乏核糖体而不能合成蛋白质，新合成大分子并组装成细胞器的过程都是在胞体内完成的，但是这些细胞器可以在胞体与轴突之间进行单向或双向的流动，这种现象称为轴突运输（axonal transport），如果神经元胞体受到伤害，轴突就会变性甚至死亡。

2. 神经元的分类　根据神经元突起的数目，可将神经元分成三类：①假单极神经元（pseudounipolar neuron），即从胞体向外只发出一个突起，但很快呈"T"字分叉，一支至周围的感受器称周围突，另一支入脑或脊髓称中枢突，这种细胞见于脑、脊神经节中的初级感觉神经元（如脊神经节细胞）。②双极神经元（bipolar neuron），即从胞体相对两端各发出一个突起，其中一个伸向感受器，另一个进入中枢部，如位于视网膜和内耳螺旋器内的感觉神经元。③多极神经元（multipolar neuron），具有多个树突和一条轴突，分布广泛，中枢部内的神经元绝大多数属于此类。

神经元的主要功能是接收和传递信息。中枢神经元可通过传入神经接收体内、外环境变化的刺激信息，并对这些信息加以处理，再经过传出神经把调控信息传给相应的效应器，产生调节和控制效应。此外，有些神经元还能分泌激素，将神经信号转变为体液信号。依据神经元的功能，结合神经兴奋的传导方向，也可把神经元分为三类：①感觉神经元（sensory neuron）或传入神经元，是将内、外环境的各种刺激传向中枢部，上述的假单极和双极神经元即属此类。②运动神经元（motor neuron）或传出神经元，是将冲动从中枢部传向周围部，支配骨骼肌或控制平滑肌、心肌和腺体的活动，属多极神经元。③联络神经元（association neuron）或中间神经元，形态上亦属多极神经元，位于中枢神经系统内形成复杂程度不同的神经网络系统。此类神经元数量很大，占神经元总数的 99%。

必须说明，当人们描述神经元功能的时候，常常不把"感觉"和"运动"这两个概念局限于感觉神经元和运动神经元，而往往把位于中枢内但与感觉或运动功能相关的神经元也说成是"感觉的"或"运动的"，然而它们在本质上都是中间神经元。

根据神经元轴突的长短，还可以把数量最大的中间神经元分成两类：①高尔基（Golgi）I型细胞，轴突较长，可把冲动从中枢神经系统某一部分输送到距离较远的其他部位，因此也可称为接替或投射性中间神经元。②高尔基（Golgi）II型细胞，轴突较短，常在特定局限的小范围内传递信息，也可称为局部中间神经元。

神经元之间的信息传递过程中，由于细胞膜的分隔，一个神经元仅能通过突触才能把信息传递到另一个神经元或效应器中。除了少数电突触（突触间隙很小，约为 3.5nm）外，人体神经系统内的突触多为化学突触（突触间隙一般为 30～50nm）。也就是说，大多数神经元之间的信息传递必须靠神经元向突触部位释放特定的化学物质去影响下一个神经元才能实现。因此，能合成、储存、运输并释放用作信息传递的化学物质——化学递质，是神经元的重要或基本功能。根据神经元合成、分泌化学递质的不同，可将神经元分为 4 类：①胆碱能神经元，即乙酰胆碱（acetyl choline）类，位于中枢神经系统的躯体运动核团和部分内脏运动核团或神经节；②单胺能神经元，包括儿茶酚胺能[多巴胺（dopamine）、去甲肾上腺素（norepinephrine）]、肾上腺素（epinephrine）、5-羟色胺（serotonin）和组胺（histamine）能神经元，广泛分布在中枢神经系统和周围神经系统；③氨基酸类，包括 γ-氨基丁酸（γ-aminobutyric acid，GABA）、甘氨酸（glycine）和谷氨酸（glutamate）等，主要分布在中枢神经系统，后者也是初级传入的主要递质；④肽类神经元，以各种肽类物质（如生长抑素、P 物质、脑啡肽等）为神经递质，广泛分布于中枢神经系统和周围神经系统。

3. 神经纤维 稍大一点的神经元轴突常被一种起绝缘作用的脂质结构所包裹，这就是髓鞘，这对保证轴突高速传导电信号的功能有重要意义。髓鞘本身并不是神经元的一部分，它是附近的神经胶质细胞突起卷绕神经元轴突所形成的。由于一条轴突上的髓鞘往往由多个神经胶质参与构成，因此，髓鞘往往沿轴突呈有规律的分节排列状态，而间断处轴突“裸露”的部分称为朗飞结。有些相对细小的轴突表面虽也有胶质细胞覆盖，但并不卷绕形成髓鞘。习惯上，人们把神经元较长的突起连同其外表所包被的结构称为神经纤维（nerve fiber），根据胶质细胞是否卷绕轴突形成髓鞘，神经纤维可分为有髓纤维和无髓纤维两种。一般来说，神经纤维（包括髓鞘）的直径越粗，其传导电信号的速度就越快。

（1）神经纤维的功能和分类：神经纤维的主要功能是传导兴奋。在神经纤维上传导着的兴奋或动作电位称为神经冲动（nerve impulse），简称冲动。冲动的传导速度受多种因素的影响。神经纤维直径越粗，传导速度越快。神经纤维直径与传导速度的关系大致是：传导速度（m/s）≈直径（μm）×6。这里的直径是指包括轴索和髓鞘在内的总直径。有髓纤维以跳跃式传导的方式传导兴奋，因而其传导速度远比无髓纤维快。有髓纤维的髓鞘在一定范围内增厚，传导速度将随之增快；轴索直径与神经纤维直径之比为 0.6 时，传导速度最快。温度在一定范围内升高也可加快传导速度。神经传导速度的测定有助于诊断神经纤维的疾病和估计神经损伤的预后。

神经纤维传导兴奋具有以下特征：①完整性。神经纤维只有在其结构和功能上都完整时才能传导兴奋；如果神经纤维受损或被切断，或局部应用麻醉剂，兴奋传导将受阻。②绝缘性。一根神经干内含有许多神经纤维，但神经纤维传导兴奋时基本上互不干扰，其主要原因是细胞外液对电流的短路作用，使局部电流主要在一条神经纤维上构成回路。③双向性。人为刺激神经纤维上任何一点，只要刺激强度足够大，引起的兴奋可沿纤维向两端传播。但在整体活动中，神经冲动总是由胞体传向末梢，表现为传导的单向性，这是由突触的极性所决定的。④相对不疲劳性。连续电刺激神经数小时至十几小时，神经纤维始终能保持其传导兴奋的能力，表现为不易发生疲劳；而突触传递则容易疲劳，可能与递质耗竭有关。Erlanger 和 Gasser 根据神经纤维兴奋传导速度的差异，将哺乳动物的周围神经纤维分为 A、B、C 三类，其中 A 类纤维再分为 α、β、γ、δ 四个亚类。Lloyd 和 Hunt 在研究感觉神经时，又根据纤维的直径和来源将其分为 Ⅰ、Ⅱ、Ⅲ、Ⅳ四类，其中 Ⅰ类纤维再分为 Ⅰa 和 Ⅰb 两个亚类。Ⅰ、Ⅱ、Ⅲ、Ⅳ类纤维分别相当于 Aα、Aβ、Aδ、C 类后根纤维，但又不完全等同。目前，前一种分类法多用于传出纤维，后一种分类法则常用于传入纤维（表 1-1）。

表 1-1 哺乳动物周围神经纤维的类型

纤维类型	功能	纤维直径（μm）	传导速度（m/s）	相当于传入纤维的类型
A（有髓鞘）				
α	本体感觉、躯体运动	13～22	70～120	I$_a$、I$_b$
β	触-压觉	8～13	30～70	II
γ	支配梭内肌（使其收缩）	4～8	15～30	
δ	痛觉、温度觉、触-压觉	1～4	12～30	III
B（有髓鞘）	自主神经节前纤维	1～3	3～15	
C（无髓鞘）				
后根	痛觉、温度觉、触-压觉	0.4～1.2	0.6～2.0	IV
交感	交感节后纤维	0.3～1.3	0.7～2.3	

注：I$_a$类纤维直径稍粗，为12～22μm；I$_b$类纤维直径略细，约12μm

（2）神经纤维的轴质运输：轴突内的轴质是经常在流动的，轴质的流动具有物质运输的作用，故称为轴质运输（axoplasmic transport）。如果结扎神经纤维，可见到结扎部位的两端都有物质堆积，且近胞体端的堆积大于远胞体端，表明轴质运输有自胞体向轴突末梢方向的顺向运输和自末梢向胞体方向的逆向运输，以顺向运输为主。如果切断轴突，不仅轴突远端部分发生变性，而且近端部分甚至胞体也将发生变性。可见，轴质运输对维持神经元的结构和功能的完整性具有重要意义。

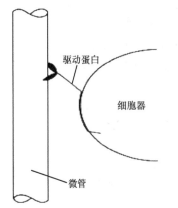

图 1-5 驱动蛋白沿微管运输细胞器的示意图

根据轴质运输的速度，顺向轴质运输又可分为快速和慢速轴质运输两类。顺向快速运输主要运输具有膜结构的细胞器，如线粒体、突触囊泡和分泌颗粒等；在猴、猫等动物坐骨神经内的运输速度约为 410mm/d。这种运输是通过一种类似于肌球蛋白的驱动蛋白（kinesin）而实现的。驱动蛋白具有一个杆部和两个呈球状的头部。杆部尾端的轻链可连接被运输的细胞器；头部则形成横桥，具有 ATP 酶活性，能与微管上的微管结合蛋白（microtubule-binding protein）结合。当一个头部结合于微管时，ATP 酶被激活，横桥分解 ATP 而获能，使驱动蛋白的颈部发生扭动，于是，另一个头部即与微管上的下一个位点结合，如此不停地交替进行，细胞器便沿着微管被输送到轴突末梢（图 1-5）。与此同时，微管也不断由胞体向轴突末梢方向移动。这是因为微管朝向末梢的一端不断形成，而朝着胞体的一端不断分解，从而使微管不断向末梢移动。慢速轴质运输是指轴质内可溶性成分随微管、微丝等结构不断向前延伸而发生的移动，其速度为 1～12mm/d。

逆向轴质运输可运输一些能被轴突末梢摄取的物质，如神经营养因子、狂犬病病毒、破伤风毒素等。这些物质入胞后可沿轴突被逆向运输到胞体，对神经元的活动和存活产生影响。逆向轴质运输由动力蛋白（dynein）完成，运输速度约为 205mm/d。动力蛋白的结构和作用方式与驱动蛋白极为相似。辣根过氧化物酶（horseradish peroxidase，HRP）也可被逆向运输，因而在神经科学研究中可用作示踪剂。

4. 突触 突触传递是神经系统中信息交流的一种重要方式。反射弧中神经元与神经元之间、神经元与效应器细胞之间都通过突触传递信息。神经元与效应器细胞之间的突触也称接头（junction）。人类中枢神经元的数量十分巨大（10^{11} 个），若按每个神经元轴突末梢平均形成 2000 个突触小体计算，则中枢内约含 $2×10^{14}$ 个突触。神经元之间信息传递的复杂程度可见一斑。

神经元轴突在接近其终末处常常分成若干细支，细支的末端膨大形成突触前末梢或称终扣。突触前末梢可与其他神经元或效应器（如骨骼肌）细胞的表面相接触形成突触（synapse），神经元的末梢可经过突触把信息传到另一个神经元或效应器中。因此，发出突触前末梢，即向外传出信息的神经元称为突触前细胞，而接受信息的神经元则称为突触后细胞。突触前与突触后细胞并不直接相融合，其间一般有一狭窄的裂隙，称突触间隙。也就是说，神经元之间的信息交流是必须要跨过细胞间空隙的。大多数情况下，神经元的突触前末梢与突触后神经元的树突相突触，但也可与突触后神经元胞体相突触，少数情况下则可与轴突的起始段或终末部位相突触。

根据突触传递媒介物性质的不同，可将突触分为化学性突触（chemical synapse）和电突触（electrical synapse）两大类，前者的信息传递媒介物是神经递质，而后者的信息传递媒介物则为局部电流。化学性突触一般由突触前成分、突触间隙和突触后成分三部分组成，根据突触前、后成分之间有无紧密的解剖学关系，可分为定向突触（directed synapse）和非定向突触（non-directed synapse）两种模式，前者末梢释放的递质仅作用于范围极为局限的突触后成分，如经典的突触神经-骨骼肌接头；后者末梢释放的递质则可扩散至距离较远和范围较广的突触后成分，如神经-心肌接头和神经-平滑肌接头。

（1）经典的突触传递

1）突触的微细结构：经典突触由突触前膜、突触后膜和突触间隙三部分组成。在电子显微镜下，突触前膜和突触后膜较一般神经元膜稍有增厚，约 7.5nm，突触间隙宽 20～40nm。在突触前膜内侧的轴质内，含有较多的线粒体和大量的囊泡，后者称为突触囊泡或突触小泡（synaptic vesicle），其直径为 20～80nm，内含高浓度的神经递质。不同的突触内所含突触囊泡的大小和形态不完全相同，突触囊泡一般分为以下三种：①小而清亮透明的囊泡，内含乙酰胆碱或氨基酸类递质；②小而具有致密中心的囊泡，内含儿茶酚胺类递质；③大而具有致密中心的囊泡，内含神经肽类递质。上述第一和第二种突触囊泡分布在轴质内靠近突触前膜的部位，与膜融合和释放其内容物至突触间隙的过程十分迅速，并且递质释放仅限于在形态学上与其他部位具有明显区别的特定膜结构区域——活化区（active zone）；在其相对应的突触后膜上则存在相应的特异性受体或化学门控通道。上述第三种突触囊泡则均匀分布于突触前末梢内，并可从末梢膜的所有部位释放（图1-6）。

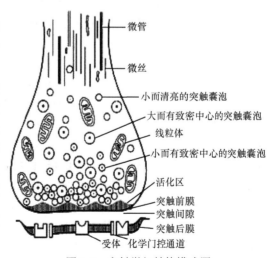

图 1-6 突触微细结构模式图

微管
微丝
小而清亮的突触囊泡
大而有致密中心的突触囊泡
线粒体
小而有致密中心的突触囊泡
活化区
突触前膜
突触间隙
突触后膜
受体 化学门控通道

2）突触的分类：根据神经元互相接触的部位，通常将经典的突触分为三类。①轴突-树突式突触：由前一神经元的轴突与后一神经元的树突相接触而形成的突触。这类突触最为多见。②轴突-胞体式突触：为前一神经元的轴突与后一神经元的胞体相接触而形成的突触。这类突触也较常见。③轴突-轴突式突触：为前一神经元的轴突与另一神经元的轴突相接触而形成的突触。这类突触是构成突触前抑制和突触前易化的重要结构基础（图1-7A）。

此外，由于中枢存在大量的局部神经元构成的局部神经元回路（见后文），因而还存在树突-树突式、树突-胞体式、树突-轴突式、胞体-树突式、胞体-胞体式、胞体-轴突式突触，以及两个化学性突触或化学性突触与电突触组合而成的串联性突触（serial synapses）、交互性突触（reciprocal synapses）和混合性突触（mixed synapses）等（图1-7B）。

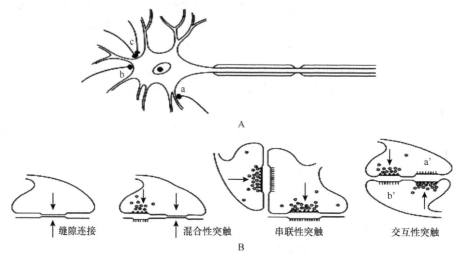

图1-7　突触类型模式图

A. 突触的基本类型：a、b、c 分别表示轴突-树突式突触、轴突-胞体式突触、轴突-轴突式突触；B. 几种特殊形式的突触：箭头表示突触传递的方向，交互性突触中 a'、b'分别代表两个不同方向的突触传递

　　3）突触传递的过程：当突触前神经元有冲动传到末梢时，突触前膜发生去极化，当去极化达到一定水平时，前膜上电压门控钙通道开放，细胞外 Ca^{2+} 进入末梢轴质内，导致轴质内 Ca^{2+} 浓度的瞬时升高，由此触发突触囊泡的出胞，引起末梢递质的量子式释放。然后，轴质内的 Ca^{2+} 通过 Na^+- Ca^{2+} 交换迅速外流，使 Ca^{2+} 浓度迅速恢复。由轴质内 Ca^{2+} 浓度瞬时升高触发递质释放的机制十分复杂。根据目前所知，平时突触囊泡由突触蛋白（synapsin）锚定于细胞骨架丝上，一般不能自由移动。当轴质内 Ca^{2+} 浓度升高时，Ca^{2+} 与轴质中的钙调蛋白结合形成 Ca^{2+}-CaM 复合物。于是 Ca^{2+}-CaM 依赖的蛋白激酶Ⅱ被激活，促使突触蛋白发生磷酸化，使之与细胞骨架丝的结合力减弱，突触囊泡便从骨架丝上游离出来，这一步骤称为动员（mobilization）。然后，游离的突触囊泡在轴质中一类小分子 G 蛋白 Rab3 的帮助下向活化区移动，这一步骤称为摆渡（trafficking）。被摆渡到活化区的突触囊泡在与突触前膜发生融合之前须固定于前膜上，这一步骤称为着位（docking）。参与着位的蛋白包括突触囊泡膜上的突触囊泡蛋白（v-SNARE，或synapto-breven）和突触前膜上的靶蛋白（t-SNARE），目前已鉴定脑内的 t-SNARE 有突触融合蛋白（syntaxin）和 SNAP-25 两种，当突触囊泡蛋白和两种靶蛋白结合后，着位即告完成。随即，突触囊泡膜上的另一种蛋白，即突触结合蛋白（synaptotagmin，或称 p65）在轴质内高 Ca^{2+} 条件下发生变构，消除其对融合的钳制作用，于是突触囊泡膜和突触前膜发生融合（fusion）。出胞（exocytosis）是通过突触囊泡膜和突触前膜上暂时形成的融合孔（fusion pore）进行的。出胞时，孔径迅速由 1nm 左右扩大到 50nm，递质从突触囊泡释出。在中枢，递质释放在 0.2～0.5ms 即可完成。可见，Ca^{2+} 触发突触囊泡释放递质须经历动员、摆渡、着位、融合和出胞等步骤（图1-8）。

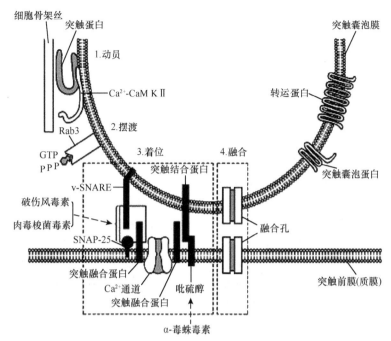

图 1-8 突触传递过程突触囊泡释放递质的示意图

图示突触囊泡在 Ca^{2+} 的触发下所经历的动员、摆渡、着位和融合等一系列步骤。图中的突触囊泡附着在细胞骨架丝上，在激活的 Ca^{2+}-CaM 依赖的蛋白激酶Ⅱ（Ca^{2+}-CaM K Ⅱ）的作用下被动员，然后在小 G 蛋白 Rab3 的帮助下完成摆渡，着位和融合分别用两个虚线框分开。虚线箭头表示多种神经毒素的作用靶点

递质释入突触间隙后，经扩散抵达突触后膜，作用于后膜上的特异性受体或化学门控通道，引起后膜对某些离子通透性的改变，使某些带电离子进出后膜，突触后膜即发生一定程度的去极化或超极化，从而形成突触后电位（postsynaptic potential）。

4）突触后电位：根据突触后电位去极化和超极化的方向，可将突触后电位分为兴奋性突触后电位（excitatory postsynaptic potential，EPSP）和抑制性突触后电位（inhibitory postsynaptic potential，IPSP）。另外，根据电位发生的快慢和持续时间的短长，又可将突触后电位分为快突触后电位和慢突触后电位。以下主要介绍快突触后电位。

A. 兴奋性突触后电位：突触后膜在某种神经递质作用下产生的局部去极化电位变化称为兴奋性突触后电位。例如，脊髓前角运动神经元接受肌梭的传入纤维投射而形成突触联系，当电刺激相应肌梭的传入纤维后约 0.5ms，运动神经元胞体的突触后膜即发生去极化（图 1-9A、B）。这是一种快 EPSP，它和骨骼肌终板电位一样，具有局部兴奋的性质。EPSP 的形成机制是兴奋性递质作用于突触后膜的相应受体，使递质门控通道（化学门控通道）开放，后膜对 Na^+ 和 K^+ 的通透性增大，并且由于 Na^+ 的内流大于 K^+ 的外流，故发生净内向电流，导致细胞膜的局部去极化。

慢 EPSP 最早在牛蛙交感神经节中被记录到，后来发现广泛存在于中枢神经系统。慢 EPSP 的潜伏期为 100～500ms，可持续数秒至数十秒钟，如在交感神经节记录到的慢 EPSP 可持续 30s。慢 EPSP 通常由膜的 K^+ 电导降低而引起。在交感神经节，K^+ 电导的降低由乙酰胆碱激活 M 型胆碱能受体所触发。在交感神经节还发现有一种迟慢 EPSP，其潜伏期为 1～5s，持续时间可达 10～30min。迟慢 EPSP 的形成也与膜的 K^+ 电导降低有关，而有关递质可能是促性腺激素释放激素或与之酷似的肽类物质。

B. 抑制性突触后电位：突触后膜在某种神经递质作用下产生的局部超极化电位变化称为抑制性突触后电位（IPSP）。例如，来自伸肌肌梭的传入冲动在兴奋脊髓伸肌运动神经元的同时，通过抑制性中间神经元抑制脊髓屈肌运动神经元。若电刺激伸肌肌梭的传入纤维，屈肌运动神经元膜出现超极化（图 1-9A、C），这是一种快 IPSP。其产生机制是抑制性中间神经元释放的抑制性递质作用于突触后膜，使后膜上的递质门控氯通道开放，引起外向电流，结果使突触后膜发生超极化。此外，IPSP 的形成还可能与突触后膜钾通道的开放或钠通道和钙通道的关闭有关。

在自主神经节和大脑皮质神经元也可记录到慢 IPSP，其潜伏期和持续时间与慢 EPSP 相似，发生在交感神经节的慢 IPSP 持续约 2s。慢 IPSP 通常由膜的 K^+ 电导增高而产生。引起交感神经节慢 IPSP 的递质可能是多巴胺，由一种特殊的中间神经元释放。

5）突触后神经元的兴奋与抑制：由于一个突触后神经元常与多个突触前神经末梢构成突触，而产生的突触后电位既有 EPSP，也有 IPSP，因此，突触后神经元胞体就好比是一个整合器，突触后膜上电位改变的总趋势决定于同时产生的 EPSP 和 IPSP 的代数和。当总趋势为超极化时，突触后神经元表现为抑制；而当突触后膜去极化并达到阈电位水平时，即可暴发动作电位（图 1-9B）。但动作电位并不首先发生在胞体，而是发生在运动神经元和中间神经元的轴突始段，或是感觉神经元有髓鞘神经轴突的第一个郎飞结。这是因为电压门控钠通道在这些部位质膜上的密度较大，而在胞体和树突膜上则很少分布。动作电位一旦暴发便可沿轴突传向末梢而完成兴奋传导；也可逆向传到胞体，其意义可能在于消除神经元此次兴奋前不同程度的去极化或超极化，使其状态得到一次刷新。因为神经元在经历一次兴奋后即进入不应期，只有当不应期结束后，神经元才能接受新的刺激而再次兴奋。

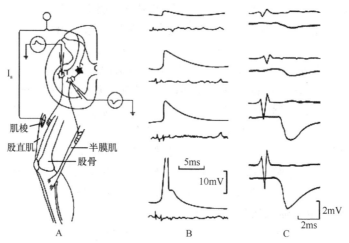

图 1-9　兴奋性突触后电位（EPSP）和抑制性突触后电位（IPSP）

A. 电位记录：图中记录电极插入支配股直肌（伸肌）的脊髓前角运动神经元胞体，以适当强度电刺激相应的后根传入纤维，在该运动神经元内可记录到 EPSP，如果电极插入支配半膜肌（屈肌）的运动神经元内，则可记录到 IPSP，黑色神经元为抑制性中间神经元；B. EPSP：在一定范围内加大刺激强度，EPSP 的去极化程度随之增大（上面三个记录），当去极化达到阈电位时，即可暴发动作电位（最下面一个记录），上线：神经元胞内电位记录，下线：后根传入神经电位记录；C. IPSP：当刺激强度逐渐加大时，IPSP 的超极化程度随之增大（自上而下），上线：后根传入神经电位记录，下线：神经元胞内电位记录

6）影响突触传递的因素

A. 影响递质释放的因素：递质的释放量主要决定于进入末梢的 Ca^{2+} 量，因此，凡能影响末梢处 Ca^{2+} 内流的因素都能改变递质的释放量。例如，细胞外 Ca^{2+} 浓度升高和（或）Mg^{2+} 浓度

降低能使递质释放增多；反之，则递质释放减少。到达突触前末梢动作电位的频率或幅度增加，也可使进入末梢的 Ca^{2+} 量增加。此外，突触前膜上存在突触前受体（见后文），它们可在某些神经调质（见后文）或递质的作用下改变递质的释放量。

一些梭状芽孢菌毒素属于锌内肽酶，可灭活那些与突触囊泡着位有关的蛋白，因而能抑制递质释放。例如，破伤风毒素和肉毒梭菌毒素 B、D、F 和 G 能作用于突触囊泡蛋白，肉毒梭菌毒素 C 可作用于靶蛋白（突触融合蛋白），而肉毒梭菌毒素 A 和 B 则能作用于靶蛋白 SNAP-25。临床上可见破伤风感染常引起痉挛性麻痹，而肉毒梭菌感染则引起柔软性麻痹，这是因为破伤风毒素能阻碍中枢递质释放，而肉毒梭菌毒素则阻滞神经-骨骼肌接头处递质释放。

B. 影响已释放递质消除的因素：已释放的递质通常被突触前末梢重摄取，或被酶解代谢而消除，因此，凡能影响递质重摄取和酶解代谢的因素也能影响突触传递。例如，三环类抗抑郁药可抑制脑内去甲肾上腺素的末梢重摄取，从而加强该递质对受体的作用；利舍平（reserpine）能抑制交感末梢突触囊泡重摄取去甲肾上腺素，使递质被末梢重摄取后停留在轴质内被酶解，结果囊泡内递质减少以至耗竭，使突触传递受阻；而新斯的明（neostigmine）、有机磷农药等可抑制胆碱酯酶，使乙酰胆碱持续发挥作用，从而影响相应的突触传递。

C. 影响受体的因素：一方面，在递质释放量发生改变时，受体与递质结合的亲和力，以及受体的数量均可发生改变，即受体发生上调或下调（见后文），从而影响突触传递。另一方面，由于突触间隙与细胞外液相通，因此凡能进入细胞外液的药物、毒素及其他化学物质均能到达突触后膜而影响突触传递。例如，筒箭毒碱和 α-银环蛇毒可特异地阻断骨骼肌终板膜上的 N_2 型 ACh 受体通道，使神经-肌接头的传递受阻，肌肉松弛。

7）突触的可塑性（plasticity）：是指突触的形态和功能可发生较为持久的改变的特性或现象。这一现象普遍存在于中枢神经系统，尤其是与学习和记忆有关的部位，因而被认为是学习和记忆产生机制的生理学基础。突触的可塑性主要有以下几种形式。

A. 强直后增强（posttetanic potentiation）：是指突触前末梢在接受一短串高频刺激后，突触后电位幅度持续增大的现象。强直后增强通常可持续数分钟，最长可持续 1h 或 1h 以上。高频刺激时 Ca^{2+} 大量进入突触前末梢，而末梢内各种 Ca^{2+} 缓冲系统，如滑面内质网和线粒体出现暂时性 Ca^{2+} 饱和，轴质内游离 Ca^{2+} 暂时过剩，对 Ca^{2+} 敏感的酶，如 Ca^{2+}-CaM 依赖的蛋白激酶 II 被激活，后者可促进突触囊泡的动员，使递质持续大量释放，导致突触后电位持续增强。

B. 习惯化和敏感化：习惯化（habituatioin）是指重复给予较温和的刺激时突触对刺激的反应逐渐减弱甚至消失的现象。相反，敏感化（sensitization）是指重复性刺激（尤其是伤害性刺激）使突触对原有刺激反应增强和延长，传递效率提高的现象。习惯化是由于突触前末梢钙通道逐渐失活，Ca^{2+} 内流减少，末梢递质释放减少所致。敏感化则因突触前末梢 Ca^{2+} 内流增加，递质释放增多所致，实质上是突触前易化（见后文）。

C. 长时程增强和长时程压抑：长时程增强（long-term potentiation，LTP）是指突触前神经元在短时间内受到快速重复的刺激后，在突触后神经元快速形成的持续时间较长的 EPSP 增强，表现为潜伏期缩短、幅度增高、斜率加大。与强直后增强相比，LTP 的持续时间要长得多，最长可达数天；且由突触后神经元胞质内 Ca^{2+} 增加，而非突触前末梢轴质内 Ca^{2+} 增加而引起。LTP 可见于神经系统的许多部位，但研究最多最深入的是海马。在海马有苔藓纤维 LTP 和 Schaffer 侧支 LTP 两种形式。前者发生于突触前，不依赖 NMDA 受体（见后文），其机制尚不清楚，可能与 cAMP 和一种超极化激活的阳离子通道（hyperpolarization-activated channel，I_h）有关。后者发生于突触后，依赖 NMDA 受体，其产生机制是：谷氨酸自突触前神经元释放，与

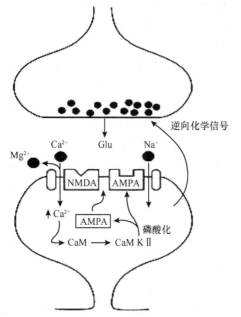

图 1-10 海马 Schaffer 侧支长时程增强产生机制的示意图

CaM：钙调蛋白；CaM K Ⅱ：Ca²⁺-CaM 依赖的蛋白激酶 Ⅱ；Glu：谷氨酸

突触后神经元膜上的 AMPA 受体（见后文）和 NMDA 受体结合，由 AMPA 受体激活而触发的去极化可使阻塞于 NMDA 受体通道中的 Mg^{2+} 移出，使 Ca^{2+} 和 Na^+ 一起进入突触后神经元，进入突触后神经元的 Ca^{2+} 可激活 Ca^{2+}-CaM 依赖的蛋白激酶 Ⅱ，后者可使 AMPA 受体通道磷酸化而增加其电导，也能使储存于胞质中的 AMPA 受体转移到突触后膜上；此外，可能还有化学信号（可能是花生四烯酸和一氧化氮）从突触后神经元到突触前神经元，引起谷氨酸的长时程量子释放（图 1-10）。其他部位的 LTP 尚未充分研究，不依赖 NMDA 受体的 LTP 在杏仁核可由 γ-氨基丁酸能神经元产生。

与 LTP 相反，长时程压抑（long-term depression，LTD）是指突触传递效率的长时程降低。LTD 也广泛存在于中枢神经系统。在海马的 Schaffer 侧支，LTD 的产生机制与 LTP 有许多相似之处，它由突触前神经元在较长时间内接受低频刺激，突触后神经元胞质内 Ca^{2+} 少量增加而引起。因为在胞质内 Ca^{2+} 少量增加时，Ca^{2+}-CaM 依赖的蛋白激酶 Ⅱ 脱磷酸化，AMPA 受体发生下调，从而产生 LTD。中枢不同部位的 LTD，其机制不完全相同。

（2）非定向突触传递：首先是在研究交感神经对平滑肌的支配方式时发现的。交感肾上腺素能神经元的轴突末梢有许多分支，在分支上形成串珠状的膨大结构，称为曲张体（varicosity）。曲张体外无施万细胞包裹，曲张体内含有大量小而具有致密中心的突触囊泡，内含有高浓度的去甲肾上腺素；但曲张体并不与平滑肌细胞（突触后成分）形成经典的突触联系，而是沿着分支穿行于平滑肌细胞的组织间隙（图 1-11）。当神经冲动到达曲张体时，递质从曲张体释出，以扩散的方式到达平滑肌细胞，与膜上的相应受体结合，从而产生一定的效应。在心脏，胆碱能和肾上腺素能神经与心肌之间的接头传递也属于这类突触传递。这种传递模式也称为非突触性化学传递（non-synaptic chemical transmission）。

非定向突触传递也可见于中枢神经系统。例如，在大脑皮质内有直径很细的无髓鞘去甲肾上腺素能纤维，其末梢分支上有许多曲张体，黑质多巴胺能纤维也有许多曲张体，中枢 5-羟色胺能纤维也如此，这些曲张体及其效应器细胞之间多数形成非定向突触。可见，单胺类

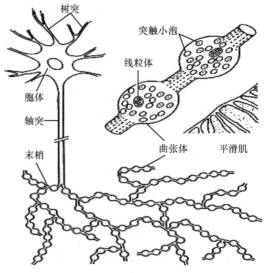

图 1-11 非定向突触传递的结构模式图
右上部分示放大的曲张体和平滑肌

神经纤维大都能进行非定向突触传递。此外，非定向突触传递还能在轴突末梢以外的部位进行，如有的轴突膜能释放乙酰胆碱，有的树突膜能释放多巴胺等。

与定向突触传递相比，非定向突触传递具有以下特点：①突触前、后成分无特化的突触前膜和后膜。②曲张体与突触后成分不一一对应，一个曲张体释放的递质可作用于较多的突触后成分，即无特定的靶点；释放的递质能否产生效应，决定于突触后成分上有无相应的受体。③曲张体与突触后成分的间距一般大于20nm，有的可超过400nm，因而递质扩散距离较远，且远近不等；突触传递时间较长，且长短不一。

（3）电突触传递：其结构基础是缝隙连接（gap junction）。连接处相邻两细胞膜间隔2～3nm，此处膜不增厚，近旁胞质中无突触囊泡，两侧膜上各由6个亚单位构成的连接体蛋白，端端相接而形成一个六花瓣样的水相孔道，沟通相邻两细胞的胞质（图1-12）。孔道允许带电小离子和小于1.0～1.5kDa或直径小于1.0nm的小分子通过。局部电流和EPSP也能以电紧张的形式从一个细胞传向另一个细胞。电突触传递一般为双向传递，由于其电阻低，因而传递速度快，几乎不存在潜伏期。电突触传递广泛

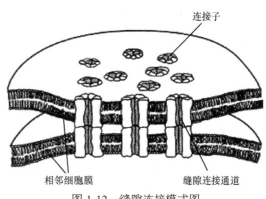

图1-12 缝隙连接模式图

存在于中枢神经系统和视网膜中，主要发生在同类神经元之间，具有促进同步化活动的功能。

（二）神经递质和受体

化学性突触传递，包括定向和非定向突触传递，均以神经递质为信息传递的媒介物；神经递质须作用于相应的受体才能完成信息传递。因此，神经递质和受体是化学性突触传递最重要的物质基础。

1. 神经递质（neurotransmitter） 是指由神经元合成，突触前末梢释放，能特异性作用于突触后膜受体，并产生突触后电位的信息传递物质。哺乳动物的神经递质种类很多，已知的达100多种，根据其化学结构，可将它们分成若干大类（表1-2）。

表1-2 哺乳动物神经递质的分类

分类	主要成分
胆碱类	乙酰胆碱
胺类	多巴胺、去甲肾上腺素、肾上腺素、5-羟色胺、组胺
氨基酸类	谷氨酸、门冬氨酸、甘氨酸、γ-氨基丁酸
肽类	P物质和其他速激肽*、阿片肽*、下丘脑调节肽*、血管升压素、催产素、脑-肠肽*、心房钠尿肽、降钙素基因相关肽、神经肽Y等
嘌呤类	腺苷、ATP
气体类	一氧化氮、一氧化碳
脂类	花生四烯酸及其衍生物（前列腺素等）*、神经活性类固醇*

注：*为一类物质的总称

（1）递质的鉴定：一般认为，经典的神经递质应符合或基本符合以下条件。①突触前神经元应具有合成递质的前体和酶系统，并能合成该递质；②递质储存于突触囊泡内，当兴奋冲动抵达末梢时，囊泡内的递质能释放入突触间隙；③递质释出后经突触间隙作用于突触后膜上的

特异受体而发挥其生理作用，人为施加递质至突触后神经元或效应器细胞旁，应能引起相同的生理效应；④存在使该递质失活的酶或其他失活方式（如重摄取）；⑤有特异的受体激动剂和拮抗剂，能分别模拟或阻断相应递质的突触传递作用。随着科学的发展，已发现有些物质（如一氧化氮、一氧化碳等）虽不完全符合上述经典递质的 5 个条件，但所起的作用与递质完全相同，故也将它们视为神经递质。

（2）调质的概念：除递质外，神经元还能合成和释放一些化学物质，它们并不在神经元之间直接起信息传递作用，而是增强或削弱递质的信息传递效应，这类对递质信息传递起调节作用的物质称为神经调质（neuromodulator）。调质所发挥的作用称为调制作用（modulation）。由于递质在有的情况下也可起调质的作用，而在另一种情况下调质也可发挥递质的作用，因此，两者之间并无十分明显的界限。

（3）递质共存现象：过去一直认为，一个神经元内只存在一种递质，其全部末梢只释放同一种递质，这一观点称为戴尔原则（Dale principle）。现在看来，这一观点应予修正。因为已发现可有两种或两种以上的递质（包括调质）共存于同一神经元内，这种现象称为递质共存（neurotransmitter co-existence）。递质共存的意义在于协调某些生理功能活动。例如，猫唾液腺接受副交感神经和交感神经的双重支配，副交感神经内含乙酰胆碱和血管活性肠肽，前者能引起唾液分泌，后者则可舒张血管，增加唾液腺的血供，并增强唾液腺上胆碱能受体的亲和力，两者共同作用，结果引起唾液腺分泌大量稀薄的唾液；交感神经内含去甲肾上腺素和神经肽 Y，前者有促进唾液分泌和减少血供的作用，后者则主要收缩血管，减少血供，结果使唾液腺分泌少量黏稠的唾液（图 1-13）。

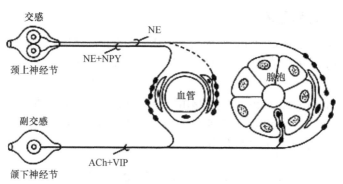

图 1-13　唾液腺中递质共存的模式图

NE：去甲肾上腺素；NPY：神经肽 Y；ACh：乙酰胆碱；VIP：血管活性肠肽

（4）递质的代谢：包括递质的合成、储存、释放、降解、重摄取和再合成等步骤。乙酰胆碱和胺类递质都在有关合成酶的催化下，且多在胞质中合成，然后储存于突触囊泡内。肽类递质则在基因调控下，通过核糖体的翻译和翻译后的酶切加工等过程而形成。突触前末梢释放递质的过程前文已述。递质作用于受体并产生效应后很快被消除。消除的方式主要有酶促降解、被突触前末梢和突触囊泡重摄取（reuptake）等。突触前末梢和突触囊泡对递质的重摄取是由膜转运体介导的。乙酰胆碱的消除依靠突触间隙中的胆碱酯酶，后者能迅速水解乙酰胆碱为胆碱和乙酸，胆碱则被重摄取回末梢内，用于递质的再合成；去甲肾上腺素主要通过末梢的重摄取及少量通过酶解失活而被消除；肽类递质的消除主要依靠酶促降解。

2. 受体（receptor）　是指位于细胞膜上或细胞内能与某些化学物质（如递质、调质、激素等）特异结合并诱发特定生物学效应的特殊生物分子。位于细胞膜上的受体称为膜受体，是带有糖链的跨膜蛋白质分子。与递质结合的受体一般为膜受体，且主要分布于突触后膜上。能与受体特异结合，结合后能产生特定效应的化学物质，称为受体的激动剂（agonist）；能与受体特异结合，但结合后本身不产生效应，反因占据受体而产生对抗激动剂效应的化学物质，则称为受体的拮抗剂（antagonist）或阻断剂（blocker）。激动剂和拮抗剂两者统称为配体（ligand），但在多数情况下配体主要是指激动剂。

（1）受体的亚型：据目前所知，每一种受体都有多种亚型（subtype）。例如，胆碱能受体可分为毒蕈碱受体（M受体）和烟碱受体（N受体），N受体可再分为N_1和N_2受体亚型；肾上腺素能受体则可分为α受体和β受体，α受体和β受体又可分别再分为$α_1$、$α_2$受体亚型和$β_1$、$β_2$、$β_3$受体亚型。受体亚型的出现，表明一种递质能选择性地作用于多种效应器细胞而产生多种多样的生物学效应。

（2）突触前受体：受体一般分布于突触后膜，但也可位于突触前膜。位于突触前膜的受体称为突触前受体（presynaptic receptor）或自身受体（autoreceptor）。通常，突触前受体激活后可抑制递质释放，实现负反馈控制。例如，去甲肾上腺素在释放后反过来作用于突触前$α_2$受体，可抑制其自身的进一步释放（图1-14）。有时，突触前受体也能易化递质释放，如交感神经末梢的突触前血管紧张素受体激活后，可易化前膜释放去甲肾上腺素。

（3）受体的作用机制：受体在与递质发生特异性结合后被激活，然后通过一定的跨膜信号转导途径，使突触后神经元活动改变或使效应器细胞产生效应。根据跨膜信号转导的不同途径，递质受体大致可分成G蛋白耦联受体和离子通道型受体两大家族，前者占绝大多数。部分递质受体及其主要的第二信使和离子通透性列于表1-3中。

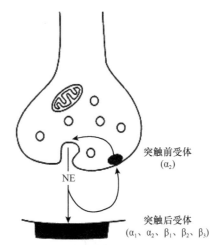

图1-14　突触前受体调节递质释放的示意图
图中示去甲肾上腺素能神经元末梢释放递质去甲肾上腺素（NE），NE一方面作用于突触后受体（$α_1$、$α_2$、$β_1$、$β_2$、$β_3$）引起生理效应，另一方面反过来作用于突触前受体（$α_2$），抑制前膜的递质释放，从而调制突触传递的效率

（4）受体的浓集：在与突触前膜活化区相对应的突触后膜上有成簇的受体浓集。因为此处存在受体的特异结合蛋白（specific binding protein）。神经-肌肉接头处烟碱受体的特异结合蛋白是rapsyn，谷氨酸受体和$GABA_A$受体的浓集分别与PB2-结合蛋白族和gephyrin蛋白有关，而在视网膜中的$GABA_C$受体则通过MAP-1B蛋白结合于细胞骨架上。以$GABA_A$受体为例，当神经兴奋时，游离的受体迅速移向gephyrin并与之结合，使受体在后膜上浓集成簇，随后，gephyrin结合减慢，并阻止受体的进一步移动；当神经安静不活动时，受体可解聚并移去。提示受体的浓集与神经兴奋有关。

表 1-3　部分非肽类递质受体的作用机制

递质	受体	第二信使	离子通透性
乙酰胆碱	N	—	$\uparrow Na^+$，其他小离子
	M_1	$\uparrow IP_3$，DG	$\uparrow Ca^{2+}$
	M_2（心脏）	$\downarrow cAMP$	$\uparrow K^+$
	M_3	$\uparrow IP_3$，DG	
	M_4（腺体），M_5	$\uparrow IP_3$，DG	
多巴胺	D_1，D_5	$\uparrow cAMP$	
	D_2	$\downarrow cAMP$	$\uparrow K^+$，$\downarrow Ca^{2+}$
	D_3，D_4	$\downarrow cAMP$	
去甲肾上腺素	α_{1A}，α_{1B}，α_{1D}	$\uparrow IP_3$，DG	$\downarrow K^+$
	α_{2A}，α_{2B}，α_{2C}	$\downarrow cAMP$	$\uparrow K^+$，$\downarrow Ca^{2+}$
	β_1，β_2，β_3	$\uparrow cAMP$	
5-羟色胺[1]	$5\text{-}HT_{1A}$	$\downarrow cAMP$	$\uparrow K^+$
	$5\text{-}HT_{1B}$	$\downarrow cAMP$	
	$5\text{-}HT_{1D}$	$\downarrow cAMP$	$\downarrow K^+$
	$5\text{-}HT_{2A}$	$\uparrow IP_3$，DG	$\downarrow K^+$
	$5\text{-}HT_{2C}$	$\uparrow IP_3$，DG	
	$5\text{-}HT_3$	—	$\uparrow Na^+$
	$5\text{-}HT_4$	$\uparrow cAMP$	
腺苷	A_1	$\downarrow cAMP$	
	A_2	$\uparrow cAMP$	
谷氨酸	促代谢型[2]		
	促离子型		
	AMPK、KA	—	$\uparrow Na^+$
	NMDA	—	$\uparrow Na^+$，Ca^{2+}
γ-氨基丁酸	$GABA_A$	—	$\uparrow Cl^-$
	$GABA_B$[3]	$\uparrow IP_3$，DG	$\uparrow K^+$，$\downarrow Ca^{2+}$

注：（1）$5\text{-}HT_{1E}$、$5\text{-}HT_{1F}$、$5\text{-}HT_{2B}$、$5\text{-}HT_{5A}$、$5\text{-}HT_{5B}$、$5\text{-}HT_6$ 和 $5\text{-}HT_7$ 受体已被克隆
（2）促代谢型谷氨酸受体已有 11 种亚型被鉴定，其中除一个增加 cAMP 外，其余亚型都降低 cAMP 或增加 IP_3 和 DG
（3）$GABA_B$ 受体可分布于突触前膜和突触后膜，突触前膜上的 $GABA_B$ 受体为自身受体，通过激活 G 蛋白，使膜的 K^+ 电导增加，而 Ca^{2+} 电导降低；突触后膜上的 $GABA_B$ 受体则通过抑制腺苷酸环化酶使膜对 K^+ 的电导增加

（5）受体的调节：膜受体的数量和与递质结合的亲和力在不同的生理或病理情况下均可发生改变。当递质释放不足时，受体的数量将逐渐增加，亲和力也逐渐升高，称为受体的上调（up regulation）；反之，当递质分泌过多时，则受体的数量和亲和力均下降，称为受体的下调（down regulation）。有些膜受体的上调可通过膜的流动性将暂时储存于胞内膜结构上的受体蛋白表达于细胞膜上而实现；而有些膜受体的下调则可通过受体蛋白的内吞入胞，即受体的内化（internalization），以减少膜上受体的数量而实现；也有些膜受体的下调是由于受体蛋白发生磷酸化而使其反应性降低所致。

3. 主要的递质和受体系统

（1）乙酰胆碱及其受体：乙酰胆碱（acetylcholine，ACh）是胆碱的乙酰酯。以 ACh 为递质的神经元称为胆碱能神经元（cholinergic neuron）。胆碱能神经元在中枢分布极为广泛，如脊髓前角运动神经元、丘脑后腹核的特异感觉投射神经元等，都是胆碱能神经元。脑干网状结构

上行激动系统的各个环节、纹状体、边缘系统的梨状区、杏仁核、海马等部位也都有胆碱能神经元。以 ACh 为递质的神经纤维称为胆碱能纤维（cholinergic fiber）。在外周，支配骨骼肌的运动神经纤维、所有自主神经节前纤维、大多数副交感节后纤维（除少数释放肽类或嘌呤类递质的纤维外）、少数交感节后纤维（支配温热性汗腺的纤维和支配骨骼肌血管的交感舒血管纤维）都属于胆碱能纤维。

能与 ACh 特异结合的受体称为胆碱能受体（cholinergic receptor）。根据药理学特性，胆碱能受体可分成两类，一类能与天然植物中的毒蕈碱结合，称为毒蕈碱受体（muscarinic receptor），简称 M 受体；另一类能与天然植物中的烟碱结合，称为烟碱受体（nicotinic receptor），简称 N 受体。两类受体与 ACh 结合后产生不同的生物学效应。M 受体已分离出 $M_1 \sim M_5$ 五种亚型，它们均为 G 蛋白耦联受体。N 受体有 N_1 和 N_2 两种亚型，两种 N 受体亚型都是离子通道型受体。

胆碱能受体广泛分布于中枢和周围神经系统。分布有胆碱能受体的神经元称为胆碱能敏感神经元（cholinoceptive neuron）。中枢胆碱能系统参与神经系统几乎所有功能，包括学习和记忆、觉醒与睡眠、感觉与运动、内脏活动及情绪等多方面的调节活动。在外周，M 受体分布于大多数副交感节后纤维（除少数释放肽类或嘌呤类递质的纤维外）支配的效应器细胞、交感节后纤维支配的汗腺和骨骼肌血管的平滑肌。M 受体激活后可产生一系列自主神经效应，包括心脏活动抑制，支气管和胃肠平滑肌、膀胱逼尿肌、虹膜环行肌收缩，消化腺、汗腺分泌增加和骨骼肌血管舒张等。这些作用统称为毒蕈碱样作用（muscarine-like action），简称 M 样作用。M 样作用可被 M 受体拮抗剂阿托品（atropine）阻断。小剂量 ACh 作用于 N 受体后，能兴奋自主神经节后神经元，也能收缩骨骼肌；而大剂量 ACh 作用于 N 受体后，则可阻断自主神经节的突触传递，这些作用统称为烟碱样作用（nicotine-like action），简称 N 样作用。N 样作用不能被阿托品阻断，但能被筒箭毒碱（tubocurarine）阻断。由于 N_1 受体分布于自主神经节突触后膜和中枢神经系统，故又称神经元型烟碱受体（neuron-type nicotinic receptor）。而 N_2 受体位于神经-骨骼肌接头的终板膜上，故也称肌肉型烟碱受体（muscle-type nicotinic receptor）。神经元型烟碱受体可被六烃季铵（hexamethonium）特异阻断；而肌肉型烟碱受体则能被十烃季铵（decamethonium）特异阻断。

案例 1-1 患者女性，28 岁，因与丈夫吵架，口服不明液体约 300ml 后出现恶心、呕吐（呕吐物有大蒜味）和神志不清，遂被家人送往医院，入院时昏迷不醒，大小便失禁，口吐白沫，汗多，肌肉颤动。查体：T 36℃，HR 60 次/分，BP 95/60mmHg，"针尖样"瞳孔，瞳孔对光反射消失。诊断：急性有机磷农药中毒。

问题：

（1）有机磷农药中毒症状产生的机制是什么？

（2）根据所学的生理学知识，你认为应如何抢救患者？

（2）去甲肾上腺素和肾上腺素及其受体：去甲肾上腺素（norepinephrine，NE 或 noradrenaline，NA）和肾上腺素（epinephrine，E 或 adrenaline，A）均属儿茶酚胺（catecholamine）类物质，即含邻苯二酚结构的胺类。

在中枢，以 NE 为递质的神经元称为去甲肾上腺素能神经元（noradrenergic neuron）。其胞体绝大多数位于低位脑干，尤其是中脑网状结构、脑桥的蓝斑及延髓网状结构的腹外侧部分。其纤维投射分上行部分、下行部分和支配低位脑干部分。上行部分投射到大脑皮质、边缘前脑和下丘脑；下行部分投射至脊髓后角的胶质区、侧角和前角；而支配低位脑干部分的纤维则分布于低位脑干内部。以 E 为递质的神经元称为肾上腺素能神经元（adrenergic neuron），其胞体主要分布在延髓，其纤维投射也有上行和下行部分。在外周，多数交感节后纤维（除支配汗腺和骨骼肌血管的交感胆碱能纤维外）释放的递质是 NE，尚未发现以 E 为递质的神经纤维，以 NE 为递质的神经纤维称为肾上腺素能纤维（adrenergic fiber）。

能与 NE 或 E 结合的受体称为肾上腺素能受体（adrenergic receptor），主要分为 α 型肾上腺素能受体（简称 α 受体）和 β 型肾上腺素能受体（简称 β 受体）两种。α 受体又有 α_1 和 α_2 受体两种亚型，β 受体则可分为 β_1、β_2 和 β_3 受体三种亚型。所有的肾上腺素能受体都属于 G 蛋白耦联受体。

肾上腺素能受体广泛分布于中枢和周围神经系统。分布有肾上腺素能受体的神经元称为肾上腺素敏感神经元（adrenoceptive neuron）。中枢去甲肾上腺素能神经元的功能主要涉及心血管活动、情绪、体温、摄食和觉醒等方面的调节；而中枢肾上腺素能神经元的功能则主要参与心血管活动的调节。在外周，多数交感节后纤维末梢支配的效应器细胞膜上都有肾上腺素能受体，但不一定两种受体都有，有的仅有 α 受体，有的仅有 β 受体，也有的兼有两种受体。例如，心肌主要存在 β 受体；血管平滑肌则有 α 和 β 两种受体，但皮肤、肾、胃肠的血管平滑肌以 α 受体为主，而骨骼肌和肝脏的血管则以 β 受体为主。NE 对 α 受体的作用较强，而对 β 受体的作用则较弱。一般而言，NE 与 α 受体（主要是 α_1 受体）结合所产生的平滑肌效应主要是兴奋性的，包括血管、子宫、虹膜辐射状肌等的收缩，但也有抑制性的，如小肠舒张；NE 与 β 受体（主要是 β_2 受体）结合所产生的平滑肌效应是抑制性的，包括血管、子宫、小肠、支气管等的舒张，但与心肌 β_1 受体结合产生的效应却是兴奋性的。β_3 受体主要分布于脂肪组织，与脂肪分解有关。

酚妥拉明（phentolamine）能阻断 α 受体，包括 α_1 和 α_2 受体，但主要是 α_1 受体。哌唑嗪（prazosin）和育亨宾（yohimbine）可分别选择性阻断 α_1 和 α_2 受体。由于 α_2 受体多为突触前受体，故临床上用 α_2 受体激动剂氯压定（clonidine）可治疗高血压。普萘洛尔（propranolol）能阻断 β 受体，但对 β_1 和 β_2 受体无选择性。阿替洛尔（atenolol）和美托洛尔（metoprolol）主要阻断 β_1 受体，而丁氧胺（butoxamine）则主要阻断 β_2 受体。临床上治疗心绞痛伴有肺通气不畅的患者时，应选用选择性 β_1 受体拮抗剂，而不能选用非选择性拮抗剂。

（3）多巴胺及其受体：多巴胺（dopamine，DA）也属于儿茶酚胺类。DA 系统主要存在于中枢神经系统，包括黑质-纹状体系统、中脑边缘系统和结节-漏斗三个部分。脑内的 DA 主要由中脑黑质产生，沿黑质-纹状体投射系统分布，储存于纹状体，其中以尾核的含量最高。已发现并克隆出 $D_1 \sim D_5$ 五种受体亚型，它们都是 G 蛋白耦联受体。中枢多巴胺系统主要参与对躯体运动、精神情绪活动、垂体内分泌功能及心血管活动等的调节。

（4）5-羟色胺及其受体：5-羟色胺（serotonin 或 5-hydroxytryptamine，5-HT）系统主要存在于中枢。5-HT 能神经元胞体主要集中于低位脑干的中缝核内。其纤维投射分上行部分、下行部分和支配低位脑干部分。上行部分的神经元位于中缝核上部（此处 5-HT 含量最多），纤维投射到纹状体、丘脑、下丘脑、边缘前脑和大脑皮质；下行部分的神经元位于中缝核下部，纤维下达脊髓后角、侧角和前角；支配低位脑干部分的纤维则分布于低位脑干内部。

5-羟色胺受体多而复杂，已知有 $5\text{-}HT_1 \sim 5\text{-}HT_7$ 七种受体。$5\text{-}HT_1$ 受体又可分出 $5\text{-}HT_{1A}$、$5\text{-}HT_{1B}$、$5\text{-}HT_{1D}$、$5\text{-}HT_{1E}$、$5\text{-}HT_{1F}$ 五种亚型，在 $5\text{-}HT_2$ 受体中可分出 $5\text{-}HT_{2A}$、$5\text{-}HT_{2B}$ 和 $5\text{-}HT_{2C}$（以前称为 $5\text{-}HT_{1C}$）三种亚型，在 $5\text{-}HT_5$ 受体中也可分出 $5\text{-}HT_{5A}$ 和 $5\text{-}HT_{5B}$ 两种亚型。$5\text{-}HT_3$ 受体是离子通道型受体，其余大多数是 G 蛋白耦联受体。此外，部分 $5\text{-}HT_{1A}$ 受体是突触前受体。5-HT 在中枢神经系统的功能主要是调节痛觉与镇痛、精神情绪、睡眠、体温、性行为、垂体内分泌、心血管调节和躯体运动等功能活动。

（5）组胺及其受体：组胺（histamine）系统和其他单胺能系统一样，中枢组胺能神经元胞体分布的区域非常局限，集中在下丘脑后部的结节乳头核内；其纤维投射却相当广泛，几乎到达中枢神经系统的所有部位。组胺系统有 H_1、H_2 和 H_3 三种受体，广泛存在于中枢和周围神经系统。多数 H_3 受体为突触前受体，通过 G 蛋白介导抑制组胺或其他递质的释放。组胺与 H_1 受体结合后能激活磷脂酶 C，而与 H_2 受体结合后则能提高细胞内 cAMP 浓度。中枢组胺系统可能与觉醒、性行为、腺垂体激素的分泌、血压、饮水和痛觉等调节有关。

（6）氨基酸类递质及其受体

1）兴奋性氨基酸：主要包括谷氨酸和门冬氨酸。谷氨酸（glutamic acid 或 glutamate，Glu）是脑和脊髓内主要的兴奋性递质，在大脑皮质和脊髓背侧部分含量相对较高；门冬氨酸（aspartic acid 或 aspartate，Asp）则多见于视皮质的锥体细胞和多棘星状细胞。

谷氨酸受体可分为促离子型受体（ionotropic receptor）和促代谢型受体（metabotropic receptor）两种类型。前者通常可再分为海人藻酸（kainic acid 或 kainate，KA）受体、AMPA（α-amino-3-hydroxy-5-methyl-4-isoxazoleproprionate）受体和 NMDA（N-methyl-D-aspartate）受体三种类型。目前已有多种亚型被鉴定，已知 KA 有五种、AMPA 有四种，而 NMDA 则有六种。KA 和 AMPA 受体过去合称为非 NMDA 受体，它们对谷氨酸的反应较快，其耦联通道的电导较低，尤其是 KA 受体。KA 受体激活时主要对 Na^+ 和 K^+ 通透；AMPA 受体激活时，有的仅对 Na^+ 通透，有的还允许 Ca^{2+} 通透。NMDA 受体对谷氨酸的反应较慢，其耦联通道的电导相对较高，激活时对 Na^+、K^+、Ca^{2+} 都通透。此外，NMDA 受体还具有以下特点：①膜外侧存在与甘氨酸结合的位点，甘氨酸与之结合不仅为谷氨酸产生兴奋效应所必需，而且能增加其耦联通道的开放频率；②通道内存在与 Mg^{2+} 结合的位点，Mg^{2+} 与之结合后可阻塞通道，这一作用是电压依赖的，随细胞膜超极化程度的增高而增高；只有当膜去极化达到一定水平时，Mg^{2+} 从通道移出，通道才开放（见前文 Schaffer 侧支 LTP）；③通道还可与某些药物（苯环立啶、氯胺酮等）结合而发生变构，降低对 Na^+、K^+、Ca^{2+} 等的通透性。NMDA 受体广泛分布于中枢神经系统，谷氨酸的大多数靶神经元上常同时存在 NMDA 和 AMPA 受体。KA 和 AMPA 受体除分布于神经元外，还见于胶质细胞；而 NMDA 受体仅存在于神经元上。促代谢型受体已有 11 种亚型被鉴定。促代谢型受体也广泛分布于脑内，在突触前和突触后均有分布，可能参与突触的可塑性。敲除 1 型促代谢型受体（mGluR1）基因，可严重损害运动协调和空间认知的能力。但 NMDA 受体或 mGluR 受体过度激活可造成 Ca^{2+} 大量内流或细胞内储存 Ca^{2+} 的释放而引起神经元死亡。目前关于门冬氨酸的资料还较少。

2）抑制性氨基酸：主要包括 γ-氨基丁酸和甘氨酸。γ-氨基丁酸（γ-aminobutyric acid，GABA）是脑内主要的抑制性递质，在大脑皮质浅层和小脑皮质浦肯野细胞层含量较高，也存在于纹状体及其投射纤维中。甘氨酸（glycine，Gly）则主要分布于脊髓和脑干中。

GABA 受体可分为 $GABA_A$、$GABA_B$ 和 $GABA_C$ 三种受体亚型。$GABA_A$ 和 $GABA_B$ 受体广泛分布于中枢神经系统，而 $GABA_C$ 受体则主要存在于视网膜和视觉通路中。$GABA_A$ 和 $GABA_C$ 受体均属于促离子型受体，其耦联通道都是氯通道，激活时增加 Cl^- 内流；不同的是两者的亚单位组成不同，前者较复杂，后者则较简单。与 $GABA_A$ 受体相比，$GABA_C$ 受体对 GABA 的敏感性较高，激活时通道开放较缓慢而持久，且不易脱敏。$GABA_B$ 受体属于促代谢型受体，在突触前和突触后均有分布。突触前 $GABA_B$ 受体激活后，可通过相耦联的 G 蛋白增加 K^+ 外流，减少 Ca^{2+} 内流而使递质释放减少；突触后 $GABA_B$ 受体激活后，则可通过 G 蛋白抑制腺苷酸环化酶，激活钾通道，增加 K^+ 外流。在突触后，无论是 Cl^- 内流增加（通过激活 $GABA_A$ 和 $GABA_C$ 受体）还是 K^+ 外流增加（通过激活 GABAB 受体），都能引起突触后膜超极化而产生 IPSP。

甘氨酸受体是一种促离子型受体，其耦联通道也是氯通道，通道开放时允许 Cl^- 和其他单价阴离子进入膜内，引起突触后膜超极化，即产生 IPSP。甘氨酸受体可被一种生物碱士的宁

（strychnine）阻断。此外，甘氨酸可结合于 NMDA 受体而产生兴奋效应，且为谷氨酸兴奋 NMDA 受体所必需（见前文）。

> **案例 1-2** 患者男性，15 岁，一周前足底被钉子扎伤，伤口较深，因持续抽搐入院。查体：T 39℃，HR 120 次/分，呼吸频率，40 次/分；牙关紧闭、张口困难、苦笑面容、全身痉挛呈角弓反张状态。诊断：破伤风。
> **问题**：患者出现痉挛的机制是什么？

（7）神经肽及其受体：神经肽（neuropeptide）是指分布于神经系统起递质或调质作用的肽类物质。它们主要有以下几类。

1）速激肽：哺乳动物的速激肽（tachykinin）包括 P 物质（substance P）、神经激肽 A、神经肽 K、神经肽 α、神经激肽 A（3-10）和神经激肽 B 六个成员。已克隆出三种神经激肽受体，即 NK-1、NK-2 和 NK-3 受体，分别对 P 物质、神经激肽 K 和神经激肽 B 敏感。它们都是 G 蛋白耦联受体，激活后均可通过活化磷脂酶 C 而增加 IP_3 和 DG。P 物质在脊髓初级传入纤维中含量丰富，很可能是慢痛传入通路中第一级突触的调质；在黑质-纹状体通路中 P 物质的浓度也很高，其含量与多巴胺成正比；而在下丘脑可能起神经内分泌调节作用。在外周，P 物质可引起肠平滑肌收缩、血管舒张和血压下降等效应。

2）阿片肽：目前已被鉴定有活性的阿片肽（opioid peptide）有 20 多个，其中最主要的是 β-内啡肽（β-endorphin）、脑啡肽（enkephalin）和强啡肽（dynorphin）三类。β-内啡肽主要分布于腺垂体、下丘脑、杏仁核、丘脑、脑干和脊髓等处，在缓解机体应激反应中具有重要作用。脑啡肽主要有甲硫脑啡肽和亮脑啡肽两种。脑啡肽在脑内分布广泛，在纹状体、下丘脑、苍白球、杏仁核、延髓和脊髓中浓度较高。强啡肽在脑内的分布与脑啡肽有较多重叠，但其浓度低于脑啡肽。已确定的阿片受体有 μ、κ 和 δ 受体，均为 G 蛋白耦联受体，均可降低 cAMP 水平。激活 μ 受体可增加 K^+ 电导，引起中枢神经元超极化；激活 κ 和 δ 受体则可导致钙通道关闭。近年来又相继发现与多种阿片受体亲和力很低的孤儿受体（orphan receptor）及其内源性配体孤啡肽（orphanin），以 μ 受体结合的自然配体内吗啡肽（endomorphin）。阿片肽的生理作用极为广泛，在调节感觉（主要是痛觉）、运动、内脏活动、免疫、内分泌、体温、摄食行为等方面都有重要作用。由于各种阿片肽对不同受体的作用相互重叠，且亲和力高低不等，因此分布在神经系统各处的阿片肽及其受体的作用十分复杂。

3）下丘脑调节肽和神经垂体肽：下丘脑合成的调节腺垂体功能的肽类激素称为下丘脑调节肽（hypothalamic regulatory peptides，HRP）。其中大部分激素及其受体也存在于下丘脑以外的脑区和周围神经系统，提示它们可能是神经递质。例如，生长抑素存在于许多脑区。并以递质的形式释放，参与调节感觉传入、运动和智能活动等。已发现 $SSTR_1 \sim SSTR_5$ 五种生长抑素受体，它们都是 G 蛋白耦联受体，都通过降低 cAMP 水平而引起不同的生理效应。其中 $SSTR_2$ 受体可能介导智能活动和抑制生长激素的分泌，而 $SSTR_5$ 受体则可能参与抑制胰岛素的分泌。促肾上腺皮质激素释放激素（CRH）也存在于大脑皮质、橄榄-小脑通路等处，其受体的分布与其通路的纤维投射相一致。含促甲状腺激素释放激素（TRH）的神经末梢分布在脊髓前角运动神经周围；TRH 在海马、大脑皮质和视网膜中的含量也很高。

此外，室旁核含有缩宫素和血管升压素的神经元发出的轴突向脑干和脊髓投射，具有调节交感和副交感神经活动的作用，并能抑制痛觉。

4）脑-肠肽（brain-gut peptide）：是指在胃肠道和脑内双重分布的肽类物质，主要有缩胆囊素（CCK）、血管活性肠肽（VIP）、胃泌素、神经降压素（neurotensin）、甘丙肽（galanin）、胃泌素释放肽等。脑内的 CCK 前体经加工后产生长短不一的 CCK 活性片段，以 CCK-8（八肽）为主。CCK-8 主要分布于大脑皮质、纹状体、杏仁核、下丘脑和中脑等处。脑内有两种 CCK受体，即 CCK-A 和 CCK-B 受体，以 CCK-B 受体为主。CCK-8 可作用于两种 CCK 受体，而CCK-4 仅作用于 CCK-B 受体。两种受体均为 G 蛋白耦联受体，它们与 CCK 神经元的分布基本一致。CCK 在脑内具有抑制摄食行为等多种作用。

5）其他神经肽：神经系统中还发现多种其他肽类物质由神经元释放，参与神经系统的调节活动，如降钙素基因相关肽、神经肽 Y（neuropeptide Y，NPY）、血管紧张素Ⅱ、心房钠尿肽、内皮素、肾上腺髓质素、加压素Ⅱ等。

（8）嘌呤类递质及其受体：嘌呤类递质主要有腺苷（adenosine）和 ATP。腺苷是一种抑制性中枢调质。茶和咖啡对中枢的兴奋效应是通过茶碱和咖啡因抑制腺苷的作用而产生的。腺苷也能引起心脏的血管舒张。ATP 在体内也具有广泛的受体介导效应，如自主神经系统的快速突触反应和缰核的快反应。嘌呤能受体可分为腺苷（P1）受体和嘌呤核苷酸（P2）受体两类。前者以腺苷为自然配体，后者则以 ATP 为自然配体。P1 受体在中枢和周围神经系统均有分布，有A_1、A_2 和 A_3 三种类型，其中 A_2 受体可再分为 A_{2A} 和 A_{2B} 两种亚型，它们均为 G 蛋白耦联受体。A_1 和 A_3 受体激活后降低 cAMP 水平，而 A_{2A} 和 A_{2B} 受体激活后却增高 cAMP 水平。P2 受体主要存在于周围神经系统，主要有 P2Y、P2U、P2X、P2Z 四种类型，其中 P2X 可再分为 $P2X_1 \sim$ $P2X_3$ 三种亚型。P2Y 和 P2U 受体是 G 蛋白耦联受体，通过激活磷脂酶 C，增加 IP_3 的生成，使胞质内 Ca^{2+} 浓度增加而产生效应；P2X 和 P2Z 受体则为化学门控通道。$P2X_1$ 和 $P2X_2$ 受体也存在于脊髓后角，表明 ATP 在感觉传入中起作用。此外，ADP 能激活 P2T 受体，该受体可能是一种离子通道。嘌呤能受体也见于胶质细胞。

（9）气体类递质

1）一氧化氮（nitric oxide，NO）：与经典的递质不同，NO 不储存于突触囊泡内，不以出胞的形式释放，也不与靶细胞膜上的特异性受体结合。它以扩散的方式达到邻近的靶细胞，直接结合并激活一种可溶性鸟苷酸环化酶，使胞质内 cGMP 水平升高，引起一系列生物学效应。NO 广泛分布于脑内，海马内某些神经元释放的 NO 可逆向作用于突触前神经元，使突触前末梢释放递质增加，因而在 LTP 的形成中重要作用。

2）一氧化碳（carbon monoxide，CO）：也是一种气体分子。CO 的作用与 NO 相似，也通过激活鸟苷酸环化酶而发挥其生物学效应。

（10）其他可能的递质：前列腺素（prostaglandin，PG）也存在于神经系统中。有报道称神经元膜上可能存在 12 次跨膜的前列腺素转运体。此外，糖皮质激素和一些性激素可影响脑的功能，故称为神经活性类固醇（neuroactive steroid）。脑内神经元存在多种性激素和糖皮质激素受体，但大多数类固醇对脑功能的调节仍有待进一步研究。

（三）神经胶质

神经系统中，神经元的胞体和轴突一般均被神经胶质细胞（glial cells）所围绕。神经胶质（图 1-15）数量巨大，在中枢神经系统中其数量比神经元要高数十倍。神经胶质不像神经元那样能传导神经冲动，但它们的功能非常重要，包括形成神经系统的支架、分隔不同功能的神经元、组成神经轴突的髓鞘、清除损伤和死亡的神经元、帮助神经元代谢化学递质、协助神经元生长发育、形成血-脑屏障以保护神经元及对神经元提供营养等。

神经胶质一般分为两类：小神经胶质和大神经胶质。小神经胶质实际上是吞噬细胞，在神经系统患病时增多。大胶质细胞有三种：少突胶质细胞、施万细胞和星形胶质细胞。前两种细胞分别形成中枢神经系统和周围神经系统内神经元轴突的髓鞘，其中少突胶质细胞还与某些神经元胞体相接触形成所谓卫星细胞参与神经元代谢；星形胶质细胞数量最多，功能也最复杂多样，对神经元起多方面的支持、保护和营养作用。

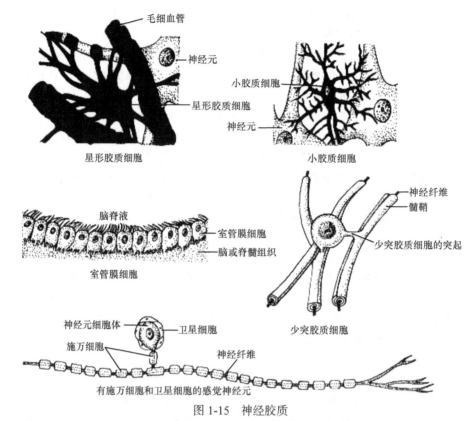

图 1-15　神经胶质

除上述细胞外，人们往往还把存在中枢神经系统脑室腔及中央管内面的室管膜细胞也归入胶质细胞内，这些细胞主要形成上述腔面的室管膜，它们能帮助神经组织与位于脑室腔内的液体之间进行多种化学物质的交换。

1. 胶质细胞的特征　与神经元相比，胶质细胞在形态和功能上有很大差异。胶质细胞虽也有突起，但无树突和轴突之分；细胞之间不形成化学性突触，但普遍存在缝隙连接。它们也有随细胞外 K$^+$ 浓度改变而改变的膜电位，但不能产生动作电位。在星形胶质细胞膜上还存在多种神经递质的受体。此外，胶质细胞终身具有分裂增殖能力。

2. 胶质细胞的功能　目前对胶质细胞的功能还很少了解，主要有以下几方面的推测。

（1）支持和引导神经元迁移：中枢内除神经元和血管外，其余空间主要由星形胶质细胞充填，它们以其长突起在脑和脊髓内交织成网，形成支持神经元胞体和纤维的支架。此外还观察到，在人和猴的大脑和小脑皮质发育过程中，发育中的神经元沿胶质细胞突起的方向迁移到它们最终的定居部位。

（2）修复和再生作用：当脑和脊髓受损而变性时，小胶质细胞能转变成巨噬细胞，加上来自血中的单核细胞和血管壁上的巨噬细胞，共同清除变性的神经组织碎片，碎片清除后留下的缺损，则主要依靠星形胶质细胞的增生来充填，但增生过强则可形成脑瘤。在周围神经再生过程中，轴突沿施万细胞所构成的索道生长。

（3）免疫应答作用：星形胶质细胞是中枢内的抗原呈递细胞，其质膜上存在特异性主要组织相容性复合体Ⅱ，后者能与经处理过的外来抗原结合，将其呈递给 T 淋巴细胞。

（4）形成髓鞘和屏障的作用：少突胶质细胞和施万细胞可分别在中枢和外周形成神经纤维髓鞘。髓鞘的主要作用可能在于提高传导速度，而绝缘作用则较为次要。中枢神经系统内存在血-脑屏障、血-脑脊液屏障和脑-脑脊液屏障。星形胶质细胞的血管周足是构成血-脑屏障的重要组成部分，构成血-脑脊液屏障和脑-脑脊液屏障的脉络丛上皮细胞和室管膜细胞也属于胶质细胞。

（5）物质代谢和营养作用：星形胶质细胞一方面通过血管周足和突起连接毛细血管与神经元，对神经元起运输营养物质和排除代谢产物的作用；另一方面还能产生神经营养因子，以维持神经元的生长、发育和功能的完整性。

（6）稳定细胞外的 K^+ 浓度：星形胶质细胞膜上的钠泵活动可将细胞外过多的 K^+ 泵入胞内，并通过缝隙连接将其分散到其他胶质细胞，以维持细胞外合适的 K^+ 浓度，有助于神经元电活动的正常进行。当增生的胶质细胞发生瘢痕变化时，其泵 K^+ 的能力减弱，可导致细胞外高 K^+ 使神经元的兴奋性增高，从而形成局部癫痫病灶。

（7）参与某些活性物质的代谢：星形胶质细胞能摄取神经元释放的某些递质，如谷氨酸和 γ-氨基丁酸，再转变为谷氨酰胺而转运到神经元内，从而消除这类递质对神经元的持续作用，同时也为氨基酸类递质的合成提供前体物质。此外，星形胶质细胞还能合成和分泌多种生物活性物质，如血管紧张素原、前列腺素、白细胞介素及多种神经营养因子等。

三、神经系统的常用术语

由于组成神经系统的基本结构单位是神经元，而神经元又有胞体和轴突的区分，这样，分别位于神经系统不同部位的胞体或轴突的群体就因组合和编排方式不同而具有不同的术语。

1. 灰质 在中枢部，灰质（gray matter）泛指神经元胞体，包括大部分树突的聚集部位，此部因富含血管而在新鲜标本中呈粉灰色。在大脑半球和小脑，由大量神经元胞体及树突形成的灰质集于表层，特称为皮质（cortex）。

2. 神经核 在中枢神经系的其他地方，形态功能相近的神经元胞体聚集在一起形成一定形状的灰质团块，称为神经核（nucleus）。

3. 白质 神经元的另一重要部分即神经纤维在中枢内聚集成为白质（white matter）。这是由于神经纤维表面的髓鞘含有类脂质，在标本上呈亮白色而得名。大脑半球和小脑部位的白质因被皮质所包绕而位于深方，特称为髓质（medulla）。在白质中起止、行程和功能基本相同的神经纤维集合在一起称为纤维束（fasciculus）。

4. 神经节 在周围部，神经元胞体聚集于神经节（ganglion）。其中由假单极或双极神经元等感觉神经元胞体聚成的神经节为感觉神经节，而由一些传出神经元胞体聚集的神经节常与支配内脏活动有关，称内脏神经节。

5. 神经纤维和神经 神经纤维在周围部聚集就形成各种粗细不等的神经（nerves）（图 1-16）。每条神经中，神经纤维实际上也是先组成若干神经束，由结缔组织包裹。这些束再反复编织成神经，而束与束之间则有大量结

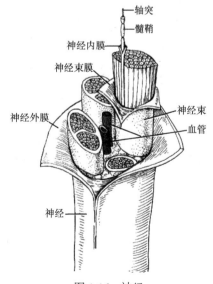

图 1-16 神经

缔组织充填。因此，弄清不同部位神经内各神经束具体排列关系在周围神经的显微外科中是有重要意义的。

四、神经系统的活动方式

神经的活动方式：神经系统在调节机体的活动中，对内外环境刺激做出适宜的反应，称为反射（reflex）。反射的结构基础是反射弧。反射弧由感受器→感觉神经→反射中枢→运动神经→效应器组成。

（一）反射的分类

俄国生理学家 Pavlov 将人和高等动物的反射分为非条件反射和条件反射两类。非条件反射（unconditioned reflex）是指生来就有、数量有限、形式较固定和较低级的反射活动，包括防御反射、食物反射、性反射等。非条件反射是人和动物在长期的种系发展中形成的。它的建立可无须大脑皮质的参与，通过皮层下各级中枢即可形成。它使人和动物能够初步适应环境，对个体生存和种系生存具有重要意义。条件反射（conditioned reflex）是指通过后天学习和训练而形成的反射。它是反射活动的高级形式，是人和动物在个体生活过程中按照所处的生活环境，在非条件反射的基础上不断建立起来的，其数量无限，可以建立，也可消退。高等动物形成条件反射的主要中枢部位是大脑皮质。条件反射比非条件反射具有更完善的适应性。

（二）反射的中枢控制

反射的基本过程是信息经感受器、传入神经、中枢、传出神经和效应器五个反射弧环节顺序传递的过程。中枢是反射弧中最为复杂的部位。不同的反射，其中枢的范围可相差很大。在传入神经元和传出神经元之间，即在中枢只经过一次突触传递的反射，称为单突触反射（monosynaptic reflex）。这是最简单的反射，体内唯一的单突触反射是腱反射（见后文）。在中枢经过多次突触传递的反射，则称为多突触反射（polysynaptic reflex）。人和高等动物体内的大部分反射都属于多突触反射。需指出的是，在整体情况下，无论是简单的还是复杂的反射，传入冲动进入脊髓或脑干后，除在同一水平与传出部分发生联系并发出传出冲动外，还有上行冲动传到更高级的中枢部位进一步整合，后者再发出下行冲动来调整反射的传出冲动。因此，进行反射时，既有初级水平的整合活动，也有较高级水平的整合活动，在通过多级水平的整合后，反射活动将更具有复杂性和适应性。

（三）中枢神经元的联系方式

中枢神经元的数量十分巨大，尤以中间神经元为最多。在多突触反射中，中枢神经元相互连接成网，神经元之间存在多种多样的联系方式，但归纳起来主要有以下几种。

1. 单线式联系（single line connection） 是指一个突触前神经元仅与一个突触后神经元发生突触联系（图 1-17A）。例如，视网膜中央凹处的一个视锥细胞通常只与一个双极细胞形成突触联系，而该双极细胞也只与一个神经节细胞形成突触联系，这种联系方式可使视锥系统具有较高的分辨能力。其实，真正的单线式联系很少见，会聚程度较低的突触联系通常被视为单线式联系。

2. 辐散和聚合式联系 辐散式联系（divergent connection）是指一个神经元可通过其轴突末梢分支与多个神经元形成突触联系（图 1-17B），从而使与之相联的许多神经元同时兴奋或抑制。这种联系方式在传入通路中较多见。聚合式联系（convergent connection）是指一个神经元可接受来自许多神经元的轴突末梢而建立突触联系（图 1-17C），因而有可能使来源于不同神经元的兴奋和抑制在同一神经元上发生整合，导致后者兴奋或抑制。这种联系方式在传出通路中较为多见。

在脊髓，传入神经元的纤维进入中枢后，既有分支与本节段脊髓的中间神经元及传出神经元发生联系，又有上升与下降的分支，它们再发出侧支在各节段脊髓与中间神经元发生突触联系。因此，在传入神经元与其他神经元发生突触联系中主要表现为辐散式联系；而传出神经元，如脊髓前角运动神经元接受不同轴突来源的突触联系，主要表现为聚合式联系。

3. 链锁式和环式联系 在中间神经元之间，由于辐散与聚合式联系同时存在而形成链锁式联系（chain connection）（图 1-17D）或环式联系（recurrent connection）（图 1-17E）。神经冲动通过链锁式联系，在空间上可扩大其作用范围；兴奋冲动通过环式联系，可因负反馈而使活动及时终止，或因正反馈而使兴奋增强和延续。在环式联系中，即使最初的刺激已经停止，传出通路上冲动发放仍能继续一段时间，这种现象称为后发放或后放电（after discharge）。后发放现象也可见于各种神经反馈活动中。

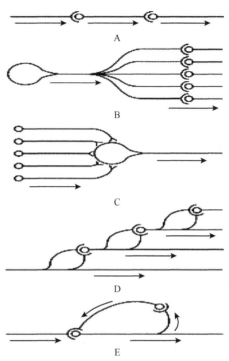

图 1-17 中枢神经元的联系方式模式图
A. 单线式联系；B. 辐散式联系；C. 聚合式联系；D. 链锁式联系；E. 环式联系

（四）局部回路神经元和局部神经元回路

在中枢神经系统中，存在大量的短轴突和无轴突的神经元。这些短轴突和无轴突的神经元与长轴突的投射性神经元不同，它们并不投射到远隔部位，其轴突和树突仅在某一中枢部位内部起联系作用。这些神经元称为局部回路神经元（local circuit neurons）。局部回路神经元数量极大，广泛存在于神经系统各个部位，如脊髓的中间神经元、丘脑的无轴突神经元、小脑皮质的星状细胞、篮状细胞、海马的篮状细胞、视网膜的水平细胞、嗅球的颗粒细胞等。从进化的角度看，动物越高等，局部回路神经元的数量就越多，它们的突起也越发达。人类的局部回路神经元与投射性神经元之比约为 3∶1。局部回路神经元的活动可能与高级神经功能有密切关系，如学习和记忆等。

由局部回路神经元及其突起构成的神经元间相互作用的联系通路，称为局部神经元回路（local neuronal circuit）。这种回路可有三种类型：①由多个局部回路神经元构成，如小脑皮质内的颗粒细胞、篮状细胞、星状细胞等构成的回路；②由一个局部回路神经元构成，如脊髓闰绍细胞构成的抑制性回路；③由局部回路神经元的部分结构构成，如嗅球颗粒细胞树突和僧帽细胞树突之间构成的交互性突触（图 1-7B）。这种突触的结构不同于前述的经典突触，而是两树突接触处的邻近部位形成两个方向相反的树突-树突式突触，树突 a'通过其中一个树突-树突式突触作用于树突 b'，而树突 b'又通过附近的另一个树突-树突式突触反过来作用于树突 a'。这样，a'、b'两个树突通过交互性突触构成相互作用的局部神经元回路。这种回路不需要整个神经元参与活动就能起整合作用。此外，局部回路神经元及其突起还可两两组合或与电突触组合成串联性突触和混合性突触（图 1-7B）。

（五）中枢兴奋传播的特征

兴奋在反射弧中枢部分传播时，往往需要通过多次突触传递。当兴奋通过化学性突触传递时，由于突触结构和化学递质参与等因素的影响，其兴奋传递明显不同于神经纤维上的冲动传导，主要表现为以下几方面的特征。

1. 单向传播　在反射活动中，兴奋经化学性突触传递，只能从突触前末梢传向突触后神经元，这一现象称为单向传播（one-way conduction）。这是因为递质通常由突触前末梢释放，受体则通常位于突触后膜。虽然近年来发现突触后神经元也能释放递质，而突触前膜上也存在突触前受体，但其作用主要为调节递质的释放，而与兴奋传递无直接关系。化学性突触传递的单向传播具有重要意义，它限定了神经兴奋传导所携带的信息只能沿着指定的路线运行。电突触传递则不同，由于其结构无极性，因而兴奋可双向传播。

2. 中枢延搁　兴奋经中枢传播时往往较慢，这一现象称为中枢延搁（central delay）。这是由于化学性突触传递须经历递质释放、递质在突触间隙内扩散并与后膜受体结合及后膜离子通道开放等多个环节。兴奋通过一个化学性突触通常需要 0.3～0.5ms，比在同样距离的神经纤维上传导要慢得多。反射通路上跨越的突触数目越多，兴奋传递所需的时间越长。兴奋通过电突触传递时则无时间延搁，因而在多个神经元的同步活动中起重要作用。

3. 兴奋的总和　在反射活动中，单根神经纤维传入冲动一般不能引起传出效应；而若干神经纤维的传入冲动同时到达同一中枢才可能产生传出效应。因为单根纤维传入冲动引起的 EPSP 具有局部兴奋的性质，不足以引发外传性动作电位。但若干传入纤维引起的多个 EPSP 可发生空间性总和与时间性总和，如果总和达到阈电位即可暴发动作电位；如果总和未达到阈电位，此时突触后神经元虽未出现兴奋，但膜电位与阈电位水平之间的差距缩小，此时只需接受较小刺激使之进一步去极化，便能达到阈电位，因此表现为易化（facilitation）。

4. 兴奋节律的改变　如果测定某一反射弧的传入神经（突触前神经元）和传出神经（突触后神经元）在兴奋传递过程中的放电频率，两者往往不同。这是因为突触后神经元常同时接受多个突触传递，且其自身功能状态也可能不同，因此最后传出冲动的频率取决于各种影响因素的综合效应。

5. 后发放　如前所述，后发放可发生在兴奋通过环式联系的反射通路中，也见于各种神经反馈活动中。例如，当随意运动发动后，中枢将不断收到由肌梭返回的关于肌肉运动的反馈信息，用以纠正和维持原先的反射活动。

6. 对内环境变化敏感和易疲劳　由于突触间隙与细胞外液相通，因而内环境理化因素的变化，如缺氧、CO_2 过多、麻醉剂及某些药物等均可影响化学性突触传递。另外，用高频电脉冲连续刺激突触前神经元，突触后神经元的放电频率将逐渐降低；而用同样的刺激施加于神经纤维，则神经纤维的放电频率在较长时间内不会降低，说明突触传递相对容易发生疲劳，其原因可能与神经递质的耗竭有关。

（六）中枢抑制和中枢易化

在任何反射活动中，中枢总是既有兴奋又有抑制。兴奋和抑制在时间和空间上的多重复杂组合是中枢神经系统具有各种调节功能的重要基础。中枢抑制（central inhibition）和中枢易化（central facilitation）均为主动过程，且都可发生于突触前和突触后。

1. 突触后抑制（postsynaptic inhibition）　由抑制性中间神经元释放抑制性递质，使突触后神经元产生 IPSP 而引起。突触后抑制有以下两种形式。

（1）传入侧支性抑制：传入纤维进入中枢后，一方面通过突触联系兴奋一个中枢神经元；另一方面通过侧支兴奋一个抑制性中间神经元，通过后者的活动再抑制另一个中枢神经元，这种抑制称为传入侧支性抑制（afferent collateral inhibition）或交互抑制（reciprocal inhibition）。例如，伸肌肌梭的传入纤维进入脊髓后，直接兴奋伸肌运动神经元，同时发出侧支兴奋一个抑制性中间神经元，转而抑制屈肌运动神经元（图 1-18 左半），导致伸肌收缩而屈肌舒张。这种抑制能使不同中枢之间的活动协调起来。

（2）回返性抑制：中枢神经元兴奋时，传出冲动沿轴突外传，同时又经轴突侧支兴奋一个抑制性中间神经元，后者释放抑制性递质，反过来抑制原先发生兴奋的神经元及同一中枢的其他神经元，这种抑制称为回返性抑制（recurrent inhibition）。例如，脊髓前角运动神经元的传出冲动沿轴突到达骨骼肌发动运动，同时，冲动经轴突发出的侧支兴奋与之构成突触的闰绍细胞；后者兴奋时释放甘氨酸，回返性抑制原先发动运动的神经元和其他同类神经元（图 1-18 右半）。其意义在于及时终止运动神经元的活动，或使同一中枢内许多神经元的活动同步化。

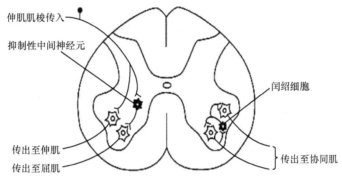

图 1-18　传入侧支性抑制和回返性抑制示意图

左半侧表示传入侧支性抑制，右半侧表示回返性抑制

2. 突触前抑制（presynaptic inhibition）　在中枢内广泛存在，尤其多见于感觉传入通路中，对调节感觉传入活动具有重要意义。如图 1-19 所示，轴突末梢 A 与运动神经元构成轴突-胞体式突触；轴突末梢 B 与末梢 A 构成轴突-轴突式突触，但与运动神经元不直接形成突触。若仅兴奋末梢 A，则引起运动神经元产生一定大小的 EPSP；若仅兴奋末梢 B，则运动神经元不发生反应。若末梢 B 先兴奋，一定时间后末梢 A 兴奋，则运动神经元产生的 EPSP 将明显减小。目前认为有三种可能的机制：①末梢 B 兴奋时，释放 GABA 作用于末梢 A 上的 $GABA_A$ 受体，引起末梢 A 的 Cl^- 电导增加，膜发生去极化，使传到末梢 A 的动作电位幅度变小，时程缩短，结果使进入末梢 A 的 Ca^{2+} 减少，由此而使递质的释放量减少，最终导致运动神经元的 EPSP 减小。②在某些轴突末梢（也如图中的末梢 A）上还存在 $GABA_B$ 受体，该受体激活时，通过耦联的 G 蛋白，使膜上的钾通道开放，引起 K^+ 外流，使膜复极化加快，同时也减少末梢的 Ca^{2+} 内流而产生抑制效应。也可能有别的递质通过 G 蛋白影响钙通道和电压门控钾通道的功能而介导突触前抑制。③在兴奋性末梢（也如图中的末梢 A），通过激活某些促代谢型受体，直接抑制递质释放，而与 Ca^{2+} 内流无关，这可能与递质释放过程中的一个或多个步骤对末梢轴质内 Ca^{2+} 增多的敏感性降低有关。

如前所述，某些神经元（尤其是大脑皮质神经元）的 $GABA_A$ 受体激活时，可使突触后膜发生超极化；而在突触前抑制中，GABA 作用于上述末梢 A 上的 $GABA_A$ 受体时，末梢膜却发生去极化。近年来的研究表明，在大多数细胞，如感觉神经元、交感神经节细胞、内皮细胞、白细胞、平滑肌和心肌细胞等，细胞内 Cl^- 的浓度较 Nernst 方程式计算出来的数值为高，换言之，Cl^- 的平衡电位（E_{Cl}）较细胞的静息膜电位（E_m）为小（指其绝对值），提示 Cl^- 的跨膜转运除被动转运外，还存在主动转运。尽管迄今为止尚未在任何细胞中发现 Cl^- 的原发性主动转运系统，但已证实上述细胞的膜上存在多种 Cl^- 的继发性主动转运系统，如 $Na^+-K^+-2Cl^-$ 同向转运体、$Cl^--HCO_3^-$ 交换体等，这些转运体和交换体具有向细胞内转运 Cl^- 的作用，因而可造成细胞内 Cl^- 的蓄积。在静息状态下，由于 Cl^- 并非处于电化学平衡状态，而是受到一个由膜内流向膜外的驱动力，因此，一旦氯通道开放，将产生 Cl^- 外流（内向电流）而发生膜的去极化。但是，有些神经元（如大脑皮质和前庭外侧核的神经元）细胞内的 Cl^- 浓度较 Nernst 方程式计算出来的数值为低，换言之，E_{Cl} 较 E_m 为大（指其绝对值）。这是因为在这些神经元膜上有一种 K^+-Cl^- 同向转运体的亚型，后者可利用膜内外 K^+ 的浓度梯度而促进 Cl^- 外排。当氯通道受 GABA、甘氨酸等递质的作用而激活开放时，则产生 Cl^- 内流（外向电流）而使膜发生超极化，从而形成抑制性突触后电位。

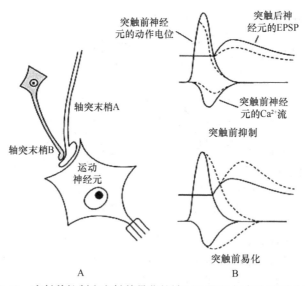

图 1-19　突触前抑制和突触前易化的神经元联系方式及机制示意图

A. 神经元联系方式；B. 机制（见正文）

3. 突触后易化（postsynaptic facilitation）　表现为 EPSP 的总和。由于突触后膜的去极化，使膜电位靠近阈电位水平，如果在此基础上再出现一个刺激，就较容易达到阈电位水平而暴发动作电位。

4. 突触前易化（presynaptic facilitation）　与突触前抑制具有同样的结构基础。在图 1-19 中，如果到达末梢 A 的动作电位时程延长，则钙通道开放时间延长，因此进入末梢 A 的 Ca^{2+} 量增多，末梢 A 释放递质增多，最终使感觉神经元的 EPSP 增大，即产生突触前易化。至于末梢 A 的动作电位时程延长，可能是由于轴突-轴突式突触末梢释放某种递质（如 5-羟色胺），引起细胞内 cAMP 水平升高，使钾通道发生磷酸化而关闭，从而延缓动作电位的复极化过程。

第二章　中枢神经系统

第一节　脊　髓

脊髓起源于胚胎时期神经管的尾端，在种系和个体发育中分化较少而较多保留了神经管的基本结构，所以脊髓是中枢神经系统中结构相对简单的部分。尽管如此，脊髓通过脊神经与人体大部分区域（包括躯体和内脏）的感受器和效应器有直接的联系，因此脊髓在人体各部日常的感觉和运动功能中有重要意义。

一、脊髓的外形

脊髓（spinal cord）位于椎管内，其表面由若干层被膜及脑脊液包围。脊髓呈前后稍扁的圆柱形，长度为 42～45cm，最宽处的直径仅为 1cm；重量不超过 35g 左右。脊髓上端在平枕骨大孔处与延髓相连，末端变细，称为脊髓圆锥（conus medullaris）。于第 1 腰椎体下缘处续为无神经组织的细丝，即终丝（filumter minale），在第 2 骶椎水平为硬脊膜包裹，止于尾骨的背面。

脊髓表面借前后两条位于正中的纵沟分为左右对称的两半。前面的裂隙明显，称前正中裂（anterior median fissure），后面的称后正中沟（posterior median sulcus），不甚明显。此外还有两对外侧沟，即前外侧沟和后外侧沟。前外侧沟是前根从脊髓发出的位置，沟的形状不明显，后外侧沟易于分辨，是后根进入脊髓的地方。脊髓保留有明显的节段性。这种节段性可由每一对脊神经前、后根的根丝出入脊髓时所占据脊髓的宽度反映出来。根据脊神经的数目，脊髓可分为 31 节：8 个颈节（C）、12 个胸节（T）、5 个腰节（L）、5 个骶节（S）和 1 个尾节（Co）。脊髓全长粗细不等，有两个膨大部：颈膨大（cervical enlargement）自 $C_5 \sim T_1$，腰骶膨大（lumbosacral enlargement）自 $L_2 \sim S_3$。这两个膨大的形成是由于此处的脊髓节段的神经元数量相对较多，是分别发出支配上肢和下肢各对脊神经的部位（图 2-1）。

由于在胚胎 3 个月后，人体脊柱的生长速度比脊髓要快，因此在成人脊髓与脊柱的长度是不相等的。这样一来，脊髓的节段与脊柱的节段并不完全对应。了解某节椎骨平对某节脊髓的相应位置，在临床上很有实用意义。如在创伤中，可凭借受伤的椎骨位置来推测脊髓可能受损的节段。在成人，一般粗略的推算方法是：上颈髓（$C_1 \sim C_4$）大致与同序数椎骨相对应；下颈髓（$C_5 \sim C_8$）和上胸髓（$T_1 \sim T_4$）与同序数椎骨的上一节椎体平对；中胸部的脊髓约与同序数椎骨上方第 2 节椎体平对；下胸部脊髓约与同序数上方第 3 节椎体平对；腰髓约平对 T_{11}、T_{12} 范围；骶髓和尾髓约平对 L_1（图 2-2）。因此，腰、骶、尾部的脊神经前后根在通过相应的椎间孔离开脊柱以前，在椎管内向下行走一段较长距离，这就形成马尾（cauda equina）。也就是说，成人椎管内在相当 L_1 以下已无脊髓而只有马尾（图 2-2）。因此，为安全起见，临床上常选择 L_3、L_4 或 L_4、L_5 腰椎棘突之间用针刺入蛛网膜下隙以引流脑脊液或注射麻醉药物。

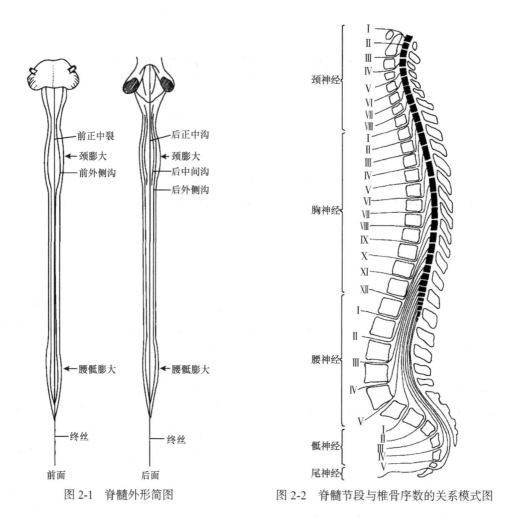

图 2-1 脊髓外形简图

图 2-2 脊髓节段与椎骨序数的关系模式图

二、脊髓的内部结构

从横切面观察脊髓,可见正中央有中央管(central canal),管腔窄小不通畅,管腔内面为室管膜细胞所衬。围绕中央管可见 H 形或蝶形的灰质(图 2-3、图 2-4)。每一侧灰质可见分别向

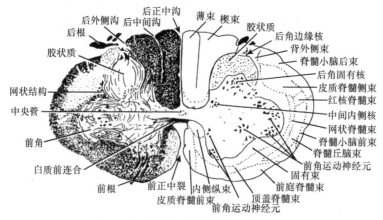

图 2-3 新生儿脊髓颈膨大部的水平切面

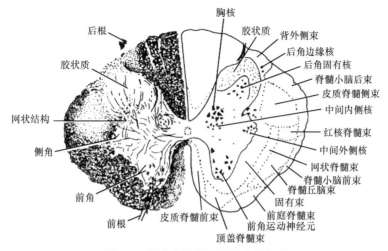

图 2-4 新生儿脊髓胸部的水平切面

前后方向伸出的前角（anterior horn）和后角（posterior horn），在胸髓和上部腰髓（$L_1 \sim L_3$）还可见向外伸出细小的侧角（later alhorn）。前、后角之间的宽阔区域为中间带（intermediate zone）。位于中央管周围、连接双侧的灰质称灰质连合。白质借脊髓的纵沟分为三个索。前正中裂与前外侧沟之间为前索（anterior funiculus），前、后外侧沟之间为外侧索（lateral funiculus），后外侧沟与后正中沟之间为后索（posterior funiculus）。在中央管前方，左右前索间有纤维横越，称白质前连合。在灰质后角基部外侧与外侧索白质之间，灰、白质混合交织，此处称为网状结构。不同节段脊髓的灰、白质构成形态是不同的（图 2-5），这是由于不同节段脊髓因其所支配的身体部位不同而含有的神经元数量不同所致。

（一）灰质

脊髓灰质由大量大小形态不同的多极神经元所组成。从横切面看，各种相同类型的神经元往往聚集成簇或成层。这些细胞群在有些地方则形成界线较分明的神经核。这些细胞群往往还沿脊髓的纵轴排列，因此从立体角度看，它们多是占据不同节段、长度不一的神经元柱。根据 20 世纪 50 年代 Rexed 的研究，全部脊髓灰质可以分成 10 个板层，这些板层从后向前分别用罗马数字 I～X 命名（图 2-6）。

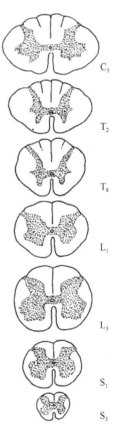

图 2-5 脊髓各平面灰质和白质的比较

Rexed 分层模式已被广泛用作对脊髓灰质细胞构筑的描述，但某些传统的脊髓核团名称目前也还在使用，了解两者之间的关系，有重要的实用意义。灰质 I～VI 层组成脊髓后角。

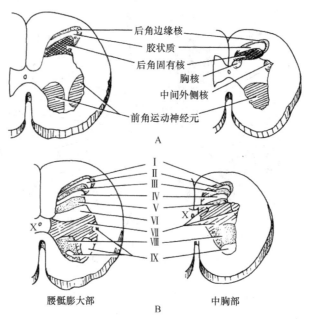

图 2-6　脊髓灰质主要核团及 Rexed 分层模式图
A. 灰质核团；B.灰质分层

Ⅰ层（laminal Ⅰ）：很薄，罩在后角的背侧缘，接受后根的传入纤维，层内含有后角边缘核（posteromarginal nucleus）。接收后根的传入神经纤维，发出纤维组成脊髓丘脑束。

Ⅱ层（laminal Ⅱ）：即传统描写的胶状质（substantia gelatinosa），此核贯穿脊髓全长，由大量密集的小型细胞组成。此核接受直径较细、髓鞘较薄的后根传入纤维侧支及其他从脑干下行的纤维，其轴突（一般为无髓纤维）在周围白质中上、下行若干节段，与邻近节段的Ⅰ～Ⅳ层神经元构成突触。此层灰质对分析加工传入脊髓的感觉信息特别是疼痛起重要作用。

Ⅲ层（laminal Ⅲ）：与Ⅰ、Ⅱ层平行，所含的细胞略大，细胞密度与Ⅱ层略小。

Ⅳ层（lamina Ⅳ）：较厚，细胞大小不一，其中稍大的细胞群又称为后角固有核（ucleus proprius），此核界线不清。Ⅲ层和Ⅳ层都接受大量的后根传入纤维。发出的纤维联络脊髓不同阶段并进入白质形成纤维束。

Ⅰ～Ⅳ层的头端与脑干的三叉神经脊束核（见后文）的尾端相延续。

Ⅴ层（lamina Ⅴ）：主要位于后角颈部，分为内外两部分。外侧部细胞较大，并因与纤维交错排列而导致此层外侧与白质的边界不甚明显，形成所谓网状结构，这在颈部更为明显。Ⅴ层灰质除接受一定后根传入纤维外，大量来自脑部特别是大脑皮质的下行纤维止于此部。此部许多细胞发出纤维越过至对侧白质上行，是组成脊髓丘脑束（见后文）的主要成分。

Ⅵ层（lamina Ⅵ）占据后角的基底部，一般仅见于颈、腰膨大部。此部接受后根传入纤维，但纤维相对较粗，与皮肤、肌肉及一些较深结构的感觉有关。

Ⅶ层（lamina Ⅶ）：面积最大，占据灰质中间带。在膨大部诸节段，Ⅶ层的范围还伸入前角。此层内有一些易于分辨的核团：中间外侧核（intermediolateral nucleus）占有 T_1～L_2（或 L_3）节段的侧角，是交感神经的节前神经元胞体所在的部位。此核团中的神经元发出纤维经前根进入脊神经，再经白交通支入交感干；中间内侧核（intermediomedial nucleus）在Ⅶ层最内侧，紧靠Ⅹ层的外侧。此核占脊髓全长，接受来自后根的传入纤维，与内脏感觉有关；胸核（nucleus thoracicus）也称背核或 Clarke 柱，仅见于 C_8～L_3 节段。此核境界明显，靠近后角基部内侧，发出纤维在同侧白质侧索上行止于小脑；此外，在 S_2～S_4 节段Ⅶ层的外侧部，还可见骶副交感核（sacral parasym pathetic nucleus），是至盆腔脏器的副交感节前神经元胞体所在的地方。

Ⅷ层（lamina Ⅷ）：位于前角，是大量来自各级脑部的下行纤维终止的部位。

Ⅸ层（lamind Ⅸ）：易于分辨，成自若干群支配骨骼肌的前角运动神经元。此层位于前角的最腹端，在颈、腰膨大部，前角运动神经元可分内、外两大群。内群位于前角腹内侧部，支配躯干部的固有肌；外群又由若干亚群组成，位于Ⅶ层外前方，支配四肢肌。前角运动神经元有两种，其中大型细胞为 α-运动神经元，其纤维支配跨关节的肌梭外骨骼肌，直接引起关节运动；小型细胞为 γ-运动神经元，支配肌梭内的骨骼肌，其作用与肌张力调节有关。如前角运动神经元遭到损伤会造成其所支配的骨骼肌瘫痪并发生萎缩，该肌的肌张力和腱反射也会减退或消失。

Ⅹ层（lamina Ⅹ）：是围绕中央管的一个区域，某些后根传入纤维也止于此。

在脊髓灰质前角存在大量运动神经元，即 α、β 和 γ 运动神经元；脊髓 α 运动神经元接受从脑干到大脑皮质各级高位中枢发出的下传信息，也接受来自躯干四肢和头面部皮肤、肌肉和关节等处的外周传入信息，产生一定的反射传出冲动，直达所支配的骨骼肌，因此它们是躯体运动反射的最后公路（final common path）。

作为运动传出最后公路的脊髓运动神经元，许多来自高位中枢和外周的各种神经冲动都在此发生整合，最终发出一定形式和频率的冲动到达效应器官。汇聚到运动神经元的各种神经冲动可能起以下作用：①引发随意运动；②调节姿势，为运动提供一个合适而又稳定的背景或基础；③协调不同肌群的活动，使运动得以平稳和精确地进行。

与 α 运动神经元相同，γ 运动神经元的轴突末梢也以乙酰胆碱为递质，但它支配骨骼肌的梭内肌纤维。γ 运动神经元的兴奋性较高，常以较高的频率持续放电，其主要功能是调节肌梭对牵张刺激的敏感性（见后文）。β 运动神经元发出的纤维对骨骼肌的梭内肌和梭外肌都有支配，但其功能尚不十分清楚。

由一个 α 运动神经元或脑运动神经元及其所支配的全部肌纤维所组成的功能单位，称为运动单位（motor unit）。运动单位的大小可相差很大。例如，一个眼外肌运动神经元仅仅支配 6～12 根肌纤维，而一个三角肌运动神经元约可支配 2000 根肌纤维。前者有利于肌肉的精细运动，而后者则有利于产生巨大的肌张力。同一个运动单位的肌纤维，可和其他运动单位的肌纤维交叉分布。因此，即使只有少数运动神经元活动，在肌肉中产生的张力也是均匀的。

（二）白质

如前所述，脊髓的白质主要由三个索组成，每个索都由不同的上行或下行的纤维束所构成（见图 2-3、图 2-4）。界定各纤维束在脊髓横切面上的位置和范围主要是根据临床病理及比较动物实验研究资料得来的。实际上，有一些纤维束的精确界线目前并不清楚，而且许多纤维束之间是相互重叠的。因此，教科书中各模式图所提供的某些纤维束位置只是大概的。在脊髓白质中上、下行的纤维数量很多，大致可分为三类：①长上行纤维，它们分别投射到丘脑、小脑和脑干的许多核团；②长下行纤维，从大脑皮质或脑干内的有关核团投射到脊髓；③短的脊髓固有纤维，这些纤维把脊髓内部各节段联系起来。脊髓固有纤维本身含有上、下行两个方向走行的纤维，它们主要紧靠脊髓灰质分布，共同组成脊髓固有束（fasciculus proprius）。在脊髓固有束中，有的纤维联系距离较远的脊髓节段，其纤维相对较长；有的则联系邻近的节段甚至限于本节内，纤维相对较短。作为白质的主要结构，本节内容将着重围绕长的上、下行纤维束加以描述。在叙述长上、下行纤维之前，必须了解后根进入带的结构。后根进入带位于白质的后索与外侧索之间、灰质后角背侧的部位，是后根纤维进入灰质所经过的地方。每个后根都分成 6～8 个根丝进入脊髓，每个分支中的轴突都分成内、外两部分。外侧部主要由细的无髓和薄髓纤维组成。这些纤维在后根进入带内又分上行及下行两部，行程较短，最远可达 4 个脊髓节。这些纤维共同组成背外侧束（dorsolateral fasciculus，或称 Lissauer 束），从此束发出纤维或纤维侧支进入后角。这些细纤维以传导疼痛和温度觉信息为主，主要止于灰质Ⅰ、Ⅱ和Ⅴ层。后根内侧部粗纤维传导痛、温觉以外的感觉信息，特别是本体感觉和触、压觉。这些纤维从后角内侧进入灰质，在入灰质前也分别呈上、下方向 在后索中走行并可达很长的距离。来自后根内侧部的纤维在灰质内可达全部板层，但以Ⅲ、Ⅳ层为主。不少来自肌梭的纤维可与Ⅸ层的运动神经元构成突触，这是形成骨骼肌牵张反射的结构基础。

1. 长上行纤维束

（1）薄束（fasciculus gracilis）和楔束（fasciculus cuneatus）（图 2-7）：此两束占据白质后索，是同侧后根内侧部纤维的直接延续。薄束起自同侧中胸部节段以下脊神经节细胞的中枢突，楔束起自同侧中胸部以上的脊神经节细胞的中枢突。因此，只有在颈髓及上胸髓的横切面上才能在后索看到位于内侧部的薄束和外侧部的楔束；在中胸部（约相当于 T4 阶段）以下，后索全由薄束所占据。薄束止于延髓的薄束核，楔束止于延髓的楔束核。薄束和楔束分别向脑部传导来自下肢和上肢的本体感觉（肌、腱、骨骼、关节的位置觉、运动觉和振动觉）及精细或辨别性触觉（如辨别两点距离和物体纹理粗细），也就是说，以中枢突构成薄、楔束的脊神经节细胞发出的周围突是到位于躯干和四肢较深部的结构，如肌肉、肌腱、骨骼和关节及皮肤内分化较高的感受器中去的。脊髓后索的病变，本体觉和辨别性触觉的信息就不能经此两束向上传入大脑皮质。这样，在患者不能借助视觉（如闭眼或黑夜）时，就难以确定自身关节的位置和运动状况，发生站立不稳、行动不协调并不能辨别所触摸物体的性状等症状。除来自同侧脊神经节细胞的轴突以外，薄、楔束中还包含有来自同侧脊髓后角（如Ⅳ层）的神经元也止于薄束核和楔束核的上行纤维。

（2）脊髓小脑后束（posterior spinocerebellar tract）（图 2-8）：位于 L2 以上节段白质外侧索

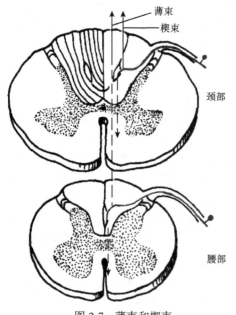

图 2-7　薄束和楔束

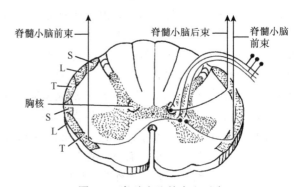

图 2-8　脊髓小脑前束和后束

后部表层、由同侧背核发出，上行经小脑下脚止于小脑皮质。由于背核主要接受来自同侧躯干下部和下肢的本体感受器（肌梭和腱器）及皮肤触压感受器的冲动，脊髓小脑后束的功能是在小脑参与控制下肢随意运动（特别是控制肌张力和肌肉间的共济协调）过程中，向小脑提供与外环境变化有关的反馈信息。

（3）脊髓小脑前束（anterior spinocerebellar tract）：位于白质外侧索前部的表浅层，起于腰髓以下节段对侧灰质Ⅴ～Ⅸ层中的若干细胞群。此束主要经小脑上脚进入小脑皮质。脊髓小脑前束的起始细胞接收多方面的信息来源，特别是来自中枢内的节段性或下行纤维的传入。因此，脊髓小脑前束可能是向小脑反馈下肢在运动过程中某些相关的中枢结构运转状况信息。

（4）脊髓小脑外侧束（rostral spinocerbellar tract）：位于颈髓外侧索外侧表浅部分，与部分脊髓小脑前、后束纤维重叠。此束起于同侧颈膨大部Ⅴ～Ⅵ层灰质的两群神经元，纤维经小脑上、下脚入小脑皮质。脊髓小脑外侧束的功能与脊髓小脑前束相当，但其传导的是反映上肢活动状况的信息。

（5）脊髓丘脑束（spinothalamic tract）（图2-9）：此束位于外侧索前半部和一部分前索白质，占白质面积较广。脊髓丘脑束的起始细胞位于对侧脊髓全长，但以颈、腰膨大部最集中。细胞主要位于灰质Ⅰ和Ⅴ层，Ⅶ和Ⅷ层中亦有存在。纤维在白质前连合越边后在上一节对侧白质前外侧索上行，止于背侧丘脑。此束在途经脑干时，还发出侧支到网状结构和导水管周围灰质（见后文）。脊髓丘脑束传导痛、温、触觉。传导来自下肢感觉的纤维位于传导束的表浅部，而传导上肢感觉的纤维位于传导束中靠近灰质的部位。脊髓丘脑束的起始细胞主要接收后根中较细神经纤维（经过背外侧束）的传入，这种传入有的是直接的，即来自背外侧束的纤维与伸入Ⅱ、Ⅲ层灰质的Ⅴ层细胞树突及Ⅰ层内的脊髓丘脑束神经元相突触。也有的传入是间接的，即经过后角中特别是Ⅱ层内神经元的接替。一侧脊髓丘脑束损伤时，对侧病变水平1～2节以下的区域会表现有痛、温觉的减退或消失。

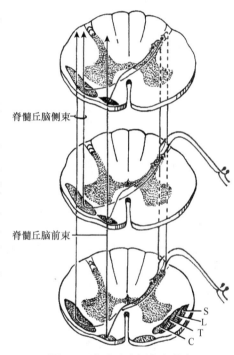

图2-9　脊髓丘脑侧束和前束

2. 长下行纤维束

（1）皮质脊髓束（corticospinal tract）（图2-10）：是脊髓内最大的下行束。此束起源于大脑皮质，在延髓下部的锥体（见后文）大部分交叉越边到对侧脊髓侧索的后部（相当于脊髓小脑后束深方、脊髓后角的外侧）下行，称为皮质脊髓侧束（lateral corticospinal tract），下行可达骶髓。下行过程中，此束沿途发出纤维止于同侧脊髓灰质。一般来说，来自额叶皮质的纤维主要止于Ⅳ～Ⅸ层灰质，有少数纤维可以直接与外侧群的前角运动神经元（主要是支配肢体远端小肌肉的运动神经元）相突触；来自顶叶皮质的纤维则主要止于后角，特别是Ⅲ、Ⅳ层。皮质脊髓侧束中的纤维也是按躯体定位方式排列的，即到达下位脊髓节段的纤维行于束的表浅部位，而止于高位脊髓节段的纤维位于纤维束的深方，更靠近灰质后角。在延髓没有交叉的少数皮质脊髓束纤维行于脊髓前索，居正中裂两岸，称为皮质脊髓前束（anterior corticespinal tract）。此束止于双侧灰质前角。皮质脊髓束的主要功能是完成大脑皮质对脊髓的直接控制，其中主要的是对运动功能的控制。因此，皮质脊髓束对前角运动

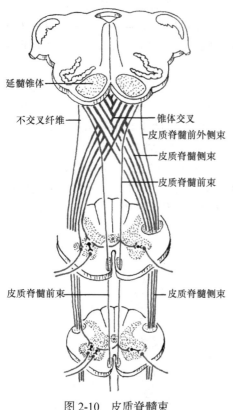

延髓锥体

不交叉纤维

锥体交叉

皮质脊髓前外侧束

皮质脊髓侧束

皮质脊髓前束

皮质脊髓前束

皮质脊髓侧束

图 2-10 皮质脊髓束

细胞有重要影响。然而，皮质脊髓束对前角运动神经元的支配多是间接的，中间往往有复杂的中间神经元中继。临床上，把胞体位于大脑皮质的皮质脊髓束及其他下行控制前角运动细胞的神经元称为上运动神经元，而将前角运动神经元称为下运动神经元。上运动神经元损伤也能引起伤面水平以下有关骨骼肌的瘫痪，但这种瘫痪不致造成明显的肌萎缩且肌紧张和腱反射还会表现亢进（硬瘫），这与下运动神经元损伤引起的带有明显肌萎缩且张力低下、腱反射消退的瘫痪（软瘫）是很不相同的。

（2）红核脊髓束（rubrospinal tract）：大致位于皮质脊髓束腹侧且与其无明显界线。此束在低等动物比较显著，在人类则不甚发达。红核脊髓束起于中脑红核，交叉后在脊髓侧索下行，止于灰质Ⅴ～Ⅶ层（大部分皮质脊髓侧束也止于此）。此束对支配屈肌的运动神经元有较强的兴奋作用，它与皮质脊髓束一起对肢体远端肌肉运动发挥重要影响。

（3）前庭脊髓束（vestibulospinal tract）：起于同侧延髓前庭外侧核，下行于脊髓前索外侧部，止于灰质Ⅷ层和一部分Ⅶ层。此束主要兴奋躯干肌及肢体的伸肌，在调节身体平衡中起重要作用。

（4）网状脊髓束（reticulospinal tract）：来自脑桥和延髓的网状结构，大部分以同侧为主。此束较弥散，行于白质前索和侧索前内部；纤维止于灰质Ⅶ和Ⅷ层。此束主要参与对躯干和肢体近端肌肉运动的控制。

（5）其他发自脑干的下行束：在颈髓白质前索，还有内侧纵束（medial longitudinal fasciculus）和顶盖脊髓束（tectospinal tract）。它们分别起自延髓前庭核和中脑上丘，与头颈和眼外肌的反射活动有关。

案例 2-1 某"蜘蛛人"在清洁外墙时不慎从高空跌落，导致脊椎损伤。被送往医院检查发现：右下肢不能随意运动，本体感觉和精细触觉丧失，左侧肋弓平面以下半身的皮肤痛、温觉丧失。

诊断：椎骨骨折合并脊髓损伤。

问题：

（1）脊髓损伤部位在哪儿（节段）？

（2）哪一个椎骨骨折？

（3）解释上述症状及体征的原因。

三、脊髓的功能和脊髓反射

（一）脊髓的调节功能

有许多反射可在脊髓水平完成，但由于脊髓经常处于高位中枢控制下，故其自身所具有的功能不易表现出来。由于对脊髓休克的研究有助于了解脊髓自身的功能，所以，本节首先讨论脊髓休克。

1. 脊髓休克（spinal shock） 简称脊休克，是指人和动物的脊髓在与高位中枢之间离断后反射活动能力暂时丧失而进入无反应状态的现象。在动物实验中，为了保持动物的呼吸功能，常在脊髓第 5 颈段水平以下切断脊髓，以保留膈神经对膈肌呼吸运动的支配。这种脊髓与高位中枢离断的动物称为脊髓动物，简称脊动物。

脊休克主要表现为横断面以下的脊髓所支配的躯体与内脏反射均减退以至消失，如骨骼肌紧张降低甚至消失，外周血管扩张，血压下降，发汗反射消失，粪、尿潴留。之后，一些以脊髓为基本中枢的反射可逐渐恢复。其恢复速度与动物的进化程度有关，因为不同动物的脊髓反射对高位中枢的依赖程度不同。例如，蛙在脊髓离断后数分钟内反射即可恢复；犬于数天后恢复；而人类因外伤等原因引起脊休克时，则需数周以至数月反射才能恢复。恢复过程中，较简单的和较原始的反射先恢复，如屈肌反射、腱反射等；较复杂的反射恢复则较慢，如对侧伸肌反射、搔爬反射等。血压也逐渐回升到一定水平，并有一定的排便与排尿能力，但此时的反射往往不能很好地适应机体生理功能的需要。离断面水平以下的知觉和随意运动能力将永久丧失。

上述脊休克的表现并非由切断损伤的刺激本身而引起，因为反射恢复后若再次切断脊髓，脊休克不会重现。脊休克的产生与恢复，说明脊髓能完成某些简单的反射，但这些反射平时在高位中枢控制下不易表现出来。脊休克恢复后伸肌反射往往减弱而屈肌反射往往增强，说明高位中枢平时具有易化伸肌反射和抑制屈肌反射的作用。

2. 脊髓对姿势的调节 中枢神经系统可通过调节骨骼肌的紧张度或产生相应的运动，以保持或改正躯体在空间的姿势，这种反射称为姿势反射（postural reflex）。脊髓能完成的姿势反射有对侧伸肌反射、牵张反射和节间反射等。

（1）对侧伸肌反射：脊动物在受到伤害性刺激时，受刺激的一侧肢体关节的屈肌收缩而伸肌弛缓，肢体屈曲，称为屈肌反射（flexor reflex）。该反射具有保护意义，但不属于姿势反射。若加大刺激强度，则可在同侧肢体发生屈曲的基础上出现对侧肢体伸展，这一反射称为对侧伸肌反射（crossed extensor reflex）。对侧伸肌反射是一种姿势反射，在保持躯体平衡中具有重要意义。

（2）牵张反射（stretch reflex）是指骨骼肌受外力牵拉时引起受牵拉的同一肌肉收缩的反射活动。牵张反射有腱反射和肌紧张两种类型。

1）腱反射（tendon reflex）：是指快速牵拉肌腱时发生的牵张反射。例如，当叩击髌骨下方的股四头肌肌腱时，可引起股四头肌发生一次收缩，这称为膝反射。属于腱反射的还有跟腱反射和肘反射等。腱反射的传入纤维直径较粗，为 $12\sim20\mu m$，传导速度较快，可达 90m/s 以上，反射的潜伏期很短，约 0.7ms，只够一次突触接替的时间，因此，腱反射是单突触反射。

2）肌紧张（muscle tonus）：是指缓慢持续牵拉肌腱时发生的牵张反射，其表现为受牵拉的肌肉发生紧张性收缩，阻止被拉长。肌紧张是维持躯体姿势最基本的反射，是姿势反射的基础。例如，人体取直立姿势时，由于重力的作用，头部将向前倾，胸和腰将不能挺直，髋关节和膝关节也将屈曲，但由于骶棘肌、颈部及下肢的伸肌群的肌紧张加强，就能抬头、挺胸、伸腰、直腿，从而保持直立的姿势。肌紧张中枢的突触接替不止一个，因而为多突触反射。肌紧张的收缩力量并不大，只是抵抗肌肉被牵拉，表现为同一肌肉的不同运动单位进行交替性的收缩，而不是同步收缩，因此不表现为明显的动作，并且能持久地进行而不易发生疲劳。

伸肌和屈肌都有牵张反射，在人类，伸肌是抗重力肌，所以脊髓的牵张反射主要表现在伸肌。临床上常通过检查腱反射来了解神经系统的功能状态。腱反射减弱或消退提示反射弧损害或中断；而腱反射亢进则提示高位中枢有病变，因为牵张反射受高位中枢的调节。

腱反射和肌紧张的感受器是肌梭（muscle spindle）。肌梭外有一结缔组织囊，囊内所含肌纤维称为梭内肌纤维（intrafusal fiber），囊外一般肌纤维则称为梭外肌纤维（extrafusal fiber）。肌梭与梭外肌纤维呈并联关系。梭内肌纤维的收缩成分位于两端，而感受装置则位于中间，两者呈串联关系。梭内肌纤维分核袋纤维（nuclear bag fiber）和核链纤维（nuclear chain fiber）两类。肌梭的传入神经纤维有 I_a 和 II 类纤维两类，前者的末梢呈螺旋形缠绕于核袋纤维和核链纤维的感受装置部位；后者的末梢呈花枝状，主要分布于核链纤维的感受装置部位。两类纤维都终止于脊髓前角的 α 运动神经元。α 运动神经元发出 α 传出纤维支配梭外肌纤维。γ 运动神经元发出 γ 传出纤维支配梭内肌纤维，其末梢有两种：一种为板状末梢，支配核袋纤维；另一种为蔓状末梢，支配核链纤维（图 2-11A）。

当肌肉受外力牵拉时，梭内肌感受装置被动拉长，使螺旋形末梢发生变形，导致 I_a 类纤维传入冲动增加，冲动频率与肌梭被牵拉的程度成正比，肌梭传入冲动增加可引起支配同一肌肉的 α 运动神经元活动加强和梭外肌收缩，形成一次牵张反射。刺激 γ 传出纤维并不足以使整块肌肉缩短，但 γ 传出冲动增加可使梭内肌收缩，造成对核袋感受装置的牵拉，并引起 I_a 类传入纤维放电增加（图 2-11B），所以，γ 传出增加可加强肌梭的敏感性。在整体情况下，γ 传出在

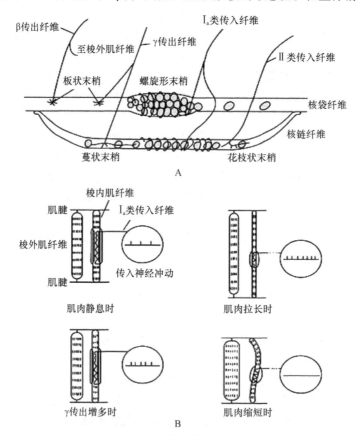

图 2-11　肌梭的主要组成及在不同长度状态下传入神经放电改变的示意图

A. 肌梭的主要组成；B. 肌梭在不同长度状态下传入神经放电的改变：静息时（左上小图），肌梭长度和 I_a 类传入纤维放电处于一定水平，当肌肉受牵拉而伸长时（右上小图），或肌梭长度不变而 γ 传出增多时（左下小图），I_a 类传入纤维放电频率增加，当梭外肌收缩而肌梭缩短时（右下小图），I_a 类传入纤维放电频率减少或消失

很大程度上还受到来自许多高位中枢下行通路的调控，通过调节和改变肌梭的敏感性和躯体不同部位的牵张反射的阈值，以适应控制姿势的需要。I_a和Ⅱ类纤维的传入冲动进入脊髓后，除产生牵张反射外，还通过侧支和中间神经元接替上传到小脑和大脑皮质感觉区。核链纤维上Ⅱ类纤维的功能可能与本体感觉的传入有关。

除肌梭外，还有一种称为腱器官（tendon organ）的牵张感受装置，它分布于肌腱胶原纤维之间，与梭外肌纤维呈串联关系，其传入神经是I_b类纤维。如前所述，肌梭是一种长度感受器，其传入冲动对同一肌肉的α运动神经元起兴奋作用；而腱器官则是一种张力感受器，其传入冲动对同一肌肉的α运动神经元起抑制作用。当整块肌肉受牵拉时，由于肌组织较肌腱组织更富有弹性，牵拉所产生的张力大部分加在肌组织上，使之明显被拉长，而加在肌腱组织上的张力则较小，长度变化也不大。所以，肌肉受牵拉时肌梭首先兴奋而产生牵张反射；若加大拉力，则可兴奋腱器官而抑制牵张反射，从而避免肌肉被过度牵拉而受损。

（3）节间反射（intersegmental reflex）：是指脊髓某一节段神经元发出的轴突与邻近节段的神经元发生联系，通过上、下节段之间神经元的协同活动而发生的反射，如在脊动物恢复后期刺激腰背皮肤引起后肢发生的搔爬反射（scratching reflex）。

> **案例 2-2** 某建筑工人从脚手架上摔下来，导致脊柱损伤。急诊入院检查发现：双下肢不能运动，一切反射消失，脐平面以下无任何感觉。一周后逐渐出现：双下肢张力增高，但仍不能运动，膝腱反射亢进，病理反射阳性；脐平面以下的感觉障碍仍然存在。
>
> 诊断：脊椎骨折合并脊髓全横断。
>
> **问题：**
>
> （1）什么是脊髓休克？
>
> （2）脊髓休克的原因有哪些？
>
> （3）解释脊髓横断后的症状。

第二节 脑

脑（encephalon，brain）位于颅腔内，在成人其平均重量约1400g，起源于胚胎时期神经管的前部，一般可分为6个部分：端脑、间脑、小脑、中脑、脑桥和延髓（图2-12、图2-13），其中端脑和间脑合称前脑（prosencephalon, forebrain），后脑与延髓合称菱脑（rhomben cephalon，hindbrain），后脑（metencephalon，afterbrain）又由脑桥和小脑构成。依据其所处的位置，人们习惯上把中脑、脑桥和延髓三部分合称为脑干。延髓向下经枕骨大孔连接脊髓。随着脑各部的发育，胚胎时期的神经管就在脑的各部内部形成一个连续的脑室系统。

一、脑 干

脑干（brain stem）是中枢神经系统中位于脊髓和间脑之间的一个较小部分，自下而上由延髓、脑桥和中脑三部分组成。延髓和脑桥的背面与小脑相连，它们之间的室腔为第四脑室。此室向下与延髓和脊髓的中央管相续，向上连通中脑的中脑水管。若将小脑与脑干连接处割断，摘去小脑，就能见到第四脑室的底，即延髓上部和脑桥的背面，呈菱形，故称菱形窝。脑干的内部结构主要有三种类型：神经核团、长的纤维束和网状结构，后者是各类神经元与纤维交错排列而相对散在分布的一个特定区域。

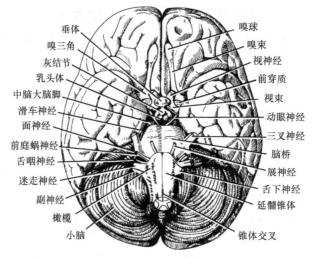

垂体
嗅三角
灰结节
乳头体
中脑大脑脚
滑车神经
面神经
前庭蜗神经
舌咽神经
迷走神经
副神经
橄榄
小脑

嗅球
嗅束
视神经
前穿质
视束
动眼神经
三叉神经
脑桥
展神经
舌下神经
延髓锥体
锥体交叉

图 2-12　脑的底面

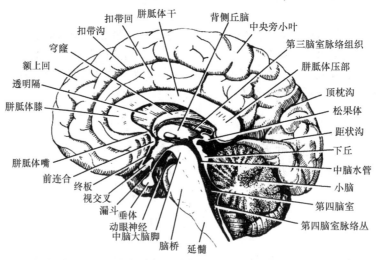

扣带回
扣带沟
穹窿
额上回
透明隔
胼胝体膝
胼胝体嘴
前连合
终板
视交叉
漏斗　垂体
动眼神经
中脑大脑脚
脑桥　延髓

胼胝体干
背侧丘脑
中央旁小叶
第三脑室脉络组织
胼胝体压部
顶枕沟
松果体
距状沟
下丘
中脑水管
小脑
第四脑室
第四脑室脉络丛

图 2-13　脑的正中矢状面

（一）脑干的外形

1. 延髓（medulla oblongata）（图 2-14、图 2-15）　　延髓形似倒置的锥体，长约 3cm，前靠枕骨基底部，后上方为小脑，下在枕骨大孔处，相当第 1 颈神经根部位与脊髓相接，两者外形分界不明显。延髓上端与脑桥在腹面以横行的延髓脑桥沟（bulbopontine sulcus）分界，在背面则以第四脑室底上横行的髓纹为界线。脊髓表面的诸纵行沟裂向上延续到延髓。在延髓腹面，前正中裂两侧有隆起的锥体（pyramid），主要由皮质脊髓束纤维聚成（因此皮质脊髓束也可称为锥体束）。在延髓和脊髓交界处，组成锥体的纤维束大部交叉，在外形上可以看到锥体交叉（decussation of pyramidal）填塞了前正中裂。锥体的外侧有卵圆形隆起的橄榄（olive），内含下橄榄核。橄榄和锥体之间的前外侧沟中有舌下神经根丝出脑。在橄榄的背方，则由上而下可见舌咽、迷走和副神经的根丝入脑或出脑。在背面，延髓下部形似脊髓，上部中央管敞开为第四脑室，构成菱形窝的下部。在延髓背面下部，脊髓的薄、楔束向上延伸，分别扩展为膨隆的薄束结节（gracile tubercle）和楔束结节（cuneate tubercle），其深面有薄束核和楔束核，它们是薄、楔束终止的核团。在此处，第四脑室下界呈"V"形，其尖端称闩（obex）。在楔束结节的外上方有隆起的小脑下脚（inferior cerebellar neduncle），由进入小脑的神经纤维构成，并成为第四脑室侧界的一部分。

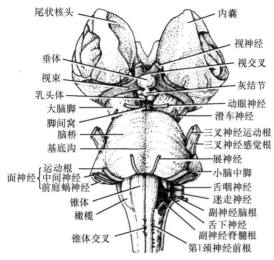

图 2-14　脑干外形（腹侧面）

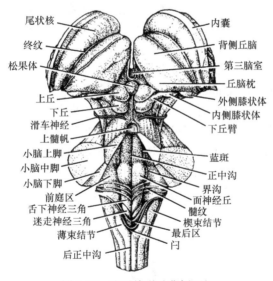

图 2-15　脑干外形（背侧面）

2. 脑桥（pens）（图 2-14、图 2-15）　脑桥以其腹面宽阔膨隆的基底部（basilar part）为特征，下缘借延髓脑桥沟与延髓分界。沟中有三对脑神经根出入脑，自内向外分别为展神经、面神经和前庭蜗神经。脑桥上缘与中脑的大脑脚相接，长度约 2.5cm。基底部正中有纵行的基底沟（basilar sulcus），容纳基底动脉。基底部向外逐渐变窄，移行为小脑中脚（middle cerebellar peduncle），两者的分界以三叉神经根（包括粗大的感觉根和位于其前内侧细小的运动根）为标志。延髓、脑桥和小脑的交角处，临床上称为脑桥小脑三角，前庭蜗神经和面神经根恰好位于此处。因此，该部位的肿瘤能引起涉及这些脑神经和小脑的多方面的症状。

脑桥的背面形成第四脑室底的上半，此处室底的外侧壁为左右小脑上脚（superior cerebellar

peduncle)，两个上脚间夹有薄层的白质层，称为上髓帆（superior medullary velum），参与构成第四脑室顶。上髓帆上有滑车神经根出脑，它是唯一自脑干背面出脑的脑神经。

3. 菱形窝（rhomboid fossa）（图 2-15） 即第四脑室底（floor of the fourth ventricle），是延髓上部和脑桥的背面。此窝正中有纵行的正中沟（median sulcus），将窝分成左右对称的两半。此沟外侧有纵行的界沟（sulcus limitans）进一步将每一半菱形窝分成内侧区和外侧区。外侧区呈三角形，称为前庭区（vestibular area），深方为前庭神经核。前庭区的外侧角上有一小隆起，为听结节（acoustic tubercle），内隐蜗神经后核。界沟与正中沟之间的内侧区称内侧隆起（medial eminence），其髓纹以下的延髓部可见两个三角：迷走神经三角（vagal triangle）位于外侧，内含迷走神经背核；舌下神经三角（hypoglossal triangle）位于背内侧，内隐舌下神经核。在迷走神经三角和菱形窝边缘之间有一窄带，称最后区（area postrema），此区富含血管和神经胶质。靠近髓纹上方，内侧隆起上有一圆形隆突，为面神经丘（facial colliciuns），内含展神经核。在界沟上端，有一颜色发蓝黑色的小区域，称为蓝斑（locus ceruleus），深方聚有含黑色素的去甲肾上腺素能神经元。

4. 第四脑室（fourth ventricle）（图 2-13、图 2-15～图 2-18） 其顶部朝向小脑，前部由小脑上脚及上髓帆组成，后部由下髓帆和第四脑室脉络组织形成。下髓帆（inferior medullary velum）也是一薄片白质，它与上髓帆都伸入小脑，以锐角相会合。附于下髓帆和菱形窝下角之间的部分，朝向室腔的是一层上皮性室管膜，其表层有软膜和血管被覆，它们共同形成第四脑室脉络组织。脉络组织上的一部分血管反复分支缠绕成丛，夹带着软膜和室管膜上皮突入室腔，成为第四脑室脉络丛是生成脑脊液的地方。第四脑室借脉络组织上的三个孔与蛛网膜下隙相通。第四脑室正中孔（median aperture of fourth ventricle）不成对，位于菱形窝下角尖部的正上方；第四脑室外侧孔（laterl apertures of fourth ventricle）成对，开口于第四脑室的外侧尖端。

5. 中脑（mesencephalon 或 midbrain）（图 2-12） 长约 1.5cm，其腹面上界是属于间脑的视束，下界为脑桥上缘。中脑腹侧面有一对粗大的隆起，称大脑脚底（crus cerebri），由大量来自大脑皮质的下行纤维所组成。大脑脚底之间为深陷的脚间窝（interpeduncular fossa）。此处有许多血管穿入，故此区域又称后穿质（posterior perforated substance），大脑脚底的内侧有动眼神经根出脑。中脑背面有两对圆形隆起，即一对上丘（superior colliculus）和一对下丘（inferior colliculus）。下丘与间脑的内侧膝状体之间的条状隆起为下丘臂（brachium of inferior colliculus）；联系上丘与间脑的外侧膝状体的为上丘臂（brachium of superior colliculus）。由于上、下丘的覆盖，胚胎时期的神经管腔在中脑成为中脑水管（mesencephalic aqueduct），向下与第四脑室相通。

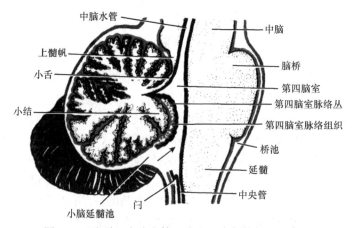

图 2-16 脑干、小脑和第四脑室正中矢状切面示意图

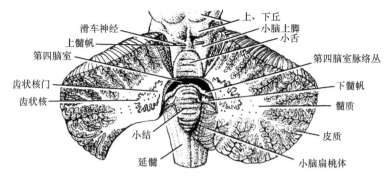

图 2-17 小脑冠状切面后面观，示第四脑室顶

（第四脑室顶最上部被切除）

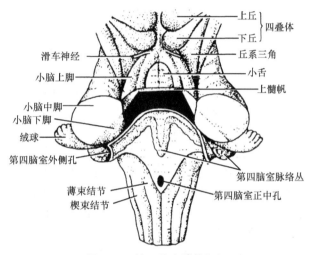

图 2-18 第四脑室脉络组织

（二）脑干内部结构

1. 脑神经核 脑神经中除嗅神经和视神经外，第Ⅲ～Ⅻ对脑神经均出入脑干。因此，脑神经核就成为脑干诸神经核团中的重要部分。脑神经核可粗分为两大类：接受脑神经中感觉成分传入的核团称为脑神经感觉核，发出传出纤维经脑神经支配效应器活动的称脑神经运动核。

由于脑神经含有七种成分（图 2-19～图 2-21），与此相对应，脑神经感觉核和脑神经运动核可进一步区分出七种核团。这些核团在脑干中有规律地排列成纵行的功能柱。它们是：①躯体运动柱，相当脊髓中的前角运动细胞或可看作前角运动细胞柱向脑干的延续，支配自肌节衍化的骨骼肌，即舌肌和眼球外肌。②一般内脏运动柱，相当脊髓的内脏神经节前神经元，亦可看作脊髓骶副交感核和中间外侧核在脑干内的延伸，支配头、颈、胸、腹部器官的平滑肌、心肌和腺体。③特殊内脏运动柱，专门支配由鳃弓衍化的骨骼肌，即咀嚼肌、面部表情肌和软腭、咽喉肌等，把此类骨骼肌视为"内脏"，是由于在种系发生过程中，低等脊椎动物特别是鱼类的鳃，是与呼吸功能相关的。④一般内脏感觉柱，接受脏器和心血管的初级感觉纤维，相当于脊髓的中间内侧柱。⑤特殊内脏感觉柱，接受味觉的初级感觉纤维。⑥一般躯体感觉柱，接受头面部皮肤与口、鼻腔黏膜的初级感觉纤维的传入。此功能柱相当于脊髓后角的 Ⅰ～Ⅳ层灰质，实际上也是与之相延续的。⑦特殊躯体感觉柱，接受内耳听和平衡感受器的初级感觉纤维。

之所以把此类功能柱归入"躯体",是由于作为感受器的膜迷路在发生上是起源于外胚层的。在这七类中,所谓的"一般",是指脊髓和脑干中共有的核柱,它们之间实际上互为延续;"特殊"则是指仅见于脑干,与特殊感觉器和鳃弓衍化物有关的核柱,而在脊髓中是没有类似功能的核团存在的。但是,必须说明,一般内脏和特殊内脏感觉柱实际上是同一核柱,即孤束核。此核的上端接受味觉纤维,其余部分接受一般内脏感觉纤维。因此,脑干内只有六个脑神经核柱。

六个脑神经核柱并非纵贯脑干的全长,它们多数是断开的,其中每个柱可以包含若干功能相同的神经核团。这些代表不同功能的柱在脑干灰质内呈有规律的排列关系。一般说来,感觉柱位于界沟的外侧,运动柱位于界沟的内侧;无论是感觉核柱还是运动核柱,凡是与内脏相关的均靠近界沟;相反,凡是与躯体相关的均离界沟较远。

(1)躯体运动柱(somatic motor column):此柱位于第四脑室底的最内侧,邻近正中线,由4个核团组成,它们由上而下是动眼神经核(oculomotor nucleus,Ⅲ)、滑车神经核(trochlear nucleus,Ⅳ)、展神经核(abducens nucleus,Ⅵ)及舌下神经核(hvpoglossal uncleus,Ⅻ)。动眼神经核位于中脑上部,相当于上丘阶段、中脑水管的腹侧,可分为成对的外侧核和位于正中线上单个的正中核。从这些核团上发出纤维向腹侧经大脑脚内侧出脑,组成动眼神经,支配大部分眼球外肌(除外直肌和上斜肌以外)和提上睑睑。滑车神经核位于中脑下部相当于下丘阶段,也位于中脑水管腹侧。它发出纤维围绕导水管周围灰质(见后文)行向背外侧,再转向背侧于前髓帆中左右两根完全交叉,出脑后支配上斜肌。展神经核位于脑桥中下部,相当于面神经丘的深方,发出神经根行向腹侧,在脑桥下缘即基底与锥体交界处出脑,支配外直肌。舌下神经核位于延髓上部,相当于舌下三角的深方。由此核发出的纤维组成舌下神经根在锥体与橄榄之间出脑,支配舌肌的运动。组成上述诸核团的细胞均属大型运动神经元,很像脊髓的前角运动神经元。躯体运动功能柱神经元的损伤也会造成所谓的下运动神经元损伤。这特别表现在舌下神经核或神经根损伤后,患侧舌肌瘫痪(伸舌时舌尖偏向患侧)并伴有肌萎缩。

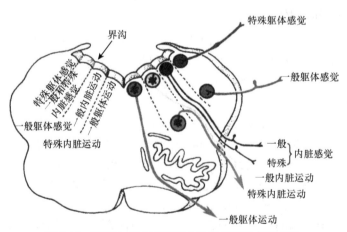

图 2-19　延髓上部水平切面上脑神经核的排列规律

展神经核或根损伤时,患侧眼球不能外展,由于失去拮抗平衡眼球处于内斜视状况;动眼神经核或根丝损伤则可造成患侧眼睑下垂、眼球偏向外下,同时可表现有瞳孔散大。像脊髓前角运动神经元一样,躯体运动柱诸核也受到来自大脑皮质及其他高级脑部下行纤维的控制。其中来自皮质的纤维称皮质核束(见后文),它对诸眼肌运动核(Ⅳ、Ⅵ)是双侧支配，而对舌下神经核（Ⅻ）则是单侧（对侧）支配。因此，当延髓以上水平的皮质核束即所谓的上运动神经元损伤时，可表现为对侧舌肌瘫痪（伸舌时偏向健侧），但舌肌没有萎缩。

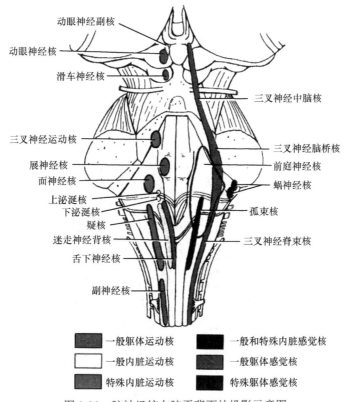

图 2-20 脑神经核在脑干背面的投影示意图

（2）特殊内脏运动柱（special visceral motor column）：此柱位于躯体运动柱腹外侧，也由 4 个核团组成，即三叉神经运动核（motor nucleus of trigeminal nerve，Ⅴ）、面神经核（facial nucleus，Ⅵ）、疑核（nucleus amblguus，ir、Ⅹ、xl）和副神经核（accessory nucleus，Ⅺ）。三叉神经运动核位于脑桥中部网状结构（见后文）背外侧，发出纤维行向腹外，出脑后加入下颌神经，支配咀嚼肌。面神经核位于脑桥中下部，此核发出的纤维组成面神经根，其在脑内走行很有特点。自核发出后，面神经根先行向背内方，绕过展神经核（在此处称面神经膝），再沿面神经核的外侧出脑，支配面肌、二腹肌后腹、茎突舌骨肌等。疑核位于延髓上部的网状结构中，发出轴突先向背内，然后折向腹外出脑。此核发出的纤维加入三对脑神经，即舌咽神经（Ⅸ）、迷走神经（Ⅹ）和副神经（Ⅺ）。通过这三对神经支配软腭、咽、喉和食管上部的骨骼肌。因此，其功能与发声、语言和吞咽很有关系。副神经核位于特殊内脏运动柱的最尾端，实际上已伸入上部颈髓，即上 5 或 6 节颈髓的前角背外侧。此核发出纤维组成副神经脊髓根，支配胸锁乳突肌和斜方肌。由于特殊内脏运动柱诸核团也是支配骨骼肌运动，这些核团及根丝的损伤也能引起下运动神经元疾病的症状。三叉神经运动核或根丝损伤以咀嚼肌能受累为特点，张口时，由于对侧翼肌的正常活动，下颌偏向麻痹肌肉一侧。面神经核或神经发生病损颇为常见，主要表现为伤侧面肌麻痹并伴有面肌萎缩。一侧疑核的病变则能造成患侧软腭、咽、喉肌肉的麻痹，造成吞咽和发声困难。特殊内脏运动柱也受上运动神经元主要是皮质核束的支配，但除面神经核下部

（支配下部面肌）外，均为双侧支配。因此，一侧上运动神经元损伤仅能引起对侧下部面肌的瘫痪，但无明显萎缩表现。

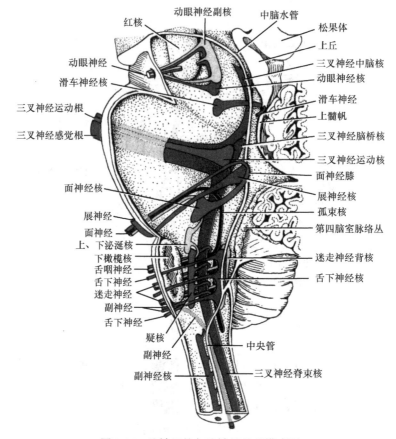

图 2-21　脑神经核与脑神经关系模式图

（3）一般内脏运动柱（general visceral motor column）：位于躯体运动柱的外侧，靠近界沟。此柱由 4 个主要核团组成，由上而下是动眼神经副核（accessory oculomotor nucleus，Ⅲ）、上泌涎核（superior sallvatory nucleus，Ⅶ）、下泌涎核（inferior salivatory nucleus，Ⅸ）和迷走神经背核（dorsal nucleus of vagus nerve，Ⅹ）。这些核团都发出副交感节前纤维。动眼神经副核又称Edinger-Westphal 核，于上丘平面在动眼神经核前部背内侧，属小型细胞。此核发出纤维也行于动眼神经（Ⅲ）内，止于睫状神经节。由此节发出副交感节后纤维到达眼球的瞳孔括约肌和睫状肌，控制瞳孔缩小和晶状体的曲度。上、下泌涎核分别位于脑桥下部和延髓的橄榄上部，但是核团界线不清而较难定位。上泌涎核发出纤维进入面神经（Ⅶ），经副交感神经节换元后支配泪腺、舌下腺和下颌下腺的分泌。下泌涎核的纤维则进入舌咽神经（Ⅸ），换元后支配腮腺的分泌活动。迷走神经背核在迷走三角深方位于舌下神经核外侧，几乎与其同长。发出的纤维经迷走神经（Ⅹ）在橄榄背侧出脑，支配颈部和胸、腹腔大部分脏器的活动。

（4）内脏感觉柱（vesceral afferent column）：位于界沟外侧，内邻一般内脏运动柱。此柱由单一的位于延髓上部的孤束核（nucleus of solitarg tract）构成。此核的头部接受来自味蕾的初级传入纤维，尾部则接受来自颈动脉体、咽喉、心、肺和肠道等内脏的感觉纤维。上述纤维在进入核团之前在脑干内形成纵行的孤束（solitary tract），孤束核的细胞分布于孤束周围并接受其纤维终止。孤束核头端发出的传递味觉的纤维到达丘脑，经接替后传入大脑皮质；其他孤束核细胞发出纤维与周围的网状结构神经元相突触，并间接地与边缘系统（见后文）某些部位相联系。

（5）一般躯体感觉柱（general somatic afferent column）：位于其他感觉柱的腹外侧，由三个与三叉神经有关的核团构成。最头端的核团称三叉神经中脑核（mesencephalic nudeus of trigeminal nerve），主要位于中脑，与咀嚼肌的本体感觉有关。三叉神经脑桥核（pontine nucleus of trigeminal nerve）在脑桥中部，向下延续为三叉神经脊束核（nucleus of spinal trigeminal tract），此核再向下续为脊髓后角的Ⅰ～Ⅳ层灰质。三叉神经脑桥核和脊束核主要接受来自牙齿、面部皮肤和口、鼻腔黏膜的传入纤维，这些纤维主要经三叉神经（Ⅴ）入脑，入脑后纤维分别止于此两个核团。其中止于三叉神经脊束核的纤维在脑干内下行，形成三叉神经脊束（spinal tract of trigeminal nerve），与脊髓的背外侧束相接。除来自三叉神经的纤维外，一般躯体感觉柱还接受少量来自面神经、舌咽神经和迷走神经的传入纤维。

（6）特殊躯体感觉柱（special somatic afferent column）：此柱于内脏感觉柱外侧，相当于延髓上部和脑桥下部水平、菱形窝的外侧，有两个核团参与组成，即蜗神经核和前庭神经核。其中蜗神经核分为蜗腹侧核（ventral cochlear nucleus）和蜗背侧核（dorsal cochlear nucleus），分别位于小脑下脚的腹外侧和背外侧，接受来自前庭蜗神经（Ⅷ）中螺旋神经节（蜗神经节）并传导听感觉的纤维。前庭神经核（vestibular nuclei）也由若干核团所组成，接受来自前庭蜗神经中前庭神经节发来、传导平衡觉的纤维。从上述各功能柱的构成情况可以看出，脑干内支配骨骼肌运动的核团所发出的纤维都通过单一的脑神经到达靶器官，如动眼神经核的纤维经动眼神经、滑车神经核的纤维经滑车神经、展神经核的纤维经展神经到达各自所支配的眼球外肌，面神经核发出的纤维经面神经到达面肌等。与此相反，脑干内的感觉核却可接受来自若干脑神经的感觉传入纤维，如孤束核可同时接受来自面、舌咽和迷走神经的内脏感觉纤维。此外，尽管脑神经核按功能不同在脑干内有特定的排列规律，但它们发出的传出纤维或接受的传入纤维在周围部都往往存在较大范围的混杂现象，这从面神经中各种成分的混合情况可以反映出来。

2. 非脑神经核 除脑神经核以外，脑干的灰质中还有许多功能各异的重要核团。这些核团都有相当广泛的传入、传出纤维联系，但一般并不与脑神经直接相关。作为位于脑干内的"中枢"，它们之中有的核团可以加工某种特定的感觉信息并将之输送给高级脑部，有的则可向下位脑部或脊髓中的各神经核团发送下行控制指令。同时，脑干内的这些核团又进一步接受来自各级脑部传入纤维的支配和影响。

（1）延髓的非脑神经核

1）薄束核（gracile nucleus）与楔束核（cuneate nucleus）（图2-22、图2-23）：此二核分别位于延髓中下部背侧的薄束结节和楔束结节的深方，接受来自薄束和楔束的中止。由此二核发出的纤维呈弓形走向中央管的腹侧，在中线上左右交叉，称为内侧丘系交叉（decussation of medial lemniscus），交叉后的纤维在中线两侧折向上行，形成内侧丘系。因此，此二核是向高级脑部传递躯干和四肢本体感觉和精细触觉的重要中继核团。

2）脑桥核（pontine nucleus）：由若干群细胞构成，散在地埋于双侧脑桥基底中，细胞数量很多。它们接受来自大脑皮质广泛区域的皮质脑桥纤维（corticopontine fibers），发出的纤维越过中线，组成大量的横行纤维，即脑桥小脑纤维（pontocerebellar fibers），组成粗大的小脑中脚进入小脑。因此，脑桥核是传递由大脑皮质向小脑发送信息的最重要的中继站。

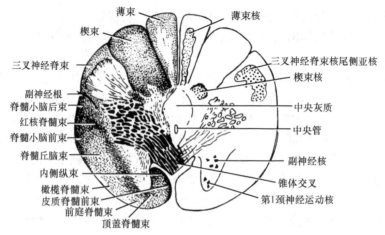

图 2-22　延髓水平切面（经锥体交叉高度）

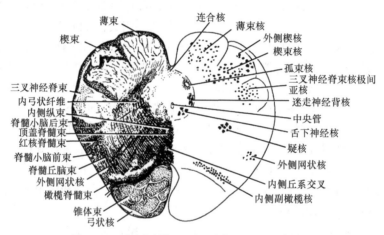

图 2-23　延髓水平切面（经内侧丘系交叉高度）

（2）中脑的非脑神经核

1）下丘（inferior colliculus）：由许多中小型细胞排列而成，属于听觉通路上的重要核团。外侧丘系的纤维包绕并进入此核，其传出纤维组成下丘臂到达间脑的内侧膝状体，参与对听觉信息的传递（图 2-24）。下丘核也发出纤维到上丘，由上丘再发出下行纤维经若干神经元接替后到达支配眼球外肌的脑神经运动核及经顶盖脊髓束到达颈髓前角运动神经元，完成由声音引起的转头和眼球运动的反射活动（图 2-22、图 2-23）。

2）上丘（superior colliculus）：在种系发生和功能方面均与下丘迥然不同，是与视觉功能密切相关，具有复杂的灰白二质交替排列的分层结构。上丘除接受经上丘臂来自视束即来自视网膜和大脑皮质视区的纤维传入外，还接受来自下丘、脊髓和一系列不同脑部来的纤维（图 2-25）。上丘的传出纤维主要分布到脊髓及脑干的一些核团。发向脊髓的纤维围绕导水管周围灰质交叉到对侧（被盖背侧交叉，dorsal tegmental decussation）再沿中线下行，形成顶盖脊髓束。到脑干去的纤维则为双侧下行，止于与眼球活动有关的运动核团。由此可见，上丘的功能一方面可对视觉信息进行分析；另一方面能将传入的视觉信息同其他各种来源的信息进行整合，并引起眼、头和身体对视觉刺激做相应的运动反应。

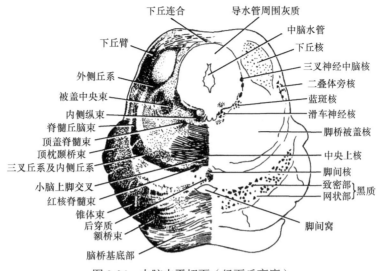

图 2-24 中脑水平切面（经下丘高度）

3）红核（red nucleus）（图 2-25）：位于中脑上丘高度，横切面上呈一对边界明显的浑圆核团。红核可分为两个部分：大细胞部占据核团尾部，在低等动物发达，在人类已很不显著；相反，人类红核的小细胞部十分发达，几乎占红核全部。红核主要接受来自小脑和大脑皮质的传入纤维。来自小脑的纤维经小脑上脚在脑桥上部交叉后，少部分止于红核而大部分仅穿越或环绕红核到达背侧丘脑的核团，在此中继后到达大脑额叶的运动皮质，而大脑皮质投向红核的纤维正是从此发出的。红核的传出纤维主要至脊髓，即红核脊髓束，它们在发出后即交叉（被盖前交叉）越边到对侧下行。由于红核脊髓束主要起自大细胞部，因此人类的红核脊髓束是很不发达的。起自小细胞部的纤维主要到达同侧下橄榄核，经中继后到达对侧小脑，这在人类较为发展。从红核的纤维联系可以看出，红核的功能与躯体运动的控制密切相关。

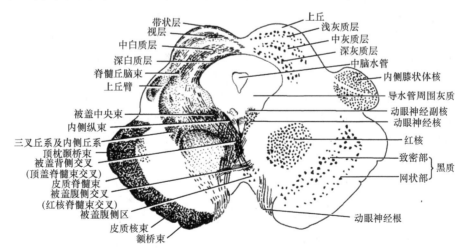

图 2-25 中脑水平切面（经上丘高度）

3. 长上、下行纤维束

（1）长上行纤维束

1）内侧丘系（medial lemniscus）：来自脊髓的薄束和楔束终止在延髓中下部背侧的薄束核

及楔束核，由此二核发出的纤维在中央管腹侧交叉后上行，即称内侧丘系（图2-26）。内侧丘系在延髓位于中线和下橄榄核之间，锥体的后方；到脑桥后略转向腹外侧，位于被盖腹侧与基底部相邻；到中脑则渐移向被盖外侧。进入间脑后止于背侧丘脑的腹后核。内侧丘系传递来自对侧躯干和上、下肢的精细触觉、本体觉和震动觉，其中传递下肢感觉的纤维（经薄束核接替）在延髓行于内侧丘系的腹侧部，在脑桥和中脑则行于内侧丘系的内侧；而传递上肢感觉的纤维（经楔束核接替）在延髓行于内侧丘系的背侧部，在脑桥以上则行于外侧。

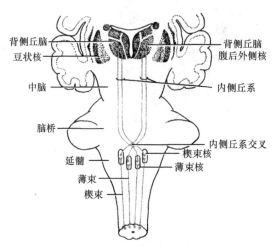

图2-26　内侧丘系交叉及内侧丘系示意图

2）脊髓丘脑束（图2-24、图2-25）和脊髓丘系（图2-22）：脊髓丘脑束传导对侧躯干及上、下肢的痛、温、触觉，此束进入脑干后，与一些从脊髓投向上丘的纤维（功能与脊髓丘脑束相同）合在一起，称为脊髓丘系（spinal lemniscus）。脊髓丘系行于延髓的外侧区，相当于下橄榄核的背外方；在脑桥和中脑部此束位于内侧丘系的背外侧。脊髓丘系内的脊髓丘脑束纤维进入间脑后，也止于腹后核。

3）脊髓小脑前、后束（图2-22）：此二束行于延髓外侧周边部，其中脊髓小脑后束经延髓上部的小脑下脚进入小脑，而脊髓小脑前束则继续上行到脑桥经小脑上脚入小脑。

4）外侧丘系（lateral lemniscus）：起于对侧耳蜗核和双侧上橄榄核的纤维上行组成外侧丘系，行于脑桥和中脑被盖的外侧边缘部分（图2-24、图2-25）。在形成外侧丘系以前，在脑桥被盖腹侧部横行越边的纤维中有一部分穿过上行的内侧丘系，这部分纤维组成斜方体（trapezoid body）。外侧丘系在中脑上端背侧止于下丘，转而投射到间脑的内侧膝状体，传导听觉信息。

5）三叉丘系（trigeminal lemniscus）（图2-24、图2-25）：来自牙齿、面部皮肤和口、鼻腔黏膜，传导痛、温、触（包括精细触觉）觉信息的纤维，止于三叉神经脊束核和三叉神经脑桥核。仅此二核发出上行纤维越边至对侧（也有少部分起于三叉神经脑桥核的纤维可行于同侧），组成三叉丘系。该纤维束行于内侧丘系的外方并与之毗邻，止于背侧丘脑腹后核。

（2）长下行纤维束

1）皮质脊髓束：起自大脑半球额、顶叶皮质，经端脑内囊（见后文）到达脑干，先行于中脑脚底，然后穿越脑桥基底部且被横行纤维分隔成若干小束，它们在脑桥下端重新汇合在一起，占据延髓锥体。因此，皮质脊髓束也可称为锥体束（pyramidal tract）。每侧锥体内含有各种大小的纤维约1 000 000条，大约有85%的纤维经锥体交叉越边到对侧下行，组成皮质脊髓侧束；其余 15%的纤维不交叉，为皮质脊髓前束（图 2-22）。皮质脊髓束的功能主要与运动控制有关，但由于相当数量纤维也终止于脊髓的"感觉性"核团，因此它也能参与对上行感觉信息的调控作用。

除终止到脊髓灰质的纤维以外，大脑皮质还发出下行纤维终止于脑干的躯体运动核（包括特殊内脏运动核），这些纤维特称为皮质核束（corticonuclear tract）或皮质延髓（corticobulbar tract），在脑干中这些纤维与皮质脊髓束相伴行，二者合起来称为锥体系（pyramidal system）。

2）起自脑干的下行纤维束：从中脑发出的有红核脊髓束和顶盖脊髓束（图 2-22），此二束都在发出后立即交叉到对侧下行，不过前者位于被盖外侧周边下行，后者居于中线两侧、内侧丘系的背方，止于脊髓灰质。起自脑桥和延髓的下行纤维束主要是前庭脊髓束和网状脊髓束，其中前庭脊髓束在延髓内行于下橄榄核的背侧，网状脊髓束主要见于脊髓前索。

案例 2-3 患者女性，63 岁，走路时突然跌倒，自行起来后感觉左侧手脚无力。2 个月后就诊，检查发现：左侧上、下肢瘫痪，肌张力增高，腱反射亢进，病理反射阳性；右侧上睑下垂，右眼球向外下方偏斜；右侧瞳孔散大，对光反射消失，左侧鼻唇沟变浅，口角歪向右，两侧额纹对称，伸舌时舌尖偏向左侧；全身浅、深感觉正常，脑血管造影显示大脑后动脉阻塞。

问题：

（1）患者的病变部位可能位于哪里？

（2）患者瞳孔对光反射消失的原因是什么？

（3）患者瘫痪的原因是什么？

---

4. 脑干网状结构 在脑干中，除了脑神经核、境界明确的一些非脑神经核团和长的上、下行纤维束以外，还能看到有分布相当宽广、胞体和纤维交错排列成"网状"的区域，称为网状结构（reticular formation）。网状结构内神经元的特点是其树突分支多且很长，说明这些神经元可以接收和加工来自很多方面的传入信息，可以说，网状结构接收来自几乎所有感觉系统的信息，而网状结构的传出联系则直接或间接地达到中枢神经系统各个地方。网状结构的功能也是多方面的，它涉及觉醒睡眠的周期、脑和脊髓的运动控制及各种内脏活动的调节。必须指出，网状结构内的纤维和细胞排列并不是杂乱无章的，它们也是根据形态、纤维联系和生理功能组合成核团或纤维束的，只不过其境界很不易区分而已。

网状结构的主要核团：包括向小脑投射的核团、中缝核团、中央群和外侧群核团及儿茶酚胺核团（图 2-27）。

（1）上行网状激动系统：这个系统包括向网状结构的感觉传入、自网状结构向间脑某些核团的上行投射及从这些核团向大脑皮质广泛地区的投射（图 2-28）。

与前面提到的各种感觉如视、听、躯体感觉不同，上行网状激动系统携带的冲动是"非特异性"的，其主要作用是保持皮质的意识水平，使皮质对各种传入信息有良好的感知能力，在维系人的觉醒和睡眠周期中起重要作用。一些麻醉药物也是通过上行网状激动系统起作用的，此系统受损则会造成不同程度的意识障碍甚至深度昏迷。

（2）与运动和内脏活动相关的部分：网状脊髓束主要与运动控制有关。此束从延髓和脑桥部的网状神经元发出，止于脊髓灰质Ⅶ层，转而影响Ⅸ层的运动神经元。发出网状脊髓束的网状结构神经元又受到来自大脑运动皮质、小脑和基底神经节等与运动控制有关的高级中枢的影响。

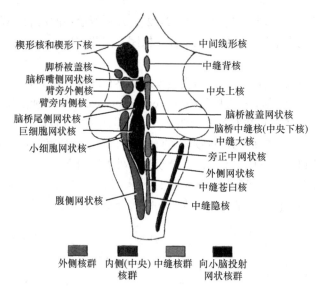

图 2-27　脑干网状结构核团在脑干背面投影示意图

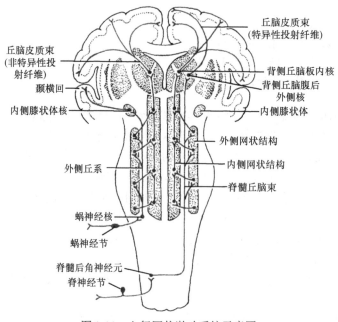

图 2-28　上行网状激动系统示意图

　　网状结构某些部位与各自主神经传出核团存在纤维联系。生理学实验发现网状结构内有些区域与呼吸和心血管活动有关，如果损伤脑干网状结构，会导致呼吸、循环障碍甚至危及生命。

　　（3）5-羟色胺能中缝核团：中脑和脑桥部的中缝核主要接受来自边缘系统各部包括嗅觉系统和下丘脑的纤维，导水管周围灰质则与延髓部的中缝核相联系。中缝核的5-羟色胺能神经元则投射到极广泛的地区，包括端脑、间脑、脑干和脊髓。

（三）脑干切面

　　前面描写的脑干诸结构可以纵向地组合成四个平行的部分，即顶部、室腔部、被盖部和基底部。脑干横切面（略）。

脑干的顶部位于室腔的后方，其在中脑部称为顶盖（tectum），由顶盖前区（位于最上端）、一对上丘和一对下丘组成；脑桥的顶部即连着小脑腹侧的上髓帆和下髓帆；延髓上部（橄榄部）的顶即第四脑室脉络丛和脉络组织，下部（交叉部）的顶为中央管后方的后索及薄、楔束核。

脑干的室腔即中脑的中脑水管、脑桥和延髓部的第四脑室及延髓下部的中央管。

被盖（tegmentum）构成脑干的主体，是位于室腔前方的广大区域，从延髓至中脑，又可分成若干功能单位，包括脑神经及脑神经核、上丘的诸丘系、网状结构和各类非脑神经核团、某些下行传导通路及中缝。

脑干基底部包括中脑部和大脑脚底、脑桥部的基底和延髓的锥体。

（四）脑干对肌紧张和姿势的调节

1. 脑干对肌紧张的调节　在动物中脑上、下丘之间切断脑干后，动物出现抗重力肌（伸肌）的肌紧张亢进，表现为四肢伸直，坚硬如柱，头昂尾翘，脊柱

图 2-29　去大脑僵直示意图

挺硬，这一现象称为去大脑僵直（decerebrate rigidity）（图 2-29）。如果此时于某一肌肉内注入局麻药或切断相应的脊髓后根以消除肌梭传入冲动，该肌的僵直现象即消失。可见，去大脑僵直是一种增强的牵张反射。

实验证实，脑干网状结构内存在抑制或加强肌紧张及肌运动的区域，前者称为抑制区（inhibitory area），位于延髓网状结构的腹内侧部分；后者称为易化区（facilitatory area），包括延髓网状结构的背外侧部分、脑桥被盖、中脑中央灰质及被盖，也包括脑干以外的下丘脑和丘脑中线核群等部位（图 2-30）。与抑制区相比，易化区的活动较强，在肌紧张的平衡调节中略占优势。除脑干外，大脑皮质运动区、纹状体、小脑前叶蚓部等区域也有抑制肌紧张的作用；而前庭核、小脑前叶两侧部和后叶中间部等部位则有易化肌紧张的作用。这些区域的功能可能都是通过脑干网状结构内的抑制区和易化区来完成的。去大脑僵直是由于切断了大脑皮质和纹状体等部位与脑干网状结构的功能联系，造成易化区活动明显占优势的结果。人类也可出现类似现象，当蝶鞍上囊肿引起皮质与皮质下失去联系时，可出现明显的下肢伸肌僵直及上肢的半屈状态，称为去皮质僵直（decorticate rigidity），这也是抗重力肌肌紧张增强的表现。人类在中脑疾病出现去大脑僵直时，表现为头后仰，上、下肢均僵硬伸直，上臂内旋，手指屈曲（图 2-31）。出现去大脑僵直往往提示病变已严重侵犯脑干，是预后不良的信号。

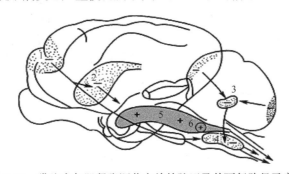

图 2-30　猫脑内与肌紧张调节有关的脑区及其下行路径示意图

下行抑制作用（－）路径：4 为网状结构抑制区，发放下行冲动抑制脊髓牵张反射，这一区接受大脑皮质（1）、尾核（2）和小脑（3）传来的冲动；下行易化作用（＋）路径：5 为网状结构易化区，发放下行冲动加强脊髓牵张反射；6 为延髓前庭核，有加强脊髓牵张反射的作用

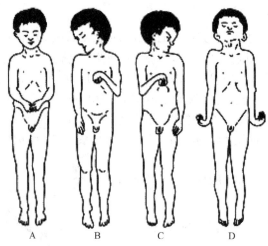

图 2-31　人类去皮层僵直及去大脑僵直

A、B、C. 去皮质僵直，A. 仰卧，头部姿势正常时，上肢半屈；B 和 C. 转动头部时的上肢姿势；D. 去大脑僵直，上下肢均僵直

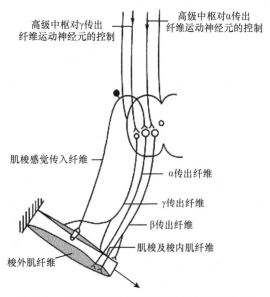

图 2-32　高级中枢对骨骼肌运动控制的模式图

从牵张反射的原理分析，去大脑僵直的产生机制有两种：α 僵直和 γ 僵直。前者是由于高位中枢的下行性作用，直接或间接通过脊髓中间神经元提高 α 运动神经元的活动而出现的僵直；而后者是高位中枢的下行性作用，首先提高 γ 运动神经元的活动，使肌梭的传入冲动增多，转而增强 α 运动神经元的活动而出现的僵直（图 2-32）。实验证明，在猫中脑上、下丘之间切断造成去大脑僵直时，若切断动物腰骶部后根以消除肌梭传入的影响，则可使后肢僵直消失，说明经典的去大脑僵直主要属于 γ 僵直；若在上述切断后根的去大脑猫，进一步切除小脑前叶，能使僵直再次出现，这种僵直属于 α 僵直，因为此时后根已切断，γ 僵直已不可能发生。若在此基础上进一步切断第Ⅷ对脑神经，以消除由内耳半规管和前庭传到前庭核的冲动，则僵直再次消失，说明 α 僵直主要是通过前庭脊髓束而实现的。而 γ 僵直则主要是通过网状脊髓束而实现的，因为当刺激完整动物网状结构易化区时，肌梭传入冲动增加，由于肌梭传入冲动的增加可以反映梭内肌纤维的收缩加强，因此认为，当易化区活动增强时，下行冲动首先改变 γ 运动神经元的活动。

2. 脑干对姿势的调节　由脑干整合而完成的姿势反射有状态反射、翻正反射等。

（1）状态反射（attitudinal reflex）：头部在空间的位置发生改变及头部与躯干的相对位置发生改变，都可反射性地改变躯体肌肉的紧张性，这一反射称为状态反射。状态反射包括迷路紧张反射（tonic labyrinthine reflex）和颈紧张反射（tonic neck reflex）。迷路紧张反射是内耳迷路的椭圆囊和球囊的传入冲动对躯体伸肌紧张性的反射性调节。其反射中枢主要是前庭核。在去大脑动物，当动物取仰卧位时伸肌紧张性最高，而取俯卧位时伸肌紧张性则最低。这是因头部位置不同，由于重力对位砂膜的作用，使囊斑上各毛细胞顶部不同方向排列的纤毛所受刺激不同而引起。颈紧张反射是颈部扭曲时颈部脊椎关节韧带和肌肉本体感受器的传入冲动对四肢肌肉紧张性的反射性调节。其反射中枢位于颈部脊髓。当头向一侧扭转时，下颌所指一侧的伸肌紧张性加强；若头后仰时，则前肢伸肌紧张性加强，而后肢伸肌紧张性降低；若头前俯时，则前肢伸肌紧张性降低，而后肢伸肌紧张性加强。人类在去皮质僵直的基础上，也可出现颈紧张反射，即当颈部扭曲时，下颌所指一侧的上肢伸直，而对侧上肢则处于更屈曲状态（图2-31）。在正常情况下，状态反射常受高级中枢的抑制而不易表现出来。

（2）翻正反射（righting reflex）：正常动物可保持站立姿势，若将其推倒则可翻正过来，这种反射称为翻正反射。例如，使动物四足朝天从空中落下，则可清楚地观察到动物在坠落过程中首先是头颈扭转，使头部的位置翻正，然后前肢和躯干跟随着扭转过来，接着后肢也扭转过来，最后四肢安全着地。这一反射包括一系列的反射活动，最先是头部位置的不正常，刺激视觉与内耳迷路，从而引起头部的位置翻正；头部翻正后，头与躯干的位置不正常，刺激颈部关节韧带及肌肉，从而使躯干的位置也翻正。

二、小　　脑

小脑（cerebellum）占据颅后窝的大部分，其上面平坦，贴近由硬脑膜形成的小脑幕（见后文），下面的中部凹陷，两侧呈半球形隆起，凸面依托在颅后窝底。小脑中部比较狭窄的部分，称为蚓（vermis）；两侧膨大的部分则为半球（hemispheres）（图2-33～图2-35）。小脑上面的小脑蚓为上蚓，下面的小脑蚓为下蚓，下蚓从前向后依次为小结、蚓垂、蚓垂体和蚓结节。小结向两侧有绒球脚，与位于小脑半球前缘的绒球相连。近枕骨大孔外上方，蚓垂两侧的小脑半球膨出称为小脑扁桃体（图2-36），当颅脑外伤或颅内肿瘤导致颅压增高时，小脑扁桃体可嵌入枕骨大孔，形成小脑扁桃体疝，压迫延髓，导致呼吸循环障碍，危及生命。小脑在前方借三对小脑脚与脑干背面相连接，起于脊髓和下橄榄核的小脑下脚位于中脚内侧（其与中脚的边界不易区分）；小脑上脚主要由小脑的传出纤维构成，呈薄板状，位置靠前，左右上脚之间有上髓帆。下髓帆自小脑向下连接第四脑室脉络组织。

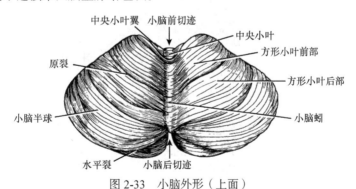

图2-33　小脑外形（上面）

小脑总体积约占整脑的10%，然而其所含的神经元数量却超过全脑神经元总数的一半以上。大量的神经元胞体集中于小脑的表层，形成小脑皮质（cerebellar cortex），皮质表面可见许多大致平行的横沟，将小脑分成许多横行的薄片，称为叶片（folia）。小脑的白质被皮质包裹称髓体（medullary center），髓体内还埋有灰质核团，称为小脑核（cerebellar nuclei）或中央核（central nulclei）。小脑核是小脑向外发出传出纤维的部位，由三组成对核团所组成：顶核（fastigial nucleus）位于第四脑室顶的上方；其外侧有中间核（illterposed byckei），在人类，中间核可分为球状核（globosenucleus）和栓状核（emboliform nucleus）；中间核的外侧为形如袋状、体积也最大的齿状核（dentate nucleus）。

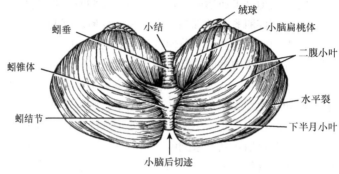

图 2-34　小脑外形（下面）

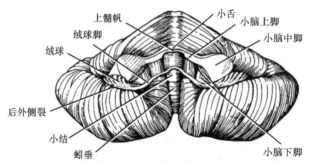

图 2-35　小脑外形（前面）

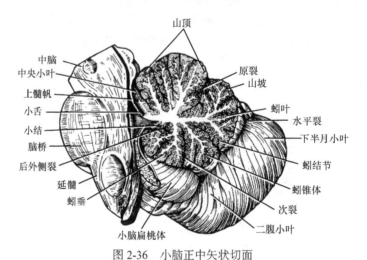

图 2-36　小脑正中矢状切面

　　尽管接受大量的感觉信息，小脑的功能主要与运动控制有关，即维持人体平衡并协调骨骼肌的运动。小脑的损伤不会引起随意运动的丧失（瘫痪），但可表现有平衡失常及肌张力特别是运动协调的障碍。随着脊椎动物的进化，小脑体积增大，在人类达到高峰。这与高等动物特别是人能从事精密细致的复杂运动有关。

（一）小脑分叶和分区

小脑表面为众多横行的叶片所构成。在分隔这些叶片的大量横沟中，有两条深沟将小脑分为三个叶。在小脑上面，可见原裂（primary fissure）将小脑分成前叶（anterior lobe）和后叶（posterior lobe）（图 2-33、图 2-34）。在小脑下面，后叶与绒球小结叶（flocculonodular lobe）借后外侧裂（posterolateral fissure）分界（图 2-35）。前叶和后叶占据了小脑的绝大部分，它们合称为小脑体（corpus of cerebellum），各自又可分成若干小叶（lobules）（图 2-37）。各小叶命名复杂，其中一个位于小脑下面并靠近延髓的称为小脑扁桃体（tonsil of cerebellum），具有重要临床意义。当某种病变（如肿瘤或出血）引起颅内压增高时，小脑扁桃体会挤压延髓造成呼吸、循环衰竭而导致严重后果。

从纵向观察，可将小脑体分为由内向外的三部分：正中狭窄部分即为蚓部，每侧半球又可分为较小的中间部和较大的外侧部。小脑体的这种纵向分区与不同小脑核有特定的对应关系，即蚓部通过顶核、中间部通过中间核、外侧部通过齿状核与大脑皮质和脑干的不同区域发生功能联系。

小脑的功能区分也与小脑的种系发生密切相关。绒球小结叶在进化上出现最早，称为原小脑（archicerebellum），其纤维主要与脑干前庭核和前庭神经相联系，故又称前庭小脑（vestibulocerebellum）；小脑体的蚓部和中间部共同组成旧小脑（paleocerebellum），主要接受来自脊髓的信息，也称脊髓小脑（spinocerebellum）；小脑体的外侧部在进化中出现最晚，其出现与大脑皮质的发展有关，为新小脑（neocerebellum），又称大脑小脑（cerebrocerebellum）（图 2-39）。

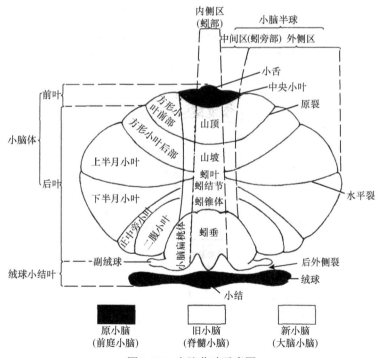

图 2-37　小脑分叶示意图

（二）小脑的纤维联系和功能

小脑皮质接受来自脊髓、脑干和大脑皮质的传入投射；小脑质层发出的传出纤维经由小脑深部核中转后投向脑干有关核团和大脑皮质（图2-38）。根据小脑的传入、传出纤维联系，可将小脑分为以下三个主要功能部分。

1. 前庭小脑（原小脑）（图 2-39） 此部主要接受来自同侧前庭神经节和前庭神经核发来的纤维，经小脑下脚进入小脑。其传出纤维主要是回到同侧的前庭核，通过前庭脊髓束和内侧纵束影响支配躯干肌的运动神经元。

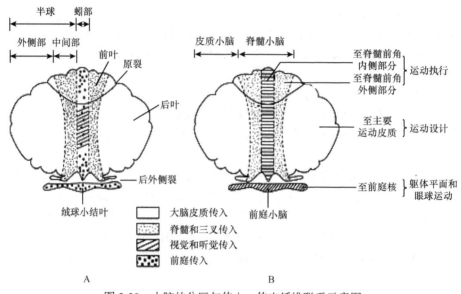

图 2-38 小脑的分区与传入、传出纤维联系示意图

A. 小脑的分区和传入纤维联系：以原裂和后外侧裂可将小脑横向分为前叶、后叶和绒球小结叶三部分，也可纵向分为蚓部、半球的中间部和外侧部三部分，小脑各种不同的传入纤维联系用不同的图例表示；B. 小脑的功能分区（前庭小脑、脊髓小脑和皮质小脑）及其不同的传出投射，脊髓前角内侧部的运动 N 元控制躯干和四肢近端的肌肉运动，与姿势的维持和粗大的运动有关，而脊髓前角外侧部的运动 N 元控制四肢近远的肌肉运动，与精细的、技巧性的运动有关

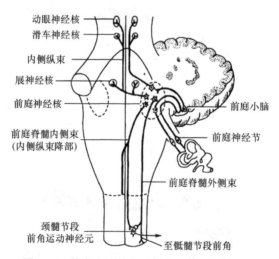

图 2-39 前庭小脑的主要传入、传出纤维联系

前庭小脑的主要功能是控制躯体的平衡和眼球的运动。在切除绒球小结叶的猴或第四脑室附近患肿瘤压迫绒球小结叶的患者，都有步基宽（站立时两脚之间的距离增宽）、站立不稳、步态蹒跚和容易跌倒等症状，但在躯体得到支持物扶持时，其随意运动仍能协调进行。实验还观

察到，犬在切除绒球小结叶后不再出现运动病。

此外，前庭小脑也接受经脑桥核中转的来自外侧膝状体、上丘和视皮质等处的视觉传入，并通过对眼外肌的调节而控制眼球的运动，从而协调头部运动时眼的凝视运动。猫在切除绒球小结叶后可出现位置性眼震颤（positional nystagmus），即当其头部固定于某一特定位置时出现的眼震颤。这种小脑性眼震颤常发生在眼凝视头部一侧某一场景时。

2. 脊髓小脑（旧小脑）（图 2-40）　这部分小脑主要接受脊髓小脑束（包括脊髓小脑前、后束，脊髓小脑吻侧束和楔小脑束）的纤维，即将运动过程中身体内外各种变化着的信息传入小脑。这些信息也经网状结构及其他一些核团（如与三叉神经有关的脑神经核）传入小脑。身体各不同部位在脊髓小脑皮质中有不同的代表部位，即存在有一定的躯体定位关系。

脊髓小脑的传出纤维经顶核和中间核（球状核和栓状核）离开小脑。其中，发自蚓部皮质的纤维经顶核接替后投射到前庭神经核和网状结构，通过前庭脊髓束、内侧纵束及网状脊髓束支配同侧前角α和γ运动神经元，控制运动中的躯干肌和肢体近端肌肉的张力和协调。发自半球中间部皮质的纤维在中间核接替后经小脑上脚投射到对侧红核。一部分纤维越过红核止于对侧丘脑腹外侧核，由此再投射到对侧大脑皮质运动区。这样，红核和大脑皮质运动区分别经过红核脊髓束和皮质脊髓束影响同侧脊髓前角的运动神经元，控制运动中的肢体远端肌肉的张力和协调。

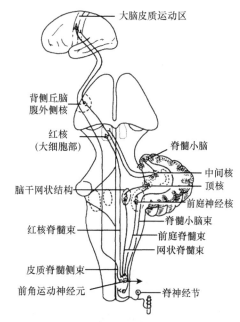

图 2-40　脊髓小脑的主要传入、传出纤维联系

脊髓小脑的主要功能是调节进行过程中的运动，协助大脑皮质对随意运动进行适时的控制。当运动皮质向脊髓发出运动指令时，通过皮质脊髓束的侧支向脊髓小脑传递有关运动指令的"副本"；另外，运动过程中来自肌肉与关节等处的本体感觉传入及视、听觉传入等也到达脊髓小脑。脊髓小脑将来自这两方面的反馈信息加以比较和整合，察觉运动执行情况和运动指令之间的误差，一方面向大脑皮质发出矫正信号，修正运动皮质的活动，使其符合当时运动的实际情况；另一方面通过脑干-脊髓下传途径调节肌肉的活动，纠正运动的偏差，使运动能按运动皮质预定的目标和轨道准确进行。脊髓小脑受损后，由于不能有效利用来自大脑皮质和外周感觉的反馈信息来协调运动，因而运动变得笨拙而不准确，表现为随意运动的力量、方向及限度发生紊乱。例如，患者不能完成精巧动作，肌肉在动作进行过程中抖动而把握不住方向，尤其在精细动作的终末出现震颤，称为意向性震颤（intention tremor）；行走时跨步过大而躯干落后，以致容易倾倒，或走路摇晃呈酩酊蹒跚状，沿直线行走则更不平稳；不能进行拮抗肌轮替快复动作（如上臂不断交替进行内旋与外旋），且动作越迅速则协调障碍越明显，但在静止时则无肌肉运动异常的表现。以上这些动作协调障碍统称为小脑性共济失调（cerebellar ataxia）。

此外，脊髓小脑还具有调节肌紧张的功能。小脑对肌紧张的调节具有抑制和易化双重作用，分别通过脑干网状结构抑制区和易化区而发挥作用。抑制肌紧张的区域是小脑前叶蚓部，其空间分布是倒置的，即其前端与动物尾部及下肢肌紧张的抑制功能有关，后端及单小叶与上肢及头面部肌紧张的抑制功能有关。加强肌紧张的区域是小脑前叶两侧部和后叶中间部，前叶两侧部的空间安排也是倒置的。在进化过程中，小脑的肌紧张抑制作用逐渐减退，而易化作用逐渐增强。所以，脊髓小脑受损后可出现肌张力减退、四肢乏力。

3. 大脑小脑（新小脑）（图2-41）　此部皮质接受来自对侧脑桥核经小脑中脚发来的纤维，即接受来自对侧大脑皮质广泛区域（特别是额叶和顶叶）的信息。新小脑的传出纤维经齿状核接替后，组成小脑上脚的主体，绕过红核投射到对侧丘脑腹外侧核，再由此投射到大脑皮质运动区。大脑皮质运动区发出皮质脊髓束经锥体交叉返回同侧脊髓前角，控制运动神经元的活动。通过这一环路，大脑小脑的功能主要是影响运动的起始、计划和协调，包括确定运动的力量、方向和范围。

皮质小脑（corticocerebellum）指半球外侧部，它不接受外周感觉的传入，而主要与大脑皮质感觉区、运动区和联络区构成回路。

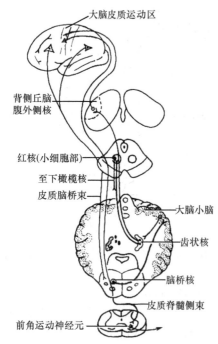

图2-41　大脑小脑的主要传入、传出纤维联系

皮质小脑的主要功能是参与随意运动的设计和程序的编制。如前所述，一个随意运动的产生包括运动的设计和执行两个不同阶段（图 2-42），并需要脑在设计和执行之间进行反复的比较来协调动作。例如，在学习某种精巧运动（如打字、体操动作或乐器演奏）的开始阶段，动作往往不甚协调。在学习过程中，大脑皮质与小脑之间不断进行联合活动，同时脊髓小脑不断接受感觉传入信息，逐步纠正运动过程中发生的偏差，使运动逐步协调起来。待运动熟练后，皮质小脑内就储存了一整套程序。当大脑皮质发动精巧运动时，首先通过大脑-小脑回路从皮质小脑提取程序，并将它回输到运动皮质，再通过皮质脊髓束发动运动。这样，运动就变得非常协调、精巧和快速。但切除小脑外侧部的犬或猴并不产生明显缺陷，小脑外侧部受损的患者也无特殊临床表现。但也有报道，小脑外侧部损伤后可出现运动起始延缓和已形成的快速而熟练动作的缺失等表现。

综上所述，小脑与基底神经节都参与运动的设计和程序编制、运动的协调、肌紧张的调节，以及对本体感觉传入信息的处理等活动，但两者在功能上有一定的差异。基底神经节主要在运动的准备阶段起作用，而小脑则主要在运动进行过程中起作用。另外，基底神经节主要与大脑皮质构成回路，而小脑除与大脑皮质形成回路外，还与脑干及脊髓有大量的纤维联系。因此，基底神经节可能主要参与运动的设计，而小脑除参与运动的设计外，还参与运动的执行。

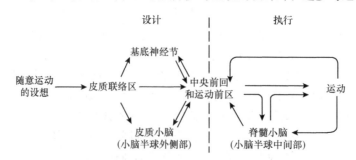

图 2-42　产生和调节随意运动的示意图

三、间　脑

间脑(diencephalon)由前脑发展而来,位于脑干和端脑之间,其体积不到中枢神经系的2%,但结构和功能十分复杂,仅次于大脑皮质。间脑的两侧和背面被高度发展的大脑半球所掩盖,仅腹侧部的视交叉、视束、灰结节、漏斗、垂体和乳头体外露于脑底。

间脑可分为5部分:背侧丘脑、上丘脑、下丘脑、后丘脑和底丘脑(图2-43)。间脑的内腔为位于正中矢状面的窄隙,称第三脑室(third ventricle),其顶部成自脉络组织;底由视交叉、灰结节、漏斗和乳头体构成;前界为终板;后通中脑水管;侧壁为背侧丘脑和下丘脑。

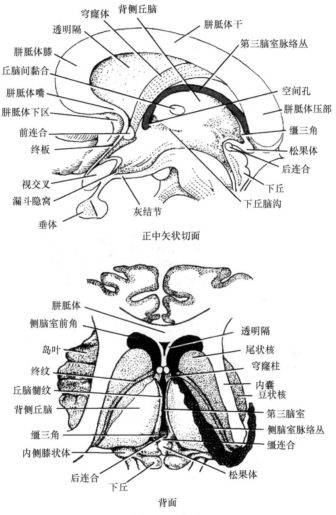

图 2-43　间脑

(一)背侧丘脑

背侧丘脑(dorsal thalamus)又称丘脑(图2-43),位于下丘脑的背侧和上方,两者间以第三脑室侧壁上的下丘脑沟为界。背侧丘脑由两个卵圆形的灰质团块借丘脑间黏合(中间块)连接而成,其前端的突出部为丘脑前结节,后端膨大称丘脑枕。

在背侧丘脑灰质的内部有一自外上斜向内下的"Y"形纤维板——内髓板(internalmedullary

lamina）将背侧丘脑分为 3 部分（在通过前端的额切面上观察最为清楚）：在内髓板的前方，两分叉部之间的区域为前核；在内髓板内侧者为内侧核；在内髓板外侧者为外侧核（图 2-43）。在上述 3 部分内含有多个核团。其中，外侧核分为背、腹两层：腹层由前向后分为腹前核、腹中间核和腹后核，腹后核又分为腹后内侧核和腹后外侧核。此外，在内髓板内有板内核，在第三脑室室周灰质内有正中核，在背侧丘脑外面尚有薄层的丘脑网状核。

上述众多的背侧丘脑核团，可归纳为 3 类：①非特异性投射核团，包括正中核和板内核等，在进化上比较古老，接受来自脑干网状结构的纤维，传出纤维主要至皮质下结构，如下丘脑和纹状体，并与这些结构形成往返的纤维联系。②联络性核团，在进化上属最新的丘脑核群，称为新丘脑，包括内侧核、外侧核的背层及前核（图 2-44），接受多方面的传入纤维，与大脑皮质的联络区有往返纤维联系，在功能上与脑的高级神经活动如情感、学习记忆等有关。③特异性中继核团，包括外侧核腹层的腹前核（ventral anterior nucleus）、腹中间核（ventral intermediate nucleus，又称腹外侧）和腹后核（ventral posterior nucleus）（图 2-45）。其中，腹后内侧核（ventral posteromedial nucleus）接受三叉丘系和自孤束核发出的味觉纤维，腹后外侧核（ventral posterolateral nucleus）接受内侧丘系和脊髓丘系的纤维。上述传入纤维在腹后核中有严格的定位关系，即传导头部感觉的纤维投射至腹后内侧核；传导上肢、躯干和下肢感觉的纤维由内向外依次投射至腹后外侧核。腹后核发出的纤维投射至大脑皮质中央后回的感觉区。腹中间核和腹前核主要接受小脑齿状核、纹状体和黑质的纤维，发出纤维投射至大脑皮质的躯体运动区，调节躯体运动。

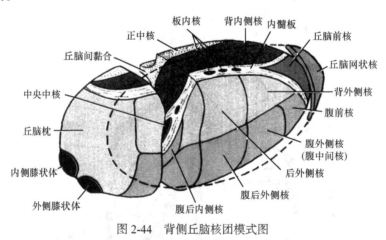

图 2-44　背侧丘脑核团模式图

因此，背侧丘脑的功能一方面是皮质下感觉的最后中继站，并可能感知粗略的痛觉。在背侧丘脑受到损伤时将导致感觉功能的障碍及痛觉过敏、自发性疼痛等症状。另一方面，背侧丘脑的腹中间核和腹前核作为大脑皮质与小脑、纹状体、黑质之间相互联系的枢纽，实现对躯体运动的调节。

（二）后丘脑

后丘脑（metathalamus）包括内侧膝状体（medial geniculate body）和外侧膝状体（lateral geniculate body），位于丘脑枕后下外方（图 2-43、图 2-44），内含特异性中继核。内侧膝状体（听觉通路在丘脑的中继站）接受来自下丘臂的听觉纤维，发出纤维至颞叶的听觉中枢。外侧膝状体（视觉通路在丘脑的中继站）接受视束的传入纤维，发出纤维至枕叶的视觉中枢。

（三）上丘脑

上丘脑位于第三脑室顶部周围，是背侧丘脑和中脑顶盖前区相移行的部分（图 2-45）。上丘脑（epithalamus）包括松果体（pineal body）、缰三角、缰连合、丘脑髓纹和后连合。松果体为内分泌腺，能产生褪黑激素，后者由 5-羟色胺在酶的作用下转化而成，具有抑制生殖腺和调节生物钟的功能。16 岁以后，松果体钙化，可作为 X 线诊断颅内占位病变的定位标志。缰三角内含缰核，接受经髓纹来自隔核等处的纤维，发出纤维经后屈束止于脚间核。因此，缰核是边缘系（见后文）与中脑之间的中继站。

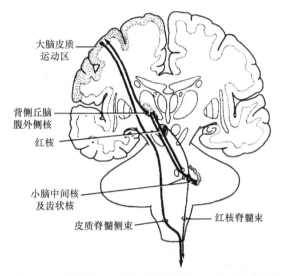

图 2-45　小脑传出、传入纤维投射二次交叉示意图

（四）底丘脑

底丘脑（subthalamus）又称腹侧丘脑，位于间脑和中脑被盖的过渡地区（图 2-46）。内含丘脑底核及部分黑质、红核，与纹状体（见后文）有密切联系，属锥体外系的重要结构。人类一侧底丘脑核受损，可导致对侧肢体尤其是上肢较为显著的不自主的舞蹈样动作，称为半身舞蹈病或半身颤搐。

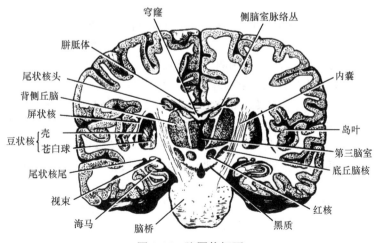

图 2-46　脑冠状切面

（五）下丘脑

该部分占脑组织重量的 0.3%，但通过内脏神经系统及神经内分泌系统控制机体的内脏活动及内分泌活动，从而保证人体内环境的稳定。

下丘脑（hypothalamus）位于背侧丘脑下方，上界为自室间孔延至中脑水管的下丘脑沟，下界为灰结节（tuber cinereum）、漏斗（infundibulum）和乳头体（mamillary body），前界为终板和视交叉（optic chiasma），向后与中脑被盖相续。漏斗的中央称正中隆起（median eminence），漏斗的下端与垂体（hypophysis）相连（图 2-47）。

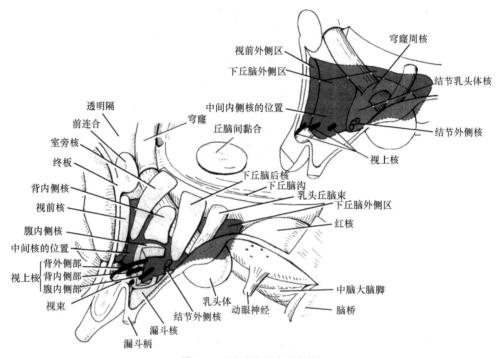

图 2-47 下丘脑的主要核团

下丘脑神经细胞构筑的特点：①核团的边界大多不明显，细胞大小不一。②以神经分泌的肽能（如后叶加压素、催产素、生长抑素等）神经元为主，也含有经典递质（如乙酰胆碱、γ-氨基丁酸、多巴胺）的神经元。主要的核团：①视上核（supraoptic nucleus），在视交叉外端的背外侧。②室旁核（paraventricular nucleus），在第三脑室上部的两侧。③漏斗核（infundibular nucleus），位于漏斗深面。④视交叉上核，在中线两侧，视交叉上方。⑤乳头体核，在乳头体内（图 2-49）。

下丘脑体积虽小，却有广泛而复杂的纤维联系（图 2-40、图 2-49）。传入纤维包括两类：①来自端脑的边缘系，如前脑内侧束 medial forebrain bundle 自隔核经下丘脑外侧区至中脑被盖；穹窿（fornix）起自颞叶的海马，止于乳头体。②来自脑干和脊髓的躯体和内脏信息主要经网状结构中继到达下丘脑。下丘脑的传出纤维除部分与传入纤维有双向联系（如前脑内侧束）外，主要有：①乳头丘脑束和乳头被盖束，自乳头体至丘脑前核和中脑被盖。②下丘脑-脑干、脊髓径路，如起自室旁核的纤维下达迷走神经背核和脊髓侧角；起自室周灰质的背侧纵束（dorsal longitudinal fasciculus）至中脑中央灰质和被盖。③下丘脑垂体束（hypothalamohypophyseal tract），包括视上垂体束、室旁垂体束和结节垂体束。前两者分别起自视上核和室旁核，将后叶加压素和催产素等神经内分泌物质运输至正中隆起和垂体后叶，需要时释放入血流。结节垂体束又称结节漏斗束，起自漏斗核和下丘脑基底内侧部的一些神经细胞，终于正中隆起的毛细血管丛，将神经内分泌物质（如 ACTH、促激素释放或抑制激素等）经垂体门脉运送至垂体前叶，控制垂体前叶的内分泌功能。

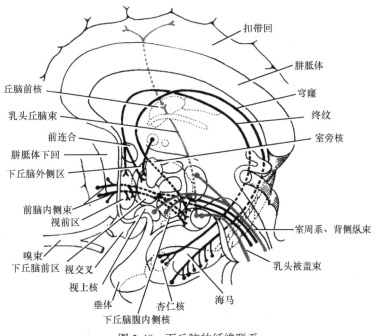

图 2-48　下丘脑的纤维联系

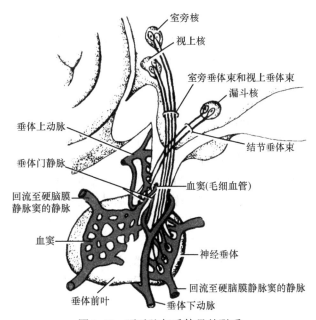

图 2-49　下丘脑与垂体见的联系

下丘脑的功能：下丘脑是神经内分泌的中心，它将神经调节和体液调节融为一体，是皮质下植物性中枢，对体温、摄食、生殖、水盐平衡和内分泌活动等进行广泛的调节。视交叉上核可能是人类昼夜节律（生物钟）的起搏点（接受来自视网膜的神经冲动）。此外，下丘脑尚与边缘系统有密切联系（通过乳头体—丘脑前核—扣带回径路及前脑内侧束）而参与情绪行为反应。

案例 2-4　患者男性，47 岁，10 年前开始出现肢端肥大，3 年前出现头痛和视力降低。
视力检查：左眼 0.5，右眼 0.4；视野检查：双颞侧视野大部分缺损；磁共振成像（MRI）检
查：蝶鞍区扩大，可见 12mm×13mm×11mm 大小的占位病变。临床诊断：垂体瘤。临床
治疗：经蝶窦入路切除了垂体瘤。病理诊断为垂体腺瘤。术后，患者尿量明显增多，每天约
8000ml。

问题：

（1）垂体瘤患者为什么会出现肢端肥大？

（2）垂体瘤患者为什么会出现视力下降和双颞侧视野偏盲？

（3）术后患者出现尿量增多，可能损伤了下丘脑的哪部分？

（4）患者为什么会出现尿量增多？对症治疗可用什么药物？

四、端　脑

端脑（telencephalon）与间脑同自前脑发展而来，端脑是脑的最高级部位，由两侧大脑半球借胼胝体连接而成。在种系发生上，从鱼类开始，端脑的功能与嗅觉有关。随着动物向高级发展，从爬行类开始，端脑具有嗅觉以外的更多功能。人类端脑的皮质重演种系发生的次序，分为原皮质（archicortex）、旧皮质（paleocortex）和新皮质（neocortex）。原皮质和旧皮质与嗅觉和内脏活动有关；新皮质高度发展，占大脑半球皮质的 96% 以上，成为机体各种生命活动的最高调节器，而将原皮质和旧皮质推向半球的内侧面下部和下面，构成边缘叶。

（一）端脑的外形和分叶

在两侧大脑半球之间有由大脑纵裂（cerebral longitudinal fissure）将其分开，纵裂的底为胼胝体。在大脑与小脑之间由大脑横裂（cerebral transverse fissure）隔开。由于大脑半球皮质的各部分发育不平衡，在半球表面出现许多隆起的脑回和深陷的脑沟，脑回和脑沟是对大脑半球进行分叶和定位的重要标志。每侧半球以 3 条恒定的沟分为 5 叶：外侧沟（lateral sulcus）起于半球下面，行向后上方，至上外侧面；中央沟（central sulcus）起于半球上缘中点稍后方，斜向前下方，下端与外侧沟隔一脑回，上端延伸至半球内侧面；顶枕沟（parietooccipital sulcus）位于半球内侧面后部，自下向上。在外侧沟上方和中央沟以前的部分为额叶 frontal lobe）；外侧沟以下的部分为颞叶（temporal lobe）；枕叶（occipital lobe）位于半球后部，其前界在内侧面为顶枕沟，在上外侧面的界限是自顶枕沟至枕前切迹(在枕叶后端前方约 4cm 处）的连线；顶叶（parietal lobe）为外侧沟上方、中央沟后方、枕叶以前的部分；岛叶（insula）呈三角形岛状，位于外侧沟深面，被额、顶、颞叶所掩盖（图 2-50、图 2-51）。

在半球背外侧面，中央沟的前方，有与之平行的中央前沟，中央沟与中央前沟之间为中央前回（precentral gyrus）。自中央前沟向前，有两条与半球上缘平行的沟，为额上沟和额下沟，是额上回、额中回和额下回的分界线。在中央沟后方，有与之平行的中央后沟，此沟与中央沟之间为中央后回（postcentral gyrus）。在中央后沟后方，有一条与半球上缘平行的顶内沟。顶内沟的上方为顶上小叶，下方为顶下小叶。顶下小叶又分为包绕外侧沟后端的缘上回（supramarginal gyrus）和围绕颞上沟末端的角回（angular gyrus）。在外侧沟的下方，有与之平行的颞上沟和颞下沟。颞上沟的上方为颞上回，内有几条短的颞横回（transverse temporal gyri）。颞上沟与颞下沟之间为颞中回。颞下沟的下方为颞下回（图 2-50）。

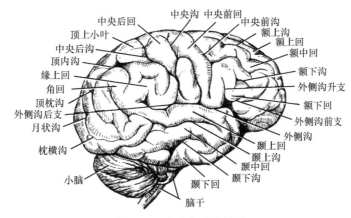

图 2-50　大脑半球外侧面

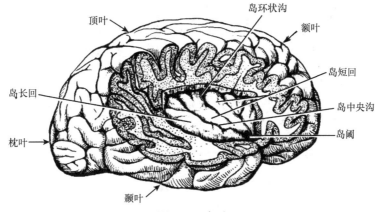

图 2-51　岛叶

　　在半球的内侧面，自中央前、后回背外侧面延伸到内侧面的部分为中央旁小叶（paracentral lobule）。在中部有前后方向上略呈弓形的胼胝体。在胼胝体后下方，有呈弓形的距状沟（calcarine sulcus）向后至枕叶后端，此沟中部与顶枕沟相连。距状沟与顶枕沟之间称楔叶，距状沟下方为舌回。在胼胝体背面有胼胝体沟，此沟绕过胼胝体后方，向前移行于海马沟。在胼胝体沟上方，有与之平行的扣带沟，此沟末端转向背方，称边缘支。扣带沟与胼胝体沟之间为扣带回（cingulte gyrus）（图 2-52）。

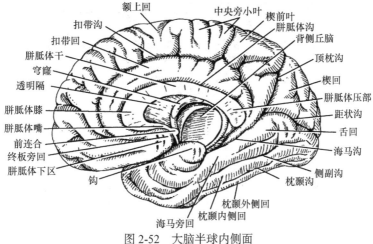

图 2-52　大脑半球内侧面

在半球底面，额叶内有纵行的嗅束，其前端膨大为嗅球，后者与嗅神经相连。嗅束向后扩大为嗅三角。嗅三角与视束之间为前穿质，内有许多小血管穿入脑实质内。颞叶下方有与半球下缘平行的枕颞沟，在此沟内侧并与之平行的为侧副沟，侧副沟的内侧为海马旁回（parahippocampal gyrus，又称海马回），后者的前端弯曲，称钩（uncus）。在海马旁回的内侧为海马沟，在沟的上方有呈锯齿状的窄条皮质，称齿状回（dentate gyrus）。从内面看，在齿状回的外侧，侧脑室下角底壁上有一弓形隆起，称海马（hippocampus），海马和齿状回构成海马结构（hippocampal formation）（图 2-53、图 2-54）。

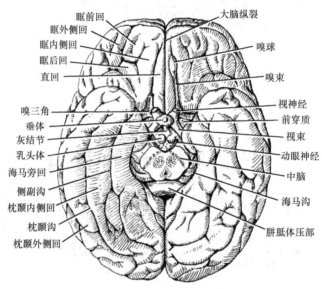

图 2-53　端脑底面

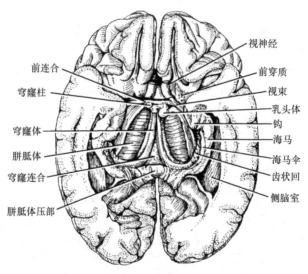

图 2-54　海马结构

此外，在半球的内侧面可见位于胼胝体周围和侧脑室下角底壁的一圈弧形结构：隔区（包括胼胝体下区和终板旁回）、扣带回、海马旁回、海马和齿状回等，它们属于原皮质和旧皮质，共同构成边缘叶（limbic lobe）。边缘叶是根据进化和功能区分的，参与边缘叶的结构有的属于上述 5 个脑叶的一部分（如海马旁回、海马和齿状回属于颞叶）；有的则独立于上述 5 个脑叶之外（如扣带回）（图 2-51）。

额叶的功能与躯体运动、发声、语言及高级思维活动有关。顶叶的功能与躯体感觉、味觉、语言等有关。枕叶与视觉信息的整合有关。颞叶与听觉、语言记忆功能有关。岛叶与内脏感觉有关。边缘叶与情绪、行为、内脏活动等有关。

（二）端脑的内部结构

大脑半球表面被灰质覆盖，称大脑皮质。深面有大量的白质（髓质）。在端脑底部的白质中藏有基底核。端脑的内腔为侧脑室。

1. 侧脑室（lateral ventricle）　是位于两侧大脑半球内的腔隙，内含脑脊液，可分为 4 部分：中央部位于顶叶内；前角伸入额叶；后角伸入枕叶；下角伸入颞叶。在下角的室底，可见隆起的海马。两侧侧脑室通过室间孔（interventricular foramen）与第三脑室相通，室腔内有脉络丛（图 2-55、图 2-56）。

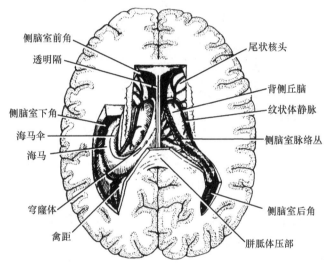

图 2-55　侧脑室

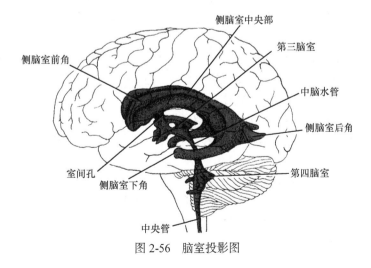

图 2-56　脑室投影图

2. 基底核（hasal nuclei）　位于白质内，因靠近脑底，故名。

（1）纹状体（corpus striatum）（图 2-57）：包括尾状核和豆状核。尾状核（caudate nucleus）呈 "C" 形弯曲的蝌蚪状，分头、体、尾 3 部分，围绕豆状核和丘脑，伸延于侧脑室前角、中央部和下角的壁旁。豆状核（lentiform nucleus）位于岛叶深部，在水平切面和额状切面上均呈尖向内侧的楔形，并被两个白质薄板分为 3 部分：外侧部最大，称壳（putamen）；内侧的 2 部合称苍白球（globus pallidus）。尾状核头部与豆状核之间借灰质条索相连，外观呈条纹状，故两者合称纹状体。苍白球在鱼类已有，出现较早，称旧纹状体。尾状核和壳从爬行类才开始出现，故称新纹状体。纹状体是锥体外系的重要组成部分，比锥体系出现得早。在哺乳类以下的动物，纹状体是控制运动的最高中枢。在人类，由于大脑皮质的高度发展，纹状体退居从属地位。

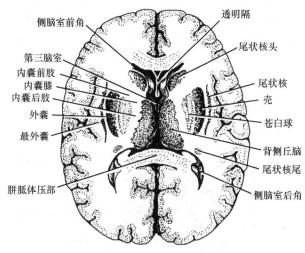

图 2-57　基底核、背侧丘脑和内囊

（2）屏状核（claustrum）：为岛叶与豆状核之间的一薄层灰质，其范围与壳相当。此核的内侧借外囊与壳相隔，外侧借最外囊与岛叶皮质相隔。此核与大脑皮质之间可能有往返联系，其功能尚不明了。

（3）杏仁体（amygdaloid body）：位于侧脑室下角前端深面，与尾状核尾相连，属边缘系。接受来自嗅脑、间脑和新皮质的纤维，发出纤维至间脑、额叶皮质和脑干，其功能与行为、内分泌和内脏活动有关。

3. 大脑皮质（cerebral cortex）　是覆盖在大脑半球表面的灰质，也是中枢神经系发育最为复杂和完善的部位。据估计，人类大脑皮质约有 26 亿个神经细胞（Pakkenberg，1966），它们依照一定的规律分层排列并组成一个整体。原皮质（海马和齿状回）和旧皮质（嗅脑）为 3 层结构，新皮质基本为 6 层结构。大脑皮质的神经细胞可分为两类：①传出神经元（包括大锥体细胞、梭形细胞和大星状细胞；②联络神经元，包括小锥体细胞、短轴星状细胞、水平细胞和 Martinotti 细胞（图 2-58）。

（1）大脑皮质的分区：大脑皮质的构筑虽以 6 层为基本形式，但各处并不完全相同，甚至有很大差别。为了便于进行形态研究和功能分析，学者们根据细胞构筑和神经纤维的配布对大脑皮质进行分区。各家分区的标准和数目很不一致，较常用的是 Brodmann 的 52 区（图 2-59），按此分区法，第 1 运动区为 4 区，第 1 感觉区为 3、1、2 区，第 1 视区为 17 区，听区为 41、42 区。

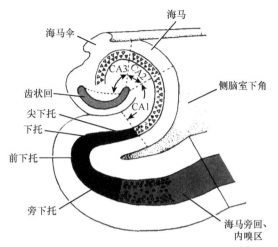

图 2-58　齿状回、海马和内嗅区皮质分层模式图
CA1～CA3 为海马细胞区

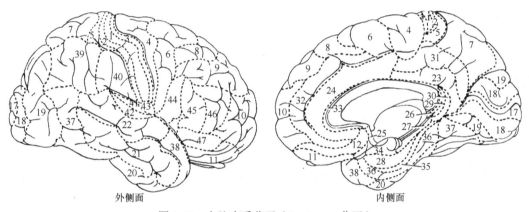

外侧面　　　　　　　　　　　内侧面

图 2-59　大脑皮质分区（Brodmann 分区）

（2）大脑皮质的功能定位：大量的实验和临床资料表明，随着大脑皮质的发育和分化，不同的皮质区具有不同的功能。一般，将这些具有一定功能的脑区称为"中枢"。必须指出，这些中枢只是管理某种功能的核心部分，皮质的相邻或其他部分也可有类似的功能。当某一中枢损伤后，其他有关脑区可在一定程度上代偿该项功能。因此，大脑皮质功能定位的概念是相对的。而且，除了一些具有特定功能的中枢外，还存在着广泛的脑区，它们不局限于某种功能，而是对各种信息进行加工和整合，完成更高级的神经精神活动，称为联络区。

1）第 1 躯体运动区：位于中央前回和中央旁小叶前部，包括 Brodmann 第 4 区和第 6 区。身体各部在此区的投影特点：①上下颠倒，但头部是正的。中央前回最上部和中央旁小叶前部与下肢运动有关，中部与躯干和上肢的运动有关，下部与面、舌、咽、喉的运动有关。②左右交叉，即一侧运动区支配对侧肢体的运动。但一些与联合运动有关的肌则受两侧运动区的支配，如面上部肌、眼球外肌、咽喉肌、咀嚼肌、呼吸肌和躯干、会阴肌，故在一侧运动区受损后这些肌不出现瘫痪。③身体各部投影区的大小与各部形体大小无关，而取决于功能的重要性和复杂程度。例如，手的代表区比足的大得多。第 1 躯体运动区接受中央后回、背侧丘脑腹前核、腹中间核和腹后外侧核的纤维，发出纤维组成锥体束，至脑干运动核和脊髓前角（图 2-60）。

其他运动区：人与猴的运动辅助区（supplementary motor area）位于两半球内侧面，扣带回沟以上，4 区之前的区域。电刺激该区引起的肢体运动一般为双侧性的；破坏该区可使双手协调性动作难以完成，复杂动作变得笨拙。此外，第 1、第 2 感觉区，5、7、8、18、19 区都与运动有关。有实验表明，皮质脊髓束和皮质脑干束中约 40% 的纤维来自后顶叶皮质，尤其是来自感觉皮质；约 30% 的纤维来自 6 区；仅约 30% 的纤维来自 4 区。

在大脑皮质运动区也可见到类似感觉区的纵向柱状排列，从而组成运动皮质的基本功能单位，即运动柱（motor column）。一个运动柱可控制同一关节几块肌肉的活动，而一块肌肉可接受几个运动柱的控制。

2）第 1 躯体感觉区：位于中央后回和中央旁小叶后部，包括 3、1、2 区。接受背侧丘脑腹后核传来的对侧半身痛、温、触、压及位置觉和运动觉。身体各部在此区的投射特点：①上下颠倒，但头部也是正的。中央旁小叶的后部与小腿和会阴部的感觉有关，中央后回的最下方与咽、舌的感觉有关。②左右交叉，一侧躯体感觉区管理对侧半身的感觉。③身体各部在该区投射范围的大小也与形体的大小无关，而取决于该部感觉的敏感程度。例如，手指和唇的感受器最密，在感觉区的投射范围就最大（图 2-61）。

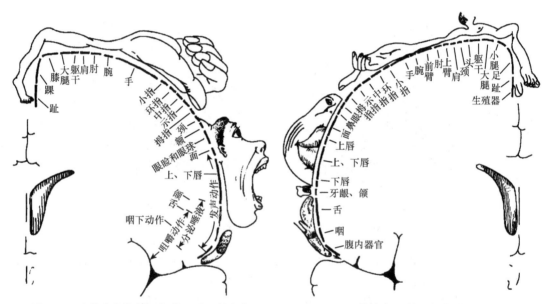

图 2-60　人体各部在第 1 躯体运动区的定位　　　图 2-61　人体各部在第 1 躯体感觉区的定位

各类感觉传入的投射也有一定的规律。中央后回从前到后依次接受来自肌肉牵张感觉（中央沟底部前壁的 3a 区）、慢适应感觉（3 区）、快适应感觉（1 区）及关节、骨膜、筋膜等感觉（2 区）的投射。

中央后回皮质的细胞呈纵向柱状排列，从而构成感觉皮质最基本的功能单位，称为感觉柱（sensory column）。同一个柱内的神经元对同一感受野的同一类感觉刺激起反应，是一个传入-传出信息整合处理单位。一个细胞柱兴奋时，其相邻细胞柱则受抑制，形成兴奋和抑制镶嵌模式。这种形态和功能的特点，在第 2 感觉区、视区、听区和运动区中也同样存在。

此外，感觉皮质具有可塑性，表现为感觉区神经元之间的广泛联系，可发生较快的改变。若截去猴的一个手指，该被截手指的皮质感觉区将被其邻近手指的代表区所占据；反过来，若切除皮质上某手指的代表区，则该手指的感觉投射将移向此被切除的代表区的周围皮质。如果训练猴的手指，使之具有良好的辨别振动的感觉，则该手指的皮质代表区将扩大。人类的感觉皮质也有类似的可塑性改变。例如，盲人在接受触觉和听觉刺激时，其视皮质的代谢活动增加；而聋人对刺激视皮质周边区域的反应比正常人更为迅速而准确。这种可塑性改变也发生在其他感觉皮质和运动皮质。皮质的可塑性表明大脑具有较好的适应能力。

3）视区：位于枕叶内侧面距状沟两侧的皮质（17区）。一侧视区接受同侧视网膜颞侧半和对侧视网膜鼻侧半的纤维经外侧膝状体中继传来的视觉信息。损伤一侧视区，可引起双眼视野同向性偏盲。

4）听区：位于大脑外侧沟下壁的颞横回上（41、42区）。每侧听区接受自内侧膝状体传来的两耳听觉冲动。因此，一侧听区受损，不致引起全聋。

5）平衡觉区：在中央后回下端头面部代表区附近。

6）味觉区：可能位于中央后回下方的岛盖部。

7）嗅觉区：位于海马旁回的钩附近。

人类大脑皮质与动物的本质区别是能进行思维、意识等高级神经活动，并用语言进行表达。因此，人的大脑皮质还存在特有的语言中枢。一般认为，语言中枢在一侧半球发展起来，即善用右手（右利）者在左侧半球，善用左手（左利）者其语言中枢也在左侧半球，只有一部分人在右侧半球。故左侧半球被认为是语言区的"优势半球"。临床观察证明，90%以上的失语症都是左侧大脑半球受损伤的结果。语言区包括说话、听话、书写和阅读4个区。

8）运动性语言中枢：位于额下回的后部（44、45区），又称Broca区。此区受损，产生运动性失语症，即丧失了说话能力，但仍能发声（图2-62）。

9）听觉性语言中枢：位于颞上回后部（22区）。此区受损，患者虽听觉正常，但听不懂别人讲话的意思，也不能理解自己讲话的意义，称感觉性失语症（图2-62）。

10）书写中枢：位于额中回后部（8区），靠近中央前回的上肢代表区。此区受损，虽然手的运动正常，但不能写出正确的文字，称失写症（图2-62）。

11）视觉性语言中枢：位于角回（39区），靠近视区。此区受损时，视觉正常，但不能理解文字符号的意义，称失读，也属于感觉性失语症（图2-62）。

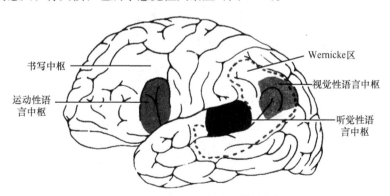

图2-62　左侧大脑半球的语言中枢

（3）关于"优势半球"：在长期的进化和发育过程中，大脑皮质的结构和功能都得到了高度的分化。而且，左、右大脑半球的发育情况不完全相同，呈不对称性。对"分裂脑"（即胼胝体损伤导致两半球的结构和功能上的分离）患者的研究可以充分说明这一问题。左侧大脑半球与语言、意识、数学分析等密切相关；右侧半球则主要感知非语言信息、音乐、图形和时空概念。因此，以往认为左侧半球是优势半球，右侧半球处于从属地位的观念需要修正。应该说，左、右大脑半球各有优势，在完成高级神经精神活动中同等重要。两半球门只有互相协调和配合的关系。从整体上看，没有绝对的一侧优势半球。

案例 2-5 患者男性，56岁，职业教师。上课时发现右手抬起困难，能握笔但不能写字。能发声，但自感言语困难，头痛，无恶心呕吐，无明显肢体麻木。患者曾检查血糖和血脂偏高，但未服药。

体格检查： 神志清醒，言语表达困难，仅能发单音节，对提问能理解，但只能点头或摇头示意。双眼睑无下垂，眼球活动自如，双侧瞳孔等大等圆，对光反应（＋），双侧额纹对称，右侧鼻唇沟浅，露齿时口角歪向左侧，伸舌时舌尖偏向右侧，右上肢肌张力较左侧增高，右上肢腱反射亢进，双下肢肌力、肌张力正常，双侧巴氏征（-）。四肢痛、温、触觉存在，对称。眼底检查：双侧眼底动脉迂曲、反光增强，视盘正常。

头颅 MRI 显示： 左半球皮质局灶性梗死。

诊断： 左半球皮质局灶性梗死。

问题：

（1）损伤了什么结构会引起上述躯体运动功能障碍？

（2）损伤了什么结构会引起上述语言功能障碍？

（3）中枢性面瘫与周围性面瘫及舌肌瘫痪有什么区别？

（4）导致躯体运动和语言功能障碍的原因是什么？

---

4. 大脑半球的髓质 由大量神经纤维组成，实现皮质各部之间及皮质与皮质下结构间的联系，可分为3类：连合系、联络系和投射系。

（1）连合系：是连接左、右大脑半球皮质的纤维，包括胼胝体、前连合和穹窿连合（图2-52、图2-54、图2-63）。

1）胼胝体（corpus callosum）：为强大的白质纤维板，连接两侧半球广大区域的相应部位，纤维向前、后和两侧放射，联系两半球的额、枕、顶、颞叶。

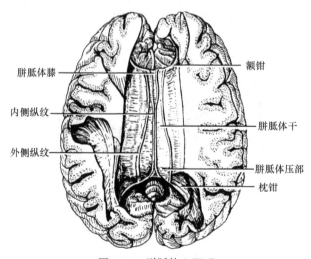

图 2-63　胼胝体上面观

2）前连合（anterior commissure）：位于穹窿的前方，呈"X"形，连接左、右嗅球和颞叶（图2-55）。

3）穹窿（fornix）和穹窿连合：穹窿是由海马至下丘脑乳头体的弓形纤维束，两侧穹窿经胼胝体的下方前行并互相靠近，其中一部分纤维越至对边，连接对侧的海马，称穹窿连合（图2-54）。

（2）联络系：是联系同侧半球内各部分皮质的纤维，其中短纤维联系相邻脑回称弓状纤维。长纤维联系本侧半球各叶（图2-64），其中主要的有：①钩束，呈钩状绕过外侧裂，连接额、颞两叶的前部；②上纵束，在豆状核与岛叶的上方，连接额、顶、枕、颞四个叶；③下纵束，沿侧脑室下角和后角的外侧壁行走，连接枕叶和颞叶；④扣带，位于扣带回和海马旁回的深部，连接边缘叶的各部。

（3）投射系：是联系大脑皮质和皮质下结构（包括基底核、间脑、脑干、小脑和脊髓）的上、下行纤维，这些纤维绝大部分经过内囊。

内囊（internal capsule）由宽厚的白质纤维板构成，位于尾状核、背侧丘脑与豆状核之间。在水平切面上，内囊呈向外开放的"V"形，可分为3部分。①内囊前肢：位于豆状核和尾状核之间，内含额桥束和丘脑前辐射；②内囊后肢：位于豆状核和背侧丘脑之间，有皮质脊髓束、皮质红核束、丘脑上（中央）辐射、顶枕颞桥束、视辐射（丘脑后辐射）和听辐射（丘脑下辐射）通过；③内囊膝：位于前、后肢会合处，有皮质核束通过（图2-65）。内囊膝受损（皮质核束受损）可出现对侧和面下部肌肉瘫痪和对侧舌肌瘫痪。内囊损伤可导致对侧偏身感觉丧失（丘脑上辐射受损）、对侧偏瘫（皮质脊髓束损伤）和偏盲（视辐射受损），即所谓"三偏综合征"。

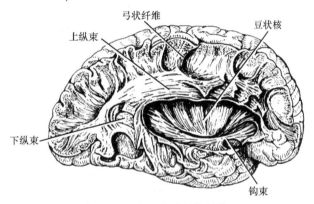

图2-64　大脑半球联络纤维

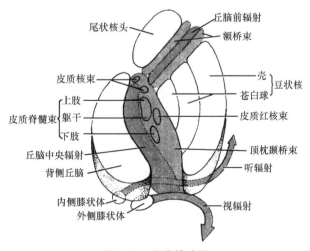

图2-65　内囊模式图

（三）边缘系统

边缘系统（limbic system）由边缘叶和有关的皮质及皮质下结构（如杏仁体、下丘脑、上丘脑、背侧丘脑前核和中脑被盖等）组成。在种系发生中出现较早，其神经联系十分复杂，较重要的有前脑内侧束、穹窿、乳头丘脑束、终纹（杏仁体→隔区）、丘脑髓纹（隔区→缰核）等。

边缘系统与嗅觉和内脏活动有密切关系，并参与个体生存和种族繁衍功能（如觅食、防御、攻击、情绪反应和生殖行为等），海马还与高级神经活动记忆有关。

（四）大脑皮质对姿势的调节

大脑皮质对姿势反射也有调节作用。前已述及，皮质与皮质下失去联系时可出现明显的去皮质僵直。此外，在去皮质动物中可观察到两类姿势反应受到严重损害，即跳跃反应（hopping reaction）和放置反应（placing reaction）。跳跃反应是指动物（如猫）在站立时受到外力推动而产生的跳跃运动，其生理意义是保持四肢的正常位置，以维持躯体平衡。放置反应是指动物将腿牢固地放置在一支持物体表面的反应。例如，将动物用布带蒙住眼睛并悬吊在空中，让动物足部的任何部分或动物的口鼻部或触须接触某一个支持平面（如桌面），动物马上会将它的两前爪放置在这个支持平面上。这两个姿势反应的整合需要大脑皮质的参与。

第三节 神经传导通路

感觉（sensation）是客观物质世界在脑的主观反映。它是人和动物机体为了保持内环境的相对稳定，为了适应内、外环境的不断变化所必需的一种功能。机体内、外环境中的各种刺激首先作用于不同的感受器或感觉器官，通过感受器的换能作用，将各种刺激所包含的能量转换为相应的神经冲动，沿着传入神经元传递给中枢神经系统相应的部位，最后至大脑皮质高级中枢，形成感觉，这样的神经传导通路称为感觉传导通路。另一方面，大脑皮质将这些感觉信息分析整合后，发出指令，沿传出纤维，经脑干和脊髓的运动神经元到达躯体和内脏效应器，产生效应，这样的神经传导通路称为运动传导通路。

（一）感受器和感觉器官

感受器（sensory receptor 或 receptor）是指分布于体表或组织内部的一些专门感受机体内、外环境变化的结构或装置。感受器的结构形式是多种多样的，最简单的感受器就是感觉神经末梢，如体表和组织内部与痛觉有关的游离神经末梢；有些感受器是在裸露的神经末梢周围包绕一些由结缔组织构成的被膜样结构，如环层小体、触觉小体和肌梭等。另外，体内还有一些结构和功能上都高度分化的感受细胞，如视网膜中的视杆细胞和视锥细胞是光感受细胞，耳蜗中的毛细胞是声感受细胞等，这些感受细胞连同它们的附属结构（如眼的屈光系统、耳的集音与传音装置），就构成了复杂的感觉器官（sense organ）。高等动物最主要的感觉器官有眼（视觉）、耳（听觉）、前庭（平衡觉）、鼻（嗅觉）、舌（味觉）等，这些感觉器官都分布在头部，称为特殊感觉器官。

机体的感受器种类繁多，其分类方法也各不相同。根据感受器分布部位的不同，可分为内感受器（interoceptor）和外感受器（exteroceptor）。内感受器感受机体内部的环境变化，而外感受器则感受外界的环境变化。外感受器还可进一步分为远距离感受器和接触感受器，如视、听、嗅觉感受器可归属于远距离感受器，而触、压、味、温度觉感受器则可归类于接触感受器。内感受器也可再分为本体感受器（proprioceptor）和内脏感受器（visceral receptor）。前者有肌梭等，后者则存在于内脏和内部器官中。感受器还可根据它们所接受的刺激性质的不同而分为光感受器（photoreceptor）、机械感受器（mechanoreceptor）、温度感受器（thermoreceptor）、化学感受器（chemoreceptor）和伤害性感受器（nociceptor）等。需要指出的是，一些感受器的传入冲动通常都能引起主观感觉，但也有一些感受器一般只是向中枢神经系统提供内、外环境中某些因素改变的信息，引起各种调节性反应，在主观上并不产生特定的感觉。

（二）感受器的一般生理特性

1. 感受器的适宜刺激 一种感受器通常只对某种特定形式的刺激最敏感，这种形式的刺激就称为该感受器的适宜刺激（adequate stimulus）。例如，一定波长的电磁波是视网膜感光细胞的适宜刺激，一定频率的机械振动是耳蜗毛细胞的适宜刺激等。但感受器并不只对适宜刺激有反应，对于一种感受器来说，非适宜刺激也可引起一定的反应，不过，所需的刺激强度通常要比适宜刺激大得多。例如，所有的感受器均能被电刺激所兴奋，大多数感受器对突发的压力和化学环境的变化有反应，打击眼部可刺激视网膜感光细胞产生光感等。适宜刺激作用于感受器，必须达到一定的刺激强度和持续一定的作用时间才能引起某种相应的感觉。每种感受器都有其特有的感觉阈值（sensory threshold）。引起感受器兴奋所需的最小刺激强度称为强度阈值；而所需的最短作用时间称为时间阈值。对于某些感受器来说（如皮肤的触觉感受器），当刺激强度一定时，刺激作用还要达到一定的面积，这称为面积阈值。当刺激较弱时，面积阈值就较大；而刺激较强时，面积阈值则较小。此外，对于同一种性质的两个刺激，其强度的差异必须达到一定程度才能使人在感觉上得以分辨，这种刚能分辨的两个刺激强度的最小差异，称为感觉辨别阈（discrimination threshold）。

2. 感受器的换能作用 各种感受器在功能上的一个共同特点，是能把作用于它们的各种形式的刺激能量转换为传入神经的动作电位，这种能量转换称为感受器的换能作用（transducer function）。因此，可以把感受器看成生物换能器。在换能过程中，一般不是直接把刺激能量转变为神经冲动，而是先在感受器细胞或传入神经末梢产生一种过渡性的电位变化，在感受器细胞产生的膜电位变化，称为感受器电位（receptor potential），而在传入神经末梢产生的膜电位变化则称为发生器电位（generator potential）。对于神经末梢感受器来说，发生器电位就是感受器电位，其感觉换能部位与脉冲发生的部位相同；但对于特化的感受器来说，发生器电位是感受器电位传递至神经末梢的那一部分，其感觉换能部位与脉冲发生的部位不同。和体内一般细胞一样，所有感受器细胞对外来不同刺激信号的跨膜转导，主要是通过膜上通道蛋白或G蛋白耦联受体系统把外界刺激转换成跨膜电信号。例如，肌梭感受器电位的产生是由于机械牵拉造成肌梭感觉神经末梢的变形，从而使机械门控钙通道开放、Ca^{2+}内流所致；感受器电位以电紧张的形式扩布至传入神经末梢，使该处的电压门控钠通道开放，Na^+内流而产生动作电位。由此可见，所有感觉神经末梢或感受器细胞出现的电位变化，都是通过跨膜信号转导，把不同能量形式的外界刺激转换成电位变化的结果。

感受器电位或发生器电位与终板电位一样，是一种过渡性慢电位，具有局部兴奋的性质，即非"全或无"式的，可以发生总和，并以电紧张的形式沿所在的细胞膜做短距离扩布。因此，感受器电位或发生器电位可通过改变其幅度、持续时间和波动方向，真实地反映和转换外界刺激信号所携带的信息。

感受器电位或发生器电位的产生并不意味着感受器功能的完成，只有当这些过渡性电位变化使该感受器的传入神经纤维发生去极化并产生"全或无"式的动作电位时，才标志着这一感受器或感觉器官作用的完成。

3. 感受器的编码功能 感受器在把外界刺激转换为神经动作电位时，不仅发生了能量的转换，而且把刺激所包含的环境变化的信息也转移到了动作电位的序列之中，起到了信息的转移作用，这就是感受器的编码（coding）功能。关于感受器将刺激所包含的环境变化信息内容编码在传入神经的电信号序列中的详细机制，目前还不十分清楚，以下仅就感受器对外界刺激的性质、强度及其他属性进行编码的一些基本问题加以叙述。

首先讨论不同性质的刺激是如何被编码的。众所周知，不同感受器所产生的传入神经冲动都是一些在波形和产生原理上十分相似的动作电位，并无本质上的差别。因此，不同性质的外界刺激不可能是通过动作电位的幅度高低或波形特征来编码的。许多实验和临床经验都证明，不同性质感觉的引起，不但决定于刺激的性质和被刺激的感受器种类，还决定于传入冲动所到达的大脑皮质的特定部位。因为机体的高度进化，使得某一感受器细胞选择性地只对某种特定性质的刺激发生反应，由此而产生的传入冲动只能循着特定的途径到达特定的皮质结构，引起特定的感觉。所以不论刺激发生在某一个特定感觉通路上的哪个部分，也不论这一刺激是如何引起的，它所引起的感觉都与感受器受到刺激时引起的感觉相同。例如，用电刺激患者的视神经，或者直接刺激枕叶皮质，都会引起光亮的感觉；肿瘤或炎症等病变刺激听神经时，会产生耳鸣的症状。在同一感觉系统或感觉类型的范围内，外界刺激的量或强度又是怎样编码的？对于这个问题，可用脊椎动物的牵张感受器为例加以说明。图 2-66 显示蛙肌梭对刺激强度的编码。这里所施加的刺激是对肌肉的牵拉。在牵拉的动态期刺激的强度逐渐增加，而在静态期中牵拉

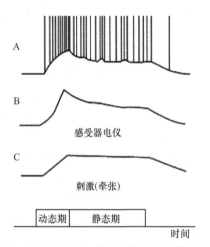

图 2-66 蛙肌梭中刺激强度的编码模式图
A. 在牵拉过程中记录到的感受器电位和传入放电；B. 用河豚毒阻遏动作电位后，传入放电消失，但仍可看到在动-静态牵拉过程中的感受器电位；C. 示动-静态式牵拉

刺激的强度保持恒定（图 2-66C）。为了观察单纯的感受器电位，可用河豚毒阻断动作电位的产生。可以看到，随着刺激强度（牵拉力量）的增加，感受器电位的振幅逐渐增大，在动态牵拉终止时达到峰值，然后逐渐下降，在静态牵拉期内降至一个较低的稳定水平（图 2-66B）。在自然情况下，可同时记录到感受器电位和动作电位（图 2-66A），动作电位的频率与感受器电位的振幅密切相关。当感受器电位的振幅随刺激强度分级、平稳地增大时，动作电位频率也逐渐增高。在这一过程中，连续变化的刺激则转换为频率不同的神经脉冲。又如，当给人的手部皮肤施以触压刺激时，随着触压力量的增大，触、压感受器传入纤维上的动作电位频率逐渐增高，产生动作电位的传入纤维的数目也逐渐增多。由此可见，刺激的强度不仅可通过单一神经纤维上动作电位的频率高低来编码，还可通过参与电信息传输的神经纤维数目的多少来编码。

4. 感受器的适应现象 当某一恒定强度的刺激持续作用于一个感受器时，感觉神经纤维上动作电位的频率会逐渐降低，这一现象称为感受器的适应（adaptation）。适应的程度可因感受器的类型不同而有很大的差别，通常把它们区分为快适应感受器和慢适应感受器两类。前者以皮肤触觉感受器为代表，如给皮肤的环层小体施加恒定的压力刺激时，仅在刺激开始后的短时间内有传入冲动发放，之后虽然刺激仍在作用，但其传入冲动的频率却会很快降低到零。这类感受器对于刺激的变化十分灵敏，适于传递快速变化的信息，这对生命活动是十分重要的，它有利于机体探索新异的物体或障碍物，有利于感受器和中枢再接受新的刺激。慢适应感受器以肌梭、颈动脉窦和关节囊感受器为代表，它们的共同特点是，在刺激持续作用时，一般仅在

刺激开始后不久出现冲动频率的轻微降低，之后可在较长时间内维持于这一水平。感受器的这种慢适应过程对动物的生命活动同样具有重要意义，它有利于机体对某些功能状态进行长时间持续的监测，并根据其变化随时调整机体的活动。例如，引起疼痛的刺激往往可能是潜在的伤害性刺激，如果其感受器显示明显的适应，在一定程度上就会失去报警意义。适应并非疲劳，因为对某一强度的刺激产生适应之后，如果再增加该刺激的强度，又可引起传入冲动的增加。

感受器发生适应的机制比较复杂，它可发生在感觉信息转换的不同阶段。感受器的换能过程、离子通道的功能状态及感受器细胞与感觉神经纤维之间的突触传递特性等均可影响感受器的适应。例如，环层小体的环层结构就与快适应有关，如果剔除感受器外面的环层结构，再以同样强度的压力直接施加于裸露的神经末梢时，仍可引起传入冲动发放，而且在这种情况下感觉神经末梢变得不易适应，与剔除环层结构前表现的快适应明显不同。这是因为环层结构具有一定的黏弹性，当压力突然施加于小体的一侧时，其内所含的黏液成分将直接传递至轴心纤维的相同侧，引起感受器电位；但在几毫秒至几十毫秒之内，小体内的液体重新分布，使整个小体内的压力变得几乎相等，感受器电位立即消失。另外，在压力持续作用期间，神经纤维本身对刺激也能逐渐适应，这可能是由于神经纤维膜内、外的离子重新分布的结果，但这个过程要慢得多。

一、感觉传导通路

感觉传导通路包括躯体感觉传导通路和内脏感觉传导通路。

躯体感觉（somatic senses）包括浅感觉和深感觉两大类，浅感觉又包括触-压觉、温度觉和痛觉；深感觉即为本体感觉，主要包括位置觉和运动觉。内脏感觉（visceral senses）主要是痛觉，因为内脏中除含痛觉感受器外，温度觉和触-压觉感受器很少分布，本体感受器则不存在。

1. 本体感觉传导通路　本体感觉（proprioception）是指来自躯体深部的肌肉、肌腱和关节等处的组织结构对躯体的空间位置、姿势、运动状态和运动方向的感觉。本体感觉的传入对躯体平衡感觉的形成具有一定作用。

位于肌肉、肌腱和关节等处的感受器称为本体感受器。例如，肌梭、腱器官和关节感受器就属于本体感受器。当运动涉及皮肤的移动时，本体感觉亦涉及触觉的产生。对单纯的肌肉、肌腱和关节的感觉，人们平时并不能意识到。但在肢体运动时，本体感受器和皮肤感受器一起产生作用，可使人们产生有意识的运动感觉。脊椎动物的肌肉内有两种感受器：肌梭（muscle spindle）和腱器官（tendon organ）。在长期的进化过程中，两栖动物及哺乳动物因为要对抗重力和维持姿势平衡，所以需要有本体感觉的信息输入。

肌梭是骨骼肌中的一种特殊的感受装置，位于肌肉的深部。主要由梭内肌、神经末梢、梭囊与微小血管构成。梭内肌纤维的外表面被结缔组织构成的梭囊包绕，梭囊在肌梭的赤道部约有150nm的膨大，使其外观呈梭形。肌梭是检知骨骼肌的长度、运动方向、运动速度和速度变化率的一种本体感受器。肌梭的功能是将肌肉受牵拉而被动伸展的长度信息编码为神经冲动，传入到中枢。一方面产生相应的本体感觉，另一方面反射性地产生和维持肌紧张，并参与对随意运动的精细调节。实验表明，如果阻断肌梭的传入信息，机体的姿势将会变得不稳。

腱器官大部分位于骨骼肌的肌腱部位，由于它是由Golgi最早发现的，故又称为高尔基腱器官（Golgi tendon organ）。腱器官是检知骨骼肌张力变化的一种本体感受器。腱器官的功能是将肌肉主动收缩的信息编码为神经冲动，传入到中枢，产生相应的本体感觉。在关节囊、关节韧带及骨膜处有几种感受器，它们都是由皮肤相应的感受器变形而来的。例如，鲁菲尼小体、环层小体和游离神经末梢等。鲁菲尼小体可检知关节的屈曲和伸展，环层小体可检知关节的活动程度等。本体感受器的一个共同特点是对机械刺激敏感。运动时，关节的屈曲、伸张及骨骼肌的舒缩活动等刺激了位于其中的本体感受器，使感受器细胞膜上的非特异性阳离子通道开放，引起跨膜内向电流，造成膜的去极化，从而产生感受器电位或发生器电位，并以电紧张的形式扩布到神经末梢而产生可传导的动作电位。

传统上认为本体感受器只参与皮质下和下意识的肌肉反应。近年来的研究修正了这一观点。例如，即使局部麻醉上肢所有的皮肤传入纤维后，手指的位置感觉依然保持，说明肌肉、关节的传入纤维依然可到达体感大脑皮质。辣根过氧化物酶示踪和电生理实验证明，肌肉 I_a 类传入的主要皮质代表区在 3a 区，还有些在顶叶 5 区。

值得注意的是，肌肉和关节的传入纤维还可经过一些中继细胞途径到达运动皮质。因此感觉与运动系统之间具有十分密切的关系。

本体感觉经脊髓后索上行，大量传入冲动进入小脑，但有些冲动则经内侧丘系和丘脑投射到大脑皮质。后索疾病时产生运动共济失调是因为本体感觉至小脑的传导受阻。也有部分本体感觉传入冲动在脊髓前外侧系内上行。感觉皮质的许多神经元主要对运动时的体位，而不是对静止时的体位起反应。

所谓本体感觉是指肌、腱、关节等运动器官本身在不同状态（运动或静止）时产生的感觉（如人在闭眼时能感知身体各部的位置）。因位置较深，又称深部感觉。此外，在本体感觉传导通路中，还传导皮肤的精细触觉（如辨别两点距离和物体的纹理粗细等）。此处主要述及躯干和四肢的两条本体感觉传导通路（因头面部者尚不明了），一条是传至大脑皮质，产生意识性感觉；另一条传至小脑，不产生意识性感觉。

（1）意识性本体感觉传导通路：由 3 级神经元组成。第 1 级神经元为脊神经节细胞，其周围突分布于肌、腱、关节等处本体觉感受器和皮肤的精细触觉感受器，中枢突经脊神经后根的内侧部进入脊髓后索，分为长的升支和短的降支。其中，来自第 4 胸节以下的升支走在后索的内侧部，形成薄束；来自第 4 胸节以上的升支行于后索的外侧部，形成楔束。两束上行，分别止于延髓的薄束核和楔束核。第 2 级神经元的胞体在薄、楔束核内，由此二核发出的纤维向前绕过中央灰质的腹侧，在中线上与对侧的交叉，称内侧丘系交叉，交叉后的纤维呈前后排列行于延髓中线两侧、锥体束的背方，再转折向上，称内侧丘系。内侧丘系在脑桥居被盖的前缘，在中脑被盖则居红核的外侧，最后止于背侧丘脑的腹后外侧核。第 3 级神经元的胞体在腹后外侧核，发出纤维经内囊后肢主要投射至中央后回的中、上部和中央旁小叶后部，部分纤维投射至中央前回（图 2-67、图 2-68）。此通路若在不同部位（脊髓或脑干）损

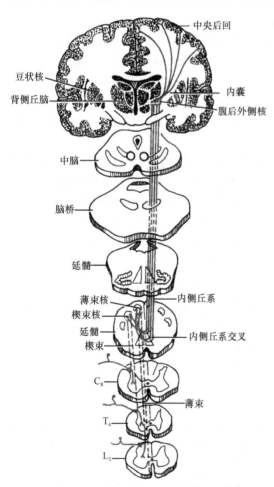

图 2-67　躯干和四肢意识性本体感觉传导通路

（图中标注：中央后回；豆状核；背侧丘脑；内囊；腹后外侧核；中脑；脑桥；延髓；薄束核；楔束核；延髓；楔束；内侧丘系；内侧丘系交叉；C_8；薄束；T_4；L_3）

伤，则患者在闭眼时不能确定相应部位各关节的位置和运动方向及两点间的距离。此通路在内侧丘系交叉的下方或上方的不同部位损伤时，患者在闭眼时不能确定损伤同侧（交叉下方损伤）和损伤对侧（交叉上方损伤）关节的位置和运动方向及两点间距离。

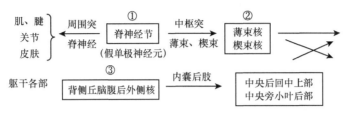

图 2-68 躯干和四肢意识本体感觉传导通路模式图

（2）非意识性本体感觉传导通路：非意识性本体感觉传导通路实际上是反射通路的上行部分，为传入小脑的本体感觉，由两级神经元组成。第 1 级神经元为脊神经节细胞，其周围突分布于肌、腱、关节的本体感受器，中枢突经脊神经后根的内侧部进入脊髓，终止于 $C_8 \sim L_2$ 的胸核和腰骶膨大第 V～VII 层外侧部。由胸核发出的 2 级纤维在同侧脊髓外侧索组成脊髓小脑后束，向上经小脑下脚进入旧小脑皮质；由腰骶膨大第 V～VII 层外侧部发出的第 2 级纤维组成对侧和同侧的脊髓小脑前束，经小脑上脚止于旧小脑皮质。以上第 2 级神经元传导躯干（除颈部外）和下肢的本体感觉。传导上肢和颈部的本体感觉的第 2 级神经元胞体在颈膨大部第 VI、VII 层和延髓的楔束副核，这两处神经元发出的第 2 级纤维也经小脑下脚进入旧小脑皮质（图 2-69）。

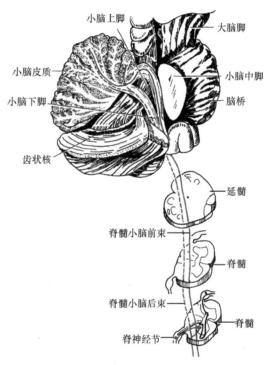

图 2-69 躯干和四肢非意识性本体感觉传导通路

2. 痛、温觉和粗触觉传导通路

（1）触-压觉：给皮肤施以触、压等机械刺激所引起的感觉，分别称为触觉（touch-sense）和压觉（pressure sense）。由于两者在性质上类似，可统称为触-压觉。用不同性质的点状刺激检查人的皮肤感觉时发现，不同感觉的感受区在皮肤表面呈相互独立的点状分布。如果用纤细的毛轻触皮肤表面，只有当某些特殊的点被触及时，才能引起触觉，这些点称为触点（touch point）。如果将两个点状刺激同时或相继触及皮肤时，人体能分辨出这两个刺激点的最小距离，称为两点辨别阈（threshold of two-point discrimination）。引起触-压觉的最小压陷深度，称为触觉阈（tactile sensation threshold），该阈值可随受试者的不同和身体部位的不同而不同。一般来说，手指和舌的触觉阈值最低，背部的触觉阈值最高。这与触觉感受器皮肤感受野的大小及皮肤中触觉感受器的密度有关。例如，鼻、口唇、指尖等处感受器的密度最高，腹、胸部次之，手腕、足等处最低；与其相应，触-压觉的阈值也是在鼻、口唇和指尖处最低，腕、足部位最高。实验表明，人的指尖感受器的密度约 2500 个/cm²，其中约有 1500 个麦斯纳小体（Meissner corpuscle）、

750 个梅克尔盘(Merkel disk)、75 个环层小体(pacinian corpuscle)和鲁菲尼小体(Ruffini ending)。这些感受器与有髓轴突（约 300 根/cm^2）相连。麦斯纳小体和梅克尔盘的感受野较小，其直径为 3～4mm，沿着手臂向上，其感受野逐渐增大，神经支配的密度则下降，所以触觉分辨的精确性也下降。躯干部的感受野要比指尖的感受野增大近 100 倍。

触-压觉感受器可以是游离神经末梢、毛囊感受器或带有附属结构的环层小体、麦斯纳小体、鲁菲尼小体和梅克尔盘等。不同的附属结构可能决定它们对触-压刺激的敏感性或适应出现的快慢。触-压觉感受器的适宜刺激是机械刺激。机械刺激引起感觉神经末梢变形，导致机械门控钠通道开放和 Na$^+$内流，产生感受器电位。当感受器电位使神经纤维膜去极化并达到阈电位时，就产生动作电位。传入冲动到达大脑皮质感觉区，产生触-压觉。

触-压觉在内侧丘系和前外侧系两条通路中上行，只有当中枢损伤非常广泛时，触-压觉才可能完全被阻断。这两条通路传导的触-压觉类型是不同的。经内侧丘系传导的精细触-压觉与刺激的具体定位、空间和时间的形式等有关；该通路损伤时，振动觉（一种节律性压觉）和肌肉本体感觉降低，触-压觉阈值升高，皮肤触-压觉敏感区数量减少，触-压觉定位也受损。经脊髓丘脑束传导的粗略触-压觉仅有粗略定位的功能；该通路受损时，也有触-压觉阈值升高和皮肤触-压觉敏感区数量减少的表现，但触-压觉的缺损较轻微，触-压觉定位仍然正常。

（2）温度觉：在人类的皮肤上有专门的"热点"和"冷点"，刺激这些点能分别引起热觉（warmth-sense）和冷觉（cold-sense），两者合称温度感觉。皮肤上的冷点明显多于热点，以手的皮肤为例，冷点的密度为 1～5 个/cm^2，而热点仅 0.4 个/cm^2，如果用 40℃的温度刺激皮肤，可找到皮肤的热点；而用 15℃的温度刺激皮肤则可找到冷点。在这些"热点"和"冷点"部位存在热感受器和冷感受器，分别感受加在皮肤上的热刺激和冷刺激。实验表明，热感受器只选择性地对热刺激发生反应，当皮肤温度升高到 32～45℃时，这类热感受器才能激活，开始放电。在这个范围内，热感受器的放电频率随皮肤温度的升高而逐渐增加，所产生的热感觉也随之增强。皮肤温度一旦超过 45℃，热感觉突然消失，代之出现的是热痛觉。这是因为皮肤温度超过 45℃时便成为伤害性热刺激。这时温度伤害性感受器开始兴奋，而热感受器的放电明显减少。这也说明，热感觉是由温度感受器介导的，而热痛觉则由伤害性感受器介导。冷感受器只选择性地对冷刺激发生反应，引起这类冷感受器放电的皮肤温度范围较广，在 10～40℃，如果将皮肤温度逐步降低到 30℃以下，冷感受器放电增加，冷感觉也逐渐增强。通常情况下，冷感觉是由皮肤温度降低所引起的；但在某些情况下，有些化学物质作用于皮肤也能引起冷感觉。实验证明，薄荷能激活冷感受器而引起冷感觉。

皮肤的温度感觉受皮肤的基础温度、温度的变化速度及被刺激皮肤的范围等因素的影响。皮肤的原有温度影响温度感觉的一个实例是 Weber 的"三碗实验"（Weber three bowl experiment）。取三只碗，第一碗盛冷水，第二碗盛温水，第三碗盛热水。将一只手放入冷水碗中，另一只手放入热水碗中，然后将两只手同时放入温水碗中。这时在冷水碗浸过的手会产生热的感觉，而在热水碗浸过的手则出现冷的感觉。

如果皮肤温度改变的速度很快，则人们在主观上很容易察觉。但如果皮肤温度的改变非常缓慢，皮肤的感觉阈值将会大大提高。例如，当以 0.4℃/min 的速率冷却皮肤时，可在开始冷却后 11min，温度下降 4.4℃以后才会有冷的感觉。实际上此时皮肤温度已经很低，而主观上却尚未感觉到。人们有时在不知不觉中着凉感冒，往往与此有关。

另外，皮肤受刺激的范围对温度感觉也有一定影响。在小范围皮肤上改变温度，其感觉阈值要大于大范围的改变。这说明，来自温度感受器的冲动在产生温度感觉上可发生空间总和。实验表明，给两只手背同时加热，其感觉阈值可低于单独给一只手背的加热。

由于适应，人的皮肤温度在 32～34℃ 时既无冷的感觉也无热的感觉，这就是皮肤温度的中间范围区。如果皮肤温度的改变超出这个中间范围区，即低于 30℃ 或者高于 36℃，就会分别引起冷或热的感觉。实验表明，并不是任何热刺激都能达到阈值，只有相当面积的皮肤受到热刺激时，才能被觉察到。有人估算，大约需要 50 个热感受器同时被激活，才能达到热感觉的阈值，产生热的感觉。提示来自外周热感受器的信息需要一个空间总和的过程，才能激发中枢的感觉机制。至于冷刺激，有人估算，单个冷感受器的兴奋只要其传入纤维的放电频率达到每秒50 个冲动，便能产生冷的感觉。

热感受器是游离神经末梢，分布于皮肤表面下 0.3～0.6mm 处，由无髓的 C 类纤维传导热感觉信号。热感受器的感受野很小，呈点状，对机械刺激不敏感。一根神经纤维可支配若干个热点。冷感受器也是游离神经末梢，分布于皮肤表面下 0.15～0.17mm 处，由细的有髓鞘 A_δ 纤维传导冷感觉信号。冷感受器的皮肤感受野也很小，也呈点状，直径约 1mm。一根神经纤维可支配 1 个或多达 8 个冷点。

有证据表明，来自丘脑的温度觉投射纤维除到达中央后回外，还投射到同侧的岛叶皮质，后者可能是温度觉的初级皮质。目前对丘脑和大脑皮质在温度信息加工中的具体作用尚不清楚。

（3）痛觉

1）痛觉的定义和特点：痛觉（pain-sense）是由体内外伤害性刺激所引起的一种主观感觉，常伴有情绪活动和防卫反应。痛觉不是一个独立的单一感觉，是一种与其他感觉混杂在一起的一种复合感觉。痛的主观体验既有生理成分也有心理成分。痛觉感受器的一个重要特征是没有一定的适宜刺激，也就是说，任何刺激只要达到伤害程度均可使其兴奋，因而痛觉感受器又称为伤害性感受器（nociceptor）。伤害性感受器的另一个特征是不易出现适应，属于慢适应感受器。伤害性感受器的这种慢适应过程对动物和人体的生命活动具有重要的意义，假如伤害性感受器显示明显的适应，那么在一定程度上就会失去报警的意义，容易使伤害性刺激给机体造成一定程度的伤害。

2）致痛物质：能引起疼痛的外源性和内源性化学物质，统称为致痛物质。机体组织损伤或发生炎症时，由受损细胞释出的引起痛觉的物质，称为内源性致痛物质，包括 K^+、H^+、5-羟色胺（5-HT）、缓激肽、前列腺素和 P 物质等。这些物质的细胞来源虽不完全相同，但都能激活伤害性感受器，或使其阈值降低。例如，从损伤细胞释出的 K^+ 可直接激活伤害性感受器，引起去极化；缓激肽是由损伤和炎症部位的一种激肽释放酶降解血浆激肽原而生成的，它是一种很强的致痛物质，可通过缓激肽 B_2 受体而引起疼痛；组胺由肥大细胞释放，低浓度时可引起痒觉，高浓度时则引起痛觉。这些致痛物质不仅参与疼痛的发生，也参与疼痛的发展，导致痛觉过敏。如果这些致痛物质在细胞间隙内的浓度超过一定阈值，便可引起 A_δ 和 C 类神经终末产生动作电位，传至大脑皮质引起痛觉。

3）痛觉感受器和传入纤维：痛觉感受器是游离神经末梢，根据刺激性质的不同，一般将伤害性感受器分为以下三类。

A. 机械伤害性感受器（mechanical nociceptor）：又称高阈值机械感受器，它们只对强的机械刺激起反应，对针尖刺激特别敏感。这类感受器有 A_δ 纤维和 C 纤维两类传入纤维。

B. 机械温度伤害性感受器（mechanothermal nociceptor）的传入纤维属 A_δ 类，对机械刺激产生中等程度的反应，对 40～51℃ 温度刺激（45℃ 为热刺激引起痛反应的阈值）发生反应，反应随温度的升高而逐渐增强。

C. 多觉型伤害性感受器（polymodal nociceptor）的数量较多，遍布于皮肤、骨骼肌、关节和内脏器官。这类感受器对多种不同的伤害性刺激均能起反应，包括机械的、热的和化学的伤害性刺激。

传导痛觉信息的传入神经纤维有两类：一类属于 A_δ 有髓纤维，传导速度为 5～30m/s；另一类是 C 类无髓纤维，传导速度为 0.5～2m/s。沿 A_δ 纤维传导的伤害性信息到达大脑皮质后引起的痛觉称为快痛（fast pain），其特点是感觉敏锐，定位明确，痛发生快，消失也快，一般不伴有明显的情绪变化。沿 C 类纤维传导的伤害性信息到达大脑皮质后引起的痛觉称为慢痛（slow pain），其特点是感觉比较模糊，定位不精确，痛的发生比较缓慢，消退也有一个过程，而且往往伴有明显的情绪反应。另外，与其他体感神经纤维不同，传导痛信息的纤维的阈值较高，只有当压力、温度或其他化学刺激强度达到痛阈时，才能引起痛觉。

4）躯体痛和内脏痛：疼痛是常见的临床症状。躯体痛包括体表痛和深部痛；内脏痛具有许多不同于躯体痛的特点，且存在一些特殊的疼痛，如体腔壁痛和牵涉痛。

A. 躯体痛：发生在体表某处的痛感称为体表痛。当伤害性刺激作用于皮肤时，可先后出现两种性质不同的痛觉，即快痛和慢痛。快痛主要经特异投射系统到达大脑皮质的第 1 和第 2 感觉区；而慢痛主要投射到扣带回。此外，许多痛觉纤维经非特异投射系统投射到大脑皮质的广泛区域。发生在躯体深部，如骨、关节、骨膜、肌腱、韧带和肌肉等处的痛感称为深部痛。深部痛一般表现为慢痛，其特点是定位不明确，可伴有恶心、出汗和血压改变等自主神经反应。出现深部痛时，可反射性引起邻近骨骼肌收缩而导致局部组织缺血，而缺血又使疼痛进一步加剧。缺血性疼痛的可能机制是肌肉收缩时局部组织释放某种致痛物质（Lewis P 因子）。当肌肉持续收缩而发生痉挛时，血流受阻而该物质在局部堆积，持续刺激痛觉感受器，于是形成恶性循环，使痉挛进一步加重；当血供恢复后，该致痛物质被带走或被降解，因而疼痛也得到缓解。P 因子的本质尚未确定，有人认为是 K^+。

B. 内脏痛：常由机械性牵拉、痉挛、缺血和炎症等刺激所致。内脏痛具有以下特点：①定位不准确，这是内脏痛最为主要的特点，如腹痛时患者常不能说出所发生疼痛的明确位置，因为痛觉感受器在内脏的分布要比在躯体稀疏得多；②发生缓慢，持续时间较长，即主要表现为慢痛，常呈渐进性增强，但有时也可迅速转为剧烈疼痛；③中空内脏器官（如胃、肠、胆囊和胆管等）壁上的感受器对扩张性刺激和牵拉性刺激十分敏感，而对切割、烧灼等通常易引起皮肤痛的刺激却不敏感；④特别能引起不愉快的情绪活动，并伴有恶心、呕吐和心血管及呼吸活动改变，这可能是由于内脏痛的传入通路与引起这些自主神经反应的通路之间存在密切的联系。

体腔壁痛和牵涉痛是较为特殊的内脏痛，在临床上对某些疾病的诊断具有一定的意义。

体腔壁痛（parietal pain）是指内脏疾病引起邻近体腔壁浆膜受刺激或骨骼肌痉挛而产生的疼痛。例如，胸膜或腹膜炎症时可发生体腔壁痛。这种疼痛与躯体痛相似，也由躯体神经，如膈神经、肋间神经和腰上部脊神经传入。

牵涉痛（referred pain）是指由某些内脏疾病引起的远隔的体表部位发生疼痛或痛觉过敏的现象。例如，心肌缺血时，常感到心前区、左肩和左上臂疼痛；膈中央部受刺激往往引起肩上部疼痛；患胃溃疡和胰腺炎时，可出现左上腹和肩胛间疼痛；胆囊炎、胆石症发作时，可感觉右肩区疼痛；发生阑尾炎，在发病开始时常觉上腹部或脐周疼痛；肾结石时可引起腹股沟区疼痛；输尿管结石则可引起睾丸疼痛等。躯体深部痛也有牵涉痛的表现。由于牵涉痛的体表放射部位比较固定，因而在临床上常提示某些疾病的发生。

发生牵涉痛时，疼痛往往发生在与患病内脏具有相同胚胎节段和皮节来源的体表部位，这一原理称为皮节法则（dermatomal rule）。例如，在胚胎发育过程中，膈自颈区迁移到胸腹腔之

间，膈神经也跟着一起迁移，而其传入纤维
却在颈 2～4 节段进入脊髓，肩上部的传入纤
维也在同一水平进入脊髓。同样，心脏和上
臂也发源于同一节段水平。睾丸及其支配神
经是从尿生殖嵴迁移而来的，而尿生殖嵴也
是肾和输尿管的发源部位。牵涉痛的产生与
中枢神经系统的可塑性有关。体表和内脏的
痛觉纤维可在感觉传入的第二级神经元发生
会聚（图 2-70）。根据牵涉痛的放射部位，会
聚可能发生在同侧脊髓后角胶状质的第 1～
Ⅵ层，而第Ⅶ层接收来自双侧的传入纤维，

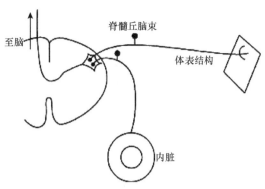

图 2-70 牵涉痛产生机制的示意图

这对于解释来源于对侧的疼痛十分重要。体表痛觉纤维通常并不激活脊髓后角的第二级神经元，
但当来自内脏的伤害性刺激冲动持续存在时，则可对体表传入产生易化作用，此时脊髓后角第
二级神经元被激活。在这种情况下，中枢将无法判断刺激究竟来自内脏还是来自体表发生牵涉
痛的部位，但由于中枢更习惯于识别体表信息，因而常将内脏痛误判为体表痛。

本通路又称浅感觉传导通路，由 3 级神经元组成（图 2-71）。

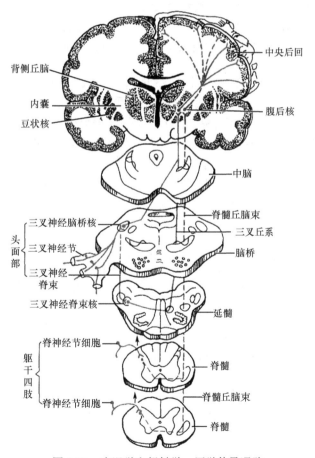

图 2-71 痛温觉和粗触觉、压觉传导通路

躯干、四肢的痛、温觉和粗触觉传导通路（图2-72）：第1级神经元为脊神经节细胞，其周围突分布于躯干、四肢皮肤内的感受器；中枢突经后根进入脊髓。其中，传导痛、温觉的纤维（细纤维）在后根的外侧部入背外侧束，再终止于第2级神经元；传导粗触觉的纤维（粗纤维）经后根内侧部进入脊髓后索，再终止于第2级神经元。第2级神经元胞体主要位于第Ⅰ、Ⅳ、Ⅴ层，它们发出纤维经白质前连合，上升1～2个节段到对侧的外侧索和前索内上行，组成脊髓丘脑侧束和脊髓丘脑前束（侧束的纤维传导痛、温觉，前束的纤维传导粗触觉）。脊髓丘脑束上行，经延髓下橄榄核的背外侧，脑桥和中脑内侧丘系的外侧，终止于背侧丘脑的腹后外侧核。第3级神经元的胞体在背侧丘脑的腹后外侧核，它们发出纤维称丘脑上（中央）辐射，经内囊后肢投射到中央后回中、上部和中央旁小叶后部。在脊髓内，脊髓丘脑束纤维的排列有一定的次序：自外向内、由浅入深，依次排列着来自骶、腰、胸、颈部的纤维。因此，当脊髓内肿瘤压迫一侧脊髓丘脑束时，痛、温觉障碍首先出现在身体对侧上半部，逐渐波及下半部。若受到脊髓外肿瘤压迫，则发生感觉障碍的次序相反。

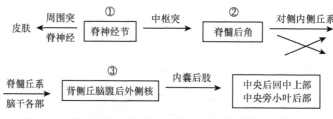

图 2-72　躯干、四肢的痛、温觉和粗触觉传导通路模式图

头面部的痛、温觉和触觉传导通路（图2-73）：第1级神经元为三叉神经节细胞，其周围突经三叉神经分布于头面部皮肤及口鼻腔黏膜的有关感受器；中枢突经三叉神经根入脑桥，传导痛、温觉的纤维再下降为三叉神经脊束，止于三叉神经脊束核；传导触觉的纤维终止于三叉神经脑桥核。第2级神经元的胞体在三叉神经脊束核和脑桥核内，它们发出纤维交叉到对侧，组成三叉丘系，止于背侧丘脑的腹后内侧核。第3级神经元的胞体在背侧丘脑的腹后内侧核，发出纤维经内囊后肢，投射到中央后回下部。在此通路中，若三叉丘系以上受损，则导致对侧头面部痛、温觉和触觉障碍；若三叉丘系以下受损，则同侧头面部痛、温觉和触觉发生障碍（图2-71）。

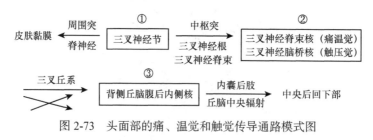

图 2-73　头面部的痛、温觉和触觉传导通路模式图

3. 视觉传导通路和瞳孔对光反射通路　研究表明，在人脑所获得的外界信息中，至少有70%以上来自于视觉（vision）。通过视觉系统，我们能感知外界物体的大小、形状、颜色、明暗、动静、远近等。双目失明会使患者失去绝大部分的信息，人类正是由于具有优越的视觉系统才得以认识世界，进而改造世界。

引起视觉的外周感觉器官是眼，图2-74是人右眼水平切面的示意图。眼内与产生视觉直接有关的结构是眼的折光系统和视网膜。折光系统由角膜、房水、晶状体和玻璃体组成；视网膜

上所含的感光细胞及与其相联系的双极细胞和视神经
节细胞，构成眼的感光系统。人眼的适宜刺激是波长
为 380~760nm 的电磁波，在这个可见光谱的范围内，
来自外界物体的光线，透过眼的折光系统成像在视网
膜上。视网膜含有对光刺激高度敏感的视杆细胞和视
锥细胞，能将外界光刺激所包含的视觉信息转变成电
信号，并在视网膜内进行编码、加工，由视神经传向
视觉中枢做进一步分析，最后形成视觉。因此，研究
眼的视觉功能，首先要研究眼的折光系统的光学特性，
清楚它们是如何将不同远近的物体清晰地成像于视网
膜上；其次，要阐明视网膜是怎样对视网膜上的物像
进行换能与编码的。

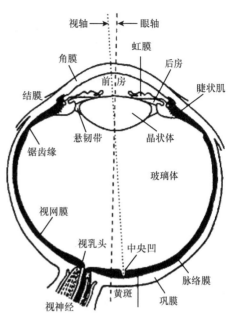

图 2-74 右眼的水平切面示意图

（一）眼的折光系统及其调节

1. 眼折光系统的光学特征和简化眼 按照光学
原理，当光线遇到两个折射率不同的透明介质的界面
时，将发生折射，其折射特性由界面的曲率半径和两
种介质的折射率所决定。人眼的折光系统是一个复杂
的光学系统。射入眼内的光线，通过角膜、房水、晶状体和玻璃体四种折射率不同的介质，并
通过四个屈光度（diopter）不同的折射面，即角膜的前、后表面和晶状体的前、后表面，才能
在视网膜上形成物像。入射光线的折射主要发生在角膜的前表面。按几何光学原理进行较复杂
的计算表明，正常成年人的眼在安静而不进行调节时，它的折光系统后主焦点的位置，恰好是
视网膜所在的位置。由于对人眼和一般光学系统来说，来自 6m 以外物体的各发光点的光线，
都可认为是平行光线，因此这些光线可在视网膜上形成清晰的图像。

眼的折光系统是由多个折光体所构成的复合透镜，其节点、主面的位置与薄透镜大不相同，
要用一般几何光学的原理画出光线在眼内的行进途径和成像情况时，显得十分复杂。因此，有
人根据眼的实际光学特性，设计了与正常眼在折光效果上相同，但更为简单的等效光学系统或
模型，称为简化眼（reduced eye）。简化眼只是一个假想的人工模型，但其光学参数和其他特征
与正常眼等值，故可用来研究折光系统的成像特性。简化眼模型由一个前后径为 20mm 的单球
面折光体构成，折射率为 1.333，与水的折射率相同；入射光线只在由空气进入球形界面时折射
一次，此球面的曲率半径为 5mm，即节点（nodal point）在球形界面后方 5mm 的位置，第二焦
点正相当于视网膜的位置。这个模型和正常安静时的人眼一样，正好能使平行光线聚焦在视网
膜上（图 2-75）。

利用简化眼可方便地计算出不同远近的物体在视网膜上成像的大小。如图 2-75 所示，*AnB*
和 *anb* 是具有对顶角的两个相似三角形，因而

$$\frac{AB(物体的大小)}{Bn(物体至节点的距离)}=\frac{ab(物像的大小)}{nb(节点至视网膜的距离)}$$

式中，*nb* 固定不变，为 15mm，那么，根据物体的大小和它与眼睛之间的距离，就可算出视网
膜上物像的大小。此外，利用简化眼可算出正常人眼能看清的物体在视网膜上成像大小的限度。
实际上，正常人眼在光照良好的情况下，如果物体在视网膜上的成像小于 5μm，一般不能产生
清晰的视觉，这表明正常人的视力有一个限度。这个限度只能用人所能看清楚的最小视网膜像

的大小来表示，而不能用所能看清楚的物体的大小来表示。因为物像的大小不仅与物体的大小有关，也与物体与眼之间的距离有关。人眼所能看清楚的最小视网膜像的大小，大致相当于视网膜中央凹处一个视锥细胞的平均直径。

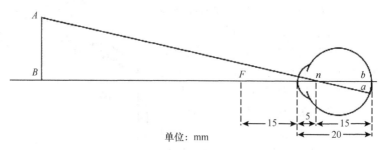

图 2-75　简化眼及其成像情况

n 为节点，AnB 和 anb 是两个相似的三角形；如果物距为已知，就可由物体大小算出物像大小，也可算出两个三角形对顶角（即视角）的大小

2. 眼的调节　当眼在看远处物体（6m 以外）时，从物体上发出的所有进入眼内的光线可认为是平行光线，对正常眼来说，不需做任何调节即可在视网膜上形成清晰的像。通常将人眼不做任何调节时所能看清的物体的最远距离称为远点（far point）。当眼看近物（6m 以内）时，从物体上发出的进入眼内的光线呈不同程度的辐射状，光线通过眼的折光系统将成像在视网膜之后，由于光线到达视网膜时尚未聚焦，因而只能产生一个模糊的视觉形象。但是，正常眼在看近物时也非常清楚，这是因为眼在看近物时已进行了调节的缘故。

眼的近反射：眼在注视 6m 以内的近物或被视物体由远及近时，眼将发生一系列调节，其中最主要的是晶状体变凸，同时发生瞳孔缩小和视轴会聚，这一系列的调节称为眼的近反射（near reflex）。

（1）晶状体变凸：晶状体是一个富有弹性的双凸透镜形的透明体，它由晶状体囊和晶状体纤维组成。其周边由悬韧带将其与睫状体相连。当眼看远物时，睫状肌处于松弛状态，这时悬韧带保持一定的紧张度，晶状体受悬韧带的牵引，其形状相对扁平；当看近物时，可反射性地引起睫状肌收缩，导致连接于晶状体囊的悬韧带松弛，晶状体因其自身的弹性而向前和向后凸出，尤以前凸更为明显。晶状体的变凸使其前表面的曲率增加，折光能力增强，从而使物像前移而成像于视网膜上（图 2-76）。

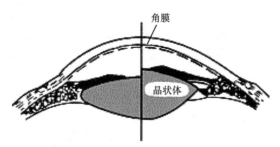

图 2-76　眼调节前后晶状体形状的改变

左侧为安静时的情况，右侧示看近物经过调节后的情况，注意晶状体前凸比后凸明显

眼视近物时晶状体形状的改变是通过反射实现的，其反射过程如下：当模糊的视觉图像到达视皮质时，由此而引起的下行冲动经锥体束中的皮质-中脑束到达中脑的正中核，继而由正中

核传到动眼神经副核，再经动眼神经中副交感节前纤维传到睫状神经节，最后再经睫状短神经到达眼的睫状肌，使其环行肌收缩，从而使悬韧带松弛，晶状体由于其自身的弹性而向前方和后方凸出。物体距眼睛越近，入眼光线的辐散程度越大，因而也需要晶状体作更大程度的变凸，才能使物像成像于视网膜上。由于睫状肌与缩瞳肌都受副交感神经支配，其递质为乙酰胆碱，临床上做某些眼科检查时，需要放大瞳孔，因此用阿托品点眼可阻断该神经肌接头的兴奋传递，达到散瞳的目的；但由于同时阻断了睫状肌收缩，因而可影响晶状体变凸而使视网膜成像变得模糊。

另外，晶状体的最大调节能力可用眼能看清物体的最近距离来表示，这个距离称为近点（near point）。近点距眼的距离可作为判断眼的调节能力大小的指标，近点距眼越近，说明晶状体的弹性越好，亦即眼的调节能力越强。随着年龄的增长，晶状体的弹性逐渐减弱，导致眼的调节能力降低，这种现象称为老视（presbyopia）。例如，10 岁儿童的近点平均约为 8.3cm，20 岁左右的成人约为 11.8cm，而 60 岁时可增大到 200cm。

（2）瞳孔缩小：虹膜由两种平滑肌纤维组成，即由交感神经支配的散瞳肌瞳孔开大肌和由副交感神经支配的缩瞳肌（瞳孔扩约肌），中间的圆孔称为瞳孔。正常人眼瞳孔的直径可变动于 1.5～8.0mm，瞳孔的大小可调节入眼内的光量。当视近物时，可反射性地引起双侧瞳孔缩小，称为瞳孔近反射（near reflex of the pupil）或瞳孔调节反射（pupillary accommodation reflex）。瞳孔缩小可减少入眼的光量并减少折光系统的球面像差和色像差，使视网膜成像更为清晰。

瞳孔的大小主要由环境中光线的亮度所决定，当环境较亮时瞳孔缩小，环境变暗时瞳孔散大。瞳孔的大小由于入眼光线的强弱而变化称为瞳孔对光反射（pupillary light reflex）。瞳孔对光反射的中枢位于中脑，因此临床上常将它用作判断麻醉深度和病情危重程度的一个指标。瞳孔对光反射与视近物无关，它是眼的一种重要的适应功能，其意义在于调节进入眼内的光线，使视网膜不致因光线过强而受到损害，也不会因光线过弱而影响视觉。其反射过程如下：强光照射视网膜时产生的冲动经视神经传到中脑的顶盖前区更换神经元，然后到达双侧的动眼神经副核，再沿动眼神经中的副交感纤维传出，使瞳孔括约肌收缩，瞳孔缩小。

（3）视轴会聚：当双眼注视一个由远移近的物体时，两眼视轴向鼻侧会聚的现象，称为双眼会聚。眼球会聚是由于两眼球内直肌反射性收缩所致，也称为辐辏反射（convergence reflex），其意义在于两眼同时看一近物时，物像仍可落在两眼视网膜的对称点（corresponding points）上，避免复视。其反射途径是在上述晶状体调节中传出冲动到达正中核后，再经动眼神经核与动眼神经传至双眼内直肌，引起该肌收缩，从而使双眼球发生会聚。

3. 眼的折光异常　正常人眼无须做任何调节就可使平行光线聚焦于视网膜上，因而可看清远处的物体；经过调节的眼，只要物体离眼的距离不小于近点，也能看清 6m 以内的物体，这种眼称为正视眼（emmetropia）。若眼的折光能力异常，或眼球的形态异常，使平行光线不能聚焦于安静未调节眼的视网膜上，则称为非正视眼（ametropia），也称屈光不正，包括近视眼、远视眼和散光眼。

（1）近视（myopia）：其发生是由于眼球前后径过长（轴性近视）或折光系统的折光能力过强（屈光性近视），故远处物体发出的平行光线被聚焦在视网膜的前方，因而在视网膜上形成模糊的图像（图 2-77M）。近视眼看近物时，由于近物发出的是辐散光线，故不需调节或只需做较小程度的调节，就能使光线聚焦在视网膜上。因此，近视眼的近点和远点都移近。近视眼可用凹透镜加以矫正。

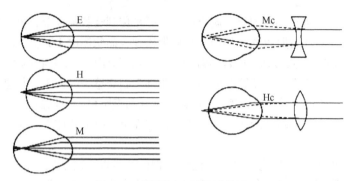

图 2-77　眼的折光异常及其矫正

E：正视眼；H：远视眼；M：近视眼；Mc：近视眼的矫正；Hc：远视眼的矫正

（2）远视（hyperopia）：其发生是由于眼球的前后径过短（轴性远视）或折光系统的折光能力太弱（屈光性远视）所致。新生儿的眼轴往往过短，多呈远视，在发育过程中眼轴逐渐变长，一般至 6 岁时成为正视眼。在远视眼，来自远物的平行光线聚焦在视网膜的后方，因而不能清晰地成像于视网膜上（图 2-77H）。远视眼的特点是在看远物时就需进行调节，看近物时，则需做更大程度的调节才能看清物体，因此远视眼的近点比正视眼远。由于远视眼无论看近物还是看远物都需要进行调节，故易发生调节疲劳，尤其是进行近距离作业或长时间阅读时可因调节疲劳而产生头痛。远视眼可用凸透镜矫正。

（3）散光（astigmatism）：正常人眼的角膜表面呈正球面，球面上各个方向的曲率半径都相等，因而到达角膜表面各个点上的平行光线经折射后均能聚焦于视网膜上。散光是指角膜表面在不同方向上曲率半径不同，一部分光线经曲率半径较小的角膜表面发生折射，聚焦于视网膜的前方；一部分光线经曲率半径正常的角膜表面发生折射聚焦于视网膜上；另一部分光线经曲率半径较大的角膜表面折射的光线，则聚焦于视网膜的后方。因此，平行光线经角膜表面各个方向入眼后不能在视网膜上形成焦点，而是形成焦线。因而造成视物不清或物像变形。除角膜外，晶状体表面曲率异常也可引起散光。纠正散光通常用柱面镜。

4. 房水和眼内压　房水（aqueous humor）指充盈于眼的前、后房中的液体。房水由睫状体的睫状突上皮产生，生成后由后房经瞳孔进入前房，然后流过房角的小梁网，经许氏（Schlemm）管进入静脉。房水不断生成，又不断回流入静脉，保持动态平衡，称为房水循环。

房水的功能为营养角膜、晶状体及玻璃体，维持一定的眼压。由于房水量的恒定及前、后房容积的相对恒定，因而眼压也保持相对稳定。眼压的相对稳定对保持眼球特别是角膜的正常形状与折光能力具有重要意义。人眼的总折光能力与眼内各折光体都有关系，但最主要的折射发生在空气与角膜接触的界面上，约占总折光能力的 80%。因此，角膜的形状和曲度的改变将明显影响眼的折光能力。若眼球被刺破，会导致房水流失、眼压下降、眼球变形，引起角膜曲度改变。房水循环障碍时（如房水排出受阻）会造成眼压增高，眼压的病理性增高称为青光眼（glaucoma），这时除眼的折光系统出现异常外，还可引起头痛、恶心等全身症状，严重时可导致角膜混浊、视力丧失。

（二）眼的感光换能系统

来自外界物体的光线，通过眼的折光系统在视网膜上所形成的物像还是一种物理范畴的像，它与外界物体通过照相机中的透镜组在底片上成像并无原则上的区别。但视觉系统最终在主观意识上形成的"像"，则是属于意识或心理范畴的主观映象，它由来自视网膜的神经信息最终在视觉中枢内形成。作为眼的感光部分，视网膜的基本功能是感受光刺激，并将其转换为神经纤维上的电活动。

1. 视网膜的功能结构 视网膜（retina）是位于眼球最内层的神经组织，仅有 0.1～0.5mm 的厚度，但其结构却非常复杂。视网膜在组织学上可分为 10 层，从外向内依次为色素上皮质、光感受器细胞层、外界膜、外颗粒层、外网状层、内颗粒层、内网状层、神经节细胞层、神经纤维层和内界膜（图 2-78）。

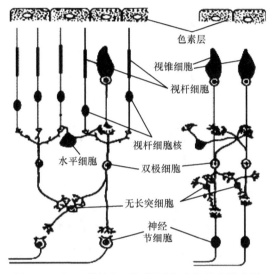

图 2-78 视网膜的主要细胞层次及其联系模式图
左半部示周围区域，右半部示中央凹，中央凹处只有视锥细胞，而中央凹以外的周边部分主要是视杆细胞

色素上皮质不属于神经组织，其血液供应来自脉络膜一侧。色素上皮细胞内含有黑色素颗粒，后者能吸收光线，因此能防止光线反射而影响视觉，也能消除来自巩膜侧的散射光线。当强光照射视网膜时，色素上皮细胞能伸出伪足样突起，包被视杆细胞外段，使其相互隔离；当入射光线较弱时，伪足样突起缩回到胞体，使视杆细胞外段暴露，从而能充分接受光刺激。色素上皮细胞在视网膜感光细胞的代谢中起重要作用，许多视网膜疾病都与色素上皮功能失调有关。此外，色素上皮还能为视网膜外层传递来自脉络膜的营养并吞噬感光细胞外段脱落的膜盘和代谢产物。

光感受器细胞层有视杆细胞（rod cell）和视锥细胞（cone cell）两种特殊分化的神经上皮细胞。视锥细胞和视杆细胞在视网膜不同区域的分布很不均匀，在中央凹的中央只有视锥细胞，且在该处它的密度最高；中央凹以外的周边部分则主要是视杆细胞。视杆细胞和视锥细胞在形态上均可分为三部分，由外向内依次为外段、内段和终足（图 2-79）。其中外段是视色素集中的部位，在感光换能中起重要作用。视杆细胞的外段呈圆柱状，该段胞质很少，绝大部分空间被重叠成层而排列整齐的圆盘状结构所占据，这些圆盘状结构称为膜盘（membranous disk）。它们是一些具有一般细胞膜脂质双分子层结构的扁平囊状物，膜盘膜上镶嵌着蛋白质（图 2-80），这些蛋白质绝大部分是一种称为视紫红质（rhodopsin）的视色素，该色素在光的作用下发生一系列光化学反应，是产生视觉的物质基础。人的每个视杆细胞外段中有近千个膜盘，每个膜盘所含的视紫红质分子约 100 万个。这样的结构显然有利于使进入视网膜的光量子有更多的机会在外段中碰到视紫红质分子。另外，视杆细胞的外段比视锥细胞的外段更长，所含的视色素较多，因此单个视杆细胞就可对入射光线起反应，由于视杆细胞比视锥细胞对光的反应慢，有利于更多的光反应得以总和，这样的结构特征在一定程度上可提高单个视杆细胞对光的敏感度，使视网膜能察觉出单个光量子的强度。视锥细胞外段呈圆锥状，胞内也有类似的膜盘结构，膜盘膜上也含有特殊的视色素。人和绝大多数哺乳动物都具有三种不同的视锥色素，分别存在于三种不同的视锥细胞中。

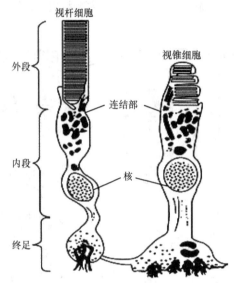

图 2-79　哺乳动物光感受器细胞模式图

视杆细胞和视锥细胞在形态上均可分为外段、内段和终足三部分

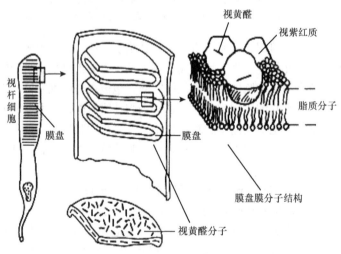

图 2-80　视杆细胞外段的超微结构示意图

视杆细胞外段有许多膜盘，膜盘上镶嵌着大量的视紫红质

　　两种感光细胞都通过其突触终末与双极细胞建立化学性突触联系，双极细胞再和神经节细胞建立化学性突触联系。人类一侧眼的视网膜中有 1.2×10^8 个视杆细胞和 6×10^6 个视锥细胞，而一侧视神经中仅有 1.2×10^6 根视神经纤维，可见在感光细胞与双极细胞和神经节细胞间的联系中普遍存在会聚现象。已知视杆细胞在与双极细胞和神经节细胞之间的联系存在会聚现象；而视锥细胞与双极细胞及神经节细胞之间的会聚程度却小得多，在中央凹处常可见到一个视锥细胞仅与一个双极细胞联系，而该双极细胞也只同一个神经节细胞联系的一对一的"单线联系"

方式，这是视网膜中央凹具有高度视敏度的结构基础。

在视网膜中，除上述细胞间的纵向联系外，还存在横向的联系，如在光感受器细胞层和双极细胞层之间有水平细胞，在双极细胞层和神经节细胞层之间有无长突细胞。这些细胞的突起在两层细胞间横向延伸，在水平方向传递信号；有些无长突细胞还可直接向神经节细胞传递信号。

近年来还发现，视网膜中除有通常的化学性突触外，还有缝隙连接。通过这些连接，细胞间在电学上互相耦合起来。在光感受器突触终末之间，以及在水平细胞之间和无长突细胞之间，都有这种缝隙连接存在。

此外，视网膜由黄斑向鼻侧约3mm处有一直径约1.5mm境界清楚的淡红色圆盘状结构，称为视盘。这是视网膜上视觉纤维汇集穿出眼球的部位，是视神经的始端。因为该处无感光细胞，所以无光感受作用，在视野中形成生理盲点（blind spot）。但正常时由于都用双眼视物，一侧眼视野中的盲点可被对侧眼的视野所补偿，因此人们并不会感觉到自己的视野中有盲点存在。

2. 视网膜的两种感光换能系统　在人和大多数脊椎动物的视网膜中存在两种感光换能系统，即视杆系统和视锥系统。视杆系统又称晚光觉或暗视觉（scotopic vision）系统，由视杆细胞和与它们相联系的双极细胞及神经节细胞等组成，它们对光的敏感度较高，能在昏暗环境中感受弱光刺激而引起暗视觉，但无色觉，对被视物细节的分辨能力较差。视锥系统又称昼光觉或明视觉（photopic vision）系统，由视锥细胞和与它们相联系的双极细胞及神经节细胞等组成。它们对光的敏感性较差，只有在强光条件下才能被激活，但视物时可辨别颜色，且对被视物体的细节具有较高的分辨能力。

以下几个观察结果可证明视网膜上确实存在上述两种不同的感光换能系统。

（1）视杆细胞和视锥细胞在视网膜中的分布是不同的，如前所述，在中央凹处只有视锥细胞，而中央凹以外的周边部分则主要是视杆细胞。与上述细胞分布相一致，人眼视觉的特点是在明亮处中央凹的视敏度最高，且有色觉功能；在暗处，视网膜的周边部敏感度较中央凹处高，能感受弱光刺激，但分辨能力较低，且无色觉功能。

（2）两种光感受器细胞与双极细胞及神经节细胞的联系方式有所不同。在视杆系统普遍存在会聚现象，即多个视杆细胞与同一个双极细胞联系，而多个双极细胞又与同一个神经节细胞联系。在视网膜周边部，可看到多达250个视杆细胞经少数几个双极细胞会聚于一个神经节细胞的情况。这样的感受系统不可能有高的分辨能力，但这样的聚合方式却是刺激得以总和的结构基础。相比之下，视锥系统细胞间联系的会聚却少得多。在中央凹处甚至可看到一个视锥细胞只同一个双极细胞联系，而该双极细胞也只同一个神经节细胞联系的一对一联系方式，使视锥系统具有很高的分辨能力。

（3）从动物种系的特点来看，某些只在白昼活动的动物，如鸡、鸽、松鼠等，其光感受器以视锥细胞为主；而另一些在夜间活动的动物，如猫头鹰等，其视网膜中只有视杆细胞。

（4）从光感受器细胞所含的视色素来看，视杆细胞中只有一种视色素，即视紫红质，而视锥细胞却含有三种吸收光谱特性不同的视色素，这与视杆系统无色觉功能而视锥系统有色觉功能的事实是相符合的。

3. 视杆细胞的感光换能机制

（1）视紫红质的光化学反应：视紫红质是一种结合蛋白质，由一分子视蛋白（opsin）和一分子视黄醛（retinene）的生色基团组成。视蛋白是由348个疏水性氨基酸残基组成的单链，有7个螺旋区（类似于α-螺旋）穿过视杆细胞内膜盘的膜结构，11-顺视黄醛分子连接在第7个螺旋区的赖氨酸残基上。视黄醛由维生素 A 转变而来，后者是一种不饱和醇，在体内可氧化成视黄醛。

视紫红质在光照时迅速分解为视蛋白和视黄醛，这是一个多阶段反应。目前认为，视黄醛分子在光照作用下由 11-顺型视黄醛（11-cis retinal）转变为全反型视黄醛（all-trans retinal）。视黄醛分子的这一光异构改变，导致它与视蛋白分子之间的构型不贴切而相互分离，视蛋白分子的变构可经过较复杂的信号转导系统的活动，诱发视杆细胞出现感受器电位（见后文）。在这一过程中，视色素失去颜色，称为漂白。据计算，一个光量子被视紫红质吸收可使生色基团变为全反型视黄醛，导致视紫红质最后分解为视蛋白和视黄醛。

视紫红质的光化学反应是可逆的，在暗处又可重新合成，其反应的平衡点取决于光照的强度。视紫红质的再合成是由全反型视黄醛变为 11-顺型视黄醛的过程，这一过程需要一种异构酶，这种异构酶存在于视网膜色素上皮中。全反型视黄醛必须从视杆细胞中释放出来，被色素上皮摄取，再由异构酶将之异构化为 11-顺型视黄醛，并返回到视杆细胞与视蛋白结合，形成视紫红质（图 2-81）。此外，全反型视黄醛也可先转变为全反型视黄醇（维生素 A 的一种形式），然后在异构酶的作用下转变为 11-顺型视黄醇，最后再转变为 11-顺型视黄醛，并与视蛋白结合，形成视紫红质。另一方面，储存在色素上皮中的维生素 A，即全反型视黄醇，同样可以转变为 11-顺型视黄醛。所以在正常情况下，维生素 A 可被用于视紫红质的合成与补充，但这个过程进行的速度较慢，不是促进视紫红质再合成的即时因素。另外，视网膜中过多的视黄醇也可逆转成为维生素 A，这对视网膜适应不同的光强度特别重要。人在暗处视物时，实际是既有视紫红质的分解，又有它的合成，这是人在暗处能不断视物的基础；此时的合成过程超过分解过程，视网膜中处于合成状态的视紫红质数量就较多，从而使视网膜对弱光较敏感；相反，人在亮光处时，视紫红质的分解大于合成，使视杆细胞几乎失去感受光刺激的能力。事实上，此时人的视觉是依靠视锥系统来完成的，视锥系统在弱光下不足以被激活，而在强光条件下视杆细胞中的视紫红质较多地处于分解状态时，视锥系统就取而代之成为强光刺激的感受系统。在视紫红质分解和再合成的过程中，有一部分视黄醛被消耗，依赖于食物进入血液循环（相当部分储存于肝）中的维生素 A 来补充。因此，如果长期维生素 A 摄入不足，会影响人的暗视觉，引起夜盲症（nyctalopia）。

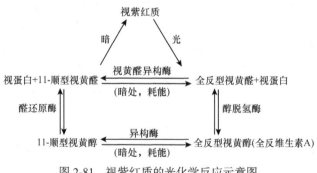

图 2-81　视紫红质的光化学反应示意图

（2）视杆细胞的感受器电位：视网膜未经光照时，视杆细胞的静息电位只有 $-40\sim-30mV$，比一般细胞小得多，这是因为在无光照时视杆细胞的外段膜上就有相当数量的 Na^+ 通道处于开放状态，发生持续 Na^+ 内流；而内段膜上的钠泵则不断将细胞内的 Na^+ 移出胞外，从而维持膜内外 Na^+ 的平衡。视杆细胞在静息（非光照）状态时，由于胞质内 cGMP 浓度很高，所以感受器细胞外段膜上的钠通道处于开放状态，Na^+ 流入胞内，形成从视杆细胞内段流向外段的电流，称为暗电流（dark current），这时感受器细胞处于去极化状态，其突触终末释放兴奋性递质谷氨酸。

当视网膜受到光照时，感受器细胞外段膜盘上的视紫红质受到光量子的作用，发生一系列光化学反应，最终视紫红质分解为视黄醛和视蛋白。与此同时，膜盘中的一种称为转导蛋白（transducin，G_t）的 G 蛋白被激活，进而激活附近的磷酸二酯酶，后者使外段胞质中的 cGMP 被大量分解为无活性产物 5'-GMP。由于 cGMP 的存在是感受器细胞外段膜上 Na^+ 通道开放的条件，因此随着细胞内 cGMP 浓度的下降，细胞膜上的 Na^+ 通道关闭，暗电流减少或消失，而内段膜上的钠泵仍继续活动，于是就出现超极化型感受器电位（图 2-82）。过去认为，Na^+ 穿过光感受器细胞的外段是暗电流产生的基础；但近年来的研究证明，暗电流的产生也有其他离子的参与，其中包括 Ca^{2+}。研究表明，当细胞外液中不含 Na^+ 时，就可阻断正常情况下在外段将 Ca^{2+} 转运出细胞外的作用。由于这种将细胞内的 Ca^{2+} 转运至细胞外的作用是通过 Na^+-Ca^{2+} 交换完成的，因此在无 Na^+ 环境中这种 Na^+-Ca^{2+} 的交换作用也就消失。Na^+-Ca^{2+} 交换体在将 3 个 Na^+ 转入细胞内的同时，将 1 个 Ca^{2+} 转运出细胞，正是这种 Na^+-Ca^{2+} 交换的生电作用，才是产生暗电流的原因。据统计，一个视紫红质分子被激活时，至少能激活 500 个转导蛋白，而一个激活了的磷酸二酯酶每秒钟可使 2000 个 cGMP 分子分解。正是由于存在这种生物放大作用，1 个光量子便足以在外段膜上引起大量的 Na^+ 通道关闭，从而产生超极化型电变化。视杆细胞没有产生动作电位的能力，但外段膜上的超极化型感受器电位能以电紧张的形式扩布到细胞的终足部分，影响终足处的递质释放。

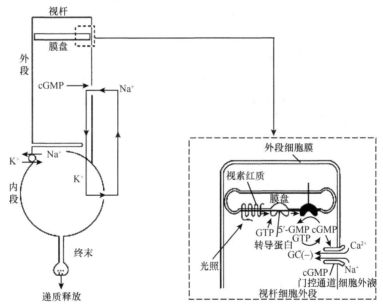

图 2-82　视杆细胞感受器电位的产生机制示意图

在暗处，视杆外段在 cGMP 的作用下，通道开放，Na^+ 流入外段，内段
K^+ 外流，突触终末释放递质。内段的钠泵使胞内保持低 Na^+、高 K^+

如上所述，由 cGMP 所控制的 Na^+ 通道在黑暗中保持开放状态，这些通道也允许 Ca^{2+} 通过，而进入细胞内的 Ca^{2+} 则能抑制鸟苷酸环化酶的活性，并使磷酸二酯酶活性增高。光照视网膜可使细胞内的 cGMP 减少，外段膜的 Na^+ 通道关闭，但光照也可使 Ca^{2+} 内流减少，细胞内 Ca^{2+} 浓度降低，对鸟苷酸环化酶的抑制作用减弱，使磷酸二酯酶活性降低，结果使细胞内 cGMP 合成增加，从而使 cGMP 恢复至原来的水平。由此可见，Ca^{2+} 对稳定细胞内 cGMP 水平和恢复 Na^+

通道开放起一定的调节作用。

（三）视锥系统的换能和颜色视觉

视锥细胞的视色素也是由视蛋白和视黄醛结合而成，只是视蛋白的分子结构略有不同。正是由于视蛋白分子结构中的这种微小差异，决定了与它结合在一起的视黄醛分子对某种波长的光线最为敏感，因而才可区分出三种不同的视锥色素。当光线作用于视锥细胞外段时，在其外段膜的两侧也发生同视杆细胞类似的超极化型感受器电位，作为光电转换的第一步，最终在相应的神经节细胞上产生动作电位。

1. 色觉与三原色学说 视锥细胞功能的重要特点是它具有辨别颜色的能力。颜色视觉（color vision）是一种复杂的物理心理现象，对不同颜色的识别，主要是不同波长的光线作用于视网膜后在人脑引起不同的主观映象。正常视网膜可分辨波长为 380～760nm 的 150 种左右不同的颜色，每种颜色都与一定波长的光线相对应。因此，在可见光谱的范围内，波长长度只要有 3～5nm 的增减，就可被视觉系统分辨为不同的颜色。显然，视网膜中并不存在上百种对不同波长的光线起反应的视锥细胞或视色素。关于颜色视觉的形成，早在 19 世纪初期，Young 和 Helmholtz 就提出视觉的三原色学说（trichromatic theory）。该学说认为在视网膜上存在三种不同的视锥细胞，分别含有对红、绿、蓝三种光敏感的视色素。当某一波长的光线作用于视网膜时，可以一定的比例使三种视锥细胞分别产生不同程度的兴奋，这样的信息传至中枢，就产生某一种颜色的感受。如果红、绿、蓝三种色光按各种不同的比例做适当的混合，就会产生任何颜色的感觉。

近年来，三原色学说已被许多实验所证实。例如，有人用不超过单个视锥细胞直径的细小单色光束，逐个检查并绘制在体视锥细胞的光谱吸收曲线，发现视网膜上确实存在三类吸收光谱，其峰值分别在 564nm、534nm 和 420nm 处，相当于红、绿、蓝三色光的波长（图 2-83）。用微电极记录单个视锥细胞感受器电位的方法，也观察到不同单色光引起的超极化型感受器电位的幅度在不同的视锥细胞是不同的，峰值出现的情况也符合三原色学说。

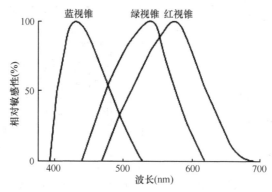

图 2-83　人视网膜中三种不同视锥细胞对不同波长光的相对敏感性
三种视锥细胞的光谱吸收峰与红、绿、蓝三种色光的波长相似

2. 色盲与色弱 色盲（color blindness）是一种对全部颜色或某些颜色缺乏分辨能力的色觉障碍。色盲可分为全色盲和部分色盲。全色盲极为少见，表现为只能分辨光线的明暗，呈单色视觉。部分色盲又可分为红色盲、绿色盲及蓝色盲，其中以红色盲和绿色盲最为多见。色盲属遗传缺陷疾病，男性居多，女性少见。近年来，编码人的视色素的基因已被分离和克隆，并成功地克隆了三种不同光谱吸收特性的视锥色素。发现红敏色素和绿敏色素的基因均位于 X 染色

体上，而蓝敏色素的基因则位于第 7 对染色体上。目前认为，大多数绿色盲者是由于绿敏色素基因的丢失，或是该基因为一杂合基因所取代，即其起始区是绿敏色素基因，而其余部分则来自红敏色素基因。大多数红色盲者，其红敏色素基因为相应的杂合基因所取代。这就是上述色盲患者辨色能力减弱的分子生物学基础。

有些色觉异常的产生并非由于缺乏某种视锥细胞，而是由于某种视锥细胞的反应能力较弱，这就使患者对某种颜色的识别能力较正常人稍差（辨色功能不足），这种色觉异常称为色弱。色弱常由后天因素引起。

三原色学说虽能较圆满地说明许多色觉现象和色盲产生的原因，但不能解释颜色对比现象。例如，将蓝色纸块放在黄色或其他颜色的背景上，我们会觉得黄色背景上的那块纸片显得特别"蓝"，同时觉得背景也更"黄"，这种现象称为颜色对比，而黄和蓝则称为对比色或互补色。另外，三原色学说由于未考虑到视觉传导通路对色觉信息的处理而有其局限性。针对以上问题，Hering 提出与三原色学说不同的又一重要色觉学说——四色学说，即红、绿、蓝、黄学说，又称为拮抗色学说（opponent color theory）。Hering 认为，视觉具有红-绿、蓝-黄及黑-白三对拮抗色，这三对拮抗色在感觉上是互不相容的，既不存在带绿的红色，也不存在带蓝的黄色。根据 Hering 的理论，任何颜色都是由红、绿、蓝、黄四种颜色按不同比例混合而成的。如果等量的黄光和蓝光相混合，由于二者是相互拮抗的，互相抵消，结果就会产生白色感觉。等量的红光和绿光混合，由于两种颜色互相抵消，也会产生白色效应。假如黄光和蓝光相混合，而且黄光的亮度高于蓝光时，由于蓝光不能完全抵消黄光的效应，结果产生不饱和的黄色感觉。如果同时呈现红光和黄光，由于这两种光同时分别影响红-绿和蓝-黄，结果产生橙色感觉。由此可见，色觉的形成是极其复杂的，除视网膜的功能外，可能还需在神经系统的共同参与下才能完成。

（四）与视觉有关的若干生理现象

1. 视敏度 眼对物体细小结构的分辨能力，称为视敏度（visual acuity），又称视力或视锐度。视力通常用视角的倒数来表示。视角（visual angle）是指从物体的两端点各引直线到眼节点的夹角。视角大小直接关系视网膜像的大小。受试者能分辨的视角越小，其视力越好。

目前国际上检查视力常用的视力表（visual acuity chart）有以下几种：①标准对数视力表（logarithmic visual acuity chart），是我国缪天荣根据 Weber-Fechner 法则于 1959 年设计的对数视力表，目前我国各种体检都用这种视力表；②Snellen 视力表（Snellen visual acuity chart），美国等西方国家普遍使用；③lgMAR 视力表（lgMAR visual acuity chart），常被用于学术研究。

视力检查常用的视标有两种，一种是 Landolt 环，其图标是一个带缺口的环，将视力表置于眼前 5m 处，如测定结果为 1 分角时，则该受试者的视力为 1.0（1/1'），如视角为 5 分角时，则视力为 0.2（1/5'），依此类推，其正常视力可达到 1.0~1.5。另一种是 Snellen 图，这是一组大小不等，方向不同的字母 E，共有 12 行，行数越往下，字母 E 越小。检查视力时，通常令受试者辨认视力表上字母 E 的开口方向。视力可用下式计算

$$V = \frac{d}{D}$$

式中，V 为实际视力；d 为测试图与受试者的距离，通常为 6m；D 为能分辨的最小字母 E 的黑柱所对应的视角为 1 分角时所处的距离，在正常视力者，此距离为 6m。但这种视力表视标的增率不均匀，不能正确比较或统计视力的增减程度。1959 年，我国缪天荣设计了一种对数视力表，其设计标准是，将标准计算距离定为 5m，视标也采用 E 字形视标，以 1 分角定为标准视力，

任何相邻两行视标大小之比恒定为 $10^{0.1}$（$10^{0.1}$=1.2589），即视标每增大 1.2589 倍，视力记录就减少 0.1（$\lg 10^{0.1}$=0.1）。如此，视力表上各行间的增减程度相等，视力的改变情况均可科学地反映出来。

2. 暗适应和明适应　当人长时间在明亮环境中而突然进入暗处时，最初看不见任何东西，经过一定时间后，视觉敏感度才逐渐增高，能逐渐看见在暗处的物体，这种现象称为暗适应（dark adaptation）。相反，当人长时间在暗处而突然进入明亮处时，最初感到一片耀眼的光亮，也不能看清物体，稍待片刻后才能恢复视觉，这种现象称为明适应（light adaptation）。

暗适应是人眼在暗处对光的敏感度逐渐提高的过程。如图 2-84 所示，一般是在进入暗处后的最初 5～8min，人眼感知光线的阈值出现一次明显的下降，之后再次出现更为明显的下降；进入暗处 25～30min 后，阈值下降到最低点，并稳定于这一水平。上述视觉阈值的第一次下降，主要与视锥细胞视色素的合成增加有关；第二次下降亦即暗适应的主要阶段，则与视杆细胞中视紫红质的合成增强有关。

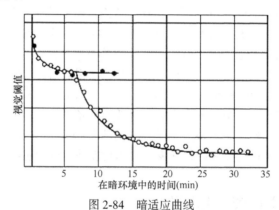

图 2-84　暗适应曲线

空心圈：表示用白光对全眼的测定结果；实心圈：表示用红光对中央凹测定的结果
（表示视锥细胞单独的暗适应曲线，因中央凹为视锥细胞集中部位，且红光不易被杆细胞所感受）

明适应的进程很快，通常在几秒内即可完成。其机制是视杆细胞在暗处蓄积了大量的视紫红质，进入亮处遇到强光时迅速分解，因而产生耀眼的光感。只有在较多的视杆色素迅速分解之后，对光相对不敏感的视锥色素才能在亮处感光而恢复视觉。

3. 视野　用单眼固定地注视前方一点时，该眼所能看到的空间范围，称为视野（visual field）。视野的最大界限应以它和视轴形成的夹角的大小来表示。在同一光照条件下，用不同颜色的目标物测得的视野大小不一，白色视野最大，其次为黄蓝色，再次为红色，绿色视野最小。视野的大小可能与各类感光细胞在视网膜中的分布范围有关。另外，由于面部结构（鼻和额）阻挡视线，也影响视野的大小和形状。如一般人颞侧和下方的视野较大，而鼻侧与上方的视野较小。显然，视野与视敏度同样对人的工作和生活有重大的影响，视野狭小者不应驾驶交通工具，也不应从事本身或周围物体有较大范围活动的劳动，以防发生事故。世界卫生组织规定，视野小于 10° 者即使中心视力正常也属于盲。临床上检查视野可帮助诊断眼部和中枢神经系统的一些病变。

4. 视后像和融合现象　注视一个光源或较亮的物体，然后闭上眼睛，这时可感觉到一个光斑，其形状和大小均与该光源或物体相似，这种主观的视觉后效应称为视后像。如果给予闪光刺激，则主观上的光亮感觉的持续时间比实际的闪光时间长，这是由光的后效应所致。后效应的持续时间与光刺激的强度有关，如果光刺激很强，视后像的持续时间也较长。

如果用重复的闪光刺激人眼，当闪光频率较低时，主观上常能分辨出一次又一次的闪光。当闪光频率增加到一定程度时，重复的闪光刺激可引起主观上的连续光感，这一现象称为融合现象（fusion phenomenon）。融合现象是由于闪光的间歇时间比视后像的时间更短而产生的。

能引起闪光融合的最低频率，称为临界融合频率（critical fusion frequency，CFF）。研究发现，临界融合频率与闪光刺激的亮度、闪光光斑的大小及被刺激的视网膜部位有关。光线较暗时，闪光频率低至3～4周/秒即可产生融合现象；在中等光照强度下，临界融合频率约为25周/秒；而光线较强时，临界融合频率可高达100周/秒。电影每秒钟放映24个画面，电视每秒播放60个画面，因此，观看电影和电视时主观感觉其画面是连续的。在测定视网膜不同部位的临界融合频率时也发现，越靠近中央凹，其临界融合频率越高。另外，闪光的颜色、视角的大小、受试者的年龄及某些药物等均可影响临界融合频率，尤其是中枢神经系统疲劳可使临界融合频率下降。因此，在劳动生理中常将临界融合频率作为中枢疲劳的指标。

5. 双眼视觉和立体视觉　在某些哺乳动物，如牛、马、羊等，它们的两眼长在头的两侧，因此两眼的视野完全不重叠，左眼和右眼各自感受不同侧面的光刺激，这些动物仅有单眼视觉（monocular vision）。人和灵长类动物的双眼都在头部的前方，两眼的鼻侧视野相互重叠，因此凡落在此范围内的任何物体都能同时被两眼所见，两眼同时看某一物体时产生的视觉称为双眼视觉（binocular vision）。双眼视物时，两眼视网膜上各形成一个完整的物像，由于眼外肌的精细协调运动，可使来自物体同一部分的光线成像于两眼视网膜的对称点上，并在主观上产生单一物体的视觉，称为单视。眼外肌瘫痪或眼球内肿瘤压迫等都可使物像落在两眼视网膜的非对称点上，因而在主观上产生有一定程度互相重叠的两个物体的感觉，称为复视（diplopia）。双眼视觉的优点是可以弥补单眼视野中的盲区缺损，扩大视野，并产生立体视觉。

双眼视物时，主观上可产生被视物体的厚度及空间的深度或距离等感觉，称为立体视觉（stereoscopic vision）。其主要原因是同一被视物体在两眼视网膜上的像并不完全相同，左眼从左方看到物体的左侧面较多，而右眼则从右方看到物体的右侧面较多，来自两眼的图像信息经过视觉高级中枢处理后，产生一个有立体感的物体的形象。然而，在单眼视物时，有时也能产生一定程度的立体感觉，这主要是通过调节和单眼运动而获得的。另外，这种立体感觉的产生与生活经验，物体表面的阴影等也有关。但良好的立体视觉只有在双眼观察时才有可能获得。

（1）视觉传导通路：在眼球视网膜内的视锥细胞和视杆细胞为光感受器细胞。双极细胞为第1级神经元。节细胞为第2级神经元，其轴突在视盘处集合成视神经。视神经经视神经管入颅腔，形成视交叉后，延为视束。在视交叉中，来自两眼视网膜鼻侧半的纤维交叉，交叉后加入对侧视束；来自视网膜颞侧半的纤维不交叉，进入同侧视束。因此，左侧视束内含有来自两眼视网膜左侧半的纤维，右侧视束内含有来自两眼视网膜右侧半的纤维。视束绕大脑脚向后，主要终止于外侧膝状体。第3级神经元胞体在外侧膝状体内，由外侧膝状体核发出纤维组成视辐射（optic radiation），经内囊后肢投射到端脑距状沟两侧的视区（纹区），产生视觉（图2-85、图2-86）。在视束中，还有少数纤维经上丘臂终止于上丘和顶盖前区。上丘发出的纤维组成顶盖脊髓束，下行至脊髓，完成视觉反射。顶盖前区与瞳孔对光反射通路有关。当视觉传导通路在不同部位受损时，可引起不同的视野缺损（图2-86）：①一侧视神经损伤可致该侧视野全盲；②视交叉中交叉纤维损伤可致双眼视野颞侧半偏盲；③一侧视交叉外侧部的不交叉纤维损伤，则患侧视野的鼻侧半偏盲；④一侧视束之后的部位（视辐射，视区皮质）受损，可致双眼对侧视野同向性偏盲（如右侧受损则右眼视野鼻侧半和左眼视野颞侧半偏盲）。

（2）瞳孔对光反射通路：光照一侧瞳孔，引起两眼瞳孔缩小的反应称为瞳孔对光反射。光照一侧的反应称直接对光反射，未照射侧的反应称间接对光反射。瞳孔对光反射的通路：视网膜→视神经→视交叉→两侧视束→上丘臂→顶盖前区→两侧动眼神经副核→动眼神经→睫状神经节→节后纤维→瞳孔括约肌收缩→两侧瞳孔缩小（图 2-86）。

　　了解了瞳孔对光反射的通路就很容易解释神经损伤时的表现。例如，一侧视神经受损时，传入信息中断，光照患侧瞳孔，两侧瞳孔均不缩小；但光照健侧瞳孔，则两眼对光反射均存在（此即患侧直接对光反射消失，间接对光反射存在）。又如，一侧动眼神经受损时，由于传出信息中断，无论光照哪一侧瞳孔，患侧对光反射都消失（患侧直接及间接对光反射消失），但健侧直接、间接对光反射存在（表 2-1）。

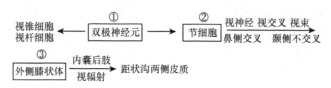

图 2-85　视觉传导通路模式图

表 2-1　不同部位损伤瞳孔对光反射表现

	患侧眼		健侧眼	
	直接对光反射	间接对光反射	直接对光反射	间接对光反射
视神经损伤	丧失（−）	存在（+）	存在（+）	丧失（−）
动眼神经损伤	丧失（−）	丧失（−）	存在（+）	存在（+）

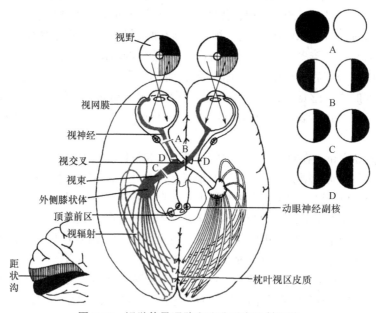

图 2-86　视觉传导通路和瞳孔对光反射通路

　　6. 听觉传导通路　听觉（hearing）的外周感受器官是耳，它由外耳、中耳和内耳的耳蜗组成。由声源振动引起空气产生的疏密波，通过外耳和中耳组成的传音系统传递到内耳，经内耳的换能作用将声波的机械能转变为听神经纤维上的神经冲动，后者传送到大脑皮质的听觉中枢，产生听觉。听觉对动物适应环境和人类认识自然有着重要的意义。在人类，有声语言更是交流思想、互通往来的重要工具。

人耳的适宜刺激是空气振动的疏密波，但振动的频率必须在一定范围内，并且达到一定强度才能产生听觉。通常人耳能感受的振动频率为 20～20 000Hz，感受声波的压强范围为 0.0002～1000dyn/cm²。对于每一种频率的声波，都有一个刚能引起听觉的最小强度，称为听阈（hearing threshold）。当声音的强度在听阈以上继续增加时，听觉的感受也相应增强，但当强度增加到某一限度时，它引起的将不单是听觉，同时还会引起鼓膜的疼痛感觉，这个限度称为

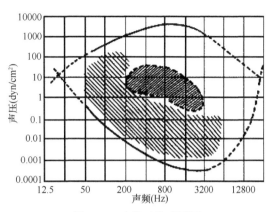

图 2-87 人的正常听域图

最大可听阈。图 2-87 是以声波的频率为横坐标，以声音的强度或声压为纵坐标绘制而成的听力曲线。图中下方曲线表示不同频率的听阈，上方曲线表示其最大可听阈，两者所包含的面积为听域。从图上可以看出，人耳最敏感的声波频率在 1000～3000Hz，人类的语言频率也主要分布在 300～3000Hz 的范围内。图中心部的斜线区为通常的会话语言域，下方的斜线区为次主要语言域。

（1）外耳和中耳的功能

1）外耳的功能：外耳由耳郭和外耳道组成。耳郭的形状有利于收集声波，起到采集声音的作用；耳郭还可帮助判断声源的方向。有些动物能转动耳郭以探测声源的方向。人耳耳郭的运动能力已经退化，但可通过转动头部来判断声源的位置。

外耳道是声波传导的通路，其一端开口于耳郭，另一端终止于鼓膜。根据物理学原理，一端封闭的管道对于波长为其长度 4 倍的声波能产生最大的共振作用，即增压作用。人类的外耳道长约 2.5cm，其共振频率约 3800Hz，在外耳道口与鼓膜附近分别测量不同频率声波的声压时，当频率为 3000～5000Hz 的声波传至鼓膜时，其强度要比外耳道口增强 10 分贝（decibel，dB）。

2）中耳的功能：中耳由鼓膜、听骨链、鼓室和咽鼓管等结构组成。中耳的主要功能是将空气中的声波振动能量高效地传递到内耳淋巴，其中鼓膜和听骨链在声音传递过程中起重要作用。

鼓膜呈椭圆形，面积为 50～90mm²，厚度约 0.1mm。它的形状如同一个浅漏斗，其顶点朝向中耳，内侧与锤骨柄相连。鼓膜很像电话机受话器中的振膜，是一个压力承受装置，具有较好的频率响应和较小的失真度。根据观察，当频率在 2400Hz 以下的声波作用于鼓膜时，鼓膜可复制外加振动的频率，其振动可与声波振动同始同终。

听骨链由锤骨、砧骨及镫骨依次连接而成。锤骨柄附着于鼓膜，镫骨的脚板与卵圆窗膜相贴，砧骨居中。三块听小骨形成一个固定角度的杠杆，锤骨柄为长臂，砧骨长突为短臂。杠杆的支点刚好在听骨链的重心上，因而在能量传递过程中惰性最小，效率最高。鼓膜振动时，如锤骨柄内移，则砧骨的长突和镫骨脚板也做相同方向的内移。

声波由鼓膜经听骨链到达卵圆窗膜时，其振动的压强增大，而振幅稍减小，这就是中耳的增压作用。其原因主要有以下两个方面：①鼓膜的实际振动面积约 59.4mm²，而卵圆窗膜的面积只有 3.2mm²，两者之比为 18.6：1。如果听骨链传递时总压力不变，则作用于卵圆窗膜上的压强为鼓膜上压强的 18.6 倍。②听骨链杠杆的长臂与短臂之比为 1.3：1，这样，通过杠杆的作用在短臂一侧的压力将增大为原来的 1.3 倍。通过以上两方面的作用，在整个中耳传递过程中

总的增压效应为 24.2 倍（18.6×1.3）（图 2-88）。

与中耳传音功能有关的还有中耳内的鼓膜张肌和镫骨肌。当声强过大时（70dB 以上），可反射性地引起这两块肌肉的收缩，结果使鼓膜紧张，各听小骨之间的连接更为紧密，导致听骨链传递振动的幅度减小、阻力加大，可阻止较强的振动传到耳蜗，从而对感音装置具有一定的保护作用。但完成这一反射需 40~160ms，所以对突发性爆炸声的保护作用不大。

咽鼓管是连接鼓室和鼻咽部的通道，其鼻咽部的开口常处于闭合状态，在吞咽、打哈欠时开放。咽鼓管的主要功能是调节鼓室内的压力，使之与外界大气压保持平衡，这对于维持鼓膜的正常位置、形状和振动性能有重要意义。咽鼓管因炎症而被阻塞后，鼓室内的空气被吸收，可造成鼓膜内陷，并产生耳鸣，影响听力。

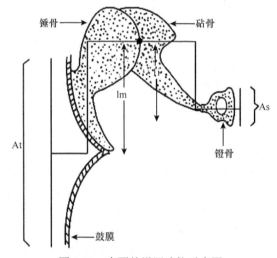

图 2-88　中耳的增压功能示意图

At 和 As 分别为鼓膜和镫骨板的面积；lm 和 li 为长臂（锤骨）和短臂（砧骨）的长度；圆点为杠杆的支点

3）声波传入内耳的途径：声音传入内耳有两条途径，即气传导与骨传导。正常情况下以气传导为主。

A. 气传导：声波经外耳道引起鼓膜振动，再经听骨链和卵圆窗膜进入耳蜗，这一条声音传导的途径称为气传导（air conduction），是声波传入内耳的主要途径。此外，鼓膜的振动也可引起鼓室内空气的振动，再经圆窗传入耳蜗。但这一气传导路径在正常情况下并不重要，只有当听骨链运动障碍时方可发挥一定的传音作用，但这时的听力较正常时大为降低。

B. 骨传导：声波直接引起颅骨的振动，再引起位于颞骨骨质中的耳蜗内淋巴的振动，这个传导途径称为骨传导（bone conduction）。骨传导的敏感性比气传导低得多，因此在引起正常听觉中的作用甚微。但当鼓膜或中耳病变引起传音性耳聋时，气传导明显受损，而骨传导却不受影响，甚至相对增强。当耳蜗病变引起感音性耳聋时，气传导和骨传导将同时受损。因此，临床上可通过检查患者气传导和骨传导受损的情况来判断听觉异常的产生部位和原因。

（2）内耳耳蜗的功能：内耳又称迷路（labyrinth），由耳蜗（cochlea）和前庭器官（vestibular apparatus）组成。耳蜗的主要作用是把传递到耳蜗的机械振动转变为听神经纤维的神经冲动。

1）耳蜗的结构要点：耳蜗是由一条骨质管腔围绕一锥形骨轴旋转 2.5~2.75 周所构成。在耳蜗管的横断面上有两个分界膜，一为斜行的前庭膜，一为横行的基底膜，此二膜将管道分为三个腔，分别称为前庭阶、鼓阶和蜗管（图 2-89）。前庭阶在耳蜗底部与卵圆窗膜相接，内充外淋巴（perilymph）；鼓阶在耳蜗底部与圆窗膜相接，也充满外淋巴，后者在耳蜗顶部与前庭阶中的外淋巴相交通；蜗管是一个充满内淋巴（endolymph）的盲管。基底膜上有声音感受器——螺旋器（也称柯蒂器，organ of Corti），螺旋器由内、外毛细胞（hair cell）及支持细胞等组成。在蜗管的近蜗轴侧有一行纵向排列的内毛细胞，靠外侧有 3～5 行纵向排列的外毛细胞。每一个毛细胞的顶部表面都有上百条排列整齐的纤毛，称为听毛，外毛细胞中较长的一些纤毛埋植于盖膜的胶冻状物质中。盖膜（tectorial membrane）在内侧连耳蜗轴，外侧则游离在内淋巴中。毛细胞的顶部与内淋巴接触，其底部则与外淋巴相接触。毛细胞的底部有丰富的听神经末梢。

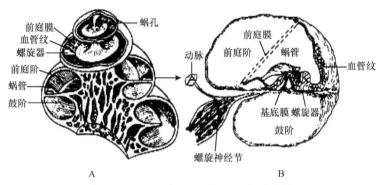

图 2-89 耳蜗及耳蜗管的横断面示意图

A. 耳蜗纵行剖面；B. 耳蜗管横断面

2）耳蜗的感音换能作用

A. 基底膜的振动和行波理论：当声波振动通过听骨链到达卵圆窗膜时，压力变化立即传给耳蜗内的液体和膜性结构。如果卵圆窗膜内移，前庭膜和基底膜则下移，最后鼓阶的外淋巴压迫圆窗膜，使圆窗膜外移；相反，当卵圆窗膜外移时，整个耳蜗内的液体和膜性结构又做相反方向的移动，如此反复，形成振动。在正常气传导的过程中，圆窗膜起缓冲耳蜗内压力变化的作用，是耳蜗内结构发生振动的必要条件。振动从基底膜的底部开始，按照物理学中的行波（travelling wave）原理向耳蜗的顶部方向传播，就像人在抖动一条绸带时，有行波沿绸带向其远端传播一样。不同频率的声波引起的行波都是从基底膜的底部开始，但声波频率不同，行波传播的远近和最大振幅出现的部位也不同。声波频率越高，行波传播越近，最大振幅出现的部位越靠近卵圆窗处，换言之，靠近卵圆窗的基底膜与高频声波发生共振；相反，声波频率越低，行波传播的距离越远，最大振幅出现的部位越靠近蜗顶（图 2-90）。因此，对于每一个振动频率来说，在基底膜上都有一个特定的行波传播范围和最大振幅区，位于该区域的毛细胞受到的刺激就最强，与这部分毛细胞相联系的听神经纤维的传入冲动也就最多。起自基底膜不同部位的听神经纤维的冲动传到听觉中枢的不同部位，就可产生不同的音调感觉。这就是耳蜗对声音频率进行初步分析的基本原理。在动物实验和临床研究上都已证实，耳蜗底部受损时主要影响高频声音的听力，而耳蜗顶部受损时则主要影响低频听力。

B. 毛细胞兴奋与感受器电位：如图 2-91 所示，外毛细胞顶端有些纤毛埋植于盖膜的胶状物中，由于基底膜与盖膜的附着点不在同一个轴上，故当行波引起基底膜振动时，盖膜与基底膜便各自沿不同的轴上、下移动，于是在两膜之间便发生交错的移行运动，使纤毛受到一个剪切力（shearing force）的作用而发生弯曲或偏转；内毛细胞的纤毛较短，不与盖膜接触，呈游离状态，由内淋巴的运动使其弯曲或偏转。毛细胞顶部纤毛的弯曲或偏转是对声波振动刺激的一种特殊反应形式，也是引起毛细胞兴奋并将机械能转变为生物电的开始。

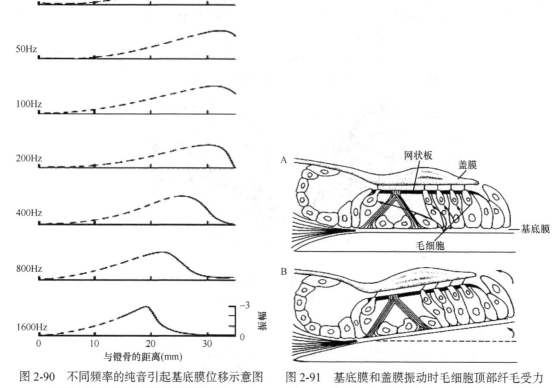

图 2-90　不同频率的纯音引起基底膜位移示意图

随着声波频率增大，行波传播的距离越近

图 2-91　基底膜和盖膜振动时毛细胞顶部纤毛受力情况

A. 静止时的情况；B. 基底膜在振动中上移时，听毛因与盖膜间切向运动而弯向蜗管外侧

　　近年来利用细胞电压钳和膜片钳技术对毛细胞的感受器电位进行了深入的研究，发现在毛细胞的顶部有机械门控离子通道，也称机械电换能通道，该通道对机械力的作用非常敏感。当静纤毛处于相对静止状态时，有少部分通道开放并伴有少量的内向离子流，如果用玻璃微杆使静纤毛向动纤毛一侧弯曲时，通道进一步开放，大量阳离子内流引起去极化而产生感受器电位。当静纤毛向背离动纤毛的一侧弯曲时通道关闭，内向离子流停止而出现外向离子流，造成膜的超极化。

　　Russell 等用细胞内微电极技术成功地记录了豚鼠内、外毛细胞的感受器电位，并观察了毛细胞对频率不同的声刺激的反应特性。实验表明，声音引起的内毛细胞感受器电位（细胞内记录）包括 AC（交流）与 DC（直流）两种成分。AC 成分与细胞外记录的耳蜗微音器电位（cochlear microphonic potential，CM）一样，同声波图形相似；DC 成分与细胞外记录的总和电位（summating potential，SP）一样，CM 与 SP 都是毛细胞的感受器电位。内毛细胞对低频与中频声刺激产生 AC 成分，对 4000Hz 以上的高频声引起的反应主要是 DC 成分。当声音频率从 100Hz 增加到 4000Hz 过程中，AC 成分逐渐减少而出现 DC 成分（图 2-92）。外毛细胞感受器电位中的 AC 成分振幅较小，约 5mV，并且在高频声作用时不出现 DC 成分，但在高强度的声音作用下也产生 AC 与 DC 两种成分的感受器电位。

　　近年来在豚鼠的实验中发现，与外淋巴接触的毛细胞的基底侧膜上有两种被 Ca^{2+} 激活的钾通道，两者的开放均依赖于细胞内 Ca^{2+} 浓度的升高。纤毛的弯曲使毛细胞顶部的机械门控离子通道开放，导致纤毛外环境（内淋巴）中高浓度的 K⁺流向细胞内，使毛细胞发生去极化。此时位于侧膜上的电压依赖性钙通道开放，导致 Ca²⁺内流。毛细胞内的 Ca²⁺浓度升高使毛细胞底部的递质向突触间隙释放。同时又激活毛细胞基底侧膜上的 Ca²⁺激活钾通道，造成 K⁺外流，使毛细胞的电位接近于 K⁺平衡电位，为毛细胞顶部的机械门控通道提供最大的电化学驱动力，有助于毛细胞的机械-电换能作用（图 2-93）。

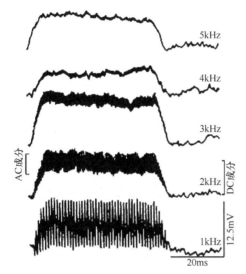

图 2-92　豚鼠内毛细胞感受器电位（细胞内记录）

频率不同的短纯音引起的内毛细胞电位包括 AC（交流）和 DC（直流）两种成分，随声音频率的增加 AC 成分减小，DC 成分显著

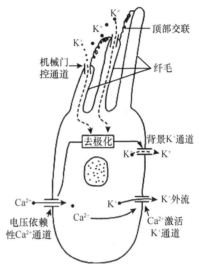

图 2-93　毛细胞离子通道及其作用示意图

当静纤毛向动纤毛一侧偏转时，毛细胞顶部机械门控离子通道开放，K⁺入细胞内，引起去极化，进而激活电压依赖性 Ca²⁺通道开放，Ca²⁺入胞内，促进 Ca²⁺激活K⁺通道开放，K⁺外流，导致细胞复极化

3）耳蜗的生物电现象

A. 耳蜗内电位：如前所述，耳蜗各阶内充满着淋巴，其中前庭阶和鼓阶中是外淋巴，而蜗管中则是与脑脊液成分相似的内淋巴。在毛细胞之间有紧密连接，因此蜗管中的内淋巴不能到达毛细胞的基底部。内、外淋巴在离子组成上差异很大：内淋巴中的 K⁺浓度比外淋巴中高 30 倍，而外淋巴中的 Na⁺则比内淋巴中高 10 倍。这就造成静息状态下耳蜗不同部位之间存在一定的电位差。在耳蜗未受刺激时，如果以鼓阶外淋巴的电位为参考零电位，则可测出蜗管内淋巴的电位为+80mV 左右，称为耳蜗内电位（endocochlear potential，EP），又称内淋巴电位（endolymphatic potential）；此时毛细胞的静息电位为−80～−70 mV。由于毛细胞顶端浸浴在内淋巴中，而其他部位的细胞膜则浸浴在外淋巴中。因此，毛细胞顶端膜内、外的电位差可达150～160mV。由于外淋巴较易通过基底膜，因此毛细胞基底部的浸浴液为外淋巴，所以在该部位毛细胞膜内、外的电位差仅约 80mV。这是毛细胞电位与一般细胞电位的不同之处。另外，检查外淋巴与内淋巴的离子成分时发现，前庭阶与鼓阶外淋巴的离子组成与一般的体液成分很相似，但蜗管中的内淋巴则是高 K⁺、低 Na⁺、低 Ca²⁺。目前已证明，内淋巴中正电位的产生和维持与蜗管外侧壁血管纹细胞的活动密切相关。实验表明，在血管纹边缘细胞（marginal cell）的细胞膜上含有大量活性很高的钠泵。由于钠泵的活动和 Na⁺-Cl⁻-K⁺转运体的共同作用，将血浆中的 K⁺转入内淋巴，同时又将内淋巴中的 Na⁺摄回血浆。这就使内淋巴中有大量的 K⁺蓄积，从而保持较高的正电位，同时也造成内淋巴中高 K⁺、低 Na⁺的离子分布情况。实验还证明，任何影响 ATP 生成和利用的因素均可使耳蜗内正电位消失甚至出现负电位。血管纹细胞对缺氧或哇

巴因（钠泵抑制剂）非常敏感，缺氧可使 ATP 生成及钠泵活动受阻；临床上常用的依他尼酸和呋塞米等利尿药也具有抑制钠泵的作用，因而也可引起内淋巴正电位不能维持，常导致听力障碍。

耳蜗内电位对基底膜的机械位移很敏感，当基底膜向鼓阶方向位移时，耳蜗内电位可增高 10～15mV；当向前庭阶位移时，耳蜗内电位约可降低 10mV。当基底膜持续位移时，耳蜗内电位亦保持相应的变化。

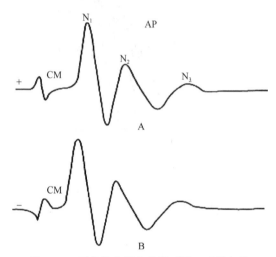

图 2-94　耳蜗微音器电位及听神经动作电位

CM：微音器电位；AP：听神经动作电位，包括 N_1、N_2、N_3 三个负电位，A 与 B 对比表明，声音位相改变时，微音器电位位相倒转，但听神经动作电位位相不变

B. 耳蜗微音器电位：当耳蜗受到声音刺激时，在耳蜗及其附近结构所记录到的一种与声波的频率和幅度完全一致的电位变化，称为耳蜗微音器电位（图 2-94）。耳蜗微音器电位呈等级式反应，即其电位随刺激强度的增强而增大。耳蜗微音器电位无真正的阈值，没有潜伏期和不应期，不易疲劳，不发生适应现象。在人和动物的听域范围内，耳蜗微音器电位能重复声波的频率。在低频范围内，耳蜗微音器电位的振幅与声压呈线性关系，当声压超过一定范围时则产生非线性失真。

实验证明，微音器电位是多个毛细胞在接受声音刺激时所产生的感受器电位的复合表现。耳蜗微音器电位与动作电位不同，它具有一定的位相性，当声音的位相倒转时，耳蜗微音器电位的位相也发生逆转，但动作电位则不能。

在记录单一毛细胞跨膜电位的情况下，发现静纤毛只要有 0.1° 的角位移，就可引起毛细胞出现感受器电位，而且电位变化的方向与纤毛受力的方向有关，即当静纤毛朝向动纤毛的方向弯曲时，出现去极化电位；反之，当静纤毛向背离动纤毛的一侧弯曲时，则出现超极化电位。这就说明了微音器电位的波动能与声波振动的频率和幅度相一致的道理。

C. 总和电位：在高频率、高强度的短纯音刺激期间，在蜗管或鼓阶内可记录到一种直流性质的电位变化，此即总和电位（SP）。它是一个多种成分的复合电位，包括毛细胞感受器的电活动和听神经末梢的兴奋性突触后电位，前者为主要成分。将毛细胞完全破坏后，总和电位基本消失。总和电位有正 SP 和负 SP 两种成分，总和电位的极性和幅度与刺激频率、刺激强度有关。例如，声音刺激强度较低时，正 SP 明显，随着声音刺激强度的增大，负 SP 占优势；声音刺激的持续时间长，总和电位的幅度大，声音刺激的持续时间短，则总和电位的幅度小。在 40ms～2s 的范围内，总和电位的幅度与声音持续时间的对数呈线性关系。

人类一侧耳蜗的内毛细胞约为 3500 个。外毛细胞约为 20 000 个。听神经的传出、传入纤维总数约 28 000 条，其中 90%～95% 的传入纤维分布在内毛细胞上，只有 5%～10% 的传入纤维分布在外毛细胞。内毛细胞的听阈较高，其功能主要表现为对声音进行分析；另外，从分布到内、外毛细胞的神经纤维数量的比例来看，绝大部分信息都是通过分布在内毛细胞的神经传向听觉中枢的；外毛细胞的阈值较低，对声音刺激的敏感性高，其功能主要是对声音的感受。另外，耳蜗毛细胞顶部表面的静纤毛以阶梯形式排成 3 列，蜗底处静纤毛短，靠近蜗顶静纤毛逐渐变长，据认为，这一梯度变化很可能是产生音频排列和调谐功能的形态学基础。

（3）听神经动作电位：是耳蜗对声音刺激所产生的一系列反应中最后出现的电变化，是耳蜗对声音刺激进行换能和编码的结果，它的作用是向听觉中枢传递声音信息。根据引导方法的不同，可记录到听神经复合动作电位和单纤维动作电位。

1）听神经复合动作电位：是从整根听神经上记录到的复合动作电位，它是所有听神经纤维产生的动作电位的总和。由于神经冲动的振幅与波形不能反映声音的特性，只能依据神经冲动的节律及发放神经冲动的纤维在基底膜的起源部位来传递不同的声音信息。一般认为，不同频率的声音引起听神经发放的冲动的频率不同，而冲动的频率是对声音频率进行分析的依据。实验证明，如果声音频率低于 400Hz，听神经大体上能按声音的频率发放冲动；如果声音频率在 400～5000Hz，则听神经中的纤维会分成若干个组发放冲动，虽然每一组纤维发放的冲动的频率跟不上声波的频率，但在每个声波周期内，总会有一定数目的纤维发放冲动，各组纤维同时发放数的总和则与声音频率相近。另外，持续的声刺激所产生的复合听神经动作电位和微音器电位重叠在一起，难以分离；而脉冲声刺激（如短声）产生的反应中，只要声音持续的时间足够短，听神经复合动作电位就能由于时程上的差异而和微音器电位区分开，此时记录到的反应波形的起始部分为微音器电位，其形状和极性都与刺激声波的形状和极性相同，而经过一定的潜伏期后，便出现了数个听神经动作电位，图 2-94 中的 N_1、N_2、N_3 就是从整个听神经上记录到的复合动作电位，其振幅取决于声音的强度、兴奋的纤维数目及不同神经纤维放电的同步化程度。

2）听神经单纤维动作电位：如果把微电极刺入听神经纤维内，可记录到单一听神经纤维的动作电位，它是一种"全或无"式的反应，安静时有自发放电，声音刺激时放电频率增加。仔细分析每一条听神经纤维的放电特性与声音频率之间的关系时可以发现，不同的听神经纤维对不同频率的声音敏感性不同，用不同频率的纯音进行刺激时，某一特定的频率只需很小的刺激强度便可使某一听神经纤维发生兴奋，这个频率即为该听神经纤维的特征频率（characteristic frequency，CF）或最佳频率。随着声音强度的增加，能引起单一听神经纤维放电的频率范围也增大。每一条听神经纤维都具有自己特定的特征频率。听神经纤维的特征频率与该纤维末梢在基底膜上的起源部位有关，特征频率高的神经纤维起源于耳蜗底部，特征频率低的神经纤维则起源于耳蜗顶部。由此可以认为，当某一频率的声音强度增大时，能使更多的纤维兴奋，由这些纤维传递的神经冲动，共同向中枢传递这一声音的频率及其强度的信息。在自然情况下，作用于人耳的声音的频率和强度的变化是十分复杂的，因此基底膜的振动形式和由此而引起的听神经纤维的兴奋及其组合也很复杂，人耳之所以能区别不同的音色，其基础可能亦在于此。

听觉传导的第 1 级神经元为蜗神经节的双极细胞，其周围突分布于内耳的螺旋器（Corti 器）；中枢突组成蜗神经，与前庭神经一道，在延髓、脑桥交界处入脑，止于蜗神经前（腹侧）核和后（背侧）核（图 2-95）。第 2 级神经元胞体在蜗神经前（腹侧）核和后（背侧）核，发出纤维大部分在脑桥内经斜方体交叉至对侧，至上橄榄核外侧折向上行，称外侧丘系。外侧丘系的纤维经中脑被盖的背外侧部大多数止于下丘。第 3 级神经元胞体在下丘，其纤维经下丘臂止于内侧膝状体。第 4 级神经元胞体在内侧膝状体，发出纤维组成听辐射（acoustic radiation），经内囊后肢，止于大脑皮质颞横回的听区。

平衡觉传导通路　人和动物生活在外界环境中，必须保持正常的姿势，这是人和动物进行各种活动的必要条件。正常姿势的维持依赖于前庭器官、视觉器官和本体感觉感受器的协同活动，其中前庭器官的作用最为重要。内耳前庭器官由半规管、椭圆囊和球囊组成，其主要功能是感受机体姿势和运动状态（运动觉）及头部在空间的位置（位置觉），这些感觉合称为平衡感觉（equilibrium）。

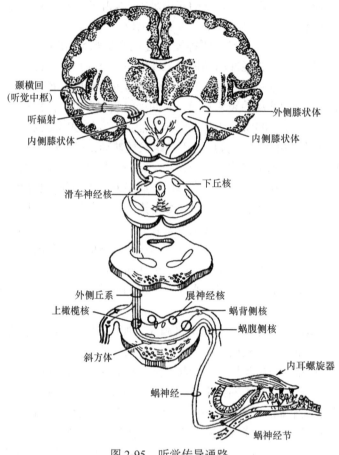

图 2-95　听觉传导通路

（1）前庭器官的感受装置和适宜刺激

1）前庭器官的感受细胞：前庭器官的感受细胞都是毛细胞，它们具有类似的结构和功能。这些毛细胞有两种纤毛，其中有一条最长，位于细胞顶端的一侧边缘处，称为动纤毛（kinocilium）；其余的纤毛较短，数量较多，每个细胞有 60～100 条，呈阶梯状排列，称为静纤毛（stereocilium）。毛细胞的底部有感觉神经纤维末梢分布。实验证明，各类毛细胞的适宜刺激都是与纤毛的生长面呈平行方向的机械力的作用。当纤毛都处于自然状态时，细胞膜内侧存在约−80mV 的静息电位，同时与毛细胞相连的神经纤维上有一定频率的持续放电；此时如果外力使静纤毛朝向动纤毛一侧偏转时，毛细胞膜电位即发生去极化，如果去极化达到阈电位（−60mV）水平，支配毛细胞的传入神经冲动发放频率就增加，表现为兴奋效应；相反，当外力使静纤毛向背离动纤毛的一侧弯曲时，则毛细胞的膜电位发生超极化，传入纤维的冲动发放减少，表现为抑制效应（图 2-96）。这是前庭器官中所有毛细胞感受外界刺激的一般规律，其换能机制与耳蜗毛细胞相似。在正常条件下，机体的运动状态和头部在空间位置的改变都能以特定的方式改变毛细胞纤毛的倒向，使相应的神经纤维的冲动发放频率发生改变，把这些信息传输到中枢，引起特殊的运动觉和位置觉，并出现相应的躯体和内脏功能的反射性变化。

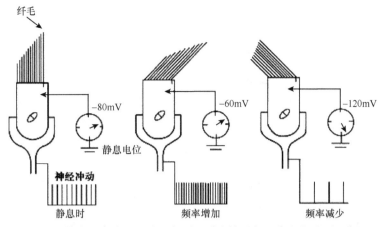

图 2-96 前庭器官中毛细胞顶部纤毛受力情况与电位变化关系示意图

当静纤毛向动纤毛一侧偏转时，毛细胞膜去极化，传入冲动增多；当静纤毛向背离动纤毛的一侧偏转时，毛细胞膜超极化，传入冲动减少（见正文）

人体两侧内耳各有上、外、后三个半规管（semicircular canal），分别代表空间的三个平面。当头向前倾 30° 时，外半规管与地面平行，其余两个半规管则与地面垂直。因此，外半规管又称水平半规管。每个半规管与椭圆囊连接处都有一个膨大的部分，称为壶腹（ampulla），壶腹内有一块隆起的结构，称为壶腹嵴（crista ampullaris），其中有一排毛细胞面对管腔，毛细胞顶部的纤毛都埋植在一种胶质性的圆顶形壶腹帽（cupula）之中。毛细胞上动纤毛与静纤毛的相对位置是固定的。在水平半规管内，当内淋巴由管腔朝向壶腹的方向移动时，能使毛细胞的静纤毛向动纤毛一侧弯曲，引起毛细胞兴奋，而内淋巴离开壶腹时则静纤毛向相反的方向弯曲，则使毛细胞抑制。在上半规管和后半规管，因毛细胞排列方向不同，内淋巴流动的方向与毛细胞反应的方式刚好相反，离开壶腹方向的流动引起毛细胞兴奋，而朝向壶腹的流动则引起毛细胞抑制。

2）前庭器官的适宜刺激和生理功能：半规管壶腹嵴的适宜刺激是正、负角加速度，其感受阈值为 1° ~3° /s²。人体三个半规管所在的平面相互垂直，因此可以感受空间任何方向的角加速度。当人体直立并以身体的中轴为轴心进行旋转运动时，水平半规管的感受器受到的刺激最大。当头部以冠状轴为轴心进行旋转时，上半规管及后半规管受到的刺激最大。旋转开始时，由于半规管腔中内淋巴的惯性，它的启动将晚于人体和半规管本身的运动，因此当人体向左旋转时，左侧水平半规管中的内淋巴将向壶腹的方向流动，使该侧毛细胞兴奋而产生较多的神经冲动；与此同时，右侧水平半规管中内淋巴的流动方向是离开壶腹，于是右侧水平半规管壶腹传向中枢的冲动减少。当旋转进行到匀速状态时，管腔中的内淋巴与半规管呈相同角速度的运动，于是两侧壶腹中的毛细胞都处于不受刺激的状态，中枢获得的信息与不进行旋转时无异。当旋转突然停止时，由于内淋巴的惯性，两侧壶腹中毛细胞纤毛的弯曲方向和冲动发放情况正好与旋转开始时相反。内耳迷路的其他两对半规管也接受与它们所处平面方向相一致的旋转变速运动的刺激。

椭圆囊（utricle）和球囊（saccule）的毛细胞位于囊斑（macula）上，毛细胞的纤毛埋植于位砂膜中。位砂膜是一种胶质板，内含位砂，位砂主要由蛋白质和碳酸钙组成，比重大于内淋巴，因而具有较大的惯性。椭圆囊和球囊囊斑的适宜刺激是直线加速度运动。当人体直立而静止不动时，椭圆囊囊斑的平面与地面平行，位砂膜在毛细胞纤毛的上方，而球囊囊斑的平面则与地面垂直，位砂膜悬在纤毛的外侧。在椭圆囊和球囊的囊斑上，几乎每个毛细胞的排列方向

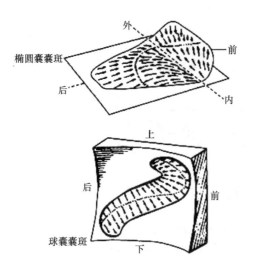

图 2-97 椭圆囊和球囊中囊斑的位置及毛细胞顶部纤毛的排列方向

箭头所指方向是该处毛细胞顶部动纤毛所在位置,箭尾是同一细胞的静纤毛所在位置,当机体所做直线加速运动的方向与某一箭头的方向一致时,该箭头所代表的毛细胞表面静纤毛向动纤毛侧的弯曲最明显,与此同时,毛细胞有关的神经纤维有最大频率的冲动发放

都不完全相同(图 2-97)。毛细胞纤毛的这种配置有利于分辨人体在囊斑平面上所进行的变速运动的方向。例如,当人体在水平方向做直线变速运动时,总有一些毛细胞的纤毛排列的方向与运动的方向一致,使静纤毛朝向动纤毛的一侧做最大的弯曲。由此而产生的传入信息为辨别运动方向提供依据。另一方面,由于不同毛细胞纤毛排列的方向不同,当头的位置发生改变或囊斑受到不同方向的重力及变速运动刺激时,其中有的毛细胞发生兴奋,有的则发生抑制。不同毛细胞综合活动的结果,可反射性地引起躯干和四肢不同肌肉的紧张度发生改变,从而使机体在各种姿势和运动情况下保持身体的平衡。

(2)前庭反应

1)前庭姿势调节反射:来自前庭器官的传入冲动,除引起运动觉和位置觉外,还可引起各种姿势调节反射。例如,当汽车向前开动时,由于惯性,身体会向后倾倒,可是当身体向后倾倒之前,椭圆囊的位砂因其惯性而使囊斑毛细胞的纤毛向后弯曲,其传入信息即反射性地使躯干部的屈肌和下肢的伸肌的张力增加,从而使身体向前倾以保持身体的平衡。乘电梯上升时,椭圆囊中的位砂对毛细胞施加的压力增加,球囊中的位砂使毛细胞纤毛向下方弯曲,可反射性地引起四肢伸肌抑制而发生下肢屈曲。电梯下降时,位砂对囊斑的刺激作用可导致伸肌收缩、下肢伸直。这些都是前庭器官的姿势反射,其意义在于维持机体一定的姿势和保持身体平衡。

2)自主神经反应:当半规管感受器受到过强或长时间的刺激时,可通过前庭神经核与网状结构的联系而引起自主神经功能失调,导致心率加快、血压下降、呼吸频率增加、出汗及皮肤苍白、恶心、呕吐、唾液分泌增多等现象,称为前庭自主神经反应(vestibular autonomic reaction)。主要表现为以迷走神经兴奋占优势的反应。在实验室和临床上都能观察到这些现象,但临床上的反应比实验室中观察到的更加复杂。在前庭感受器过度敏感的人,一般的前庭刺激也会引起自主神经反应。晕船反应就是因为船身上下颠簸及左右摇摆使上、后半规管的感受器受到过度刺激所造成的。

3)眼震颤:前庭反应中最特殊的是躯体旋转运动时引起的眼球运动,称为眼震颤(nystagmus)。眼震颤是眼球不自主的节律性运动。在生理情况下,两侧水平半规管受到刺激(如以身体纵轴为轴心的旋转运动)时,可引起水平方向的眼震颤,上半规管受刺激(如侧身翻转)时可引起垂直方向的眼震颤,后半规管受刺激(如前、后翻滚)时可引起旋转性眼震颤。人类在地平面上的活动较多(如转身、头部向后回顾等),下面以水平方向的眼震颤为例说明眼震颤出现的情况。当头与身体开始向左旋转时,由于内淋巴的惯性,使左侧半规管壶腹嵴的毛细胞受刺激增强,而右侧半规管正好相反,这样的刺激可反射性地引起某些眼外肌的兴奋和另一些眼外肌的抑制,于是出现两侧眼球缓慢向右侧移动,这一过程称为眼震颤的慢动相(slow component);当眼球移动到两眼裂右侧端时,又突然快速地向左侧移动,这一过程称为眼震颤的快动相(quick component);之后再出现新的慢动相和快动相,如此反复。当旋转变为匀速转动时，旋转虽在继续，但眼震颤停止。当旋转突然停止时，又由于内淋巴的惯性而出现与旋转开始时方向相反的慢动相和快动相组成的眼震颤（图2-98）。眼震颤慢动相的方向与旋转方向相反，是由于对前庭器官的刺激而引起的，而快动相的方向与旋转方向一致，是中枢进行矫正的运动。临床上用快动相来表示眼震颤的方向。进行眼震颤试验时，通常是在20s内旋转10次后突然停止旋转，检查旋转后的眼震颤。眼震颤的正常持续时间为20～40s，频率为5～10次。如果眼震颤的持续时间过长，说明前庭功能过敏。前庭功能过敏的人容易发生晕车、晕船及航空病等；如果眼震颤的持续时间过短，说明前庭功能减弱。某些前庭器官有病变的患者，眼震颤消失。

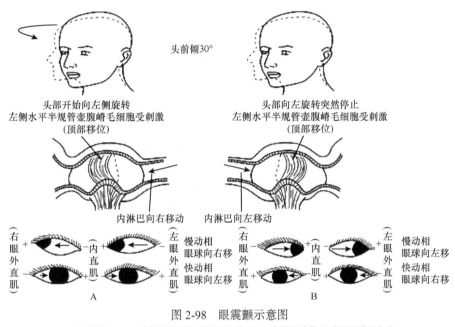

图2-98 眼震颤示意图

A. 头前倾30°、旋转开始时的眼震颤方向；B. 旋转突然停止后的眼震颤方向

传导平衡觉的第1级神经元是前庭神经节内的双极细胞，其周围突分布于内耳半规管的壶腹嵴、球囊斑和椭圆囊斑；中枢突组成前庭神经，与蜗神经一道入脑桥，止于前庭神经核群（图2-99）。由前庭神经核群发出纤维至中线两侧组成内侧纵束，其中，上升的纤维止于动眼、滑车和展神经核，完成眼肌前庭反射（如眼球震颤）；下降的纤维至副神经脊髓核和上段颈髓前角细胞，完成转眼、转头的协调运动。此外，由前庭外侧核发出纤维组成前庭脊髓束，完成躯干、四肢的姿势反射（伸肌兴奋、屈肌抑制）。由前庭神经核群还发出纤维与部分由前庭神经直接来的纤维，共同经小脑下脚（绳状体）进入小脑，参与平衡调节。前庭神经核还发出纤维与脑干网状结构、迷走神经背核及疑核联系，故当平衡觉传导通路或前庭器受刺激时，可引起眩晕、呕吐、恶心等症状。由前庭神经核群发出的第2级纤维向大脑皮质的投射径路不明，可能是在背侧丘脑的腹后核换神经元，再投射到颞上回前方的大脑皮质。

二、运动传导通路

运动传导通路是指从大脑皮质至躯体运动效应器和内脏活动效应器的神经联系。从大脑皮质至躯体运动效应器（骨骼肌）的传导通路，称为躯体运动传导通路，包括锥体系和锥体外系。从大脑皮质至内脏活动效应器（心肌、平滑肌和腺体）的神经传导通路，称为内脏运动传导通路。

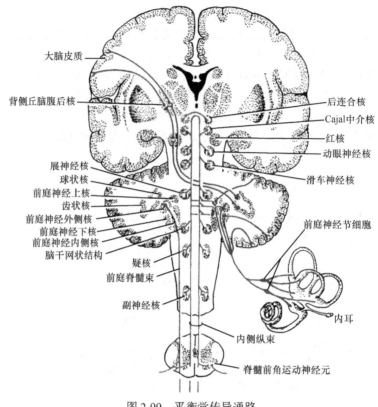

大脑皮质

背侧丘脑腹后核

后连合核
Cajal中介核
红核
动眼神经核
滑车神经核

展神经核
球状核
前庭神经上核
齿状核
前庭神经外侧核
前庭神经下核
前庭神经内侧核
脑干网状结构
疑核
前庭脊髓束
副神经核

前庭神经节细胞

内耳

内侧纵束

脊髓前角运动神经元

图 2-99　平衡觉传导通路

（一）锥体系

锥体系由上运动神经元、下运动神经元两级神经组成。上运动神经元为大脑皮质的传出神经元。下运动神经元为神经中的一般躯体和特殊内脏运动神经核脊髓前角运动神经元，其胞体和轴突构成传导运动通路的最终公路。锥体系（pyramidal system）由位于中央前回和中央旁小叶前部的巨型锥体细胞（Betz 细胞）和其他类型的锥体细胞及位于额、顶叶部分区域的锥体细胞组成。上述神经元的轴突共同组成锥体束（pyramidal tract），其中，下行至脊髓的纤维束称皮质脊髓束；止于脑干脑神经运动核的纤维束称皮质核束。

1. 皮质脊髓束（corticospinal tract）　由中央前回上、中部和中央旁小叶前半部等处皮质的锥体细胞轴突集中而成，下行经内囊后肢的前部、大脑脚底中 3/5 的外侧部和脑桥基底部至延髓锥体，在锥体下端，75%～90%的纤维交叉至对侧，形成锥体交叉，交叉后的纤维继续于对侧脊髓侧索内下行，称皮质脊髓侧束，此束沿途发出侧支，逐节终止于前角细胞（可达骶节），支配四肢肌。在延髓锥体，皮质脊髓束小部分未交叉的纤维在同侧脊髓前索内下行，称皮质脊髓前束，该束仅达胸节，并经白质前连合逐节交叉至对侧，终止于前角细胞，支配躯干和四肢骨骼肌的运动。皮质脊髓前束中有一部分纤维始终不交叉而止于同侧脊髓前角细胞，支配躯干肌（图 2-100、图 2-101）。所以，躯干肌是受两侧大脑皮质支配的。一侧皮质脊髓束在锥体交叉前受损，主要引起对侧肢体瘫痪，躯干肌运动没有明显影响。实际上，皮质脊髓束只有 10%～20%的纤维直接终止于前角细胞，大部分纤维经中间神经元与前角细胞联系。在人类，皮质脊髓前束在种系发生上较古老，其功能是控制躯干和四肢近端肌肉，尤其是屈肌的活动，与姿势的维持和粗略的运动有关；而皮质脊髓侧束在种系发生上较新，其功能是控制四肢远端肌肉的活动，与精细的、技巧性的运动有关。

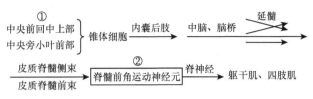

图 2-100　皮质脊髓束通路模式图

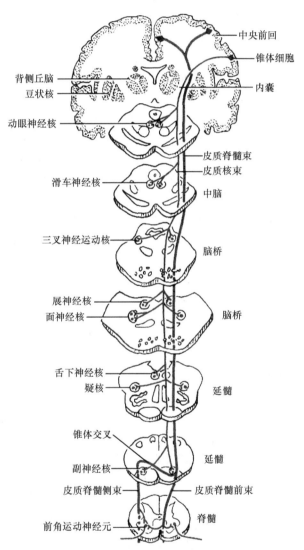

图 2-101　椎体系中的皮质脊髓束与皮质核束

皮质脊髓束和皮质脑干束作为发动随意运动的初级通路,是在进化过程中逐渐发展起来的。非哺乳脊椎动物基本上没有皮质脊髓束和皮质脑干束传导系统,但它们的运动非常灵巧;猫和犬在该系统完全被破坏后仍能站立、行走、奔跑和进食;只有人和灵长类动物在该系统损伤后才会出现明显的运动缺陷。在灵长类动物实验中,仔细横切其延髓锥体,高度选择性地破坏皮质脊髓侧束,动物立即出现并持久地丧失用两手指夹起细小物品的能力,但仍保留腕以上部位的运动能力，动物仍能大体上应用其手，并能站立和行走。这些缺陷与失去神经系统对四肢远端肌肉精细的、技巧性的运动控制是一致的。另一方面，损伤皮质脊髓前束后，由于近端肌肉失去神经控制，躯体平衡的维持、行走和攀登均发生困难。这种因运动传导通路损伤而引起的运动能力减弱，称为不全性麻痹（paresis），受累肌肉的肌张力常下降。

运动传出通路损伤，临床上常出现柔软性麻痹（flaccid paralysis，简称软瘫）和痉挛性麻痹（spastic paralysis，简称硬瘫）两种不同表现。两者都有随意运动的丧失，但前者伴有牵张反射减退或消失，常见于脊髓和脑运动神经元损伤，如脊髓灰质炎，临床上称下运动神经元（lower motor neuron）损伤；而后者则伴有牵张反射亢进，常见于脑内高位中枢损伤，如内囊出血引起的脑卒中，临床上称上运动神经元（upper motor neuron）损伤。应该指出，上运动神经元损伤引起硬瘫的说法是不正确的，至少不够准确。这源于对上运动神经元概念的误解，上运动神经元不只是指运动传出通路（皮质脊髓束和皮质脑干束）。实际上中枢控制运动的系统至少有 3 个，即姿势调节系统、运动传出通路和小脑运动调节系统。组成这 3 个系统的神经元都属于上运动神经元。真正引起硬瘫的是姿势调节系统的损伤，因为肌紧张平时受该系统的抑制；小脑损伤引起的是运动协调功能障碍（见后文）；而单纯的运动传出通路损伤出现的是不全性麻痹，表现为运动能力和肌张力减弱（见前文）。此外，人类在皮质脊髓侧束损伤后将出现巴宾斯基征（Babinski sign）阳性体征，即以钝物划足跖外侧时出现踇趾背屈和其他四趾外展呈扇形散开的体征。平时脊髓受高位中枢的控制，这一原始反射被抑制而不表现出来，为巴宾斯基征阴性，表现为所有足趾均发生跖屈（图 2-102）。婴儿因皮质脊髓束发育尚不完全，成人在深睡或麻醉状态下，都可出现巴宾斯基征阳性体征。临床上常用此征来检查皮质脊髓侧束的功能是否正常。

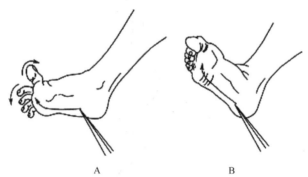

图 2-102　巴宾斯基征阳性和阴性体征示意图
A. 阳性体征；B. 阴性体征

案例 2-6　患者男性，20 岁，因与别人打架，背部被尖刀刺伤，因左下肢瘫痪入院。查体：左下肢本体感觉障碍，痛觉和温度觉正常，随意运动丧失，腱反射亢进，巴宾斯基征阳性。右侧躯体胸骨剑突水平以下和右下肢痛觉和温度觉障碍，本体感觉正常。
诊断：胸段脊髓左侧半离断。
问题：患者出现上述症状的机制是什么？

2. 皮质核束（corticonuclear tract）　主要由中央前回下部的锥体细胞的轴突集合而成，下行经内囊膝部至大脑脚底中 3/5 的内侧部，由此向下，陆续分出纤维，大部分终止于双侧脑神经运动核[动眼神经核、滑车神经核、展神经核、三叉神经运动核、面神经运动核（支配面上部肌的细胞群)、疑核和副神经脊髓核],支配眼外肌、咀嚼肌、面上部表情肌、胸锁乳突肌、斜方肌和咽喉肌。小部分纤维完全交叉到对侧,终止于面神经运动核支配面下部肌的细胞群和舌下神经核(图 2-103),支配面下部表情肌和舌肌(图 2-104)。因此,除支配面下部肌的面神经核和舌下神经核为单侧(对侧)支配外,其他脑神经运动核均接受双侧皮质核束的纤维。一侧上运动神经元受损,可产生对侧眼裂以下的面肌和对侧舌肌瘫痪,表现为病灶对侧鼻唇沟消失,口角低垂并向病灶侧偏斜,流涎,不能做鼓腮、露齿等动作,伸舌时舌尖偏向病灶对侧(图 2-104、图 2-106)。一侧面神经下运动神经元受损,可致病灶侧所有面肌瘫痪,表现为额横纹消失、眼不能闭、口角下垂,鼻唇沟消失等。一侧舌下神经下运动神经元受损,可致病灶侧全部舌肌瘫痪,表现为伸舌时舌尖偏向病灶侧(图 2-105、图 2-106)。

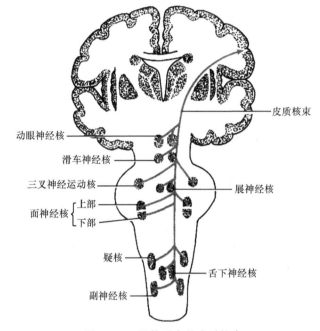

图 2-103 椎体系中的皮质核束

图 2-104 椎体系中皮质核束传导示意图

锥体系的任何部位损伤都可引起其支配区的随意运动障碍——瘫痪,可分为两类。①上运动神经元损伤(核上瘫):系指脊髓前角细胞和脑神经运动核以上的锥体系损伤,表现为随意运动障碍,肌张力增高,故称痉挛性瘫痪(硬瘫),这是由于上运动神经元对下运动神经元的抑制被取消的缘故(脑神经核上瘫时肌张力增高不明显),但肌肉不萎缩(因未失去其直接神经支配)。此外,还有深反射亢进(因失去高级控制)、浅反射(如腹壁反射、提睾反射等)减弱或消失(因锥体束的完整性被破坏)和出现因锥体束的功能受到破坏所致的病理反射(如巴宾斯基征)等。②下运动神经元损伤(核下瘫):系指脊髓前角细胞和脑神经运动核以下的锥体系损伤，表现为因失去神经直接支配所致的肌张力降低，随意运动障碍，又称弛缓性瘫痪。由于神经营养障碍，还导致肌肉萎缩。因所有反射弧均中断，故浅反射和深反射都消失，也不出现病理反射。

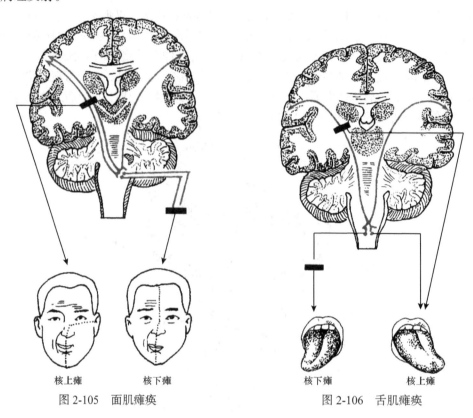

图 2-105　面肌瘫痪

图 2-106　舌肌瘫痪

（二）锥体外系

锥体外系（extrapyramidal system）是指锥体系以外影响和控制躯体运动的传导径路，其结构十分复杂，包括大脑皮质、纹状体、背侧丘脑、底丘脑、红核、黑质、脑桥核、前庭核、小脑和脑干网状结构等及它们的纤维联系。锥体外系的纤维最后经红核脊髓束、网状脊髓束等中继，下行终止于脑神经运动核和脊髓前角细胞。在种系发生上，锥体外系是较古老的结构，从鱼类开始出现。在鸟类是控制全身运动的主要系统。但到了哺乳类，尤其是人类，由于大脑皮质和锥体系的高度发展，锥体外系逐渐处于从属地位。人类锥体外系的主要功能是调节肌张力、协调肌肉活动、维持体态姿势和习惯性动作（如走路时双臂自然协调地摆动）等。锥体系和锥体外系在运动功能上是互相不可分割的一个整体，只有在锥体外系使肌张力保持稳定协调的前提下，锥体系才能完成一些精确的随意运动，如写字、刺绣等。另一方面，锥体外系对锥体系也有一定的依赖性。例如，有些习惯性动作开始是由锥体系发动起来的，然后才处于锥体外系的管理之下。下面简单介绍主要的锥体外系通路。

1. 纹状体-黑质-纹状体环路（新纹状体-黑质环路）　自尾状核和壳发出纤维，止于黑质。再由黑质发出纤维返回尾状核和壳。黑质神经细胞能产生和释放多巴胺。当黑质变性后，使纹状体内的多巴胺含量降低，与 Parki Nson 病（震颤麻痹）的发生有关。

案例2-7　患者男性，62岁，近年来出现四肢颤抖，走路慢，行走困难。且逐渐加重，先是右侧肢体，后波及左侧肢体。近1个月来头部出现不自主晃动，双手震颤呈"搓药丸"样。查体：T 36.5℃，HR 78 次/分，BP 113/77mmHg。表情呆板，瞬目减少，步态缓慢，慌张步态，颅神经检查未见明显异常。

诊断：帕金森病。

问题：

（1）帕金森病的发病机制是什么？

（2）根据所学的生理学知识，你认为应如何改善患者上述症状？

2. 皮质-纹状体-背侧丘脑-皮质环路　该环路对发出锥体束的皮质运动区的活动有重要的反馈调节作用（图 2-107）。

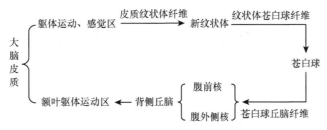

图 2-107　皮质-纹状体-背侧丘脑-皮质环路模式图

3. 苍白球-底丘脑环路　苍白球发出纤维止于底丘脑核，后者发出纤维经同一途径返回苍白球，对苍白球发挥抑制性反馈作用，一侧底丘脑核受损，丧失对同侧苍白球的抑制，对侧肢体出现大幅度颤搐。

4. 皮质-脑桥-小脑-皮质环路（图 2-108、图 2-109）

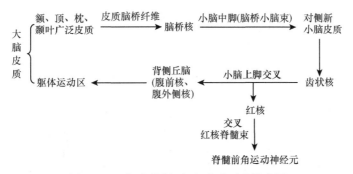

图 2-108　皮质-脑桥-小脑-皮质环路模式图

此外，运动传出通路通常分为锥体系和锥体外系两个系统。前者是指皮质脊髓束和皮质脑干束，即所谓的上运动神经元；后者则为锥体系以外所有控制脊髓运动神经元活动的下行通路。锥体系因其大部分纤维在下行至延髓时构成锥体而得名，但皮质脊髓前束和皮质脑干束并不通过锥体，即使是皮质脊髓侧束的纤维也不全来自中央前回，而锥体外系的纤维更是由许多不同功能的纤维所组成。所以，这种分类不能很好地划分中枢运动控制系统。临床上常将所谓上运动神经元损伤引起硬瘫的一系列表现（表 2-2）称为锥体束综合征，现在看来，这种说法也是不正确的。因为锥体系和锥体外系两个系统在皮质起源的部位多有重叠，而且它们之间存在广泛的纤维联系，所以，从皮质到脑干之间损伤而引起的运动障碍往往分不清究竟是由哪个系统功能缺损所致。根据以上分析，上运动神经元、锥体系和锥体外系在其概念上和实际应用中都存在明显的不确定性，因此有人主张摒弃这些名词。

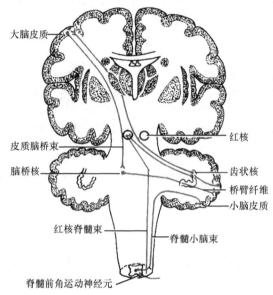

图 2-109　锥体外系的皮质-脑桥-小脑-皮质环路

表 2-2　柔软性麻痹和痉挛性麻痹的比较

	柔软性麻痹（软瘫）	痉挛性麻痹（硬瘫）
随意运动	丧失	丧失
牵张反射	减弱、松弛	过强、痉挛
肌萎缩	明显	不明显
巴宾斯基征	阴性（屈肌反射）	阳性（跖伸肌反射）
麻痹范围	常较局限	常较广泛
产生机制	脊髓运动神经元损伤	上运动神经元姿势调节系统损伤

　　案例 2-8　患者男性，感觉右上、下肢乏力，右手运动笨拙。说话有些困难，视物时出现重影。几个月前曾感觉额部严重头痛。此次因上述症状到医院就诊。

　　体格检查：左侧瞳孔比右侧的大，向前平视时左眼转向外下方。左眼瞳孔直接对光反射和间接对光反射均消失，左上睑下垂。右上、下肢随意运动障碍，呈痉挛性瘫痪。右侧跟腱和髌腱反射亢进，右侧病理反射征（如 Babinski 征）阳性。右侧眼裂以下面肌瘫痪，伸舌时舌尖偏向右侧。

　　诊断：大脑脚底综合征。

　　问题：

　　（1）大脑脚底包括哪些结构？

　　（2）出现上述症状的解剖学基础？

　　（3）为何会出现上、下肢痉挛性瘫痪，腱反射亢进？

（三）基底神经节的运动调节功能

基底神经节（basal ganglia）是指皮质下一些核团的总称。鸟类以下的动物，由于大脑皮质尚未良好发育，基底神经节是运动调节的最高中枢；而在哺乳动物，基底神经节则降为皮质下调节结构，但与大脑皮质构成回路。与运动调节有关的基底神经节结构主要是纹状体，包括在发生上较新的尾核和壳核（新纹状体），以及发生上较古老的苍白球（旧纹状体）。此外，丘脑底核和中脑黑质在功能上与基底神经节紧密联系，因此也被归入其中。

1. 基底神经节与大脑皮质之间的纤维联系　基底神经节接受大脑皮质的兴奋性纤维投射，其递质是谷氨酸；基底神经节的传出纤维经丘脑前腹核和外侧腹核接替后又回到大脑皮质。从丘脑前腹核和外侧腹核到大脑皮质的通路也是兴奋性的，但从基底神经节到丘脑前腹核和外侧腹核的通路则较为复杂。

基底神经节的传出部分是苍白球内侧部（和黑质网织部），苍白球内侧部的传出纤维可紧张性地抑制丘脑前腹核和外侧腹核的活动，其递质是 GABA。从新纹状体到苍白球内侧部的投射途径有两条，即直接通路和间接通路。直接通路（direct pathway）是指新纹状体直接向苍白球内侧部投射的路径，其递质为 GABA；间接通路（indirect pathway）则为先后经过苍白球外侧部和丘脑底核两次中继后到达苍白球内侧部的多突触路径。从新纹状体到苍白球外侧部，以及从苍白球外侧部再到丘脑底核的纤维递质也都是 GABA，而由丘脑底核到达苍白球内侧部的投射纤维则是兴奋性的，递质为谷氨酸（图 2-110）。

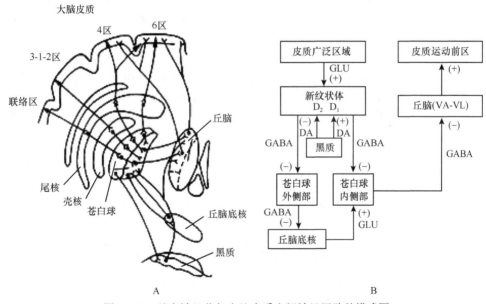

图 2-110　基底神经节与大脑皮质之间神经回路的模式图

A. 联结基底神经节与大脑皮质的神经回路；B. 直接通路和间接通路（见正文）。黑质多巴胺投射系统可作用于新纹状体的 D_1 受体而增强直接通路的活动，也可作用于其 D_2 受体而抑制间接通路的活动。DA：多巴胺；GABA：γ-氨基丁酸；GLU：谷氨酸；（＋）：兴奋性作用；（－）：抑制性作用；新纹状体内以 γ-氨基丁酸和乙酰胆碱为递质的中间神经元未标出

苍白球内侧部具有较高的紧张性活动。当直接通路被激活时，苍白球内侧部的紧张性活动受到抑制，此时它对丘脑前腹核和外侧腹核的紧张性抑制作用减弱，结果使丘脑的活动增强，这种现象称为去抑制（disinhibition）。由于丘脑-皮质投射系统是兴奋性的，因此，直接通路的活动能易化大脑皮质发动运动。相反，当间接通路被激活时，由于新纹状体-苍白球外侧部-丘

脑底核通路中也存在去抑制现象，因而丘脑底核的活动增强，继而进一步加大苍白球内侧部对丘脑-皮质投射系统的紧张性抑制。可见，间接通路的活动具有抑制皮质发动运动的作用。两条通路中平时以直接通路活动为主；而当间接通路活动时，则可部分抵消直接通路对大脑皮质的易化作用。

2. 黑质-纹状体投射系统 黑质可分为致密部和网织部两个部分。黑质-纹状体多巴胺能投射系统由黑质致密部发出。新纹状体内细胞密集，主要有投射神经元和中间神经元两类细胞。中型多棘神经元（medium spiny neuron，MSN）属于投射神经元，是新纹状体内的主要神经元，其主要递质是 GABA。中型多棘神经元除接受来自大脑皮质的谷氨酸能投射纤维外，还接受黑质-纹状体多巴胺能投射系统的纤维。此外，也接受新纹状体内 GABA 能和胆碱能中间神经元的纤维投射。可能存在两种类型的中型多棘神经元，它们的细胞膜上分别存在 D_1 和 D_2 受体，而其传出纤维分别组成直接通路和间接通路。黑质-纹状体多巴胺能纤维末梢释放的多巴胺通过激活 D_1 受体时可增强直接通路的活动，而通过激活 D_2 受体时则可抑制间接通路的活动。尽管两种不同受体介导的突触传递效应不同，但殊途同归，多巴胺对这两条通路的传出效应却是相同的，即都能使丘脑-皮质投射系统活动加强，从而易化大脑皮质发动运动。

3. 与基底神经节损害有关的疾病 基底神经节的损害主要表现为肌紧张异常和动作过分增减，临床上主要有以下两类疾病。

（1）肌紧张过强而运动过少的疾病：这类疾病的典型代表是帕金森病（Parkinson disease）。帕金森病又称震颤麻痹（paralysis agitans），其主要症状是全身肌紧张增高、肌肉强直、随意运动减少、动作缓慢、面部表情呆板，常伴有静止性震颤（static tremor）。运动症状主要表现在动作的准备阶段，而动作一旦发起，则可继续进行。帕金森病的病因是双侧黑质病变，多巴胺能神经元变性受损。由于黑质-纹状体多巴胺递质系统可通过 D_1 受体增强直接通路的活动，亦可通过 D_2 受体抑制间接通路的活动，所以，当该递质系统受损时，可引起直接通路活动减弱而间接通路活动增强，使大脑皮质对运动的发动受到抑制，从而出现运动减少和动作缓慢的症状。临床上给予多巴胺的前体左旋多巴（L-Dopa）能明显改善帕金森病患者的症状。应用 M 受体拮抗剂东莨菪碱或安坦等也能治疗此病，这可能与新纹状体内胆碱能中间神经元的兴奋性作用和多巴胺的抑制性作用之间的拮抗平衡有关。但左旋多巴和 M 受体拮抗剂对静止性震颤均无明显疗效，该症状可能与丘脑外侧腹核等结构的功能异常有关。

（2）肌紧张不全而运动过多的疾病：这类疾病有亨廷顿病（Huntington disease）和手足徐动症（athetosis）等。亨廷顿病又称舞蹈病（chorea），其主要表现为不自主的上肢和头部的舞蹈样动作，伴肌张力降低等症状。其病因是双侧新纹状体病变，新纹状体内 GABA 能中间神经元变性或遗传性缺损，由于新纹状体对苍白球外侧部的抑制作用减弱，引起间接通路活动减弱而直接通路活动相对增强，对大脑皮质发动运动产生易化作用，从而出现运动过多的症状。临床上用利舍平耗竭多巴胺可缓解其症状。

4. 基底神经节的功能 迄今为止，人们对基底神经节功能的认识仍不十分清楚。毁损动物的基底神经节几乎不出现任何症状；而记录基底神经节神经元放电，发现其放电发生在运动开始之前；新纹状体内的中型多棘神经元很少或没有自发放电活动，仅在大脑皮质有冲动传来时才开始活动。根据这些观察，结合以上对人类基底神经节损害后出现的症状、药物治疗效应及其机制分析，可以认为，基底神经节可能参与运动的设计和程序编制，并将一个抽象的设计转换为一个随意运动。基底神经节对随意运动的产生和稳定、肌紧张的调节、本体感受传入冲动信息的处理可能都有关。此外，基底神经节中某些核团还参与自主神经的调节、感觉传入、心理行为和学习记忆等功能活动。

三、神经系统的化学通路

神经系统各种活动的本质是化学物质传递，作为神经传导通路的关键部位——突触，也绝大多数是化学性的。在此，根据化学神经解剖学的观点，扼要介绍神经系统中一些重要的化学通路（chemical pathway）。

（一）胆碱能通路

胆碱能通路（cholinergic pathway）以乙酰胆碱为神经递质。乙酰胆碱在神经元胞体内合成，经轴质运输至末梢，储存于突触囊泡，在神经冲动作用下释放，作用于靶细胞。神经系统内胆碱能通路分布十分广泛，主要有：①运动传导通路中的下运动神经元（脑神经运动核和脊髓前角运动神经元），控制随意运动。②脑干网状结构中的非特异性上行网状激动系统。③背侧丘脑至大脑皮质的特异性感觉投射（脊髓后角-背侧丘脑-大脑皮质特异性感觉投射）。④交感神经节前神经元，副交感神经节前和节后神经元，司内脏活动（图 2-111）。

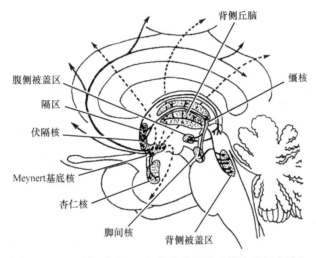

图 2-111　乙酰胆碱（ACh）能化学通路（箭头示新皮质）

（二）胺能通路

胺能通路含有胺类神经递质，包括：①儿茶酚胺（去甲肾上腺素、肾上腺素和多巴胺）；②5-羟色胺；③组胺。下面着重介绍去甲肾上腺素能通路、多巴胺能通路和 5-羟色胺能通路。

1. 去甲肾上腺素能通路（图 2-112）

图 2-112　去甲肾上腺素能通路模式图

2. 肾上腺素能通路　由延髓（背侧网状核、中缝背核、腹外侧网状核）发出纤维上行至迷走神经背核、孤束核、蓝斑、缰核、丘脑中线核群、下丘脑；下行至脊髓中间外侧核。

3. 多巴胺能通路　包括：①黑质纹状体系；②脚间核边缘系统（隔区、杏仁体、扣带回等）；③下丘脑弓状核正中隆起系（图 2-113）。

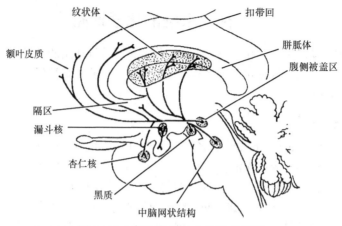

图 2-113　多巴胺（DA）能化学通路

4. 5-羟色胺能通路

脑干中缝核群 $\xrightarrow[\text{下行}]{\text{上行}}$ { 脑桥蓝斑、中脑黑质、背侧丘脑、下丘脑、大脑皮质

小脑、脊髓

（三）氨基酸能通路

参与神经传导的氨基酸有兴奋性和抑制性两类，前者包括天冬氨酸、谷氨酸；后者包括 γ-氨基丁酸（GABA）、甘氨酸和牛磺酸。其中，以 GABA 能通路分布最广。GABA 能通路（GABAergic pathway）包括：①纹状体-黑质径路：由纹状体（主要是苍白球）至黑质；②隔区-海马径路；③小脑-前庭外侧核径路；④小脑皮质-小脑核往返径路；⑤下丘脑乳头体-新皮质径路；⑥黑质-上丘径路；⑦广泛存在的局部固有径路。

（四）肽能通路

肽能通路（peptidergic neural pathway）在中枢和周围神经系内广泛存在着多种肽类物质，它们执行着神经递质或调质的功能。肽能神经通路研究较多的有 P 物质通路、生长抑素能通路、抗利尿激素能通路和催产素能通路。

第四节　脑和脊髓的被膜、血管和脑脊液循环

一、脑和脊髓的被膜

脑和脊髓的表面均由 3 层被膜包裹，由外向内，依次是硬膜、蛛网膜和软膜。脑和脊髓的 3 层被膜相互延续，有保护、支持脑和脊髓的作用。

（一）脊髓的被膜

1. 硬脊膜（spinal dura mater）　由致密结缔组织构成，厚而坚韧，呈囊状包裹脊髓。上端附于枕骨大孔边缘，与硬脑膜相延续。下部在第 2 骶椎水平逐渐变细，包裹终丝，末端附于尾骨。硬脑膜向两侧包绕者脊神经根和脊神经形成脊神经硬膜鞘，后者在椎间孔处与脊神经的外膜相延续。硬脊膜与椎管内面的骨膜之间为硬膜外隙（epidural space），其容积为 100ml，略呈负压，内含疏松结缔组织、脂肪、淋巴管和椎内静脉丛。由于硬脊膜在枕骨大孔边缘与骨膜紧密愈着，故硬膜外隙不与颅内相通。此隙略呈负压，内有脊神经根通过。临床上进行硬膜外麻

醉，即将药物注入此隙，以阻滞脊神经根内的神经传导。在硬脊膜与脊髓蛛网膜之间为潜在的硬膜下隙。硬脊膜在椎间孔处与脊神经的被膜相连续。椎内静脉丛接受椎骨和脊髓的静脉血，汇入椎间静脉，并有小支与椎外静脉丛吻合。椎间静脉在颈部注入椎静脉，在胸部注入奇静脉和半奇静脉，在腰部注入腰静脉。因此，椎内静脉丛是上、下腔静脉间的交通途径之一。椎内静脉丛无静脉瓣，且向上与颅内静脉相通，故腹、盆部的感染或肿瘤细胞偶可不经肺循环而直接扩散或转移至脑内（图 2-114）。

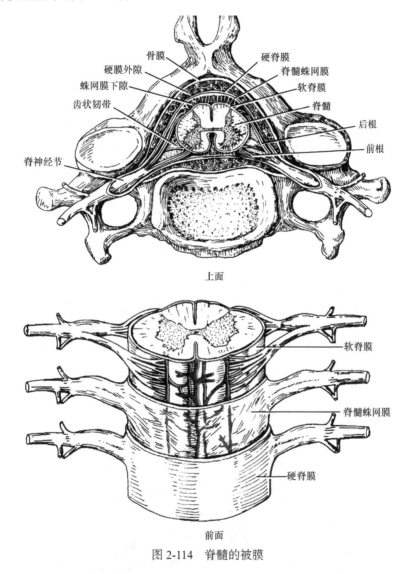

图 2-114 脊髓的被膜

2. 脊髓蛛网膜（spinal arachnoid mater） 为半透明的薄膜，位于硬脊膜与软脊膜之间，与脑蛛网膜直接延续。它与软脊膜之间有宽阔的蛛网膜下隙（subarachnoid space），两层间有许多结缔组织小梁相连，隙内充满脑脊液。此隙下部，自脊髓下端至第 2 骶椎水平扩大为终池（terminal cistern），内有马尾。故临床上常在第 3、4 或 4、5 腰椎间进行穿刺（腰椎穿刺），以抽取脑脊液或注入药物而不伤及脊髓。脊髓蛛网膜下隙向上与脑蛛网膜下隙相通（图 2-114）。

3. 软脊膜（spinal pia mater） 薄而富有血管，紧贴脊髓表面，并深入脊髓的沟裂中，向上经枕骨大孔与软脑膜相延续，向下在脊髓圆锥下端形成终丝。软脊膜在脊髓两侧脊神经前、后根之间形成齿状韧带，后者呈齿形，尖端附于硬脊膜上。脊髓借齿状韧带和神经根固定于椎管内并浸泡于脑脊液中，再加上硬膜外隙内的脂肪组织及椎内静脉丛的弹性垫作用，使脊髓不易受到外界震荡的损伤。齿状韧带还可作为椎管内手术的标志（图 2-114）。

（二）脑的被膜

脑的被膜由外向内依次为硬脑膜、蛛网膜和软脑膜（图 2-115）。

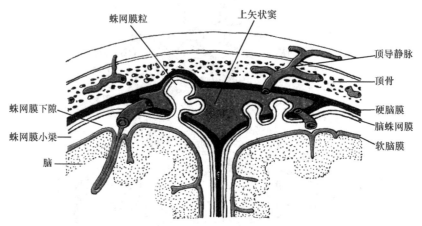

图 2-115　脑的被膜、蛛网膜粒和硬脑膜窦

1. 硬脑膜（cerebral dura mater）　坚韧而有光泽，与硬脊膜不同，由两层构成：硬脑膜外层即颅骨的内骨膜，内层较外层坚厚（图 2-116）。在颅盖，硬脑膜与颅骨结合疏松，当外伤时，常因硬脑膜血管损伤而在硬脑膜与颅骨之间形成硬膜外血肿。硬脑膜与颅底结合紧密，颅底骨折时，易将硬脑膜与脑蛛网膜同时撕裂，使脑脊液外漏。例如，颅前窝骨折时，脑脊液可流入鼻腔，形成鼻漏。在某些部位，硬脑膜两层之间形成静脉窦。

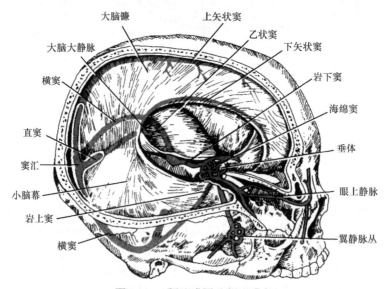

图 2-116　硬脑膜隔及硬脑膜窦

硬脑膜不仅呈套状包被脑，而且形成若干板状突起，伸入各脑部之间，使脑不致移位而更

好地得到保护。这些由硬脑膜形成的特殊结构如下。

（1）大脑镰（cerebral falx）：呈镰刀形，伸入两侧大脑半球之间，前端附于鸡冠，后端连于小脑幕上面的正中线上，下缘游离于胼胝体上方。

（2）小脑幕（tentorium of cerebellum）：形似幕帐，作为颅后窝的顶，伸入大脑与小脑之间。它附于枕骨横沟和颞骨岩部上缘，上面中线处连于大脑镰。幕的前内侧缘形成幕切迹。切迹与鞍背形成一环形孔，内有中脑通过。小脑幕将颅腔不完全地分隔成上、下两部。当小脑幕上发生颅脑病变引起颅内压增高时，位于小脑幕切迹上方的海马旁回和钩可能会被挤入小脑幕切迹，形成小脑幕切迹疝而压迫动眼神经和大脑脚。

（3）小脑镰（cerebellar falx）：位于枕骨大孔后方，自小脑幕下面正中伸入两小脑半球之间，为一短小的膜壁。

（4）鞍膈（diaphragma sellae）：位于蝶鞍上方，张于鞍背上缘和鞍结节之间，封闭垂体窝，中部有一小孔，容漏斗通过，鞍膈下面为脑垂体。

2. 硬脑膜窦　由分开的两层硬脑膜衬以内皮细胞构成，窦壁无平滑肌，不能收缩，故损伤时出血难止，易形成颅内血肿。主要的硬脑膜窦有：

（1）上矢状窦（superior sagital sinus）：位于矢状沟内大脑镰的上缘，前方起自盲孔，向后流入窦汇。窦汇是上矢状窦后端的扩大，位于枕内隆凸附近，向两侧与横窦相通。

（2）下矢状窦（inferior sagital sinus）：位于大脑镰下缘，其走向与上矢状窦一致，向后开口于直窦。

（3）直窦（straight sinus）：在小脑幕与大脑镰相接处，由大脑大静脉和下矢状窦汇合而成，向后通窦汇（confluence of sinuses）。

（4）横窦（transverse sinus）：成对，位于小脑幕后外侧缘附着处的枕骨横沟内，连于窦汇与乙状窦之间。

（5）乙状窦（sigmoid sinus）：成对，位于乙状沟处，为横窦的延续，向前内于颈静脉孔处延续为颈内静脉。

（6）海绵窦（cavernous sinus）：位于蝶鞍两侧，为硬脑膜两层间的不规则腔隙，形似海绵（图 2-117），故名。两侧海绵窦借横支相连。颈内动脉和展神经在窦内穿过。在窦的外侧壁内，自上而下有动眼神经、滑车神经、眼神经和上颌神经通过。

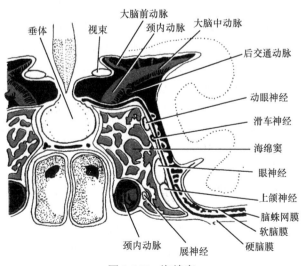

图 2-117　海绵窦

海绵窦前端借眼静脉与面部浅静脉交通，向下借卵圆孔与翼静脉丛相通，故面部感染可蔓延至海绵窦。蝶窦与海绵窦之间仅借薄骨板相隔，故蝶窦炎可致海绵窦炎或血栓形成。若通过海绵窦内和窦壁的神经受损，则出现神经痛、眼肌瘫痪、眼睑下垂等症状。海绵窦向后与斜坡上的基底静脉丛相通，基底丛向下与椎内静脉丛相通，而椎内静脉丛又与腔静脉系交通（见前文），故腹、盆部的感染（如直肠的血吸虫卵）可经此途径进入颅内。

岩上窦和岩下窦分别位于颞骨岩部的上缘和后缘处，将海绵窦的血液分别引向横窦和颈内静脉。

硬脑膜窦还借导静脉与颅外静脉相交通，故头皮感染也可能蔓延至颅内。

3. 脑蛛网膜（cerebral arachnoid mater） 薄而透明，无血管和神经，与硬脑膜间有硬膜下隙；与软脑膜间有蛛网膜下隙（subarachnoid space），内含脑脊液和较大血管。脑和脊髓的蛛网膜下隙互相交通。脑蛛网膜除在大脑纵裂和大脑横裂处外，均跨越脑的沟裂，故蛛网膜下隙的大小不一，较扩大处称蛛网膜下池（subarachnoid cisterns）。在小脑与延髓间有小脑延髓池（cerebellomedullary cistern），临床上可在此进行蛛网膜下隙穿刺。此外，在两大脑脚之间有脚间池，视交叉前方有交叉池，中脑周围有环池，脑桥腹侧有桥池。脑蛛网膜在硬脑膜构成的上矢状窦附近形成许多"菜花状"突起，突入硬脑膜窦内，称蛛网膜颗粒（arachnoid granulations）（图 2-108）。脑脊液通过这些颗粒渗入硬脑膜窦内，回流入静脉。

4. 软脑膜（cerebrl pia mater） 薄而富有血管，紧贴脑的表面并深入其沟裂中，对脑的营养起重要作用。在脑室的一定部位，软脑膜及其血管与该部位脑室壁的室管膜上皮共同构成脉络组织。在某些部位，脉络组织中的血管反复分支成丛，连同其表面的软脑膜和室管膜上皮突入脑室，形成脉络丛。

二、脑和脊髓的血管

中枢神经系统是体内代谢最旺盛的部位，因此，血液供应非常丰富。人的脑重仅占体重的2%，但脑的耗氧量却占全身总耗氧量的20%，脑血流量约占心脏搏出量的1/6。脑血流减少或中断可导致脑神经细胞的缺氧甚至坏死，造成严重的神经精神障碍。

（一）脑的动脉

脑的动脉来自颈内动脉和椎动脉。以顶枕裂为界，大脑半球的前 2/3 和部分间脑由颈内动脉供应，大脑半球后 1/3 及部分间脑、脑干和小脑由椎动脉供应（图 2-118）。故可将脑的动脉归纳为颈内动脉系和椎-基底动脉系。此两系动脉的分支可分为两类：皮质支和中央支，前者营养大脑皮质及其深面的髓质，后者供应基底核、内囊及间脑等。

1. 颈内动脉（internal carotid artery） 起自颈总动脉，经颈部向上至颅底，穿颞骨岩部的颈动脉管入海绵窦，紧贴海绵窦的内侧壁向上，至后床突处转向前，至前床突处又向上后弯转并穿出硬脑膜而分支。故将颈内动脉的行程分为 4 段：颈部、岩部、海绵窦部和前床突上部。其中，海绵窦部和前床突上部合称虹吸部，常呈"U"形或"V"形弯曲，是动脉硬化的好发部位。颈内动脉的主要分支有：

（1）后交通动脉（posterior communicating artery）：在视束下面往后行，与大脑后动脉吻合，是颈内动脉系与椎-基底动脉系的吻合支（图 2-118）。

（2）脉络丛前动脉：沿视束下面向后行，经大脑脚与海马回沟之间向后进入侧脑室下角，终止于脉络丛。沿途发支供应外侧膝状体、内囊后肢的后下部、大脑脚底的中 1/3 及苍白球等结构（图 2-118）。因该动脉细小，行程较长，易被血栓阻塞。

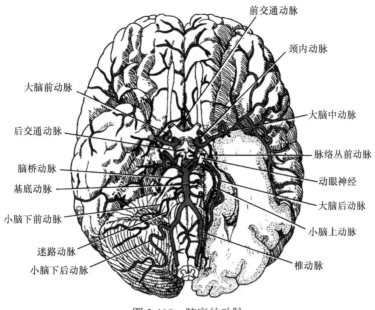

图 2-118 脑底的动脉

（3）大脑前动脉（anterior cerebral artery）：在视神经上方，向前内行，进入大脑纵裂，与对侧的同名动脉借前交通动脉（anterior communicating artery）相连，然后沿胼胝体上面向后行（图 2-118、图 2-110）。皮质支分布于顶枕沟以前的半球内侧面和额叶底面的一部分及额、顶两叶上外侧面的上部；中央支自大脑前动脉的近侧段发出，经前穿质进入脑实质，供应尾状核、豆状核前部和内囊前肢。

（4）大脑中动脉（middle cerebral artery）：是颈内动脉的直接延续，向外行，进入外侧沟内，分成数条皮质支，营养大脑半球上外侧面的大部分和岛叶（顶枕裂以前）（图 2-118～图 2-120），其中包括躯体运动、躯体感觉和语言中枢。故该动脉若发生阻塞，将产生严重的功能障碍。大脑中动脉途经前穿质时，发出一些细小的中央支，垂直向上穿入脑实质，供应尾状核、豆状核、内囊膝和后肢的前上部。其中，沿豆状核外侧上行至内囊的豆状核纹状体动脉较粗大，在动脉硬化和高血压时容易破裂（故又名出血动脉）而导致脑出血（"中风"）的严重功能障碍。

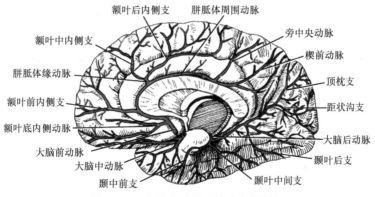

图 2-119 大脑半球的动脉（内侧面）

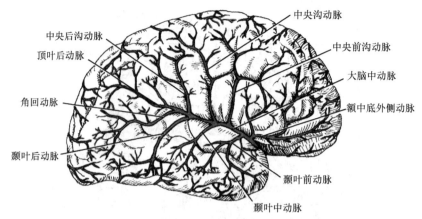

图 2-120 大脑半球的动脉（外侧面）

2. 椎动脉（vertebral artery） 起自锁骨下动脉，穿第 6 至第 1 颈椎横突孔，经枕骨大孔入颅腔。在脑桥与延髓交界处，左右椎动脉汇合成一条基底动脉（basilar artery），后者沿脑桥腹侧面的基底沟上行，至脑桥上缘分为两大终支——左、右大脑后动脉（图 2-118）。椎动脉的主要分支有：

（1）脊髓前、后动脉：见后文。

（2）小脑下后动脉：为椎动脉颅内段最大的分支，在两侧椎动脉汇合成基底动脉之前发出。供应小脑下面后部和延髓后外侧部（图 2-118）。该动脉行程弯曲，较易发生栓塞而出现同侧面部浅感觉障碍、对侧躯体浅感觉障碍（交叉性麻痹）和小脑共济失调等。基底动脉的主要分支有：

1）小脑下前动脉：自基底动脉始段发出（图 2-118），供应小脑下面的前部。

2）迷路动脉：又名内听动脉，很细，伴随面神经和前庭蜗神经进入内耳门，供应内耳迷路。

3）脑桥动脉：为一些细小分支，供应脑桥基底部。

4）小脑上动脉：近基底动脉的末端分出，绕大脑脚向后，供应小脑上部。

5）大脑后动脉（posterior cerebral artery）：在脑桥上缘附近发出，在小脑上动脉的上方并与之平行向外，绕大脑脚向后，沿海马旁回钩转至颞叶和枕叶内侧面（图 2-119）。皮质支分布于颞叶的内侧面和底面及枕叶。中央支由根部发出，由脚间窝穿入脑实质，供应背侧丘脑，内、外膝状体、下丘脑、底丘脑等。大脑后动脉借后交通动脉与颈内动脉末端交通。大脑后动脉与小脑上动脉根部之间夹有动眼神经（图 2-118），当颅内压增高时，颞叶海马旁回钩移至小脑幕切迹下方，使大脑后动脉移位，压迫、牵拉动眼神经，可致动眼神经麻痹。

3. 大脑动脉环（cerebral arterial circle） 又称 Willis 环，由前交通动脉、两侧大脑前动脉起始段、两侧颈内动脉末端、两侧后交通动脉和两侧大脑后动脉起始段共同组成，位于脑底下方、蝶鞍上方、视交叉、灰结节及乳头体周围。此环使两侧颈内动脉系与椎-基底动脉系互相交通。当构成此环的某一动脉血流减少或被阻断时，可在一定程度上通过大脑动脉环使血液重新分配和代偿，以维持脑的营养供应和功能活动。

（二）脑的静脉

脑的静脉不与动脉伴行，可分为浅、深两组，两组之间互相吻合。浅静脉收集皮质及皮质下髓质的静脉血，并直接注入邻近的静脉窦（如上矢状窦、海绵窦、岩上窦、横窦等）。深静脉收集大脑深部的髓质、基底核、间脑、脑室脉络丛等处的静脉血，最后汇成一条大脑大静脉（又称 Galen 静脉，后者于胼胝体压部的后下方向后注入直窦。

（三）脊髓的血管

1. 脊髓的动脉有两个来源（图2-121）　①来自椎动脉发出的脊髓前动脉（anterior spinal artery）和脊髓后动脉（posterior spinal artery）。②来自一些节段性动脉，如肋间后动脉、腰动脉、骶外侧动脉等的脊髓支。脊髓前、后动脉在下行过程中，不断得到节段性动脉的增补，以营养脊髓。脊髓前动脉自椎动脉发出后，沿延髓腹侧下降，并向中线靠拢，在枕骨大孔上方汇成一干，沿前正中裂下行至脊髓末端。脊髓后动脉自椎动脉发出后，两条动脉向后走行，沿脊神经后根内侧平行下降，直至脊髓末端。脊髓前、后动脉之间借横行的吻合支互相交通，形成动脉冠（图 2-122），由动脉冠再分支进入脊髓内部。脊髓前动脉的分支主要分布于脊髓前角、侧角、灰质连合、后角基部、前索和侧索。脊髓后动脉的分支则分布于脊髓后角的其余部分和后索。由于脊髓的动脉供应有不同的来源，在某些部位，若两个来源的血液供应不够充分，就容易使脊髓受到损伤。这常见于两个不同来源血供的移行地带，称危险区，如第 1～4 胸节和第 1 腰节的腹侧面。

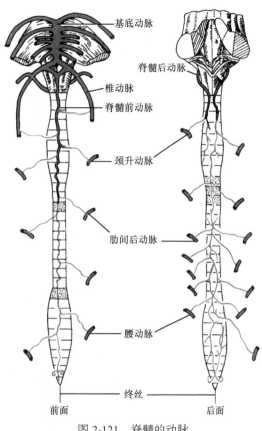

图 2-121　脊髓的动脉

基底动脉
脊髓后动脉
椎动脉
脊髓前动脉
颈升动脉
肋间后动脉
腰动脉
终丝
前面　　后面

2. 脊髓的静脉较动脉多而粗，收集脊髓内的小静脉，最后汇合成脊髓前、后静脉，通过前、后根静脉注入硬膜外隙的椎内静脉丛。

三、脑脊液循环

脑脊液（cerebral spinal fluid，CSF）是充满于脑室系统、脊髓中央管和蛛网膜下隙内的无色透明液体，内含无机离子、葡萄糖和少量蛋白，细胞很少，主要为单核细胞和淋巴细胞，其功能相当于外周组织中的淋巴，对中枢神经系统起缓冲、保护、营养、运输代谢产物及维持正常颅内压的作用。脑脊液总量在成人约为 150ml，它处于不断的产生、循行和回流的平衡状态，其途径如图 2-123。

脑脊液由侧脑室脉络丛产生，经室间孔流至第三脑室，与第三脑室脉络丛产生的脑脊液一道，经中脑水管流入第四脑室，再汇合第四脑室脉络丛产生的脑脊液经第四脑室正中孔和外侧孔流入蛛网膜下隙，使脑、脊髓和脑神经、脊神经很均被脑脊液浸泡。然后，脑脊液再沿蛛网膜下隙流向大脑背面，经蛛网膜颗粒渗透到硬脑膜窦（主要是上矢状窦）内，回流入血液中（图2-124）。如在脑脊液循环途径中发生阻塞，可导致脑积水和颅内压升高，进而使脑组织受压移位，甚至形成脑疝。

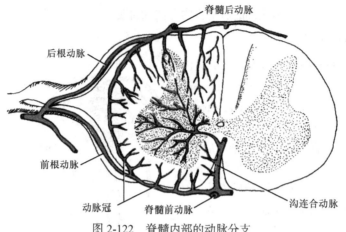

图 2-122　脊髓内部的动脉分支

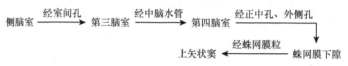

图 2-123　脑脊液循环模式图

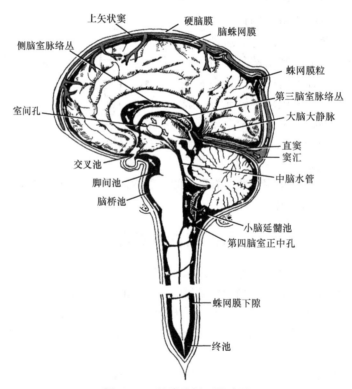

图 2-124　脑脊液循环模式图

　　近年研究表明存在着接触脑脊液的神经元系统（CSF contacting neuronal system），这些神经细胞的胞体位于脑室腔内、室管膜内或脑实质中，借胞体、树突或轴突直接与脑脊液接触，并能接受脑脊液的化学和物理因素的刺激和释放神经活性物质（如肽类、胺类和氨基酸类物质）至脑脊液中，执行感受、分泌和调整的功能。因此，在脑脊液与脑组织之间存在着交流信息的神经-体液回路。在神经系统疾病时，临床上往往抽取脑脊液进行检测和诊断，或将脑室内给药作为一种有效的治疗途径。

四、脑　屏　障

神经系统（尤其是中枢神经系统）神经细胞的功能活动的正常进行，要求其周围的微环境保持一定的稳定性。与此相适应，在结构上表现为血液和脑脊液中的物质在进入脑组织时要受到一定的限制（或选择），这就是脑屏障，脑屏障由 3 部分组成（图 2-125）。

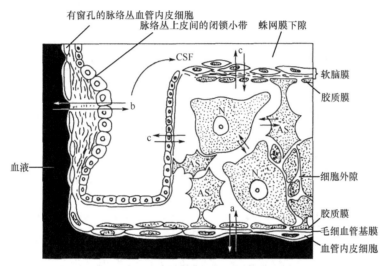

图 2-125　脑屏障的结构和位置关系

a. 血-脑屏障；b. 血-脑脊液屏障；c. 脑脊液-脑屏障；
AS：星形胶质细胞；N：神经元；CSF：脑脊液

（一）血-脑屏障

血-脑屏障（blood-brain barrier，BBB）位于血液与脑、脊髓的神经细胞之间，其结构基础是：①脑和脊髓内毛细血管内皮细胞无窗孔，内皮细胞之间为紧密连接，使大分子不能通过，但水和某些离子仍能通过；②毛细血管基膜；③毛细血管基膜外有星形胶质细胞终足围绕。

（二）血-脑脊液屏障

血-脑脊液屏障（blood-CSF barrier）位于脑室脉络丛的血液与脑脊液之间，其结构基础主要是脉络丛上皮细胞之间有闭锁小带（属紧密连接）相连。但脉络丛的毛细血管内皮细胞上有窗孔，故仍具有一定的通透性。

（三）脑脊液-脑屏障

脑脊液-脑屏障（CSF-btain barrier）位于脑室和蛛网膜下隙的脑脊液与脑、脊髓的神经细胞之间，其结构基础为室管膜上皮、软脑膜和软膜下胶质膜。但室管膜上皮之间主要为缝隙连接，不能有效地限制大分子通过，软脑膜的屏障作用也很低。因此，脑脊液的化学成分与脑组织细胞外液的成分大致相同。

脑屏障的功能意义在于：在正常情况下，使脑和脊髓不致受到内、外界环境各种物理、化学因素的影响而维持相对稳定的状态。在脑屏障受到损伤（如外伤、炎症、血管病）时，脑屏障的通透性增高或降低，使脑和脊髓的神经细胞直接受到各种致病因素的攻击，将导致脑水肿、脑出血、免疫异常和使原有病情加重等严重后果。

　　然而，无论从结构上或功能上看脑屏障都只是相对的。这不仅因为脑的某些部位缺乏血-脑屏障（见前文），而且由于在脑屏障的 3 个组成部分中，脑-脑脊液屏障最不完善，使脑脊液和脑内神经元的细胞外液能互相交通。即使是真正存在血-脑屏障的部位，也并非"天衣无缝"，已有报道，T 淋巴细胞在被抗原激活后，能产生和分泌内皮糖苷酶，降解内皮细胞周围的基膜，并以变形的方式自内皮细胞之间逸出毛细血管至脑组织中，起免疫监视作用。脑屏障的相对性使人体内三大调节系统（免疫、神经、内分泌）的物质之间的交流在中枢神经系内也同样存在，此即免疫-神经-内分泌网络（immuno-neuro-endocrine network），它在全面调节人体的各种功能活动中起着重要作用。

案例 12-9　患者女性，51 岁，突发搏动性头痛，持续约 30min，随后疼痛慢慢减轻。其后的 1 周内，类似头痛时有发生。一天，在搬运一张重椅子时，突然感到严重的头痛、恶心、呕吐并伴全身无力，被紧急送往医院就诊。

体格检查：颈项强直，血压升高，眼底镜观察可见眼底视网膜和玻璃体之间有出血。腱反射对称。进而行 X 线片和 CT 检查。

动脉造影和 CT 扫描显示：前交通动脉瘤破裂。

诊断：前交通动脉瘤破裂并蛛网膜下隙出血。

问题：

（1）前交通动脉的位置在哪儿？

（2）动脉瘤破裂的血液最有可能流到哪里？

（3）从解剖学角度解释蛛网膜下隙出血，可能出现什么后果？

第三章 周围神经系统

周围神经系统（peripheral nerves system）是指对中枢神经系统（脑和脊髓）以外的神经成分而言，由神经、神经节、神经丛、神经终末装置等构成。根据其与中枢相连的部位和分布区域的不同，通常把周围神经系统分为三部分：①与脊髓相连的称脊神经，主要分布于躯干和四肢。②与脑相连的称脑神经，主要分布于头面部。③与脑和脊髓相连，主要分布于内脏、心血管和腺体的称内脏神经。

脊神经（sumal nerves）共 31 对。每对脊神经借前根（anterior root）和后根（posterior root）与脊髓相连。前、后根均由许多神经纤维束组成的根丝所构成，前根属运动性，后根属感觉性，后根较前根略粗，两者在椎间孔处合成一条脊神经干，感觉和运动纤维在干中混合。后根在椎间孔附近有椭圆形膨大，称脊神经节（sumal ganglia）。31 对脊神经中包括 8 对颈神经（cervical nerves），12 对胸神经（thoracic nerves），5 对腰神经（lumbal nerves），5 对骶神经（sacral nerves），一对尾神经（coccggeal nerve）。第 1 颈神经干通过寰椎与枕骨之间出椎管，第 2～7 颈神经干都通过同序数颈椎上方的椎间孔穿出椎管，第 8 颈神经干通过第 7 颈椎下方的椎间孔穿出，12 对胸神经干和 5 对腰神经干都通过同序数椎骨下方的椎间孔穿出，第 1～4 骶神经通过同序数的骶前、后孔穿出，第 5 骶神经和尾神经由骶管裂孔穿出。由于脊髓短而椎管长，所以各节段的脊神经根在椎管内走行的方向和长短不同。颈神经根较短，行程近水平，胸部的斜行向下，而腰骶部的神经根则较长，在椎管内近乎垂直下行，并形成马尾（cauda equina）。在椎间孔内，脊神经有重要的毗邻关系，其前方是椎间盘和椎体，后方是椎间关节及黄韧带。因此，脊柱的病变，如椎间盘脱出和椎骨骨折等常可累及脊神经，出现感觉和运动障碍。

第一节 脊 神 经

（一）脊神经神经纤维的组成

脊神经是混合性神经，其感觉纤维始于脊神经节的假单极神经元。假单极神经元的中枢突组成后根入脊髓；周围突加入脊神经，分布于皮肤、肌、关节及内脏的感受器等，将躯体与内脏的感觉冲动传向中枢。运动纤维由脊髓灰质的前角、胸腰部侧角和骶副交感核运动神经元的轴突组成，分布于横纹肌、平滑肌和腺体。因此，根据脊神经的分布和功能，可将其组成的纤维成分分为四类（图 3-1）。

1. 躯体感觉纤维 来自脊神经节的假单极神经元，其中枢突组成后根进入脊髓，周围突则分布于皮肤、骨骼肌、腱和关节等部，将皮肤的浅感觉（疼痛觉、温度觉和触觉）及肌、腱和关节的深感觉（运动觉和位置觉）传入中枢。

2. 内脏感觉纤维 也来自脊神经节的假单极神经元，其中枢突组成后根进入脊髓，周围突则分布于内脏、心血管和腺体的感受器，将这些结构的感觉冲动传入中枢。

3. 躯体运动纤维 位于脊髓前角运动神经元轴突所形成，支配骨骼肌运动。

4. 内脏运动纤维 发自胸髓 12 个节段和腰髓 1～3 节段中间外侧核（交感中枢）及骶髓 2～4 节段的骶副交感核。该处神经元的轴突分布内脏、心血管和腺体的效应器，支配平滑肌和心肌的运动，控制腺体分泌。

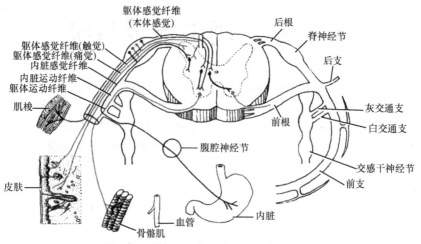

图 3-1 脊神经组成和分支、分布示意图

（二）脊神经的分支

脊神经干很短，前后根在椎间孔合为脊神经干后，出椎间孔后立即分为脊膜支、交通支、后支和前支。

1. 脊膜支（meningeal branch） 细小，经椎间孔返回椎管，分布于脊髓的被膜和脊柱。

2. 交通支（communlcatlnu brancn） 为连于脊神经与交感干之间的细支。其中发自脊神经连至交感干的称白交通支；而来自交感干连于每条脊神经的称灰交通支（详见内脏神经）。

3. 后支（posterior branch） 较细，是混合性的，经相邻椎骨横突之间向后行走（骶部的出骶后孔），都有肌支和皮支分布于项、背及腰骶部深层的肌和枕、项、背、腰、臀部的皮肤，其分布有明显的节段性。其中，第 1 颈神经后支称枕下神经（suboccipital nerve），该支直径粗大，在寰椎后弓上方与椎动脉下方之间穿行，支配椎枕肌（头后大直肌、头后小直肌、头上斜肌、头下斜肌和头半棘肌）。第 2 颈神经后支的皮支粗大，称枕大神经（greater occipital nerve），穿斜方肌腱至皮下，分布于枕和项部的皮肤。第 3 颈神经的后支（third occipital nerve），该支也穿斜方肌至皮下，分布于枕部下方皮肤。腰神经后支分为内侧支和外侧支。内侧支细小，经横突下方向后，分布于腰椎棘突附近的短肌与长肌。腰椎骨质增生患者，可因横突附近软组织骨化，压迫此支而引起腰痛。第 1～3 腰神经后支的外侧支较粗大，分布于臀上区的皮肤，称臀上皮神经。第 1～3 骶神经后支的应支分布于臀中区的皮肤称臀中皮神经。

> **知识拓展：枕大神经的阻滞定位**
>
> 以枕外隆凸与乳突尖连线中点为进针点；针尖向上约 45°缓慢推进，当患者诉有放射感时，表明针尖已刺中或接近枕大神经，注入麻药即可。

4. 前支（anterior branch） 粗大，是混合性的，分布于躯干前外侧和四肢的肌和皮肤。在人类，胸神经前支保持着明显的节段性，其余的前支分别交织成丛，由丛再形成新的神经干，分布于相应的区域。脊神经前支形成 4 个神经丛：颈丛、臂丛、腰丛和骶丛。

（三）脊神经走行和分布的一般形态学特点

1. 较大的神经干多与血管伴行同一结缔组织的筋膜鞘内，构成血管神经束，在肢体的关节处，神经与血管多行于关节的屈侧，并发出浅支和深支。

2. 较大的神经干一般都分为皮支、肌支和关节支。

3. 某些神经在其行程中没有相应的血管伴行，如成人的坐骨神经，这是在胚胎发育过程中伴行血管逐渐退化所致的。

4. 某些部位的脊神经仍然保持进化早期节段性的分布特点，相邻分布区之间可以存在重叠现象。

一、颈 丛

（一）颈丛的组成和位置

颈丛（cervical plexus）由第 1～4 颈神经的前支构成（图 3-2），位于胸锁乳突肌上部的深方，中斜角肌和肩胛提肌起端的前方。

（二）颈丛的分支

颈丛的分支有浅支和深支（图 3-3、图 3-4）。浅支由胸锁乳突肌后缘中点附近穿出，位置表浅，散行向各方，其穿出部位是颈部皮肤浸润麻醉的一个阻滞点，故临床上称为神经点。主要的浅支有：

1. 枕小神经（lesser occipital nerve，C_2） 沿胸锁乳突肌后缘上升，分布于枕部及耳郭背面上部的皮肤。

2. 耳大神经（great auricular nerve，C_2、C_3） 沿胸锁乳突肌表面行向前上，至耳郭及其附近的皮肤。

3. 颈横神经（transverse nerve of neck，C_2、C_3） 横过胸锁乳肌浅面向前，分布于颈部皮肤。

4. 锁骨上神经（supraclavicular nerves，C_3、C_4） 有 2～4 支行向外下方，分布于颈侧部、胸壁上部和肩部的皮肤。颈丛深支主要支配颈部深肌，肩胛提肌、舌骨下肌群和膈。

5. 膈神经（phrenic nerve，C_3～C_5）是颈丛最重要的分支。先在前斜角肌上端的外侧→继沿该肌前面下降至其内侧→在锁骨下动、静脉之间经胸廓上口进入胸腔→经过肺根前方→在纵隔胸膜与心包之间下行达膈肌。膈神经的运动纤维支配膈肌，感觉纤维分布于胸膜、心包。膈神经还发出分支至膈下面的部分腹膜。一般认为，右膈神经的感觉纤维尚分布到肝、胆囊和肝外胆道浆膜等。膈神经损伤的主要表现是同侧的膈肌瘫痪，腹式呼吸减弱或消失，严重者可有窒息感。膈神经受刺激时可发生呃逆。

副膈神经为颈丛不恒定的分支，国人出现率为 48%，常见于一侧。该神经发出部位变化较大，多发自 C_4、C_5，也见起自 C_6。发处后先在膈神经外侧下行，于锁骨下静脉的上方或下方加入膈神经。

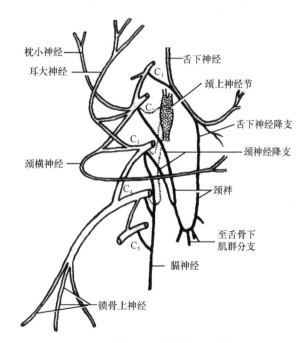

图 3-2 颈丛的组成及颈袢示意图

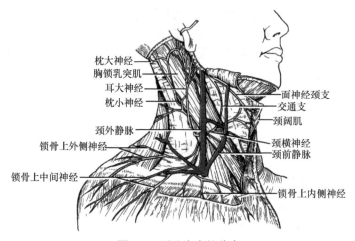

图 3-3　颈丛皮支的分布

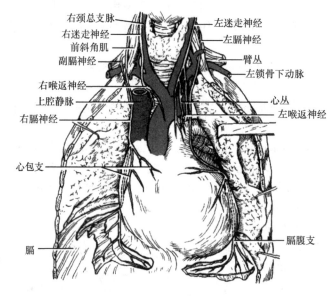

图 3-4　膈神经

二、臂　　丛

（一）臂丛的组成和位置

臂丛（brachial plexus）是由 $C_5 \sim C_8$ 前支和 T_1 前支的大部分组成，经斜角肌间隙走出→行于锁骨下动脉后上方→经锁骨后方进入腋窝。臂丛支分布于胸上肢肌，上肢带肌、背浅部肌（斜方肌除外）及臂，前臂，手的肌、关节、骨和皮肤。组成臂丛的神经根先合成上、中、下三个干，每个干在锁骨上方或后方又分为前、后两股，由上、中干的前股合成外侧束，下干前股自成内侧束，三干后股汇合成后束。三束分别从内、外、后三面包围腋动脉（图 3-5）。

臂丛在锁骨中点后方比较集中，位置浅表，容易摸到，常作为臂丛阻滞麻醉的部位。

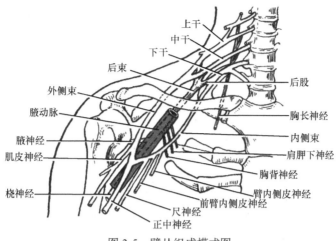

图 3-5 臂丛组成模式图

（二）臂丛的分支

臂丛的分支可依据其发出的局部位置分为锁骨上、下两部。

锁骨上部分支是一些短的肌支，发自臂丛的根和干，分布于颈深肌、背浅肌（斜方肌除外）、部分胸上肢肌及上肢带肌等。主要的肌支有：

1. 胸长神经（long thoracic nerve，$C_5 \sim C_7$） 起自神经根，经臂丛后方进入腋窝，沿前锯肌表面伴随胸外侧动脉下降，支配此肌。损伤此神经可导致前锯肌瘫痪，出现以肩胛骨内侧缘翘起为特征的"翼状肩"体征。

2. 肩胛背神经（dorsal scapula nerve，C_4、C_5） 自相应的脊神经发出，穿中斜角肌向后越过肩胛提肌，在肩胛骨与脊柱之间伴肩胛背动脉下行，分布至菱形肌和肩胛提肌（图 3-6）。

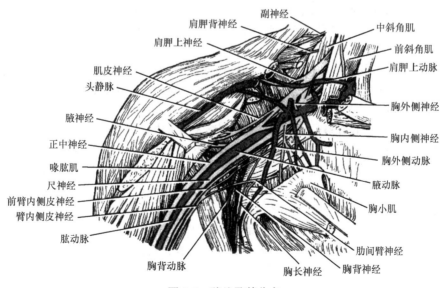

图 3-6 臂丛及其分支

3. 肩胛上神经（suprascapular nerve，C_5、C_6） 起自臂丛上干，向后走行经肩胛上切迹进入冈上窝，继而伴肩胛上动脉一起绕肩胛冈外侧缘入冈下窝，分布于冈上肌、冈下肌和肩关节。肩胛上切迹处该神经最容易损伤，损伤后表现出冈上肌、冈下肌无力，肩关节疼痛等症状（图 3-6）。

锁骨下部分支发自臂丛的三个束，多为长支，分肌支和皮支，分布于肩、胸、臂、前臂和手的肌与皮肤。

1. 肩胛下神经（$C_5 \sim C_7$）　发自后束，沿肩胛下肌前面下降支配肩胛下肌和大圆肌。

2. 胸内、外侧神经（$C_5 \sim T_1$）　起自内侧束和外侧束，穿锁胸筋膜，支配胸大肌、胸小肌。

3. 胸背神经（thoracodorsal nerve，$C_6 \sim C_8$）　起自后束，循肩胛骨外侧缘伴肩胛下血管下降，支配背阔肌。在乳癌根治术中，清除腋淋巴结群时，应注意勿损伤此神经。

4. 腋神经（axillary nerve，C_5、C_6）　在腋窝发自臂丛后束，穿四边孔，绕肱骨外科颈至三角肌深方。肌支支配三角肌和小圆肌。皮支（臂外侧上皮神经）由三角肌后缘穿出，分布于肩部和臂外侧上部的皮肤。肱骨外科颈骨折，肩关节脱位或使用腋杖不当所致的重压，都可能损伤腋神经而导致三角肌瘫痪，臂不能外展，三角肌区皮肤感觉丧失。由于三角肌萎缩，肩部骨突耸起，失去圆隆的外观。

5. 肌皮神经（musculocutaneous nerve，$C_5 \sim C_7$）　自外侧束发出后斜穿喙肱肌，经肱二头肌和肱肌间下降，发出肌支支配这三块肌。其终支（皮支）在肘关节稍下方穿出深筋膜延续为前臂外侧皮神经，分布于前臂外侧的皮肤。

6. 正中神经（median nerve，$C_6 \sim T_1$）　由分别发自内、外侧束的内、外侧两根合成，两根夹持着腋动脉，向下呈锐角汇合成正中神经干。在臂部，正中神经沿肱二头肌内侧沟下行→由外侧向内侧跨过肱动脉下降至肘窝→从肘窝向下穿旋前圆肌→继而在前臂正中下行于指浅、深屈肌之间达腕部→然后自桡侧腕屈肌腱和掌长肌腱之间进入腕管→在掌腱膜深面到达手掌（图 3-7、图 3-8）。正中神经在臂部一般无分支，在肘部、前臂发出许多肌支，支配除肱桡肌、尺侧腕屈肌和指深屈肌尺侧半以外的所有前臂的屈肌。在屈肌支持带下缘的桡侧，发出一粗短的返支，行于桡动脉掌浅支的外侧并进入鱼际，支配拇收肌以外的鱼际肌。在手掌发出数支指掌侧总神经，每一指掌侧总神经下行至掌骨头附近，又分为两支指掌侧固有神经，循手指的相对缘至指尖，支配第 1、2 蚓状肌及掌心、鱼际肌（除拇指内收肌）、桡侧三个半指的掌面及其中节和远节手指背面的皮肤（图 3-9～图 3-11）。

7. 尺神经（ulnar nerve，$C_8 \sim T_I$）　发自臂丛内侧束→在肱动脉内侧下行→至三角肌止点高度穿过内侧肌间隔至臂后面→再下行至内上髁后方的尺神经沟。在此处，其位置表浅又贴近骨面，隔皮肤可触摸到，易受损伤。再向下穿过尺侧腕屈肌起端转至前臂掌面内侧→继于尺侧腕屈肌和指深屈肌之间、尺动脉的内侧下降→在桡腕关节上方发出手背支→并于下行于豌豆骨的桡侧→经屈肌支持带的浅面分为浅深两支→经掌腱膜深方进入手掌（图 3-7）。

尺神经在臂部未发分支，在前臂上部发肌支支配尺侧腕屈肌和指深屈肌的尺侧半。手背支转向背侧，分布于手背尺侧半和小指、环指及中指尺侧半背面的皮肤。浅支，分布于小鱼际、小指和环指尺侧半掌面的皮肤。深支支配小鱼际肌、拇收肌、骨间肌及第 3、4 蚓状肌（图 3-9～图 3-11）。

8. 桡神经（radial nerve，$C_5 \sim T_1$）　是后束发出的一条粗大的神经→在腋窝内位于腋动脉的后方，并与肱深动脉一同行向外下→先经肱三头肌长头与内侧头之间→然后沿桡神经沟绕肱骨中段背侧旋向外下→在肱骨外上髁上方穿外侧肌间隔，至肱桡肌之间，在此分为浅、深两支。桡神经在臂部发出的分支：①皮支，在腋窝处发出臂后皮神经，分布臂后区的皮肤；臂外侧下皮神经，分布于臂下外侧皮肤；前臂后皮神经，分布于前臂背面皮肤（图 3-10、图 3-11）。②肌支、支配肱三头肌、肱桡肌和桡侧腕长伸肌。桡神经浅支（superficial branch）为皮支，沿

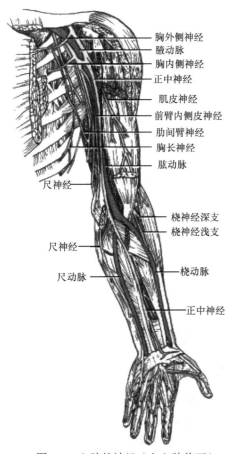

胸外侧神经
腋动脉
胸内侧神经
正中神经
肌皮神经
前臂内侧皮神经
肋间臂神经
胸长神经
肱动脉
尺神经
桡神经深支
桡神经浅支
尺神经
桡动脉
尺动脉
正中神经

图 3-7　上肢的神经（左上肢前面）

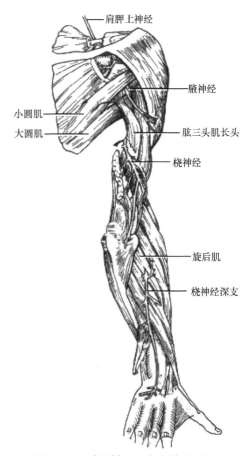

肩胛上神经
腋神经
小圆肌
大圆肌
肱三头肌长头
桡神经
旋后肌
桡神经深支

图 3-8　上肢的神经（右上肢后面）

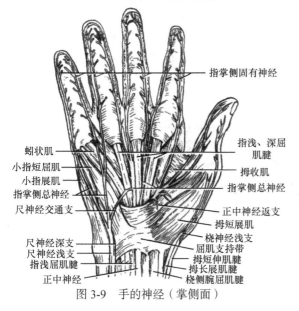

指掌侧固有神经
蚓状肌
小指短屈肌
小指展肌
指掌侧总神经
尺神经交通支
指浅、深屈肌腱
拇收肌
指掌侧总神经
正中神经返支
拇短展肌
尺神经深支
尺神经浅支
指浅屈肌腱
正中神经
桡神经浅支
屈肌支持带
拇短伸肌腱
拇长展肌腱
桡侧腕屈肌腱

图 3-9　手的神经（掌侧面）

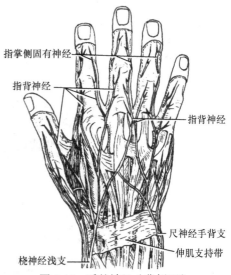

指掌侧固有神经
指背神经
指背神经
尺神经手背支
伸肌支持带
桡神经浅支

图 3-10　手的神经（背侧面）

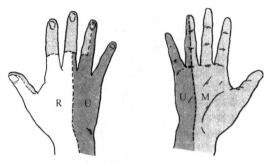

图 3-11　手部皮肤的神经分布

M：正中神经；L：尺神经；R：桡神经

桡动脉外侧下降，在前臂中、下 1/3 交界处转向背面，并下行至手背，分布于手背桡侧半和桡侧两个半手指近节背面的皮肤。深支（deep branch）较粗，主要为肌支，经桡骨颈外侧穿旋后肌至前臂背面，在前臂伸肌群的浅深层之间下行至腕部，支配前臂的伸肌。

9. 臂内侧皮神经（medial brachial cutaneous nerve，$C_8 \sim T_1$）　发自臂丛内侧束，分布于臂内侧皮肤。

10. 前臂内侧皮神经（medial antebrachial cutaneous nerve，$C_8 \sim T_1$）　发自臂丛内侧束，分布于前臂前内侧面的皮肤。

　　案例 3-1　患者男性，外卖员，雨天骑摩托车，由于车速较快，车行至拐弯处滑倒，右肩及戴有头盔的头部撞伤送往医院，各种检查显示头部和肩关节无损伤，但见患者右侧上肢无力下垂并内收内旋；且前臂旋前，手掌的掌面向后。

　　问题：

　　（1）患者的体征提示臂丛的哪些分支被损伤？

　　（2）这种神经损伤还可能发生在什么情况下？

三、胸神经前支

　　胸神经前支共 12 对。第 1～11 对各自位于相应的肋间隙中，称肋间神经（intercostal nerves），第 12 对胸神经前支位于第 12 肋下方，故名肋下神经（subcostal nerve）。肋间神经在肋间内、外肌之间，肋间血管的下方，沿各肋沟前行，在腋前线附近离开肋骨下缘，行于肋间隙中，并在胸腹壁侧面发出外侧皮支。其本干继续前行，上 6 对肋间神经到达胸骨侧缘处穿至皮下，则称前皮支。下 5 对肋间神经和肋下神经斜向下内，行于腹内斜肌与腹横肌之间，并进入腹直肌鞘，前行至腹白线附近穿至皮下，成为前皮支。肋间神经的肌支支配肋间肌和腹肌的前外侧群，皮支分布于胸、腹壁的皮肤及胸腹膜壁层（图 3-12）。其中第 4～6 肋间神经的外侧皮支和第 2～4 肋间的神经的前皮支，均有分支布于乳房。

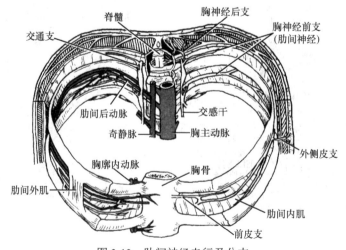

图 3-12　肋间神经走行及分支

知识拓展

（一）腹直肌鞘阻滞

适应证：脐疝修补术和其他脐部手术的术后镇痛。

操作方法：

1. 盲探穿刺　从腹直肌外侧缘进针（因支配腹壁的神经从两侧入腹直肌鞘），穿刺针刺破皮肤后，达到腹直肌前鞘时会有阻力感，刺破前鞘后会有落空感，继续在腹直肌内进针，当遇到第 2 次阻力时表明达到腹直肌后鞘，回抽无血后注药。

2. 直视下穿刺　关腹时，在直视下，外科医师将局部麻醉药直接注入至腹直肌与腹直肌后鞘之间。

局麻药：0.5% 罗哌卡因每侧 10ml 足以完成成年人阻滞，对于儿童来说，每侧 0.1ml/kg 可完成有效阻滞。

并发症：进行穿刺时针的位置比较靠近腹膜和腹壁动脉，盲穿时有误穿腹膜和血管的危险，在超声的引导下进行，避免了此类风险的发生（图 3-13）。

（二）腹横肌平面阻滞

适应证：腹部手术，阑尾切除术，腹腔镜手术，腹壁成形术，剖宫产术后镇痛，在腹壁手术时替代硬膜外麻醉（图 3-14）。

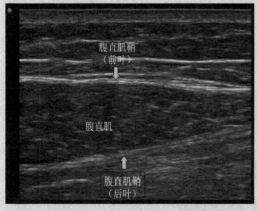

图 3-13　超声下的腹直肌鞘阻滞

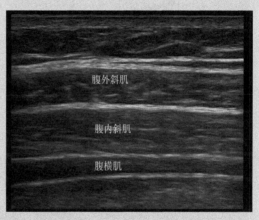

图 3-14　超声下的腹横肌平面阻滞

操作方法：首先确定 Petit 三角（trangle of Petit），Petit 三角是以髂嵴为下边缘、腹外斜肌的边缘为前边缘、背阔肌前缘为后边缘而围成的一类似三角形的区域。在髂嵴上方，腋后线上方 Petit 三角区域垂直于皮肤进针，当感觉到两次落空感即表示穿刺针到达腹横肌平面层。第一次落空感是穿刺针穿透腹外斜肌与腹内斜肌之间的筋膜层，第二次落空感则表示穿刺针穿过腹内斜肌筋膜层到达腹横肌平面层。

局麻药：0.25% 罗哌卡因每侧 20～30ml（成人）。

并发症：肝脏损伤、惊厥、腹壁运动阻滞等。

胸神经前支，在胸、腹壁皮肤的节段性分布最为明显，由上向下按神经序数依次排列（图 3-15）。如 T_2 相当胸骨角平面，T_4 相当于乳头平面，T_6 相当剑突平面，T_8 相当肋弓平面，T_{10} 相当于脐平面，T_{12} 则分布于耻骨联合与脐连线中点平面。临床上常以上述胸骨角、肋骨、剑突、脐等为标志检查感觉障碍的节段。

四、腰　丛

（一）腰丛的组成和位置

腰丛（lumbar plexus）由第 12 胸神经前支的一部分、第 1~3 腰神经前支和第 4 腰神经前支的一部分组成（图 3-16）。第 4 腰神经前支的余部和第 5 腰神经前支合成腰骶干（lumbosacral trunk），其向下加入骶丛。腰丛位于腰大肌深面，除发出肌支支配髂腰肌和腰方肌外，还发出下列分支分布于腹股沟区及大腿的前部和内侧部（图 3-17）。

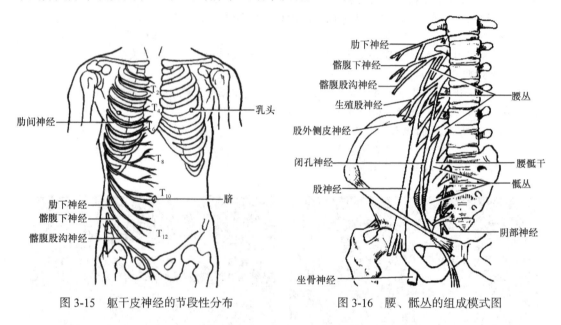

图 3-15　躯干皮神经的节段性分布

图 3-16　腰、骶丛的组成模式图

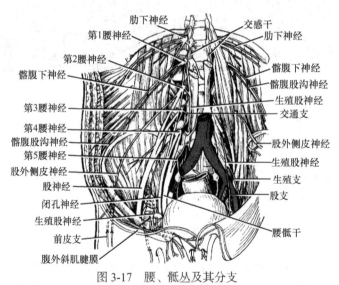

图 3-17　腰、骶丛及其分支

（二）腰丛的分支

1. 髂腹下神经（T_{12}、L_1）　出腰大肌外缘，经肾后面和腰方肌前面行向外下，在髂嵴后上方进入腹内斜肌和腹横肌之间，继而在腹内、外斜肌间前行，终支在腹股沟管浅环上方穿腹外斜肌腱膜至皮下。其皮支分布于臀外侧部、腹股沟区及下腹部皮肤，肌支支配腹壁肌（图 3-17）。

2. 髂腹股沟神经（L_1）　在髂腹下神经的下方，走行方向与该神经略同，在腹壁肌之间　并沿精索浅面前行，终支自腹股沟管浅环穿出，分布于腹股沟部和阴囊或大阴唇皮肤，肌支支配腹壁肌（图 3-17）。

知识拓展：髂腹股沟和髂腹下神经阻滞（图 3-18）

适应证：适用于髂腹股沟神经痛治疗与该范围手术切口麻醉。如果施行精索手术，应再在内环口精索周围浸润 2～3ml 局麻药。

禁忌证：①注射部位皮肤软组织有感染性疾病。②有严重出血倾向者。

操作方法：

（1）体位：髂腹股沟神经阻滞和髂腹下神经阻滞可以同时进行。患者仰卧位。

（2）确定髂前上棘与脐的连线上，自髂前上棘内上方大约 2.5cm 处作为进针点。

（3）用 3cm 长、7 号针穿刺。当针尖穿过腹外斜肌腱膜和腹内斜肌腱膜时有突破感，在腹内斜肌和腹横肌之间，注射 2%利多卡因+0.5%布比卡因合剂 8～10ml 边退针、边注药、边回吸，成扇形反复数次注射，即可完成上述神经阻滞。

神经损伤并发症：髂腹股沟和髂腹下神经的支配区就是该侧腹股区和会阴部的感觉。如果髂腹下神经、腹股沟神经有损伤就会出现相应支配区的感觉减退或消失。

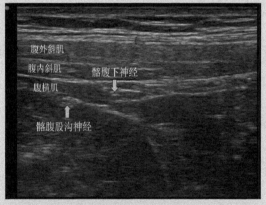

图 3-18　超声下的髂腹股沟和髂腹下神经阻滞

3. 股外侧皮神经（L_2、L_3）　自腰大肌外缘走出，斜越髂肌表面，达髂前上棘内侧，经腹股沟韧带深面至股部，在髂前上棘下方 5～6cm 处，该神经穿出深筋膜分布于大腿外侧部皮肤（图 3-17）。

知识拓展：股外侧皮神经阻滞（图 3-19）

适应证：①大腿前外侧至膝关节外侧皮肤感觉异常，如痛觉过敏、蚁走感、麻木或疼痛感等。②股外侧皮神经炎。③股外侧皮神经卡压症。

操作方法：

（1）用 7 号（长 3cm）短针带消毒器，髂前上棘的内下方垂直刺入皮肤后，缓慢边进针边注意患者反应。当进针 2～3cm 深，针尖到达筋膜下时可诱发异感，即刻固定针头。

（2）旋转 360°回吸，无血液回流即可注药。

（3）如未诱发出异感，应退针至皮下，向左至右扇形反复穿刺，直至找出异感，若确实找不出异感，可在筋膜下方行扇形浸润注药。

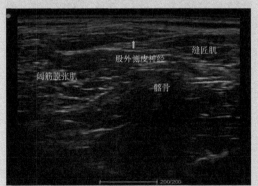

图 3-19　超声下的股外侧皮神经阻滞

（4）药物及用量：0.25%利多卡因 8～10ml，亦可配成 0.25%利多卡因，维生素 B$_{12}$ 0.5～1mg 之混合液。急性期又无激素类药禁忌证者，也可加入地塞米松 5mg/曲安奈德 20mg。每周 1 或 2 次。

并发症：出血、神经炎、股外侧皮神经损伤引起的股前外侧区域感觉减退等。

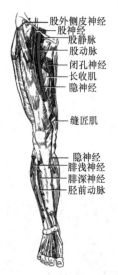

4. 股神经（femoral nerve，L$_2$～L$_4$）　是腰丛中最大的神经，发出后→先在腰大肌与髂肌之间下行→在腹股沟中点稍外侧→经腹股沟韧带深面、股动脉外侧到达股三角，随即分为数支：①肌支，支配耻骨肌、股四头肌和缝匠肌；②皮支，有数条较短的前皮支，分布于大腿和膝关节前面的皮肤。最长的皮支称隐神经（saphenous nerve）是股神经的终支，伴随股动脉入收肌管下行，至膝关节内侧浅出至皮下后，伴随大隐静脉沿小腿内侧面下降至足内侧缘，分布于髌下、小腿内侧面和足内侧缘的皮肤（图 3-20）。股神经损伤后，屈髋无力，坐位时，不能伸小腿，行走困难，股四头肌萎缩，髌骨突出，膝反射消失，大腿前面和小腿内侧面皮肤感觉障碍。

图 3-20　下肢的神经（前面）

知识拓展

（一）隐神经阻滞

神经分支与分布：起自股神经，在股三角内伴股动脉外侧，下行入收肌管，在收肌管下端穿大收肌腱板，行于缝匠肌和股薄肌之间。在膝关节内侧穿深筋膜，伴大隐静脉下行，分支分布于髌骨下方、小腿内侧和足内侧缘的皮肤，支配着小腿前内侧从膝到内踝的皮肤感觉，是股神经最长的皮支（图 3-21、图 3-22）。

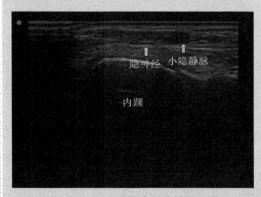

图 3-21　超声下踝水平隐神经阻滞

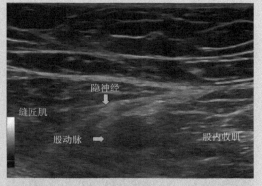

图 3-22　超声下膝关节以上水平隐神经阻滞

适应证：①股内侧、小腿内侧感觉异常的诊断与治疗；②内踝及足内侧缘、趾的皮肤疼痛、感觉异常；③大隐静脉剥除术或取大隐静脉的手术。

操作方法：

（1）左手固定股内侧肌、缝匠肌间隙，右手持7号局麻注射针头与皮肤垂直穿破皮肤，继续进针3～5cm处，引出向小腿内侧放射性异感，即刻停针。

（2）固定针头，回吸无血后，注入局麻药/混合液5～10ml，无菌处理穿刺点。

并发症：局麻药中毒。

（二）股神经阻滞

适应证：①大腿前侧和膝部手术；②膝关节中重度疼痛性疾病（图3-23）。

操作方法：

（1）体位：患者仰卧位，双下肢稍分开，患侧足向外旋。

（2）体表定位：沿腹股沟韧带中点下方1～2cm，首先触及股动脉搏动明显处，在其外侧2cm处做一标记为进针点。

（3）常规皮肤消毒。

（4）采用4～5cm长的7号无菌穿刺针。

（5）术者左手示指按压在股动脉搏动处，于其外侧所做标记处进针，垂直皮肤刺入后缓慢进针，分别穿过脂肪层、筋膜层诱发出沿股神经分布区域内的放散性异感（由于穿刺针经过阔筋膜和髂腰筋膜时会有两次落空感），此时可停止进针并固定针头。

（6）采用神经刺激定位仪可以通过股四头肌随刺激仪发出的脉冲抽动，一般刺激量在0.3～0.5mV为佳，低于0.2mV有针尖刺入神经干的危险，此时注射药物可以造成股神经损伤。

（7）在确定穿刺针到位后，旋转针头（360°），回吸无血后即可注药。

药物及用量：注入0.25%～0.5%利多卡因+维生素B_{12} 500～1000μg 5～10ml，必要时无禁忌证者可加入地塞米松5mg，每周2次，或加入曲安奈德20～40mg，每1～2周1次。

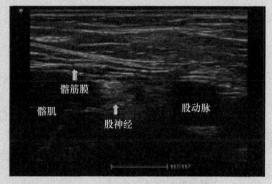

图3-23 超声下的股神经阻滞

并发症：血肿、神经炎及交感神经阻滞。

5. 闭孔神经（obturator nerve，L_2～L_4） 自腰丛发出后→于腰大肌内侧缘穿出→循小骨盆侧壁前行→穿闭膜管出小骨盆，分前、后两支，分别经短收肌前、后面进入大腿内收肌群（图3-16），其肌支支配闭孔外肌、大腿内收肌群。皮支分布于大腿内侧面的皮肤（图3-20），闭孔神经前支发出支配股薄肌的分支先入长收肌，约在股中部，从长收肌穿出进入股薄肌。临床上在用股薄肌代替肛门外括约肌的手术中，应注意保留此支。

知识拓展：闭孔神经阻滞

适应证：①髋关节痛；②内收肌痉挛和疼痛；③经尿道膀胱肿瘤电切术。

操作方法：

（1）体位与定位：患者仰卧，阻滞侧大腿稍外展。于耻骨结节内、下方各1～2cm处做标记为进针点。

（2）穿刺方法：在标记进针点处做皮丘。用22G 8cm长穿刺针，通过皮丘向内侧方向进针，直至触及耻骨水平支，记录深度后稍退针，改为向头侧约45°角方向测闭孔管的上部骨性边缘，然后向外，后及下缓慢刺入闭孔管2～3cm回吸无血可注入局麻药。阻滞成功后表现为内收肌的内收作用减弱，大腿外旋功能消失，不能与另一腿交叉，以及大腿内侧一小区域的皮肤麻木。

局麻药：每个筋膜内或者每个闭孔神经分支5～10ml。

并发症：局麻药毒性反应。

6. 生殖股神经（L_1、L_2） 自腰大肌前面穿出后，在该肌浅面下降。皮支分布于阴囊（大阴唇）、股部及其附近的皮肤。股支支配提睾肌。

知识拓展：生殖股神经阻滞

适应证：①用于腹股沟区域神经痛治疗；②用于局麻下行腹股疝手术时的辅助麻醉；③作为生殖股神经痛的鉴沟别诊断。

操作方法：

（1）用3～5ml局麻药浸润皮下组织，可以完成股支，即髂腹股沟神经末端纤维阻滞。

（2）确定耻骨棘外侧，腹股沟韧带下软组织，用长3cm、7号短针，注射局麻药2～3ml浸润皮下组织，即可阻滞生殖支，即精索外神经分支。

五、骶　丛

（一）骶丛的组成和位置

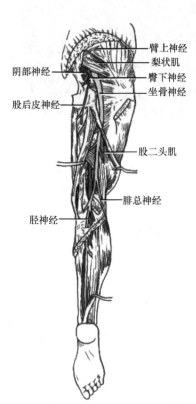

图3-24　下肢的神经（后面）

臀上神经
梨状肌
阴部神经
臀下神经
坐骨神经
股后皮神经
股二头肌
腓总神经
胫神经

骶丛（sacral plexus）由腰骶干（L_4、L_5）及全部骶神经和尾神经的前支组成（图3-16）。骶丛位于盆腔内，在骶骨及梨状肌前面，髂内动脉的后方。骶丛分支分布于盆壁、臀部、会阴、股后部、小腿及足肌和皮肤。骶丛除直接发出许多短小的肌支支配梨状肌、闭孔内肌、股方肌等外，还发出以下分支。

（二）骶丛的分支

1. 臀上神经（superior gluteal nerve，L_4、L_5，S_1） 伴臀上动、静脉经梨状肌上孔出盆腔，行于臀中、小肌间、支配臀中、小肌和阔筋膜张肌（图3-24）。

2. 臀下神经（inferior gluteal nerve（L_5，S_1、S_2）伴臀下动、静脉经梨状肌下孔出盆腔，达臀大肌深面，支配臀大肌（图3-21）。

3. 阴部神经（pudendal nerve，S_2～L_4） 伴阴部内动、静脉出梨状肌下孔→绕坐骨棘经坐骨小孔→坐骨直肠窝，向前分支分布于会阴部和外生殖器的肌和皮肤，其分支有：①肛（直肠下）神经（anal nerves）分布于肛门外括约肌及肛门部的皮肤。②会阴神经（perineal nerves）分布于会阴诸肌和阴囊或大阴唇的皮肤。③阴茎(阴蒂)神经[perineal nerve of penis (clitoris)]走在阴茎（阴蒂）的背侧，主要分布于阴茎（阴蒂）的皮肤（图 3-25）。

知识拓展：阴部神经阻滞

适应证：

①用于阴道侧切或产钳分娩的麻醉；

②阴部神经痛；

③用于会阴痛的诊断和缓解症状，治疗外阴损伤继发性疼痛；

④肛门及会阴区顽固性奇痒症。

操作方法：

（1）经阴道途径：取膀胱截石位，阻滞针长 12.5cm 与含有局部麻醉药液的 20ml 注射器相连接，阻滞左侧时，左手示指和中指伸入阴道扪及坐骨棘区域，针头通过阴道壁直接推进到坐骨棘后方约 1.5cm，针头穿过骶棘韧带时有突破感，其前方即为阴部神经，穿刺成功，抽吸无回血后注入 2%利多卡因 10ml，对侧同法操作。

（2）经会阴途径：一手中、示指伸入阴道，触及坐骨棘及骶棘韧带，用细长针自坐骨结节及肛门间的中点处进针，向坐骨棘尖端内侧约 1cm 处穿过骶棘韧带，体会到落空感后抽吸无回血注入 2%利多卡因 10ml，对侧同法操作。

并发症：①局麻药被直接注入血管内，引起药物中毒；②阴道和坐骨直肠窝血肿；③腰大肌后和臀大肌下脓肿。

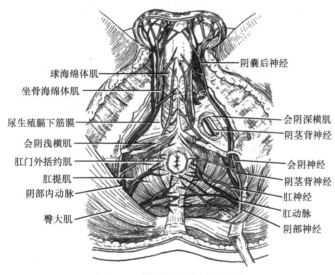

图 3-25　会阴的神经（男性）

4. 股后皮神经（posterior femoral cutaneous nerve，$S_1 \sim S_3$）　出梨状肌下孔，至臀大肌下缘浅出，主要分布于股后部和腘窝的皮肤（图 3-24）。

5. 坐骨神经（sciatic nerve，L_4、L_5，$S_1 \sim S_3$）　是全身最粗大的神经，经梨状肌下孔出盆腔→在臀大肌深面→经坐骨结节与股骨大转之间至股后→在股二头肌深面下降→一般在腘窝上方分为胫神经和腓总神经（图 3-24）。在股后部发出肌支支配大腿后群肌。自坐骨结节与大转子之间的中点到股骨内、外髁之间中点的连线的上 2/3 段为坐骨神经的体表投影。坐骨神经痛时，常在此投影线上出现压痛。坐骨神经的变异主要有：①分支平面差异较大，有的分支平面很高，甚至在盆腔内就分为两支。②与梨状肌的关系多变，根据国人统计资料，坐骨神经以单干出梨状肌下孔者占 66.3%。而以单干穿梨状肌或以两根夹持梨状肌，一支出梨状肌下孔，另一支穿梨状肌等变异型者占 33.7%。

> **知识拓展：坐骨神经阻滞**（图 3-26）
>
> 适应证：适用于坐骨神经痛，梨状肌损伤综合征的治疗与诊断、鉴别诊断。尤其对坐骨神经根性、干性痛有鉴别诊断价值。
>
> 高浓度局麻药行坐骨神经阻滞麻醉，可用于足外侧和第 3、4、5 趾手术，如同时阻滞股神经，可用于下肢手术麻醉。
>
>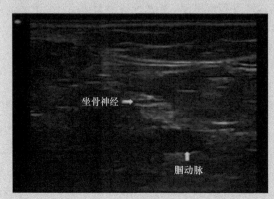
>
> 图 3-26 超声下腘窝水平坐骨神经阻滞
>
> 操作方法：
> （1）皮肤消毒后，戴无菌手套，用 7 号 12cm 长针头，垂直穿过皮肤缓慢进针。
> （2）穿过臀大肌，梨状肌深 5~7cm，出现向下肢放射性异感后，稍稍退针少许，测量针头深度。如用神经刺激定位器则诱发下肢明显异感。
> （3）确定穿刺针到位后，旋转针头回吸无血液后，注药。
> 药物及用量：神经阻滞液或低浓度局麻药 8~20ml，每周 1 或 2 次。
> 并发症：神经损伤，出血，局麻药毒性反应。

（1）胫神经（tibial nerve，L_4、L_5，S_1~S_3）：为坐骨神经本干的直接延续。在腘窝内与腘血管伴行→在小腿经比目鱼肌深面伴胫后动脉下降→过内踝后方→在屈肌支持带深面分为足底内侧神经（medial plantar nerve）和足底外侧神经（lateral plantar nerve）二终支入足底。足底内侧神经，经拇展肌深面，至趾短屈肌内侧前行，分布于足底肌内侧群及足底内侧和内侧三个半趾跖面皮肤。足底外侧神经，经拇展肌及趾短屈肌深面，至足底外侧向前，分布于足底肌中间群和外侧群，以及足底外侧和外侧一个半趾跖面皮肤（图 3-27）。胫神经在腘窝及小腿还发出肌支支配小腿肌后群。胫神经发出腓肠内侧皮神经，伴小隐静脉下行，在小腿下部与腓肠外侧皮神经（发自腓总神经）吻合成腓肠神经，经外踝后方弓形向前，分布于足背和小趾外侧缘的皮肤。胫神经损伤的主要运动障碍是足不能跖屈，内翻力弱，不能以足尖站立。由于小腿前外侧群肌过度牵拉，致使足呈背屈及外翻位，出现"钩状足"畸形（图 3-28）。感觉障碍区主要在足底面。

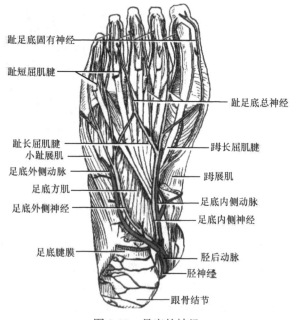

图 3-27 足底的神经

（2）腓总神经（common peroneal nerve，L_4、L_5、S_1、S_2）：自坐骨神经发出后沿股二头肌内侧走向外下→绕腓骨颈外侧向前→穿腓骨长肌分为腓浅和腓深神经。腓总神经的分布范围是小腿前、外侧群肌和小腿外侧、足背和趾背的皮肤。腓浅神经（superficial veroneal nerve）：在腓骨长、短肌与趾伸肌之间下行，分出肌支支配腓骨长、短肌，在小腿下 1/3 处浅出为皮支，分布于小腿外侧、足背和第 2~5 趾背侧皮肤。腓深神经（deep peroneal nerve）：与

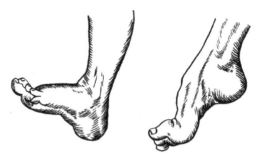

钩状足(胫神经损伤) "马蹄内翻足"(腓总神经损伤)

图 3-28 神经损伤后足的畸形

胫前动脉相伴而行，先在胫骨前肌和趾长伸肌间，后在胫骨前肌与拇长伸肌之间下行至足背，分布于小腿肌前群、足背肌及第 1、2 趾背面的相对缘皮肤。

腓总神经在腓骨颈位置浅表，易损伤，受伤后由于小腿前、外侧肌肉功能丧失，表现为足不能背屈，趾不能伸，足下垂且内翻，呈"马蹄内翻足"畸形（图 3-28），行走时呈"跨阈步态"。同时小腿前、外侧面及足背区出现明显的感觉障碍。

知识拓展：踝部阻滞

踝部阻滞即坐骨神经的四根终末分支（深、浅腓神经，胫神经，腓肠神经）及股神经的一根皮支（隐神经）的阻滞。应把踝部阻滞视作两支深神经（胫神经和腓深神经）和三支浅神经（腓肠神经、腓浅神经和隐神经）的单独阻滞。这一概念对于成功阻滞是非常重要的，因为两支深神经的阻滞是把局麻药注射在筋膜下，而三根浅神经的阻滞只需要把局麻药注射在皮下。

操作方法：

1. 腓浅神经（图 3-29A）

（1）患者准备：患者体位取侧卧，患肢在上，屈膝，踝关节功能位。

（2）穿刺点体表定位：外踝上方 10cm 左右，先嘱患者足背屈以显示趾长伸肌外侧缘，再令足趾跖屈外翻，确定腓骨长肌，在此两肌间隙为穿刺点。

（3）常规消毒皮肤，用 7 号注射针垂直皮肤刺入。

（4）继续进针 1~3cm，可诱发出足背部异感即停针。如找不出异感，可在此处行扇形浸润。

（5）回吸无血后，可注药 5~7ml，无菌处理穿刺点。

2. 腓深神经（图 3-29B）

（1）患者准备：患者体位取仰卧位，下肢伸直。

（2）穿刺点体表定位：令患者用力足背屈、背伸患足趾，确认长肌腱，在该肌腱内缘，踝关节上方为穿刺点。

（3）常规消毒后，用 7 号注射针头垂直皮肤穿刺。

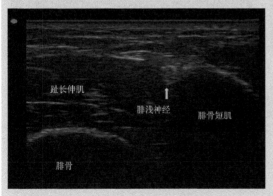

趾长伸肌

腓浅神经

腓骨短肌

腓骨

图 3-29A 超声下踝水腓浅神经阻滞

（4）当针触及胫骨时，可引出放射至足趾的异感。

（5）固定针头，回吸无血，可注药5～8ml，然后无菌处置穿刺部位。

3. 胫神经（图3-29C）

（1）患者准备：患者体位取侧卧位患肢在下屈膝、踝功能位。暴露内踝和跟腱。

（2）穿刺点体表定位：与内踝后侧触及胫后动脉，在其后缘为穿刺点。

（3）常规消毒皮肤，术者戴无菌手套。

（4）术者左手示指扪及胫后动脉并按压，右手持7号注射针，自胫后动脉后侧垂直皮肤刺入，常可引发异感。

（5）固定针头，回吸无血后，注入局麻药液/混合液5ml，无菌处置穿刺局部。

4. 腓肠神经（图3-29D）

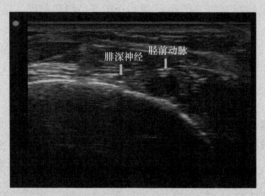

图3-29B　超声下踝水平腓深神经阻滞

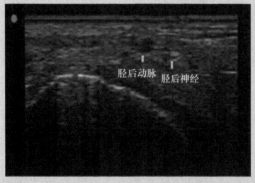

图3-29C　超声下踝水平胫后神经阻滞

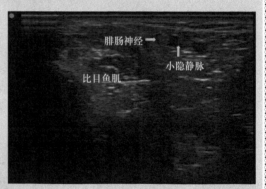

图3-29D　超声下踝水平腓肠神经阻滞

（1）患者准备：患者体位取仰卧位或俯卧位。

（2）穿刺点体表定位：于患肢外踝后缘外踝旁沟确定跟腱前外缘为穿刺点。

（3）常规消毒皮肤，7号注射针头垂直皮肤进针，在未触及骨质之前可出现异感。

（4）回吸无血液，注入局麻药液/混合液5～7ml，无菌处置穿刺部位。

适应证：足和足趾的手术。

并发症：感染、血肿、误穿血管、神经损伤等。

案例 13-2　患者男性，23 岁，冰球运动员。打冰球时被对方运动员的冰鞋踢到右侧膝关节外上方。表面外伤处理后，仍感伤口深处疼痛及小腿乏力，无法继续打球。同时，还有小腿外侧及足背的麻木和刺痛感。右足及脚趾不能背屈。

体格检查：患者步态异常，右腿抬起时较平时为高。右侧腓骨头及腓骨颈处有触痛，小腿远端外侧及足背区感觉缺失。行膝部 X 线片检查。

右侧胫腓骨正（a）、侧位（b）X 线片显示：腓骨颈处见斜行透亮的骨折线，骨折处对位、对线尚好，所示邻近膝关节面未见明显异常改变。

诊断：腓骨颈骨折并神经损伤。

问题：

（1）本病例可能伤及什么神经？

（2）患者足部感觉缺失及功能障碍的解剖学基础是什么？

第二节　脑　神　经

脑神经（cranial nerves）是与脑相连的周围神经，共 12 对，其排列顺序通常用罗马顺序表示（图 3-30，表 3-1）。

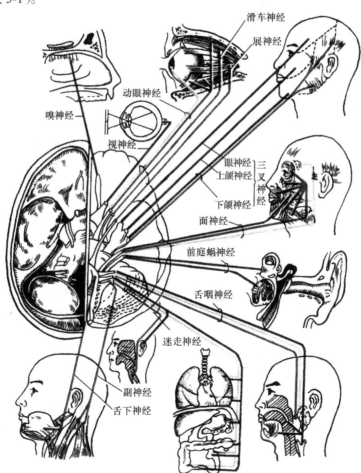

图 3-30　脑神经概括

脑神经与脊神经在基本方面大致相同，但也有一些具体差别。主要有：①每一对脊神经都是混合性的，但脑神经有感觉性、运动性和混合性三种。②头部分化出特殊的感觉器，随之也出现了与之相联系的Ⅰ、Ⅱ、Ⅷ对脑神经。③脑神经中的内脏运动纤维，属于副交感成分，且仅Ⅲ、Ⅶ、Ⅸ、Ⅹ四对脑神经中含有。而脊神经所含有的内脏运动纤维，主要是交感成分，且每对脊神经中都有，仅在第2～4骶神经中含有副交感成分（表3-2）。

脑神经中的躯体感觉和内脏感觉纤维的胞体绝大多数是假单极神经元，在脑外聚集成神经节，有Ⅴ三叉神经节、Ⅶ膝神经节、Ⅸ和Ⅹ的上神经节和下神经节。其性质与脊神经节相同。由双极神经元胞体聚集成节的有Ⅷ前庭神经节和蜗神经节，它们是与平衡、听感觉传入相关的神经节。

与Ⅲ、Ⅶ、Ⅸ对脑神经中的内脏运动纤维相连属的有四对副交感神经节，它们是内脏运动性的。内脏运动纤维由中枢发出后，先终止于这些副交感神经节，节内的神经元再发轴突分布于平滑肌和腺体。与第Ⅹ对脑神经内脏运动纤维相连属的副交感神经节多位于所支配器官的壁内。

表 3-1　脑神经的名称、性质、连脑部位及进出颅腔的部位

顺序及名称	性质	连脑部位	进出颅腔的部位
Ⅰ嗅神经	感觉性	端脑	筛孔
Ⅱ视神经	感觉性	间脑	视神经管
Ⅲ动眼神经	运动性	中脑	眶上裂
Ⅳ滑车神经	运动性	中脑	眶上裂
Ⅴ三叉神经	混合性	脑桥	第1支眼神经经眶上裂
			第2支上颌神经经圆孔
			第3支下颌神经经卵圆孔
Ⅵ展神经	运动性	脑桥	眶上裂
Ⅶ面神经	混合性	脑桥	内耳门→茎乳孔
Ⅷ前庭蜗神经	感觉性	脑桥	内耳门
Ⅸ舌咽神经	混合性	延髓	颈静脉孔
Ⅹ迷走神经	混合性	延髓	颈静脉孔
Ⅺ副神经	运动性	延髓	颈静脉孔
Ⅻ舌下神经	运动性	延髓	舌下神经管

表 3-2　脑神经简表

顺序及名称	成分	起核	终核	分布	损伤症状
Ⅰ嗅神经	特殊内脏感觉		嗅球	鼻腔嗅黏膜	嗅觉障碍
Ⅱ视神经	特殊躯体感觉		外侧膝状体	眼球视网膜	视觉障碍
Ⅲ动眼神经	一般躯体运动	动眼神经核		上、下、内直肌，下斜肌、上睑提肌	眼外斜视、上睑下垂
	一般内脏运动（副交感）	动眼神经副核（E-W核）		瞳孔括约肌，睫状肌	对光及调节反射消失
Ⅳ滑车神经	一般躯体运动	滑车神经核		上斜肌	眼不能外下斜视
Ⅴ三叉神经	一般躯体感觉		三叉神经脊束核、三叉神经脑桥核、三叉神经中脑核	头面部皮肤、口腔、鼻腔黏膜、牙及牙龈、眼球、硬脑膜	头面部感觉障碍

续表

顺序及名称	成分	起核	终核	分布	损伤症状
	特殊内脏运动	三叉神经运动核		咀嚼肌、二腹肌前腹、下颌舌骨肌、鼓膜张肌和腭帆张肌	咀嚼肌瘫痪
Ⅵ展神经	一般躯体运动	展神经核		外直肌	眼内斜视
Ⅶ面神经	一般躯体感觉		三叉神经脊束核	耳部皮肤	感觉障碍
	特殊内脏运动	面神经核		面肌、颈阔肌、茎突舌骨肌、二腹肌后腹、镫骨肌	额纹消失、眼不能闭合、口角歪向健侧、鼻唇沟变浅
	一般内脏运动	上泌涎核		泪腺、下颌下腺、舌下腺及鼻腔和腭部腺体	分泌障碍
	特殊内脏感觉		孤束核上部	舌前2/3味蕾	舌前2/3味觉障碍
Ⅷ前庭蜗神经	特殊躯体感觉		前庭神经核群	半规管壶腹嵴、球囊斑和椭圆囊斑	眩晕、眼球震颤等
	特殊躯体感觉		蜗神经核	耳蜗螺旋器	听力障碍
Ⅸ舌咽神经	特殊内脏运动	疑核		茎突咽肌	
	一般内脏运动（副交感）	下泌涎核		腮腺	分泌障碍
	一般内脏感觉		孤束核	咽、鼓室、咽鼓管、软腭、舌后1/3黏膜、颈动脉窦、颈动脉小球	咽与舌后1/3一般感觉障碍、咽反射消失
	特殊内脏感觉		孤束核上部	舌后1/3味蕾	舌后1/3味觉丧失
	一般躯体感觉		三叉神经脊束核	耳后皮肤	分布区感觉障碍
Ⅹ迷走神经	一般内脏运动（副交感）	迷走神经背核		颈、胸、腹内脏平滑肌、心肌、腺体	心动过速、内脏活动障碍
	特殊内脏运动	疑核		咽喉肌	发声困难、声音嘶哑、吞咽障碍
	一般内脏感觉		孤束核	颈、胸、腹腔脏器，咽喉黏膜	分布区感觉障碍
	一般躯体感觉		三叉神经脊束核	硬脑膜、耳郭及外耳道皮肤	分布区感觉障碍
Ⅺ副神经	特殊内脏运动	疑核（脑部）		咽喉肌	咽喉肌功能障碍
				胸锁乳突肌、斜方肌	一侧胸锁乳突肌瘫痪，面无力转向对侧；斜方肌瘫痪，肩下垂、提肩无力
Ⅻ舌下神经	一般躯体运动	舌下神经核		舌内肌和部分舌外肌	舌肌瘫痪、萎缩、伸舌时舌尖偏向患侧

脑神经的纤维成分（含7种纤维成分）：

1. 一般躯体感觉纤维　分布于皮肤、肌、腱和大部分口、鼻腔黏膜。

2. 特殊躯体感觉纤维　分布于视器、前庭蜗器等特殊感觉器官（外胚层衍化而来）。

3. 一般内脏感觉纤维　分布于头、颈、胸、腹腔内脏器官。

4. 特殊内脏感觉纤维　分布于嗅器和味蕾。

5. 躯体运动纤维 支配眼球外肌、舌肌（中胚层肌节衍化而来）。

6. 一般内脏运动纤维 支配平滑肌、心肌运动和腺体分泌。

7. 特殊内脏运动纤维 支配咀嚼肌、面肌、咽喉肌等（鳃弓衍化）。

一、嗅 神 经

1. 性质 感觉性，含特殊内脏感觉纤维。

2. 起止 起于上鼻甲上部和鼻中隔上部嗅黏膜的嗅细胞中枢突聚集成 20 多条嗅丝（即嗅神经）→嗅球（端脑的一部分）。

3. 走行 经筛孔入颅。

4. 分布 嗅黏膜，传导嗅觉冲动。

5. 损伤表现 颅前窝骨折延及筛板时，可撕脱嗅丝和脑膜，造成嗅觉障碍，脑脊液也可流入鼻腔。

二、视 神 经

1. 性质 感觉性，含特殊躯体感觉纤维。

2. 起止 由视网膜节细胞轴突在视神经盘处会聚→穿过巩膜而构成视神经→连于视交叉→经视束连于间脑→外侧膝状体。

3. 走行 经视神经管入颅。

4. 分布 视网膜视部。

5. 损伤表现 由于视神经是胚胎发生时间脑向外突出形成视器过程中的一部分，故视神经外面包有由三层脑膜延续而来的三层被膜，脑蛛网膜下隙也随之延续到视神经周围。所以颅内压增高时，常出现视盘水肿。视神经损伤表现为伤侧视野全盲；视交叉损伤表现为双眼视野颞侧半偏盲；视束损伤表现为双眼对侧视野同向性偏盲。

三、动 眼 神 经

1. 性质 运动性，含有躯体运动纤维和一般内脏运动纤维（副交感纤维）。

2. 起止 躯体运动纤维起于中脑动眼神经核→眼球外肌（除上斜肌和外直肌）；一般内脏运动纤维起于动眼神经副核→睫状神经节换元→瞳孔括约肌、睫状肌。

3. 走行 自脚间窝出脑→紧贴小脑幕缘及后床突侧方前行，穿海绵窦外侧壁上部→经眶上裂眶→入眶分上、下两支（图 3-31）。

4. 分支 上支细小，支配上直肌和上睑提肌。下支粗大，支配下直、内直和下斜肌；一般内脏运动纤维支配瞳孔括约肌、睫状肌；由下斜肌支分出一个小支称睫状神经节短根，它由内脏运动纤维（副交感）组成，进入睫状神经节交换神经元后，分布于睫状肌和瞳孔括约肌，参与瞳孔对光反射和调节反射（图 3-31）。

5. 损伤表现 上睑提肌、上直肌、下直肌、内直肌及下斜肌瘫痪；出现上睑下垂、瞳孔斜向外下方及瞳孔对光反射消失、瞳孔散大等症状。

6. 睫状神经节 属副交感神经节，长约 2mm，位于视神经与外直肌之间。有 3 个根：副交感根即睫状神经节短根，动眼神经副核→动眼神经下斜肌支→睫状神经节换元→睫状短神经→瞳孔括约肌、睫状肌；交感根来自颈内动脉交感丛→穿过神经节→睫状短神经→瞳孔开大肌；感觉根来自鼻睫神经，三叉神经→眼神经→鼻睫神经→穿过神经节→睫状短神经→眼球的感觉。

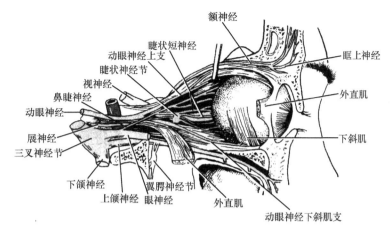

图 3-31　眶内的神经（右侧，外面）

其副交感纤维支配睫状肌和瞳孔括约肌；交感纤维支配瞳孔开大肌和眼血管；感觉纤维接受眼球的一般感觉。

四、滑 车 神 经

1. 性质　运动性，含躯体运动纤维。

2. 起止　起自滑车神经核→上斜肌。

3. 走行　由中脑下丘下方出脑→绕大脑脚至腹侧→穿海绵窦外侧壁→经眶上裂入眶→越过上直肌和上睑提肌向前内走行。

4. 分布　上斜肌（图 3-32）。

五、三 叉 神 经

（一）性质

三叉神经为混合性，含有一般躯体感觉纤维和特殊内脏运动纤维。

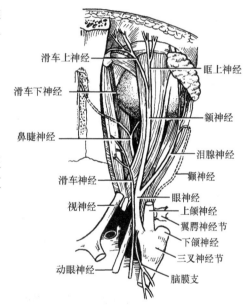

图 3-32　眶内的神经（右侧，上面）

（二）起止

特殊内脏运动纤维始于三叉神经运动核，组成三叉神经运动根，由脑桥与脑桥臂交界处出脑，位于感觉根的前内侧，后并入下颌神经→经卵圆孔出颅→分布于咀嚼肌等。运动根内尚含有三叉神经中脑核发出的纤维，传导咀嚼肌和眼外肌的本体感觉。躯体感觉纤维的胞体位于三叉神经节（半月神经节，trigeminal ganglion）内。该节位于颞骨岩部尖端的三叉神经节压迹处，为两层硬脑膜所包裹；由假单极神经元组成，其中枢突聚集成粗大的三叉神经感觉根，由脑桥与脑桥臂交界处入脑，止于三叉神经脑桥核和三叉神经脊束核；其周围突组成三叉神经三条大的分支，称为眼神经、上颌神经和下颌神经，分布于面部的皮肤，眼、口腔、鼻腔、鼻旁窦的黏膜、牙齿、脑膜等，传导痛、温、触等多种感觉。

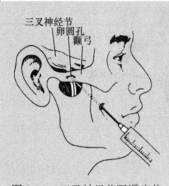

知识拓展：三叉神经节阻滞定位

　　三叉神经痛是临床常见的神经病理性疼痛之一，常采用三叉神经节阻滞进行治疗，其阻滞途径是从颧弓后1/3下方，口角外侧2.5cm稍上方正对上颌第二磨牙处进针，沿下颌支内侧面刺入后内方达翼突基部，到卵圆孔前方，用X线证实针位，再退针，改向后上穿入卵圆孔，到达三叉神经压迹处三叉神经节内，注入麻药即可（图3-33）。

图 3-33　三叉神经节阻滞定位

（三）三叉神经

1. 眼神经（第1支）　感觉性，穿海绵窦外侧壁，在动眼及滑车神经下方经眶上裂入眶分为三支分支分布于硬脑膜、眼眶、眼球、泪腺、结膜和部分鼻腔黏膜及额顶部，以及上睑和鼻背的皮肤。①泪腺神经（lacrimal nerve）：细小，沿眶外侧壁、外直肌上方行向前外，分布于泪腺和上睑，一般感觉；②额神经（frontal nerve）：较粗大，在上睑提肌上方前行，分2～3支，其中眶上神经（supraorbital nerve）较大，经眶上切迹分布于额顶部皮肤（图3-34）；③鼻睫神经（nasociliary nerve）在上直肌和视神经之间前行达眶内侧壁，发出许多分支分布于鼻腔黏膜、筛窦、泪囊、鼻背皮肤及眼球、眼睑等。

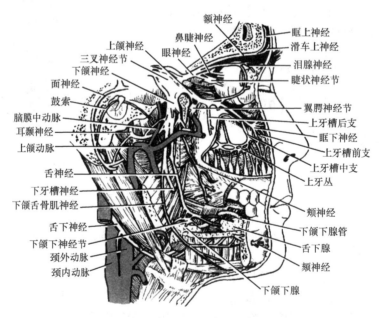

图 3-34　三叉神经

知识拓展

　　1. 滑车上神经阻滞定位　滑车上神经为额神经的分支，在眶上缘，距正中线2.0cm处为其出眶点，用指尖压之可诱发出痛点，经此点沿眶内上壁，进针1.5～2.0cm，回抽无血即可注入麻药。

2. 眶上神经的阻滞定位　眶上神经为额神经的分支，在眶上缘，距正中线 2.5cm 处可触及眶上切迹（孔），用指尖压之可诱发出痛扳机点，沿切迹（孔）刺入 0.5cm 即可。

2. 上颌神经（第 2 支）　感觉性，穿海绵窦外侧壁→经圆孔进入翼腭窝→经眶下裂入眶，延续为眶下神经。上颌神经分布于硬脑膜、眼裂和口裂间的皮肤、上颌牙齿及鼻腔和口腔黏膜。其主要分支有：

知识拓展：上颌神经阻滞定位（图 3-35）
　　上颌神经阻滞适用于上颌骨、上颌窦、上颌牙与腭部手术。但需注意的是翼腭窝内有丰富的静脉丛，并且血流缓慢，易形成血肿。

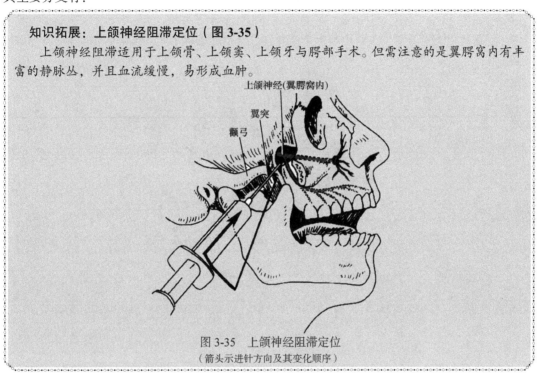

图 3-35　上颌神经阻滞定位
（箭头示进针方向及其变化顺序）

（1）眶下神经（infraorbltal nerve）：较大，为上颌神经的主支，经眶下裂入眶、眶下沟、眶下管，出眶下孔分成数支，分布于下睑、鼻翼、上唇的皮肤和黏膜。临床上做上颌部手术时，常在眶下孔进行麻醉。

（2）颧神经：细小，在翼腭窝处分出，经眶下裂入眶，分两支穿眶外侧壁，分布于颧、颞部皮肤。来自面神经的副交感节前纤维在翼腭神经节内换元后，发出节后纤维经颧神经、交通支和泪腺神经控制泪腺分泌。

（3）翼腭神经：为 2～3 支细小的神经，始于翼腭窝内，连于翼腭神经节（副交感神经节），分布于腭和鼻腔的黏膜及腭扁桃体。

（4）上牙槽神经（superior alveolar nerves）：分为上牙槽后、中、前三支，其中上牙槽后支，在翼腭窝内自上颌神经本干发出，在上颌骨体后方穿入骨质；上牙槽中、前支分别在眶下沟及眶下管内发自眶下神经，三支互相吻合形成上牙槽丛，分支分布于上颌牙齿及牙龈。

3. 下颌神经（mandibular nerve）　即第 3 支，是三支中最粗大的分支，混合性，出卵圆孔→颞下窝，在翼外肌深面分前、后干，然后由细小的前、后干发出肌支支配 4 块咀嚼肌、腭帆张肌和鼓膜张肌。后干粗大，除分布于硬脑膜、下颌牙及牙龈、舌前 2/3 及口腔底黏膜、耳颞区和口裂以下的皮肤外，尚有一支支配下颌舌骨肌和二腹肌前腹。耳颞神经，颞部皮肤感觉；

舌神经，分布于口腔底和舌前 2/3 黏膜；下牙槽神经，肌支支配下颌舌骨肌、二腹肌前腹。感觉支分布于下颌牙、牙龈、颏部及下唇的皮肤和黏膜。三叉神经在面部的主要分布范围小结：眼神经，司眼裂以上的皮肤、眼球壁、泪腺等；上颌神经，司眼裂→口裂之间的皮肤，上颌窦及鼻腔黏膜，上颌牙及牙龈；下颌神经，感觉支司口裂以下皮肤，下颌牙及牙龈，司舌前 2/3 黏膜的一般感觉；肌支支配咀嚼肌等。

> **知识拓展：下颌神经主干阻滞定位（图 3-36）**
>
> 在颧弓下缘与下颌切迹中点处垂直刺入，针抵翼突外侧板基部时退针，转向耳侧15°～20°角，向上 5°～15°角，刺过翼突外侧板后缘即卵圆孔下颌神经出颅处（距皮表入针点深约 4cm），出现下颌区异感，表明已刺中下颌神经，注入局麻药即可，临床中多用于舌及下颌骨手术。

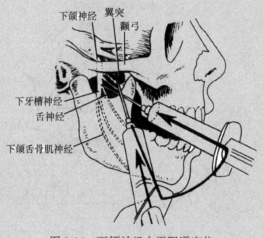

图 3-36　下颌神经主干阻滞定位
（箭头示进针方向及其变化顺序）

（1）耳颞神经（auriculotemporal nerve）：以两根起于后干，其间夹持脑膜中动脉，向后合成一干，经下颌颈内侧，与颞浅动脉伴行，穿腮腺上行分步于颞部皮肤，并分支至腮腺，此支含有来自舌咽神经副交感性分泌纤维，控制腮腺分泌。

> **知识拓展：耳颞神经阻滞定位**
>
> 在外耳道与颞下颌关节之间或近耳部的颧弓上缘约 1cm 的发际处，也可在颧弓中点下 1cm 处，触到颞浅动脉的搏动。在颞浅动脉搏动点的同一水平处进针，刺入深度约 0.5cm。

（2）颊神经（buccal nerve）：沿颊肌外面前行，分布于颊部皮肤和黏膜。

> **知识拓展：颊神经阻滞定位**
>
> 在上颌第 3 磨牙后方的磨牙后窝表面黏膜进针，刺中时可有颊部电极样感觉，稍退针后即可注入麻药。

（3）舌神经（linsual nerve）：在下颌支内侧下降，沿舌骨舌肌外侧，呈弓状越过下颌下腺上方向前达口腔底黏膜深面，分布于口腔底及舌前 2/3 的黏膜。舌神经行程中有来自面神经的鼓索（含有副交感性分泌纤维和味觉纤维）与其结合，后者的味觉纤维，接受舌前 2/3 的味觉，分泌纤维至下颌下神经节。

> **知识拓展：舌神经阻滞定位**
>
> 舌神经位于下牙槽神经的前方。在下颌最后磨牙的稍后方，仅被口腔黏膜所覆盖。术者可用左手示指深入口内，在下颌骨内侧面触及、压迫并固定该神经与下颌骨面，邻近刺入1cm，即可阻滞该神经。

（4）下牙槽神经（inferior alveolar nerve）：为混合性，在舌神经后方，沿翼内肌外侧下行，经下颌孔入下颌管，在管内分支组成下牙丛，分支分布于下颌牙龈和牙。其终支自颏孔浅出称颏神经，分布于颏部及下唇的皮肤和黏膜。下牙槽神经中的运动纤维支配下颌舌骨肌和二腹肌前腹（图3-34、图3-38）。

> **知识拓展：下牙槽神经阻滞定位（图3-37）**
>
> 在下颌第三磨牙后，用左示指先触及下颌支前缘，再向后约1.5cm，此处在下颌孔前方，经上、下磨牙咬合面平行处，沿黏膜和下颌支内面之间缓缓进针2.5～3.5cm，下颌磨牙和舌前部出现异感，注射局麻药即可。若进针无异感，可适当加大药物剂量。
>
>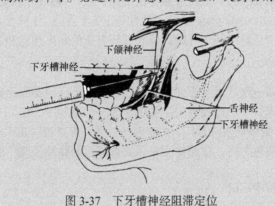
>
> 图3-37 下牙槽神经阻滞定位

（5）咀嚼肌神经：属运动性，分支有咬肌神经、颞深神经等，支配所有咀嚼肌。

> **知识拓展：咬肌神经阻滞定位**
>
> 临床中常对于咬肌炎性挛缩或痉挛（牙关紧闭），可行咬肌神经阻滞，进针点在颧弓中点下方与下颌切迹连线的中点处，注射局麻药即可（图3-38）。
>
>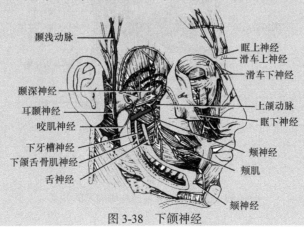
>
> 图3-38 下颌神经

六、展 神 经

1. **性质** 运动性，含躯体运动纤维。
2. **起止** 起于展神经核→外直肌。
3. **走行** 起于延髓脑桥沟→穿海绵窦→经眶上裂入眶。
4. **分支** 支配外直肌。展神经损伤可引起外直肌瘫痪，产生内斜视（图 3-39）。

七、面 神 经

（一）性质

面神经为混合性，主要含有特殊内脏运动纤维、一般内脏运动纤维和特殊内脏感觉纤维。

（二）起止

特殊内脏运动纤维，起于面神经核→主要支配面肌的运动。一般内脏运动纤维，起于上泌涎核，属副交感节前纤维→翼腭神经节和下颌下神经节换元后的节后纤维→分布于泪腺、舌下腺、下颌下腺及鼻、腭的黏膜腺，是这些腺体的分泌神经。特殊内脏感觉纤维，即味觉纤维，其胞体位于膝神经节（geniculate ganglion），周围突分布于舌前 2/3 味蕾，中枢突止于孤束核。此外，面神经可能含有少量躯体感觉纤维，传导耳部皮肤的躯体感觉和表情肌的本体感觉。

（三）走行

延髓脑桥沟→内耳门→内耳道→面神经管→茎乳孔出颅→穿腮腺达面部。

面神经由两个根组成，一个是较大的运动根，另一个是较小的中间神经（感觉和副交感纤维），自小脑中脚下缘出脑后进入内耳门，两根合成一干，穿过内耳道底进入面神经管，由茎乳孔出颅，向前穿过腮腺到达面部。在面神经管始部有膨大的膝神经节（图 3-40、图 3-41）。

> **知识拓展：面神经阻滞定位**
> 面神经阻滞穿刺点在乳突前方 0.5cm 处，穿刺针方向与正中矢状面约成 30°角，针尖向内上方，深 2.5～4cm，达茎乳孔，针压面神经，则出现异感，注射局麻药即可。

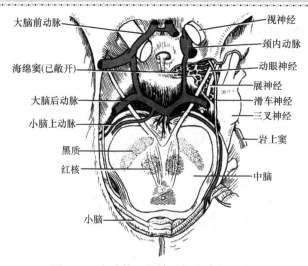

图 3-39　眼球外肌的神经与海绵窦的关系

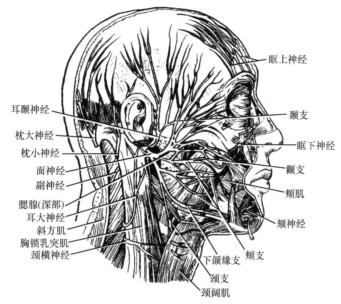

图 3-40 面神经在面部的分支

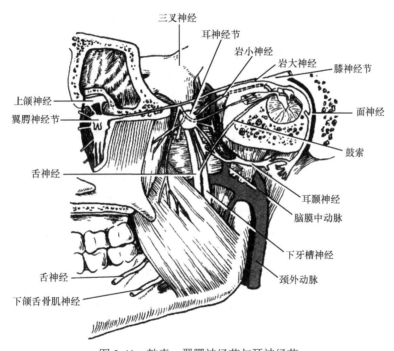

图 3-41 鼓索、翼腭神经节与耳神经节

（四）分支

面神经主要有面神经管内的分支和面神经管外的分支，具体如下。

1. 在面神经管内的分支

（1）鼓索（chorda tympani）：在面神经出茎乳孔前约6mm处发出→行向前上进入鼓室→然后穿岩鼓裂出鼓室→至颞下窝→行向前下并入舌神经。鼓索含有两种纤维：味觉纤维随舌神经分布于舌前 2/3 的味蕾司味觉；副交感纤维进入下颌神经节，在节内交换神经元后，分布于下颌下腺和舌下腺，支配腺体分泌（图 3-34，图 3-41）。

（2）岩大神经（greater petrosal nerve）：含有副交感性的分泌纤维，自膝神经节处分出→出岩大神经管裂孔前行→与来自颈内动脉交感丛的岩深神经合成翼管神经→穿翼管至翼腭窝→进入翼腭神经节，副交感纤维在节内交换神经元后，支配泪腺、腭及鼻腔黏膜的腺体分泌。

（3）镫骨肌神经（stapedial nerve）：支配镫骨肌。

2. 在颅外的分支 面神经出茎乳孔后即发出三个小分支，支配枕肌、耳周围肌、二腹肌后腹和茎突舌骨肌。面神经主干进入腮腺实质，在腺内分支组成腮腺内丛，丛发分支从腮腺前缘呈辐射状分布，支配面肌。

（1）颞支（temporal branches）：常为三支，支配额肌和眼轮匝肌等。

（2）颧支（zygomatic branches）：3～4 支，至眼轮匝肌及颧肌。

（3）颊支（buccal branches）：3～4 支，至颊肌、口轮匝肌及其他四周围肌。

（4）下颌缘支（marginal mandibular branch）：沿下颌缘向前，至下唇诸肌。

（5）颈支（cervical branch）：在颈阔肌深面向前下，支配该肌。

（五）损伤表现

面神经管外的损伤，表现为伤侧表情肌瘫痪，伤侧额纹消失、鼻唇沟变浅，笑时口角偏向健侧，不能鼓腮、不能闭眼，角膜反射消失；面神经管内的损伤，除上述面瘫症状外，还可出现听觉过敏，舌前 2/3 味觉丧失，泪腺及唾液腺的分泌障碍等症状。

（六）与面神经相联系的副交感神经节

1. 翼腭神经节（pterygopalatine ganglion） 或蝶腭神经节，为副交感神经节，位于翼腭窝内，上颌神经下方，为一不规则的扁平小结，有三个根：①副交感根，上泌涎核→来自面神经的岩大神经→在节内交换神经元→司泪腺分泌；②交感根，来自面动脉交感丛→岩深神经→翼管神经→穿过此节；③感觉根，来自上颌神经的翼腭神经→穿过神经节。由翼腭神经节发出一些分支，分布于泪腺、腭和鼻甲的黏膜，支配黏膜的一般感觉和腺体的分泌。

2. 下颌下神经节（submandibular ganglion） 为副交感神经节，呈椭圆形，位于下颌下腺和舌神经之间，有三个根：①副交感根，上泌涎核→鼓索→经舌神经到达此节→在节内交换神经元→司下颌下腺和舌下腺分泌；②交感根，来自面动脉的交感丛→穿过此节；③感觉根，来自舌神经→穿过此节。自节发出分支，分布于下颌下腺和舌下腺，支配腺体分泌及一般感觉。

八、前庭蜗神经

前庭蜗神经（vestibulocochlear nerve）由蜗神经和前庭神经组成。

（一）性质

其为感觉性，含特殊躯体感觉纤维。

（二）起止

1. 前庭神经 起于壶腹嵴、椭圆囊斑、球囊斑→前庭神经节→终于前庭神经核。

2. 蜗神经 起于螺旋器→蜗神经节→终于蜗神经核。

（三）走行和分布

1. 前庭神经（vestibular nerve） 传导平衡觉。感觉神经元的胞体在内耳道底聚集成→前庭神经节（vestibular ganglion）周围突穿内耳道底→分布于内耳球囊斑、椭圆囊斑和壶腹嵴中的毛细胞；中枢突组成前庭神经→经内耳门入脑，终于脑干的前庭核群和小脑。

2. 蜗神经（cochlear nerve） 传导听觉。其双极神经元的胞体在蜗轴内聚集成蜗神经节（蜗螺旋神经节）→其周围突分布至→内耳螺旋器上的毛细胞；中枢突组成蜗神经→经内耳门入颅腔→于脑桥延髓沟入脑→终于脑干蜗神经前、后核。

九、舌咽神经

（一）纤维成分及来源

舌咽神经为混合性，含有 5 种纤维成分：特殊性内脏运动纤维，起自疑核→咽肌；一般内脏运动纤维（副交感纤维），起于下泌涎核→耳神经节换元→腮腺；特殊内脏感觉纤维，起于舌后 1/3 的味蕾→下神经节→终于孤束核；一般内脏感觉纤维，起于舌后 1/3、咽、咽鼓管、鼓室等处的黏膜以及颈动脉小球和颈动脉窦→下神经节→终于孤束核；一般躯体感觉纤维，起于耳后皮肤→上神经节→终于三叉神经脊束核。

（二）走行

舌咽神经的根丝，自延髓橄榄后沟前部出脑→与迷走神经和副神经同出颈静脉孔。在孔内神经干上有膨大的上神经节（superior ganglion），出孔时又形成一稍大的下神经节（inferior ganglion）。舌咽神经出颅后先在颈内动、静脉间下降，然后呈弓形向前，经舌骨舌肌内侧达舌根。

（三）分支及分布

1. 鼓室神经（tympanic nerve） 发自下神经节，进入鼓室，在鼓室内侧壁的黏膜内与交感神经纤维共同形成鼓室丛，发出许多小支，分布至鼓室、乳突小房和咽鼓管的黏膜。鼓室神经的终支为岩小神经，含来自下泌涎核的副交感纤维→出鼓室入耳神经节→交换神经元后→经耳颞神经分布于腮腺→控制其分泌（图 3-42）。

2. 颈动脉窦支（arotid sinus branch） 1～2 支，在颈静脉孔下方发出，沿颈内动脉下降，分布于颈动脉窦和颈动脉小球。颈动脉窦是压力感受器，颈动脉小球是化学感受器，分别感受血压和血液中二氧化碳浓度的变化，反射性地调节血压和呼吸。

3. 舌支（lingual branches） 为舌咽神经的终支，经舌骨舌肌深面，分布于舌后 1/3 的黏膜和味蕾，司黏膜的一般感觉和味觉（图 3-43）。

此外，舌咽神经还出发咽支、扁桃体支和茎突咽肌支等。

（四）耳神经节

耳神经节（otic ganglion）为副交感神经节，在卵圆孔的下方，贴附于下颌神经的内侧。有四个根：①副交感根，下泌涎核→来自岩小神经→在节内交换神经元→由节发出的副交感节后纤维经耳颞神经至腮腺→司腮腺的分泌；②交感根，来自脑膜中动脉交感丛→穿过神经节；③运动根，来自下颌神经穿过此节→分布于鼓膜张肌和腭帆张肌；④感觉根，来自耳颞神经→穿过神经节→分布于腮腺（图 3-42）。

十、迷走神经

（一）性质

迷走神经（vagus nerve）为混合性神经，是行程最长、分布范围最广的脑神经，含有四种

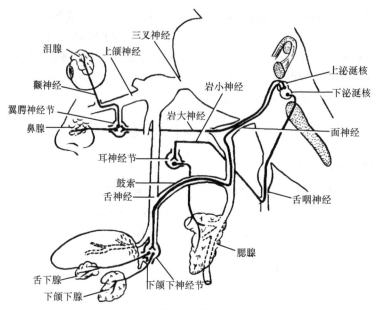

图 3-42　头部腺体的副交感神经纤维来源模式图

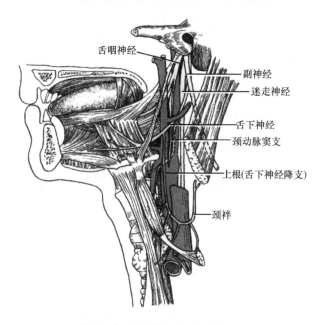

图 3-43　舌咽神经与舌下神经

纤维成分。①副交感纤维：起于迷走神经背核→主要分布到颈、胸和腹部的多种脏器，控制平滑肌、心肌和腺体的活动。②一般内脏感觉纤维：其胞体位于下神经节（结状神经节）内，中枢突终于孤束核，周围突→分布于颈、胸和腹部的脏器。③一般躯体感觉纤维：其胞体位于上神经节（superior ganglion）内，其中枢突止于三叉神经脊束核，周围突主要分布于耳郭、外耳道的皮肤和硬脑膜。④特殊内脏运动纤维：起于疑核→支配咽喉肌。

（二）走行

迷走神经以根丝自橄榄后沟后部出脑→经颈静脉孔出颅，在此处有膨大的上、下神经节。

迷走神经干在颈部位于颈动脉鞘内，在颈内静脉与颈内动脉或颈总动脉之间的后方下行达颈根部，由此向下，左、右迷走神经的行程略有差异。左迷走神经在颈总动脉与左锁骨下动脉间→越过主动脉弓的前方→经左肺根的后方至食管前面分散成若干细支→构成左肺丛和食管前丛，在食管下端延续为迷走神经前干（anterior vagal trunk）。右迷走神经过锁骨下动脉前方→沿气管右侧下行→经右肺根后方达食管后面→分支构成右肺丛和食管后丛，向下延为迷走后干（posterior vagal trunk）。迷走前、后干再向下与食管一起穿膈肌的食管裂孔进入腹腔，分布于胃前、后壁，其终支为腹腔支，参加腹腔丛。迷走神经在颅、胸和腹部发出许多分支（图3-44、图3-45）。

（三）分支及分布

1. 颈部的分支

（1）喉上神经（superior laryngeal nerve）：起自下神经节→在颈内动脉内侧下行→在舌骨大角处分内、外支。外支→支配环甲肌（特殊内脏运动）。内支与喉上动脉一同穿甲状舌骨膜入喉→分布于声门裂以上的喉黏膜及会厌、舌根等（一般内脏感觉）。

（2）颈心支：有上、下两支，下行入胸腔与交感神经一起构成心丛。上支有一支称主动脉神经或减压神经→分布至主动脉弓壁内，感受压力和化学刺激。

2. 胸部的分支

（1）喉返神经（recurrent laryngeal nerve）：右喉返神经在右迷走神经经过右锁骨下动脉前方处发出，并勾绕此动脉，返回至颈部。左喉返神经在左迷走神经经过主动脉弓前方处发出，并绕主动脉弓下方，返回至颈部。在颈部，两侧的喉返神经均上行于气管与食管之间的沟内→至甲状腺侧叶深面、环甲关节后方进入喉内称为喉下神经（inferior laryngeal nerve），分数支分布于喉。其运动纤维支配除环甲肌以外所有的喉肌，感觉纤维分布至→声门裂以下的喉黏膜。喉返神经在行程中发出→心支、支气管支和食管支→分别参加心丛、肺丛和食管丛。

（2）支气管支和食管支：是左、右迷走神经在胸部分出的一些小支，与交感神经的分支共同构成肺丛和食管丛，自丛发细支至气管、肺及食管，除支配平滑肌和腺体外，也传导脏器和胸膜的感觉。

3. 腹部的分支

（1）胃前支（anterior gastric branches）和肝支（hepatic branches）：在贲门附近发自迷走神经前干。胃前支沿胃小弯向右→沿途发出4～6个小支→分布到胃前壁，其终支以"鸦爪"形的分支分布于幽门部前壁。肝支有1～3条，参加肝丛→随肝固有动脉分支分布于肝、胆囊等处。

（2）胃后支（posterior gastric branches）：在贲门附近发自迷走后干，沿胃小弯深部走行→沿途发支至胃后壁。终支与胃前支同样以"鸦爪"形分支→分布于幽门窦及幽门管的后壁。

（3）腹腔支（celiac branches）：发自迷走神经后干，向右行，与交感神经一起构成腹腔丛，伴随腹腔干、肠系膜上动脉及肾动脉等→分布于脾、小肠、盲肠、结肠、横结肠、肝、胰和肾等大部分腹腔脏器（图3-44～图3-46）。迷走神经主干损伤所致内脏活动障碍的主要表现为脉速、心悸、恶心、呕吐、呼吸深慢和窒息等。由于咽喉感觉障碍和肌肉瘫痪，可出现声音嘶哑、语言困难、发呛、吞咽障碍、软腭瘫痪及腭垂偏向患侧等。

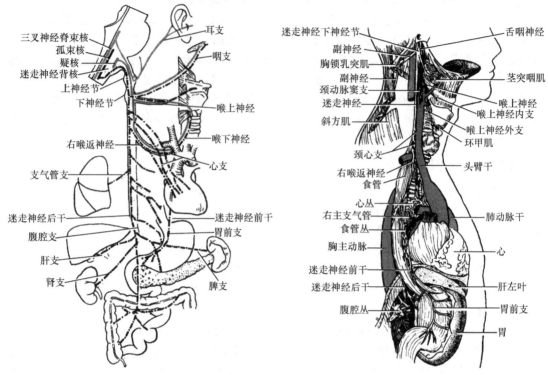

图 3-44　迷走神经的纤维成分及其分布示意图　　　　图 3-45　舌咽神经、迷走神经和副神经

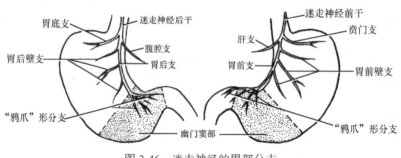

图 3-46　迷走神经的胃部分支

十一、副　神　经

　　纤维成分和来源：由颅根和脊髓根组成。颅根的纤维为特殊内脏运动纤维，起自疑核→自迷走神经根下方出脑后与脊髓根同行→经颈静脉孔出颅→加入迷走神经→支配咽喉肌。脊髓根的纤维为特殊内脏运动纤维，起自脊髓颈部的副神经脊髓核，由脊神经前后根之间出脊髓→在椎管内上行→经枕骨大孔入颅腔→与颅根汇合一起出颅腔。出颅腔后，又与颅根分开，绕颈内静脉行向外下→经胸锁乳突肌深面继续向外下斜行进入斜方肌深面，分支支配此二肌（图 3-45，图 3-47）。

十二、舌　下　神　经

　　1. 纤维成分和来源　主要由躯体运动纤维组成，由舌下神经核发出。

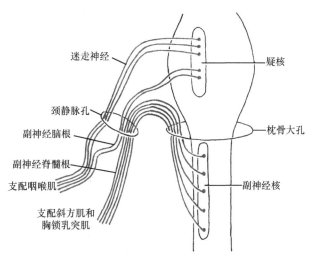

图 3-47 副神经的中枢核团及其纤维走向

2. 走行和分布 自延髓的前外侧沟出脑→经舌下神经管出颅→下行于颈内动、静脉之间→弓形向前达舌骨舌肌的浅面→在舌神经和下颌下腺管的下方穿颏舌肌入舌→支配全部舌内肌和舌外肌（图 3-43）。

3. 损伤表现 伸舌时，舌尖偏向患侧（颏舌肌瘫痪）。

案例 3-3 患者男性，42 岁，2 个月前出现右额部疼痛，经对症治疗后有所缓解，1 个月后自觉右额部麻木，右眼睑下垂，复视。近 10 天来，病情加重。查体：右眼睑下垂，眼睑和结膜水肿，角膜反射消失，瞳孔散大，右眼球各方运动不能；右额部浅感觉消失；右眼球凹陷，右面部汗少。

问题：

（1）受损位置位于何处？

（2）指出引起上述症状及体征的解剖学基础。

案例 3-4 患者女性，48 岁，受左侧耳鸣的困扰已有 2 年多。起初，感觉就像是风在耳边吹过，发出的"呼呼"声，她没太在意，以为是年龄大、工作劳累引起的。随着时间的推移，耳鸣越来越严重，好像蝉鸣一般不绝于耳；并时有眩晕，且发作在晚上和白天一定时间，严重时伴恶心、呕吐、面肌抽搐。最近，她发现自己用左耳接听手机时声音变得越来越小，努力想听清楚却总感觉有噪声；左眼干涩；吃饭自感味淡，食物常滞留于齿颊之间；左侧额纹变浅，眼睑闭合不全，鼻唇沟不明显，口角下垂。

问题：

（1）指出病变的位置。

（2）指出受累的神经及纤维成分和功能。

第三节 内脏神经系统

内脏神经系统（visceral nervous system）是整个神经系统的一个组成部分，主要分布于内脏、心血管和腺体。内脏神经和躯体神经一样，也含有感觉和运动两种纤维成分。内脏运动神经调节内脏、心血管的运动和腺体的分泌，通常不受人的意志控制，是不随意的，故有人将内脏运动神经称为自主神经系（autonomic nervous system）；又因它主要是控制和调节动、植物共有的物质代谢活动，并不支配动物所特有的骨骼肌的运动，所以也称为植物神经系（vegetative nervous system）。内脏感觉神经如同躯体感觉神经，其初级感觉神经元也位于脑神经和脊神经节内，周围支则分布于内脏和心血管等处的内感觉器，把感受到的刺激传递到各级中枢，也可到达大脑皮质，内脏感觉神经传来的信息经中枢整合后，通过内脏运动神经调节这些器官的活动，从而在维持机体内、外环境的动态平衡，保持机体正常生命活动中，发挥着重要作用。

一、内脏运动神经

内脏运动神经与躯体运动神经在结构和功能上也有较大差别，现就其形态结构上的差异简述如下。

（1）躯体运动神经支配骨骼肌，内脏运动神经则支配平滑肌、心肌和腺体。

（2）躯体运动神经只有一种纤维成分，内脏运动神经则有交感和副交感两种纤维成分，而多数内脏器官又同时接受交感和副交感神经的双重支配。

（3）躯体运动神经自低级中枢至骨骼肌只有一个神经元。而内脏运动神经自低级中枢发出后并在周围部的内脏运动神经节（自主神经节）交换神经元，再由节内神经元发出纤维达到效应器。因此，内脏运动神经从低级中枢到达所支配的器官须经过两个神经元（肾上腺髓质例外，只需一个神经元）。第一个神经元称节前神经元，胞体位于脑干和脊髓内，其轴突称节前纤维。第二个神经元称节后神经元，胞体位于周围部的自主神经节内，其轴突称节后纤维。节后神经元的数目较多，一个节前神经元可以和多个节后神经元构成突触（图3-48、图3-49）。

（4）内脏运动神经节后纤维的分布形式和躯体神经亦有不同。躯体神经以神经干的形式分布，而内脏神经节后纤维常攀附脏器或血管形成神经丛，由丛再分支至效应器（图3-49）。

（5）躯体运动神经纤维一般是比较粗的有髓纤维，而内脏运动神经纤维则是薄髓（节前纤维）和无髓（节后纤维）的细纤维。

（6）躯体运动神经对效应器的支配，一般都受意志的控制；而内脏运动神经对效应器的支配则在一定程度上不受意志的控制。

根据形态、功能和药理的特点，内脏运动神经分为交感神经和副交感神经两部分，分别介绍如下。

（一）交感（神经）部

1. 交感神经概观 交感（神经）部 sympathetic part（sympathetic nerve） 的低级中枢位于脊髓胸1（或颈8）、腰2（或腰3）节段灰质侧柱的中间带外侧核。交感神经节前纤维即起自此核的细胞，因此交感部也称胸腰部。交感神经的周围部包括交感干、交感神经节，以及由节发出的分支和交感神经丛等。交感神经节因其所在位置不同，又可分为椎旁节和椎前节（图3-48～图3-50）。

（1）椎旁神经节：即交感干神经节（ganglia of sympathetic trunk）位于脊柱两旁，借节间支连成左右两条交感干（sympathetic trunk）。交感干上至颅底，下至尾骨，于尾骨的前面两干合并。交感干分颈、胸、腰、骶、尾5部。各部交感神经节的数目，除颈部有3～4个节和尾部为1个节外，其余各部均与该部椎骨的数目近似，每一侧交感于神经节的总数为19～24个。交感干神经节由多极神经元组成，大小不等，部分交感神经节后纤维即起自这些细胞（图3-50）。

（2）椎前节：呈不规则的节状团块，位于脊柱前方，腹主动脉脏支的根部，故称椎前节（图 3-51）。椎前节包括腹腔神经节（celiac ganglia）、肠系膜上神经节（superior mesenteric ganglion）、肠系膜下神经节（inferior mesenterlc sansllon）和主动脉肾神经节（aorticorenal ganglia）等。

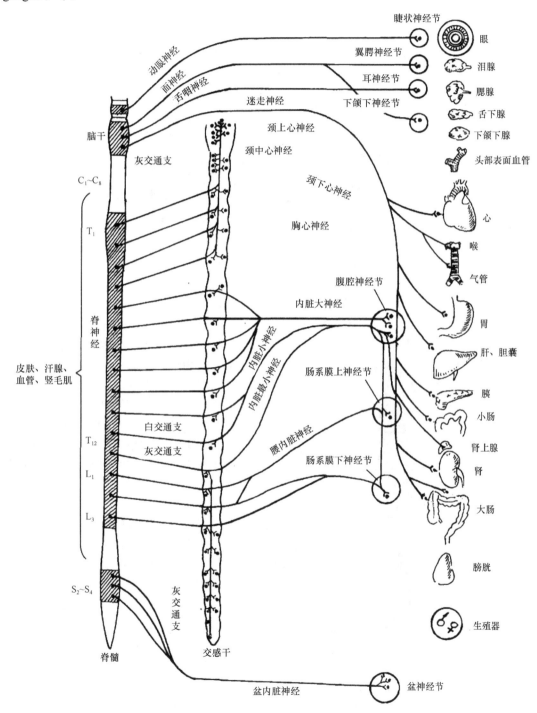

图 3-48　内脏运动神经概况示意图

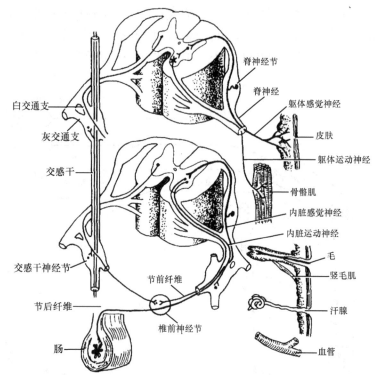

图 3-49　交感神经纤维走行模式图

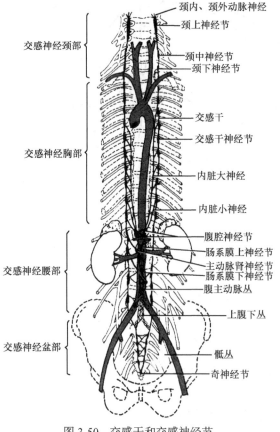

图 3-50　交感干和交感神经节

（3）交通支（communicating branches）：每一个交感干神经节与相应的脊神经之间由交通支相连。交通支分白交通支和灰交通支。白交通支主要由具有髓鞘的节前纤维组成，呈白色，故称白交通支。节前神经元的细胞体仅存在于脊髓胸 1～12 和腰 1～3 节段的脊髓侧角，白交通支也只存在于胸 1～腰 3 各脊神经的前支与相应的交感干神经节之间。灰交通支连于交感干与 31 对脊神经前支之间，由交感干神经节细胞发出的节后纤维组成，多无髓鞘，色灰暗，故称灰交通支（图 3-49、图 3-50）。

（4）交感神经节前纤维的行程：节前纤维由脊髓中间带外侧核发出，经脊神经前根、脊神经干、白交通支进入交感干后，有 3 种去向。①终止于相应的椎旁节，并换神经元。②在交感干内上升或下降，终止于上方或下方的椎旁节。一般认为来自脊髓上胸段（胸 1～6）中间带外侧核的节前纤维，在交感干内上升至颈部，在颈部椎旁神经节换元；中胸段者（胸 6～10）在交感干内上升或下降，至其他胸部交感神经节换元；下胸段和腰段者（胸 11～腰 3）在交感干内下降，在腰骶部交感神经节换元。③穿椎旁节走出，至椎前节换神经元。

（5）交感神经节后纤维的行程：也有三种去向。①发自交感干神经节的节后纤维经灰交通支返回脊神经，随脊神经分布至头颈部、躯干和四肢的血管、汗腺和竖毛肌等。31 对脊神经与交感干之间都有灰交通支联系（图 3-50、图 3-51），其分支一般都含有交感神经节后纤维。②攀附动脉走行，在动脉外膜形成相应的神经丛，（如颈内、外动脉丛，腹腔丛、肠系膜上丛等），并随脉分布到所支配的器官。③由交感神经节直接分布到所支配的脏器。

2. 交感神经的分布　按颈胸腰盆部，将交感神经在人体的分布概述如下。

（1）颈部：颈交感干位于颈血管鞘后方、颈椎横突的前方。一般每侧有 3～4 个交感节，分别称颈上、中、下节（图 3-50、图 3-51）。

颈上神经节（superior cervical ganglion）最大，呈梭形，位于第 2、3 颈椎横突前方，颈内动脉后方。颈中神经节（middle cervical ganglion）最小，有时缺如，位于第 6 颈椎横突处。颈下神经节（inferior cervical ganglion）位于第 7 颈椎处，在椎动脉的始部后方，常与第 1 胸神经节合并成颈胸神经节（cervicothoracic ganglion）或环星状神经节（stellate gangllon）。

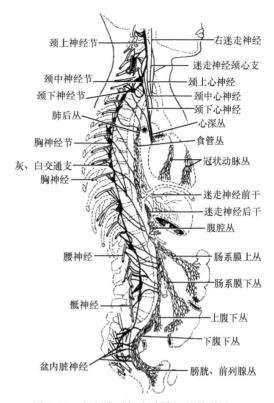

图 3-51　右交感干与内脏神经丛的联系

颈部交感干神经节发出的节后神经纤维的分布，可概括如下：①经灰交通支连于 8 对颈神经，并随颈神经分支分布至头颈和上肢的血管、汗腺、竖毛肌等。②由神经节发出分支至邻近的动脉，形成颈内动脉丛、颈外动脉丛、锁骨下动脉丛和椎动脉丛等，伴随动脉的分支至头颈部的腺体（泪腺、唾液腺、口腔和鼻腔黏膜内腺体、甲状腺等）、立毛肌、血管、瞳孔开大肌。③神经节发出的咽支，直接进入咽壁，与迷走神经、吞咽神经的咽支共同组成咽丛。④3 对颈交感神经节分别发出心上、心中和心下神经，下行进入胸腔，加入心丛（图 3-51）。

（2）胸部：胸交感干位干肋骨小头的前方，每侧有 10～12 个（以 11 对最为多见）胸交感神经节（thoracic ganglia）。胸交感干发出下列分支。①经灰交通支连接 12 对胸神经，并随其分布于胸腹壁的血管、汗腺、竖毛肌等。②从上 5 对胸交感干神经节发出许多分支，参加胸主动脉丛、食管丛、肺丛及心丛等。③内脏大神经（greater splanchnic nerve）起自第 5 或第 6～9 胸交感干神经节，由穿过这些神经节的节前纤维组成，向前下方走行中合成一干，并沿椎体前面倾斜下降，穿过膈脚，主要终于腹腔节。④内脏小神经（lesser splanchnic nerve）起自第 10～12 胸交感干神经节，也由节前纤维组成，下行穿过膈脚，主要终于主动脉肾节。由腹腔节、主动脉肾节等发出的节后纤维，分布至肝、脾、肾等实质性脏器和结肠左曲以上的消化管（图 3-52、图 3-53）。

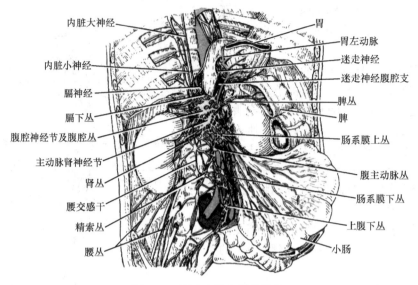

图 3-52　腹腔内的内脏神经丛

（3）腰部：约有 4 对腰神经节，位于腰椎体前外侧与腰大肌内侧缘之间。其分支有：①灰交通支连接 5 对腰神经，并随腰神经分布。②腰内脏神经（lumbar splanchnic nerves）由穿经腰神经节的节前纤维组成，终于腹主动脉丛和肠系膜下丛内的椎前神经节，并换神经元，节后纤维分布至结肠左曲以下的消化管及盆腔脏器，并有纤维伴随血管分布至下肢。当下肢血管痉挛时，可手术切除腰交感干以获得缓解（图 3-52）。

（4）盆部：盆交感干位于骶骨前面，骶前孔内侧，有 2～3 对骶交感干神经节（sacral ganglia）和一个奇神经节（ganglion impar）。其分支有：①灰交通支，连接骶尾神经，分布于下肢及会阴部的血管、汗腺和立毛肌。②一些小支加入盆丛，分布于盆腔器官。

总结以上所述，可见交感神经节前、节后纤维分布均有一定规律，即来自脊髓胸 1～5 节段中间带外侧核的节前纤维，更换神经元后，其节后纤维支配头、颈、胸腔脏器和上肢的血管、汗腺和立毛肌；来自脊髓胸 5～12 节段中间带外侧核的节前纤维，更换神经无后，其节后纤维支配肝、脾、肾等实质性器官和结肠左曲以上的消化管；来自脊髓上腰段中间带外侧核的节前纤维，更换神经元后，其节后纤维支配结肠左曲以下的消化管，盆腔脏器和下肢的血管、汗腺和立毛肌。

（二）副交感（神经）部

副交感（神经）部（parasympathetic part）的低级中枢位于脑干的副交感神经核和脊髓骶部第 2～4 节段灰质的骶副交感核，节前纤维即起自这些核的细胞。周围部的副交感神经节，称器官旁节和器官内节，位于颅部的副交感神经节较大，肉眼可见，计有睫状神经节、下颌下神经节、翼腭神经节和耳神经节等。颅部副交感神经节前纤维即在这些神经节内交换神经元，然后发出节后纤维随相应脑神经到达所支配的器官。节内并有交感神经及感觉神经纤维通过（不换神经元），分别称为交感根及感觉根。位于身体其他部位的副交感神经节很小，借助显微镜才能看到。例如：位于心丛、肺丛、膀胱丛和子宫阴道丛内的神经节，以及位于支气管和消化管壁内的神经节等。

1. 颅部副交感神经　其节前纤维行于Ⅲ、Ⅶ、Ⅸ、Ⅹ对脑神经内，已于脑神经中记述，现概括介绍如下（图 3-53）。

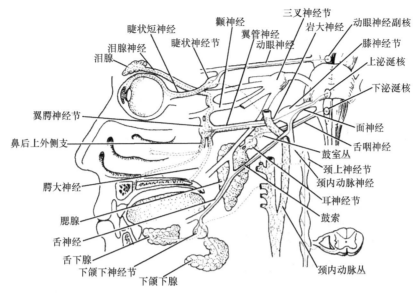

图 3-53 头部的内脏神经分布模式图

（1）随动眼神经走行的副交感神经节前纤维，起自中脑的动眼神经副核→进入眶腔后→到达睫状神经节内交换神经元→其节后纤维进入眼球壁→分布于瞳孔括约肌和睫状肌。

（2）随面神经走行的副交感神经节前纤维，起自上泌涎核→一部分经岩大神经至翼腭窝内的翼腭神经节换神经元→节后纤维分布于泪腺、鼻腔、口腔及腭黏膜的腺体。另一部分节前纤维经鼓索→加入舌神经→再到下颌下神经节换神经元→节后纤维分布于下颌下腺和舌下腺。

（3）随舌咽神经走行的副交感节前纤维，起自下泌涎核→经鼓室神经至鼓室丛→由丛发出岩小神经至卵圆孔下方的耳神经节交换神经元→节后纤维经耳颞神经分布于腮腺。

（4）随迷走神经行走的副交感节前纤维，起自延髓的迷走神经背核→随迷走神经的分支到达胸、腹腔脏器附近或壁内的副交感神经节换神经元→节后纤维分布于胸、腹腔脏器（降结肠、乙状结肠和盆腔脏器除外）。

2. 骶部副交感神经 节前纤维起自脊髓骶部第 2~4 节段的骶副交感核→随骶神经出骶前孔→又从骶神经分出组成盆内脏神经（pelvic splanchnic nerves）加入盆丛→随盆丛分支分布到盆部脏器附近或脏器壁内的副交感神经节交换神经元→节后纤维支配结肠左曲以下的消化管和盆腔脏器（图 3-54）。

（三）交感神经与副交感神经的主要区别

交感神经和副交感神经都是内脏运动神经，常共同支配一个器官，形成对内脏器官的双重神经支配。但在来源、形态结构、分布范围和功能上，交感与副交感神经又各有其特点。

1. 低级中枢的部位 不同交感神经低级中枢位于脊髓胸腰部灰质的中间带外侧核，副交感神经的低级中枢则位于脑干和脊髓骶部的副交感核。

2. 周围部神经节的位置 不同交感神经节位于脊柱两旁（椎旁节）和脊柱前方（椎前节），副交感神经节位于所支配的器官附近（器官旁节）或器官壁内（器官内节）。因此，副交感神经节前纤维比交感神经长，而其节后纤维则较短。

3. 节前神经元与节后神经元的比例 不同一个交感节前神经元的轴突可与许多节后神经元组成突触，而一个副交感节前神经元的轴突则与较少的节后神经元组成突触。所以交感神

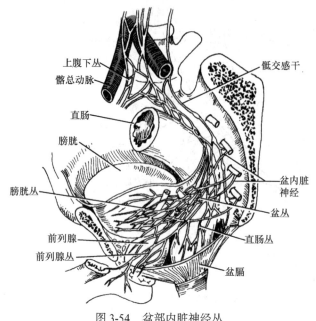

图 3-54　盆部内脏神经丛

（图中标注）上腹下丛　骶交感干　髂总动脉　直肠　膀胱　膀胱丛　前列腺　前列腺丛　盆内脏神经　盆丛　直肠丛　盆膈

的作用范围较广泛，而副交感神经则较局限。

4. 分布范围　不同交感神经在周围的分布范围较广，除至头颈部、胸、腹腔脏器外，尚遍及全身血管、腺体、竖毛肌等。副交感神经的分布则不如交感神经广泛，一般认为大部分血管、汗腺、竖毛肌、肾上腺髓质均无副交感神经支配。

5. 对同一器官所起的作用　不同交感与副交感神经对同一器官的作用既是互相拮抗又是互相统一的。

（四）内脏神经丛

交感神经、副交感神经和内脏感觉神经在分布于脏器的过程中，常互相交织共同构成内脏神经丛（自主神经丛或植物神经丛）（图 3-52～图 3-58）。这些神经丛主要攀附于头、颈部和胸、腹腔内动脉的周围，或分布于脏器附近和器官之内。除颈内动脉丛、颈外动脉丛、锁骨下动脉丛和椎动脉丛等，没有副交感神经参加外，其余的内脏神经丛均由交感和副交感神经组成。另外，在这些丛内也有内脏感觉纤维通过。现将胸、腹、盆部重要的神经丛记述如下。

1. 心丛（cardiac plexus）　由交感干的颈上、中、下节和胸 1～4 或 5 节发出的心支及迷走神经的心支共同组成。按位置心丛可分为心浅丛及心深丛，浅丛位于主动脉弓下方，深丛位于主动脉弓和气管杈之间。心丛内有心神经节（副交感节），来自迷走神经的副交感节前纤维在此交换神经元。心丛的分支又组成心房丛和左、右冠状动脉丛，随动脉分支分布于心肌（图 3-38）。

2. 肺丛（pulmonary plexus）　位于肺根的前、后方，丛内亦有小的神经节。肺丛由迷走神经的支气管支和交感干的胸 2～5 节的分支组成，其分支随支气管和肺血管的分支入肺。

3. 腹腔丛（celiac plexus）　是最大的内脏神经丛，位于腹腔动脉和肠系膜上动脉根部周围。主要由腹腔神经节、肠系膜上神经节、主动脉肾神经节等及来自胸交感干的内脏大、小神经和迷走神经后干的腹腔支共同构成。来自内脏大、小神经的交感节前纤维在丛内神经节交换神经元，来自迷走神经的副交感节前纤维则到所分布的器官附近或管壁内交换神经元。腹腔丛伴随动脉的分支可分为许多副丛如肝丛、胃丛、脾丛、肾丛及肠系膜上丛等，各副丛则分别沿同名血管分支到达各脏器（图 3-52）。

4. 腹主动脉丛（abdominal aortic plexus）　是腹腔丛在腹主动脉表面向下延续部分，还接受第 1～2 腰交感神经节的分支。此丛分出肠系膜下丛，沿同名动脉分支分布于结肠左曲以下至直肠上段。腹主动脉丛的一部分纤维下行入盆腔，参加腹下丛的组成；另一部分纤维沿髂总动脉和髂外动脉组成与动脉同名的神经丛，随动脉分布于下肢血管、汗腺、竖毛肌（图 3-52）。

5. 腹下丛（hypogastric plexus）　可分为上腹下丛和下腹下丛。

（1）上腹下丛：位于第 5 腰椎体前面，两髂总动脉之间，是腹主动脉丛向下延续的部分，从两侧接受下位二腰神经节发出的腰内脏神经，在肠系膜下神经节换元。

（2）下腹下丛：即盆丛（pelvic plexus），由上腹下丛延续到直肠两侧，并接受骶交感干的节后纤维和第2～4骶神经的副交感节前纤维。此丛伴随髂内动脉的分支组成直肠丛、膀胱丛、前列腺丛、子宫阴道丛等，并随动脉分支分布于盆腔各脏器（图3-52，图3-54）。

二、内脏感觉神经

人体各内脏器官除有交感和副交感神经支配外，也有感觉神经分布。内脏感觉神经由内感受器接受来自内脏的刺激，并将内脏感觉性冲动传到中枢，中枢可直接通过内脏运动神经或间接通过体液调节各内脏器官的活动。

内脏感觉神经元的细胞体亦位于脑神经节和脊神经节内，也是假单极神经元，其周围突是粗细不等的有髓或无髓纤维，随同舌咽、迷走、交感神经和骶部副交感神经分布于内脏器官；其中枢突一部分随同舌咽、迷走神经入脑干，终于孤束核；另一部分随同交感神经及盆内脏神经进入脊髓，终于灰质后角。在中枢内，内脏感觉纤维一方面直接或经中间神经元与内脏运动神经元联系，以完成内脏-内脏反射；或与躯体运动神经元联系，形成内脏-躯体反射。另一方面则可经过一定的传导途径，将冲动传导到大脑皮质，产生内脏感觉。

内脏感觉神经虽然在形态结构上与躯体感觉神经大致相同，但仍有某些固有的特点。

当某些内脏器官发生病变时，常在体表一定区域产生感觉过敏或疼痛感觉，这种现象称为牵涉性痛。临床上将内脏患病时体表发生的感觉过敏区及该区的骨骼肌反射性僵硬和血管运动、汗腺分泌的障碍等体征称为海德带（Head zones）。根据海德带有助于内脏疾病的定位诊断。牵涉性痛有时发生在患病内脏邻近的皮肤区，有时发生在距患病内脏较远的皮肤区。例如，心绞痛时，常在胸前区及左臂内侧皮肤感到疼痛。肝胆疾病时，常在右肩部感到疼痛等（图3-55、图3-56）。

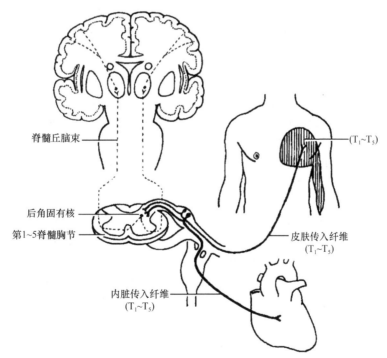

脊髓丘脑束

后角固有核

第1~5脊髓胸节

皮肤传入纤维
（T_1~T_5）

内脏传入纤维
（T_1~T_5）

（T_1~T_5）

图3-55 心传入神经与皮肤传入神经中枢投射联系

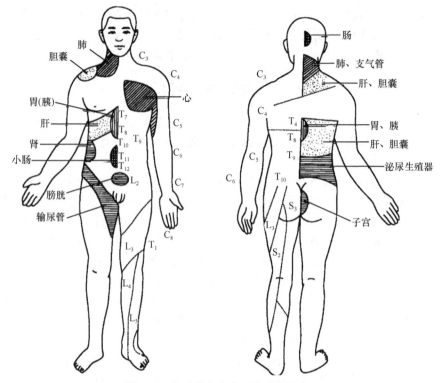

图 3-56　内脏器官疾病时的牵涉性痛区

在系统学习神经系统的基础上，对人体一些重要器官的神经支配进行总结概括，这不仅有利于对其生理功能的领会，对临床诊断和治疗也有一定的实际意义。下面以眼和心脏的神经支配为例加以记述，后面附以脏器的神经支配简表，以供参考（表 3-3）。

（一）眼球

1. 感觉神经眼球的感觉冲动沿睫状神经，再经眼神经、三叉神经进入脑干。

2. 交感神经节前纤维起自脊髓胸 1～2 节段侧角，经胸及颈交感干上升至颈上节，交换神经元后，节后纤维经颈内动脉丛、海绵丛，再穿经睫状神经节分布到瞳孔开大肌和血管，另有部分交感纤维经睫状长神经到达瞳孔开大肌。

3. 副交感神经节前纤维起自中脑动眼神经副核（E-W 核），随动眼神经走行，在睫状神经节交换神经元后，节后纤维经睫状短神经分布于瞳孔括约肌和睫状肌。刺激支配眼球的交感神经纤维，引起瞳孔开大、虹膜血管收缩。切断这些纤维出现瞳孔缩小。损伤脊髓颈段和延髓及脑桥的外侧部亦可产生同样结果，据认为，这是因为交感神经的中枢下行束经过上述部位。临床上所见病例除有瞳孔缩小外，还可出现眼睑下垂及同侧汗腺分泌障碍等症状（称 Horner 综合征），这是因为交感神经除管理瞳孔外，也管理眼睑平滑肌（Muller 肌）与头部汗腺的分泌。刺激副交感神经纤维，瞳孔缩小，睫状肌收缩。切断这些纤维，瞳孔散大及调节视力的功能障碍。临床上损伤动眼神经，除有副交感神经损伤症状外，还出现大部沙眼球外肌瘫痪症状。

（二）心脏

1. 感觉神经传导心脏的痛觉纤维，沿交感神经行走（颈心上神经除外），至脊髓胸 1～4、5 节段。与心脏反射有关的感觉纤维，沿迷走神经行走，进入脑干（图 3-57）。

2. 交感神经节前纤维起自脊髓胸 1～4、5 节段的侧角，至交感干颈上、中、下节和上胸节

交换神经元，自节发出颈上、中、下心支及胸心支，到主动脉弓后方和下方，与来自迷走神经的副交感纤维一起构成心丛，心丛再分支分布于心脏（图 3-57）。

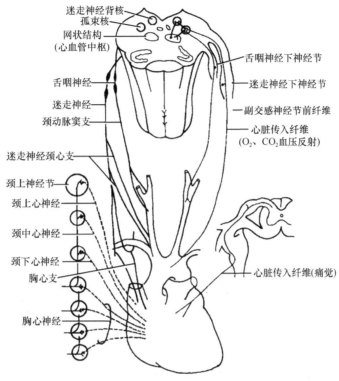

图 3-57　心的神经支配和血压调节

3. 副交感神经节前纤维由迷走神经背核和疑核发出，沿迷走神经心支行走，在心神经节交换神经元后，分布于心脏（图 3-58）。刺激支配心脏的交感神经纤维，引起心动过速、冠状血管舒张。刺激迷走神经（副交感纤维），引起心动过缓、冠状血管收缩。

表 3-3　内脏器官的神经支配

器官	神经	内脏感觉神经传入径路	内脏运动神经节前纤维		内脏运动节后纤维		功能
			起源	传出径路	起源	传出径路	
眼球	交感		$T_1 \sim T_2$ 脊髓侧角	经白交通支→交感干在干内上升	颈上神经节、颈内动脉丛内神经节	经颈内动脉丛→眼神经、睫状神经节→眼球	瞳孔开大，虹膜血管收缩
	副交感		动眼神经副核	动眼神经→睫状神经节→睫状短神经	睫状神经节	睫状神经→瞳孔括约肌、睫状肌	瞳孔缩小，睫状肌收缩
心脏	交感	经颈中、下心神经和胸心神经→$T_1 \sim T_4$，T_5 脊髓后角	$T_2 \sim T_5$, T_6 脊髓侧角	经白交通支→交感干，在干内上升或不上升	颈上、中、下神经节和 $T_1 \sim T_5$ 脊神经	颈上、中、下心神经和胸心神经→心丛→冠状动脉丛→心房和心室	心跳加快，心室收缩力加强，冠状动脉舒张
	副交感	迷走神经→延髓孤束核	迷走神经背核	迷走神经→颈心上、下心支、胸心支→心丛→冠状动脉丛→心房	心神经节、心房壁内的神经节	到心房、心室	心跳减慢、心室收缩力减弱，冠状动脉收缩

器官	神经	内脏感觉神经传入径路	内脏运动神经节前纤维		内脏运动节后纤维		功能
			起源	传出径路	起源	传出径路	
支气管和肺	交感	来自胸膜脏层的传入纤维经交感神经肺支→T_2～T_5脊髓后角	T_2～T_5脊髓侧角	经白交通支→交感干，在干内上升或不上升	颈下神经节和2～5胸交感干	肺支→肺前、后丛→肺	支气管扩张，抑制腺体分泌，血管收缩
	副交感	来自气管和肺的传入纤维→迷走神经→延髓孤束核	迷走神经背核	迷走神经支气管支→肺丛→肺	肺丛内的神经节和支气管壁内的神经节	到支气管平滑肌和腺体	支气管收缩，促进腺体分泌
胃、小肠、升结肠和横结肠	交感	经腹腔丛→内脏大、小神经→T_6～T_{12}脊髓后角	T_5～T_{12}脊髓后角	经白交通支→交感干→内脏大、小神经	腹腔神经节、主动脉肾神经节、肠系膜上神经节	沿各部分血管周围的神经丛分布	减少肠蠕动，降低肠壁张力，减少分泌，增加括约肌张力，血管收缩
	副交感	迷走神经→延髓孤束核	迷走神经背核	迷走神经→食管丛→胃丛→腹腔丛→肠系膜上丛→胃肠壁	肠肌间丛和黏膜下丛内的神经节	到平滑肌和腺体	促进肠蠕动，增加肠壁张力，增加分泌，减少括约肌张力
降结肠至直肠	交感	腰内脏神经和交感干骶部的分支→L_1～L_3脊髓后角	T_{12}～L_3脊髓侧角	经白交通支→交感干→腰内脏神经、骶内脏神经→腹主动脉丛→肠系膜下丛、腹下丛	肠系膜下丛和腹下丛内神经节，少量在腰交感节	随各部分血管周围的神经丛分布	抑制肠蠕动，肛门内括约肌
	副交感	经肠系膜下丛，盆丛→盆内脏神经，到S_2～S_4脊髓后角	S_2～S_4脊髓骶副交感核	经第S_2～S_4→盆内脏神经→盆丛→降结肠、直肠	肠肌间丛和黏膜下丛内的神经节	到平滑肌和腺体	促进肠蠕动，肛门内括约肌
肝、胆囊、胰腺	交感	经腹腔丛→内脏大、小神经T_4～T_{10}脊髓后角	T_6～T_{10}脊髓侧角	经内脏大、小神经→腹腔丛	腹腔神经节、主动脉肾神经节	沿肝、胰血管分布	抑制腺体分泌
	副交感	迷走神经→延髓孤束核	迷走神经背核	迷走神经→腹腔丛	器官旁及壁内神经节	沿肝、胆囊、胰腺、血管周围神经丛分布	促进腺体分泌，使胆囊收缩
肾	交感	经主动脉肾丛→内脏小神经→T_9～L_2脊髓后角	T_{10}～L_1脊髓侧角	经内脏小神经和腰内脏神经→腹腔丛、肾丛	腹腔神经节、主动脉肾神经节	沿肾血管周围神经丛分布	血管收缩
	副交感	迷走神经→延髓孤束核	迷走神经背核	迷走神经→腹腔丛、肾丛	肾神经节及壁内神经节	沿肾血管分布	血管舒张，肾盂收缩
输尿管	交感	T_{11}～L_2脊髓后角	T_{11}～L_2脊髓侧角	经内脏小神经、腰内脏神经→腹腔丛和肠系膜上、下丛和肾丛	腹腔神经节、主动脉肾神经节	输尿管丛	抑制输尿管蠕动
	副交感	盆内脏神经→S_2～S_4脊髓后角	S_2～S_4脊髓骶副交感核	经盆内脏神经→输尿管丛	输尿管壁内神经节	沿血管分布	促进输尿管蠕动

续表

器官	神经	内脏感觉神经传入径路	内脏运动神经节前纤维		内脏运动节后纤维		功能
			起源	传出径路	起源	传出径路	
膀胱	交感	盆丛→腹下丛→腰内脏神经→T_{11}~L_2脊髓后角（传导来自膀胱体的痛觉）	T_{11}~L_2脊髓侧角	经白交通支→交感干→腰内脏神经、腹主动脉丛、肠系膜下丛、腹下丛、盆丛	肠系膜下丛和腹下丛内的神经节，少量在腰神经节	经膀胱丛到膀胱	血管收缩，膀胱三角肌收缩、尿道口关闭，对膀胱逼尿肌的作用很小或无
	副交感	盆丛→盆内脏神经→S_2~S_4脊髓后角（传导膀胱的牵张感和膀胱颈的感觉）	S_2~S_4脊髓骶副交感核	经第S_2~S_4→盆内脏神经→盆丛→膀胱丛	膀胱丛和膀胱壁内的神经节	到膀胱平滑肌	膀胱逼尿肌收缩，内括约肌松弛
男性生殖器	交感	盆丛→交感干→T_{11}~L_3脊髓后角	T_{11}~L_3脊髓侧角	经白交通支→交感干→腹腔丛→腹下丛→盆丛，或在交感干下行至盆交感干	腰、骶神经节和肠系膜下神经节	经盆丛→前列腺丛→盆部生殖器，或从腰神经节发支沿睾丸动脉→睾丸	盆部生殖器平滑肌收缩配合射精；膀胱三角肌同时收缩，关闭尿道内口，防止精液反流，血管收缩
	副交感		S_2~S_4脊髓骶部副交感核	经骶神经→盆内脏神经→盆丛、前列腺丛	盆丛和前列腺丛的神经节	到前列腺和海绵体的血管	促进海绵体血管舒张，与会阴神经经配合使阴茎勃起
子宫	交感	来自子宫底和子宫体的痛觉纤维→子宫阴道丛→腹下丛→腰内脏神经和内脏最小神经→T_{12}~L_2脊髓后角	T_{12}~L_2脊髓侧角	经白交通支→交感干→内脏最小神经和腰内脏神经→腹主动脉丛→腹下丛→盆丛→子宫阴道丛或在交感干下行至盆交感干	腹下丛内的神经节，骶神经节	随子宫阴道丛至子宫壁	血管收缩，妊娠子宫收缩，非妊娠子宫舒张
	副交感	来自子宫颈的痛觉纤维经盆内脏神经→S_2~S_4脊髓后角	S_2~S_4脊髓骶副交感核	经骶神经→盆内脏神经→腹下丛→盆丛→子宫→阴道丛	子宫阴道丛内的子宫颈神经节及沿子宫血管的神经节	到子宫壁内	血管舒张，对子宫肌作用不明
肾上腺	交感		T_8~T_{11}脊髓侧角	经白交通支→交感干→内脏大、小神经→肾上腺髓质	无		分泌肾上腺素
松果体	交感		脊髓的交感神经中枢	经白交通支→交感干	颈上神经节	随颈内动脉及其分支至松果体	促进5-羟色胺转化为褪黑素，间接抑制性腺活动
上肢的血管和皮肤	交感	经血管周围丛和脊神经→T_2~T_6脊髓后角	T_2~T_6脊髓侧角	经白交通支→交感干	颈中神经节、颈胸神经节和上部胸神经节	经灰交通支→脊神经→血管和皮肤	皮肤和肌血管收缩（胆碱能纤维使血管舒张），汗腺分泌，竖毛

续表

器官	神经	内脏感觉神经传入径路	内脏运动神经节前纤维		内脏运动节后纤维		功能
			起源	传出径路	起源	传出径路	
下肢的血管和皮	交感	经血管周围丛和脊神经→T_{10}～L_3脊髓后角	T_{10}～L_3脊髓侧角	经白交通支→交感干	腰神经节和骶神经节	经灰交通支→脊神经→血管和皮肤	皮肤和肌血管收缩（胆碱能纤维使血管舒张），汗腺分泌，竖毛

案例 3-5 患者女性，63 岁，因出现行走困难、嘴角松弛到医院就诊，通过询问病史，得知约在 6 年前，有一段时间曾感到眩晕及左耳耳鸣。几年后，患者发现耳鸣消失，但该耳却失聪。不久，她又发现左眼难以紧闭，左边口角开始下垂，微笑时不能把口角上扬。最近她感到左脸间有疼痛感觉，目前则变得麻痹。在过去几个星期内，她走路时有往左摆动的倾向。同时出现了吞咽困难与嘶哑，神经检查也显示她的舌头左边失去味觉，并无法从左眼激发角膜反射。

问题：

（1）指出受损位置。

（2）指出受牵涉构造的名称，并详细说明与每一构造有关的异常。

三、自主神经系统的功能

自主神经系统的功能主要在于调节心肌、平滑肌和腺体（消化腺、汗腺、部分内分泌腺）的活动，其调节功能是通过不同的递质和受体系统实现的。交感和副交感神经的主要递质和受体是乙酰胆碱和去甲肾上腺素及其相应的受体。自主神经系统胆碱能和肾上腺素能受体的分布及其生理功能总结于表 3-4 中。

除胆碱能和肾上腺素能系统外，自主神经系统内还存在肽类和嘌呤类递质及其受体。例如，肠道肌间神经丛的抑制性神经元可释放血管活性肠肽；而其兴奋性神经元则释放 P 物质；支配幽门 G 细胞的迷走节后纤维以胃泌素释放肽为递质；腺苷可舒张冠脉；ATP 参与抑制性肠肌运动神经元的信息传递等。

自主神经系统的功能特征具体如下。

1. 紧张性支配 自主神经对效应器的支配一般具有紧张性作用。这可通过切断神经后观察它所支配的器官活动是否发生改变而得到证实。例如，切断心迷走神经，心率即加快；切断心交感神经，心率则减慢。切断支配虹膜的副交感神经，瞳孔即散大；而切断其交感神经，瞳孔则缩小。一般认为，自主神经的紧张性来源于中枢，而中枢的紧张性则来源于神经反射和体液因素等多种原因。例如，压力感受器的传入冲动对维持心交感和心迷走神经的紧张性起重要作用；而中枢组织内 CO_2 浓度对维持交感缩血管中枢的紧张性也有重要作用。

2. 对同一效应器的双重支配 许多组织器官都受交感和副交感神经的双重支配，两者的作用往往是相互拮抗的。例如，心交感神经能加强心脏的活动，而心迷走神经则起相反作用；迷走神经可促进小肠的运动和分泌，而交感神经则起抑制作用。这种正反两方面的调节可使器官的活动状态能很快调整到适合于机体当时的需要。有时交感和副交感神经对某一器官的作用也有一致的方面，例如，两类神经都能促进唾液腺的分泌，但仍有一定区别，交感神经兴奋可促使少量黏稠唾液的分泌；而副交感神经兴奋则能引起大量稀薄唾液的分泌。

表 3-4 自主神经系统胆碱能和肾上腺素能受体的分布及其生理功能

效应器		胆碱能系统		肾上腺素能系统	
		受体	效应	受体	效应
自主神经节		N_1	节前-节后兴奋传递		
眼					
	虹膜环形肌	M	收缩（缩瞳）		
	虹膜辐射状肌			α_1	收缩（扩瞳）
	睫状体肌	M	收缩（视近物）	β_2	舒张（视远物）
心					
	窦房结	M	心率减慢	β_1	心率加快
	房室传导系统	M	传导减慢	β_1	传导加快
	心肌	M	收缩力减弱	β_1	收缩力增强
血管					
	冠状血管	M	舒张	α_1	收缩
				β_2	舒张（为主）
	皮肤黏膜血管	M	舒张	α_1	收缩
	骨骼肌血管	M	舒张[1]	α_1	收缩
				β_2	舒张（为主）
	脑血管	M	舒张	α_1	收缩
	腹腔内脏血管			α_1	收缩（主要）
				β_2	舒张
	唾液腺血管	M	舒张	α_1	收缩
支气管					
	平滑肌	M	收缩	β_2	舒张
	腺体	M	促进分泌	α_1	抑制分泌
				β_2	促进分泌
胃肠					
	胃平滑肌	M	收缩	β_2	舒张
	小肠平滑肌	M	收缩	α_2	舒张[2]
				β_2	舒张
	括约肌	M	舒张	α_1	收缩
	腺体	M	促进分泌	α_2	抑制分泌
胆囊和胆道		M	收缩	β_2	舒张
膀胱					
	逼尿肌	M	收缩	β_2	舒张
	三角区和括约肌				
	肌	M	舒张	α_1	收缩
输尿管平滑肌					
肌		M	收缩	α_1	收缩
子宫平滑肌		M	可变[3]	α_1	收缩（有孕）
				β_2	舒张（无孕）
皮肤					
	汗腺	M	促进温热性发汗[1]	α_1	促进精神性发汗
	竖毛肌			α_1	收缩
唾液腺		M	分泌大量、稀薄唾液	α_1	分泌少量、黏稠唾液
代谢					
	糖酵解			β_2	加强
	脂肪分解			β_3	加强

注：（1）为交感节后胆碱能纤维支配
（2）可能是突触前受体调制递质释放所致
（3）因月经周期、循环血中雌、孕激素水平、妊娠以及其他因素而发生变动

3. 受效应器所处功能状态的影响 自主神经的活动度与效应器当时的功能状态有关。例如，刺激交感神经可引起未孕动物的子宫运动抑制，而对有孕子宫却可加强其运动。这是因为未孕子宫和有孕子宫上表达的受体有所不同（表3-4）。胃幽门处于收缩状态时，刺激迷走神经能使之舒张；而幽门处于舒张状态时，刺激迷走神经则使之收缩。

4. 对整体生理功能调节的意义 在环境急骤变化的情况下，交感神经系统可以动员机体许多器官的潜在能力以适应环境的急剧变化。例如，在肌肉剧烈运动、窒息、失血或寒冷环境等情况下，机体出现心率加速、皮肤与腹腔内脏的血管收缩、血液储存库排出血液以增加循环血量、红细胞计数增加、支气管扩张、肝糖原分解加速以及血糖浓度升高、儿茶酚胺分泌增加等现象。交感神经系统活动具有广泛性，但对于一定的刺激，不同部分的交感神经的反应方式和程度是不同的，表现为不同的整合形式。

四、副交感神经

副交感神经系统的活动相对比较局限。其整个系统活动的意义主要在于保护机体、休整恢复、促进消化、积蓄能量及加强排泄和生殖功能等方面。例如，机体在安静时副交感神经活动往往加强，此时心脏活动减弱、瞳孔缩小、消化功能增强，以促进营养物质的吸收和能量的补充等。

（一）脊髓的内脏调节功能

脊髓对内脏活动的调节是初级的，基本的血管张力反射、发汗反射、排尿反射、排便反射、阴茎勃起反射等可在脊髓水平完成，但这些反射平时受高位中枢的控制。依靠脊髓本身的活动不足以很好适应生理功能的需要。脊髓离断的患者在脊休克过去后，由平卧位转成直立位时常感头晕。因为，此时直立性血压反射的调节能力很差，外周血管阻力不能及时发生适应性改变。此外，患者虽有一定的排尿能力，但反射不受意识控制，即出现尿失禁，且排尿也不完全。

（二）低位脑干的内脏调节功能

由延髓发出的自主神经传出纤维支配头面部的所有腺体、心、支气管、喉、食管、胃、胰腺、肝和小肠等；同时，脑干网状结构中存在许多与内脏活动调节有关的神经元，其下行纤维支配脊髓，调节脊髓的自主神经功能。许多基本生命现象（如循环、呼吸等）的反射调节在延髓水平已初步完成，因此，延髓有"生命中枢"之称。此外，中脑是瞳孔对光反射的中枢部位。有关内容均已在前面各章叙述，这里不再重复。

（三）下丘脑的内脏调节功能

下丘脑大致可分为前区、内侧区、外侧区和后区四个区。前区的最前端为视前核，严格讲，它应属于前脑的范畴，稍后为视上核、视交叉上核、室旁核，再后是下丘脑前核；内侧区又称结节区，紧靠着下丘脑前核，其中有腹内侧核、背内侧核、结节核与灰白结节，还有弓状核与结节乳头核；外侧区有分散的下丘脑外侧核，其间穿插有内侧前脑束；后区主要是下丘脑后核和乳头体核。

下丘脑与边缘前脑及脑干网状结构有紧密的形态和功能联系，传入下丘脑的冲动可来自边缘前脑、丘脑、脑干网状结构，下丘脑的传出冲动也可抵达这些部位。下丘脑还可通过垂体门脉系统和下丘脑-垂体束调节腺垂体和神经垂体的活动。下丘脑被认为是较高级的内脏活动调节中枢，刺激下丘脑能产生自主神经反应，但又似乎并不与内脏功能调节有直接关联，而多半为更复杂的生理活动（如调节体温、摄食行为、水平衡、情绪活动、生物节律等）中的一些组成部分。下面以下丘脑的一些主要功能做简单介绍。

1. 体温调节　在哺乳动物，于间脑以上水平切除大脑皮质，其体温基本能保持相对稳定；若在下丘脑以下部位横切脑干，动物则不能维持其体温。已知视前区-下丘脑前部存在着温度敏感神经元，它们既能感受所在部位的温度变化，也能对传入的温度信息进行整合。当此处温度超过或低于调定点（正常时约为 36.8℃）水平，即可通过调节散热和产热活动，使体温能保持稳定。

2. 水平衡调节　毁损下丘脑可导致动物烦渴与多尿，说明下丘脑能调节对水的摄入与排出，从而维持机体的水平衡。饮水是一种本能行为（见后文）；而下丘脑对肾排水的调节则是通过控制视上核和室旁核合成和释放抗利尿激素而实现的。下丘脑前部存在着脑渗透压感受器（brain osmoreceptor），它能按血液中的渗透压变化来调节血管升压素的分泌。此外，血管升压素的分泌调节还受其他多种因素影响。

3. 对腺垂体和神经垂体激素分泌的调节　一方面，下丘脑内的神经内分泌小细胞能合成多种下丘脑调节肽。这些肽类物质经轴质运输并分泌到正中隆起，由此经垂体门脉系统到达腺垂体，促进或抑制各种腺垂体激素的分泌。另一方面，下丘脑内还有监察细胞存在，能感受血液中一些激素浓度的变化，反馈调节下丘脑调节肽的分泌。

此外，下丘脑视上核和室旁核的神经内分泌大细胞能合成血管升压素和缩宫素，这两种激素经下丘脑-垂体束运抵神经垂体储存，下丘脑也可控制其分泌。

4. 生物节律控制　机体内的许多活动能按一定的时间顺序发生周期性变化，这一现象称为生物节律（biorhythm）。人体许多生理活动具有日节律（circadian rhythm）。日周期是最重要的生物节律，如血细胞数、体温、促肾上腺皮质激素分泌等的日周期变动。研究表明，下丘脑视交叉上核（suprachiasmatic nucleus）可能是控制日周期的关键部位。视交叉上核可通过视网膜-视交叉上核束与视觉感受装置发生联系，因此外界的昼夜光照变化可影响其活动，从而使体内日周期节律和外环境的昼夜节律趋于同步。若人为改变每日的光照和黑暗的时间，可使一些机体功能的日周期位相发生移动。控制生物节律的传出途径既有神经性的，也有体液性的。例如，松果体激素褪黑素可能对体内器官起着时钟指针的作用。

5. 其他功能　下丘脑能产生某些行为欲，如食欲、渴觉和性欲等，并能调节相应的摄食行为、饮水行为和性行为等本能行为；下丘脑还参与睡眠、情绪及情绪生理反应等（见后文）。

五、大脑皮质的内脏调节功能

1. 边缘叶和边缘系统　大脑半球内侧面皮质与脑干连接部和胼胝体旁的环周结构，曾称为边缘叶（limbic lobe），其中最内圈的海马、穹窿等为古皮质；较外圈的扣带回、海马回等为旧皮质。边缘叶连同与其密切有关的岛叶、颞极、眶回等皮质，以及杏仁核、隔区、下丘脑、丘脑前核等皮质下结构统称为边缘系统（limbic system）。有人还把中脑中央灰质及被盖等中脑结构也归入该系统，从而形成边缘前脑（limbic forebrain）和边缘中脑（limbic midbrain）的概念。

边缘系统对内脏活动的调节作用复杂而多变。例如，刺激扣带回前部可出现呼吸抑制或加速、血压下降或上升、心率减慢、胃运动抑制、瞳孔扩大或缩小；刺激杏仁核可出现咀嚼、唾液和胃液分泌增加、胃蠕动增强、排便、心率减慢、瞳孔扩大；刺激隔区可出现阴茎勃起、血压下降或上升、呼吸暂停或加强。

2. 新皮质　电刺激动物的新皮质，除能引起躯体运动外，也能引起内脏活动的改变。例如，刺激皮质内侧面 4 区一定部位，会产生直肠与膀胱运动的变化；刺激皮质外侧面一定部位，可引发呼吸、血管运动的变化；刺激 4 区底部，可发生消化道运动及唾液分泌的变化；刺激 6 区一定部位，可出现竖毛、出汗及上、下肢血管的舒缩反应；刺激 8 区和 19 区等，除可引起眼外肌运动外，还能引起瞳孔的反应。电刺激人类大脑皮质也能见到类似的结果。

第四节　本能行为和情绪的神经基础

本能行为（instinctual behavior）是指动物在进化过程中形成而遗传固定下来的，对个体和种族生存具有重要意义的行为，如摄食、饮水和性行为等。情绪（emotion）是指人类和动物对客观环境刺激所表达的一种特殊的心理体验和某种固定形式的躯体行为表现。情绪有恐惧、焦虑、发怒、平静、愉快、痛苦、悲伤和惊讶等多种表现形式。在本能行为和情绪活动进行过程中，常伴发自主神经系统和内分泌系统功能活动的改变。本能行为和情绪主要受下丘脑和边缘系统的调节。人类的本能行为和情绪受后天学习和社会因素的影响十分巨大。

（一）本能行为

1. 摄食行为　是动物维持个体生存的基本活动。用埋藏电极刺激下丘脑外侧区可引起动物多食，破坏该区则导致拒食，提示该区存在摄食中枢（feeding center）。刺激下丘脑腹内侧核可引起动物拒食，破坏此核则导致食欲增大而逐渐肥胖，提示该区存在饱中枢（satiety center）。用微电极分别记录下丘脑外侧核和腹内侧核的神经元放电，观察到动物在饥饿情况下，前者放电频率较高而后者放电频率较低；静脉注射葡萄糖后，则前者放电频率减少而后者放电频率增多。说明摄食中枢和饱中枢之间存在交互抑制的关系。

杏仁核也参与摄食行为的调节。破坏猫的杏仁核，动物可因摄食过多而肥胖；电刺激杏仁核的基底外侧核群可抑制摄食活动；同时记录杏仁核基底外侧核群和下丘脑外侧区（摄食中枢）的神经元放电，可见到两者的自发放电呈相互制约的关系，即当一个核内神经元放电增多时则另一个核内神经元放电减少。因而推测杏仁核基底外侧核群能易化下丘脑饱中枢并抑制摄食中枢的活动。此外，刺激隔区也可易化饱中枢和抑制摄食中枢的活动。

2. 饮水行为　人类和高等动物的饮水行为是通过渴觉引起的。引起渴觉的主要因素是血浆晶体渗透压升高和细胞外液量明显减少。前者通过刺激下丘脑前部的脑渗透压感受器而起作用；后者则主要由肾素-血管紧张素系统所介导。低血容量能刺激肾素分泌增加，此时血液中的血管紧张素 Ⅱ 含量增高，血管紧张素 Ⅱ 能作用于间脑的特殊感受区穹窿下器（subfornical organ, SFO）和终板血管器（organum vasculosum of the lamina terminalis, OVLT），这两个区域都属于室周器（circumventricular organ），此处血-脑屏障较薄弱，血液中血管紧张素 Ⅱ 能到达这些区域而引起渴觉。在人类，饮水常为习惯性行为，不一定都由渴觉引起。

3. 性行为　是动物维持种系生存的基本活动。神经系统中的许多部位参与对性行为的调控。交媾本身是由一系列的反射在脊髓和低位脑干中进行整合的，但伴随它的行为成分、交媾的欲望、发生在雌性和雄性动物一系列协调的顺序性调节，在很大程度上是在边缘系统和下丘脑调控下进行的。刺激大鼠、猫、猴等动物内侧视前区，雄性或雌性动物均可出现性行为的表现；破坏该部位，则出现对异性的冷漠和性行为的丧失。在该区注入性激素也可诱发性行为。此外，杏仁核的活动也与性行为有密切关系。实验表明，杏仁外侧核及基底外侧核具有抑制性行为的作用；而杏仁皮层内侧区则具有兴奋性行为的作用。

（二）情绪

1. 恐惧和发怒　动物在恐惧（fear）时表现为出汗、瞳孔扩大、蜷缩、后退、左右探头企图寻机逃跑等；而在发怒（rage）时则表现为攻击行为，如竖毛、张牙舞爪、发出咆哮声等。引发恐惧和发怒的环境刺激具有相似之处，一般都是对动物的机体或生命可能或已经造成威胁和伤害的信号。当危险信号出现时，动物通过快速判断后做出抉择，或者逃避，或者进行格斗。因此，恐惧和发怒是一种本能的防御反应（defense reaction），也有人称之为格斗-逃避反应（fight-flight reaction）。

在间脑水平以上切除大脑的猫，只要给予微弱的刺激，就能激发出强烈的防御反应，通常表现为张牙舞爪的模样，就像正常猫在进行搏斗时的表现，这一现象称为假怒（sham rage）。这是因为平时下丘脑的这种活动受到大脑皮层的抑制而不易表现出来，切除大脑后则抑制解除，表现为防御反应的易化。研究表明，下丘脑内存在防御反应区（defense zone），主要位于近中线的腹内侧区。在清醒动物，电刺激该区可引发防御性行为。此外，电刺激下丘脑外侧区也可引起动物出现攻击行为，电刺激下丘脑背侧区则出现逃避行为。人类下丘脑发生疾病时也往往伴随出现不正常的情绪活动。

此外，与情绪调节有关的脑区还包括边缘系统和中脑等部位。例如，电刺激中脑中央灰质背侧部也能引起防御反应。刺激杏仁核外侧部，动物出现恐惧和逃避反应；而刺激杏仁核内侧部和尾侧部，则出现攻击行为。

2. 愉快和痛苦　愉快（pleasure）是一种积极的情绪，通常由那些能够满足机体需要的刺激所引起，如在饥饿时得到美味的食物；而痛苦（agony）则是一种消极的情绪，一般由那些伤害躯体和精神的刺激或因渴望得到的需求不能得到满足而产生，如严重创伤、饥饿和寒冷等。

在动物实验中，预先于脑内埋藏一刺激电极，并让动物学会自己操纵开关而进行脑刺激。这种实验方法称为自我刺激（self stimulation）。如果将电极置于大鼠脑内从中脑被盖腹侧区延伸到额叶皮质的近中线部分，包括中脑被盖腹侧区、内侧前脑束、伏隔核和额叶皮质等结构，动物只要在无意中有过一次自我刺激的体验后，就会一遍又一遍地进行自我刺激，很快发展到长时间连续自我刺激。表明刺激这些脑区能引起动物的自我满足和愉快，这些脑区称为奖赏系统（reward system）或趋向系统（approach system）。已知从中脑被盖腹侧区到伏隔核的多巴胺能通路与之有关，应用 D_3 多巴胺能受体激动剂能增加自我刺激的频率，而给予 D_3 受体拮抗剂则可减少自我刺激频率，D_3 受体可能主要存在于伏隔核内。如果置电极于大鼠下丘脑后部的外侧部分、中脑的背侧和内嗅皮质等部位，则无意中的一次自我刺激将使动物出现退缩、回避等表现，且之后不再进行自我刺激。表明刺激这些脑区可使动物感到嫌恶和痛苦，这些脑区称为惩罚系统（punishment system）或回避系统（avoidance system）。据统计，在大鼠脑内奖赏系统所占脑区约为全脑的 35%；惩罚系统区约为 5%；而既非奖赏系统又非惩罚系统区约占 60%。在一些患有精神分裂症、癫痫或肿瘤伴有顽痛的患者中进行自我刺激试验，其结果也极为相似。

（三）情绪生理反应

情绪生理反应（emotional physiological reaction）是指在情绪活动过程中伴随发生的一系列生理变化，主要包括自主神经系统和内分泌系统功能活动的改变。

1. 自主神经系统功能活动的改变　在多数情况下，情绪生理反应表现为交感神经系统活动的相对亢进。例如，在动物发动防御反应时，可出现瞳孔扩大、出汗、心率加快、血压升高、骨骼肌血管舒张、皮肤和小肠血管收缩等交感活动的改变，其意义在于重新分配各器官的血流量，使骨骼肌在格斗或逃跑时获得充足的血供。在某些情况下也可表现为副交感神经系统活动的相对亢进，如食物性刺激可增强消化液分泌和胃肠道运动；性兴奋时生殖器官血管舒张；悲伤时则表现为流泪等。

2. 内分泌系统功能活动的改变　情绪生理反应常引起多种激素分泌改变。例如，在创伤、疼痛等原因引起应激而出现痛苦、恐惧和焦虑等的情绪反应中，血中促肾上腺皮质激素和肾上腺糖皮质激素浓度明显升高，肾上腺素、去甲肾上腺素、甲状腺激素、生长激素和催乳素等浓度也升高；情绪波动时往往出现性激素分泌紊乱，并引起育龄期女性月经失调和性周期紊乱。

（四）动机和成瘾

1. 动机（motivation）　是指激发人们产生某种行为的意念。人类和动物的行为不是偶然发生的，本能行为也都是在一定的欲望驱使下产生的，如摄食、饮水、性行为分别由食欲、渴觉和性欲所驱使。脑内奖赏系统和惩罚系统在行为的激发（动机的产生）和抑制方面具有重要意义，几乎所有的行为都在某种程度上与奖赏或惩罚有一定的关系。一定的行为通常是通过减弱或阻止不愉快的情绪，并且通过奖赏的作用而激励的。例如，实验中动物学习走迷宫可能就是通过刺激奖赏系统产生有效的动机而进行的。

2. 成瘾（addiction）　是泛指不能自制并不顾其消极后果地反复将某种物品摄入体内；在药理学中，成瘾是特指连续反复多次使用毒品所造成的慢性中毒。目前被视为毒品的主要有吗啡、海洛因、可卡因、安非他明（苯丙胺）和大麻等。这些物品虽然对脑的影响途径各不相同，但都与奖赏系统的激活有关，它们都能增加脑内多巴胺对伏隔核 D_3 受体的作用。长期成瘾者对这些物品将产生耐受性和依赖性，即需要加大剂量才能达到初期使用效果，一旦停止使用便会产生戒断症状：出现烦躁不安、失眠、疼痛加剧、肌肉震颤、呕吐、腹痛腹泻、瞳孔散大、流泪流涕、出汗等，若给予药物则症状立即消除。注射 β 受体拮抗剂或 α_2 受体激动剂于终纹能缓解戒断症状，双侧毁损被盖外侧区去甲肾上腺素能纤维也有类似效应。成瘾者在接受治疗后有明显的复发倾向，这可能与前内侧皮质、海马和杏仁核（与记忆有关）至伏隔核的谷氨酸能兴奋性纤维投射有关。

第四章 脑电活动及觉醒和睡眠

觉醒与睡眠是脑的重要功能活动之一。除了在行为上的区别外，在哺乳动物和鸟类等动物，两者的区别可根据同时记录脑电图、肌电图或眼电图等方法进行客观判定。因此，在介绍觉醒与睡眠之前，首先介绍脑电活动。

一、脑 电 活 动

脑电活动来源于神经元本身的膜电位及其波动、神经冲动的传导和突触传递过程中产生的突触后电位。脑电活动有自发脑电活动和皮质诱发电位两种形式。

（一）自发脑电活动和脑电图

在无明显刺激情况下，大脑皮质能经常自发地产生节律性的电位变化，这种电位变化称为自发脑电活动（spontaneous electric activity of the brain）。自发脑电活动可用引导电极在头皮表面记录下来，临床上用特殊的电子仪器所描记的自发脑电活动曲线，称为脑电图（electroencephalogram，EEG）（图 4-1）。在颅骨打开时直接记录到的皮质表面电位变化，则称为皮质电图（electrocorticogram，ECoG）。

1. 脑电图的波形　根据自发脑电活动的频率，可将脑电波分为 α、β、θ 和 δ 等波形（表 4-1）。各种脑电波在不同脑区和不同条件下的表现可有显著差别。

表 4-1　脑电波波形

类型	频率（Hz）	幅度（μV）	产生条件	产生部位
α	8～13	20～100	成人安静、清醒并闭眼时	枕叶
β	14～30	5～20	新皮层处于紧张活动状态	额叶、顶叶
θ	4～7	100～150	成人困倦时	颞叶、顶叶
δ	0.5～3	20～200	成人人睡后或极度疲劳或麻醉时	颞叶、枕叶

α 波是成年人安静时的主要脑电波，在枕叶皮质最为显著；β 波则为新皮质紧张活动时的脑电波，在额叶和顶叶较显著。有时，β 波可重合于 α 波之上。α 波常表现为波幅由小变大、再由大变小反复变化的梭形波。α 波在清醒、安静并闭眼时出现，睁开眼睛或接受其他刺激时，立即消失而呈现快波（β 波），这一现象称为 α 波阻断（αblock）。θ 波可见于成年人困倦时。δ 波则常见于成年人睡眠时及极度疲劳时或麻醉状态下。儿童的脑电波频率一般较低。在婴儿的枕叶常可见到 0.5～2Hz 的慢波，其频率在整个儿童时期逐渐增高。在幼儿，一船常可见到 θ 样波形，青春期开始时才出现成人型 α 波。不同生理情况下脑电波也有变化。如血糖、体温和糖皮质激素处于低水平，以及动脉血氧分压处于高水平时，α 波的频率减慢。

临床上，癫痫患者或皮质有占位病变（如肿瘤等）的患者，其脑电波常发生改变。例如，癫痫患者可出现异常的高频高幅脑电波或在高频高幅波后跟随一个慢波的综合波形。因此，利用脑电波改变的特点，并结合临床资料，可用来诊断癫痫或探索肿瘤所在的部位。

2. 脑电波形成的机制　皮质表面的电位变化是由大量神经元同步发生的突触后电位经总和后形成的。因为锥体细胞在皮质排列整齐，其顶树突相互平行并垂直于皮质表面，因此其同步电活动易总和而形成强大电场，从而改变皮质表面的电位。大量皮质神经元的同步电活动则依赖于皮质与丘脑之间的交互作用，一定的同步节律的非特异投射系统的活动，可促进皮质电活动的同步化。

（二）皮质诱发电位

皮质诱发电位（evoked cortical potential）是指感觉传入系统或脑的某一部位受刺激时，在皮质某一局限区域引出的电位变化。皮质诱发电位可通过刺激感受器、感觉神经或感觉传导途径的任何一点而引出。常见的皮质诱发电位有躯体感觉诱发电位（somatos ensory evoked potential，SEP）、听觉诱发电位（auditory evoked potential，AEP）和视觉诱发电位（visual evoked potential，VEP）等。

各种诱发电位均有其一定的反应形式。躯体感觉诱发电位一般可区分出主反应（primary evoked potential）、次反应（diffuse secondary response）和后发放三种成分。主反应为一种先正后负的电位变化，在大脑皮质的投射有特定的中心区。主反应出现在一定的潜伏期之后，即与刺激有锁时关系。潜伏期的长短决定于刺激部位离皮质的距离、神经纤维的传导速度和所经过的突触数目等因素。次反应是跟随主反应之后的扩散性续发反应，可见于皮质的广泛区域，即在大脑皮质无中心区，与刺激亦无锁时关系。后发放则为主、次反应之后的一系列正相周期性电位波动（图4-1）。由于皮质诱发电位常出现在自发脑电活动的背景上，因此较难分辨；但由于主反应与刺激具有锁时关系，而诱发电位的其他成分和自发脑电均无此关系，因此应用计算机将电位变化叠加和平均处理能使主反应突显出来，而其他成分则互相抵消。利用记录诱发电位的方法，可了解各种感觉在皮质的投射定位。前文所述皮质感觉代表区的投射规律就可应用诱发电位的方法加以证实。诱发电位也可在颅外头皮上记录到，临床上测定诱发电位对中枢损伤部位的诊断也具有一定价值。

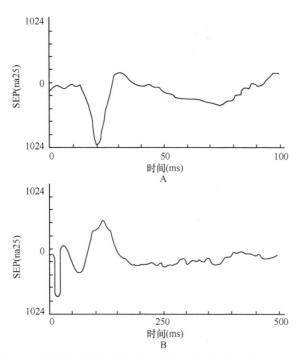

图 4-1　刺激家兔腓总神经引起的躯体感觉诱发电位（SEP）
A. 刺激后 0～100 ms 内的 SEP 描记，即 B 图中前 100ms 的展宽；B. 刺激后 0～500ms 内的 SEP 描记，刺激后约 12ms 始首先出现先正（向下）后负（向上）的主反应，随后出现次反应，约 300ms 后出现后发放，横坐标为描记时间，纵坐标为计算机数字量，n 为计算机叠加次数

二、觉醒和睡眠

觉醒（wakefulness）与睡眠（sleep）是人体所处的两种不同状态，两者昼夜交替。觉醒时，脑电波一般呈去同步化快波，闭目安静时枕叶可出现 α 波，抗重力肌保持一定的张力，维持一定的姿势或进行运动，眼球可产生追踪外界物体移动的快速运动。睡眠时，脑电波一般呈同步化慢波，嗅、视、听、触等感觉减退，骨骼肌反射和肌紧张减弱，自主神经功能可出现一系列

改变，如血压下降、心率减慢、瞳孔缩小、尿量减少、体温下降、代谢率降低、呼吸变慢、胃液分泌增多而唾液分泌减少、发汗增强等。但这些改变是暂时的，较强的刺激可使睡眠中断而转为觉醒。

觉醒与睡眠的昼夜交替是人类生存的必要条件。觉醒状态可使机体迅速适应环境变化，因而能进行各种体力和脑力劳动；而睡眠则使机体的体力和精力得到恢复。一般情况下，成年人每天需要睡眠 7~9h，儿童需要更多睡眠时间，新生儿需要 18~20h，而老年人所需睡眠时间则较少。

（一）觉醒状态的维持

觉醒状态的维持与感觉传入直接有关。躯体感觉传入通路中第二级神经元的上行纤维在通过脑干时，发出侧支与网状结构内的神经元发生突触联系。刺激动物中脑网状结构能唤醒动物，脑电波呈现去同步化快波。在中脑头端切断网状结构后，动物出现昏睡现象，脑电波呈同步化慢波（图 4-2），说明脑干网状结构具有上行唤醒作用，因此称为网状结构上行激动系统（ascending reticular activating system）。上行激动系统主要通过感觉的非特异投射系统到达大脑皮质。由于网状结构内神经元的高度聚合和复杂的网络联系，以及非特异投射系统的多突触传递和在皮质广泛区域的弥散性投射，使上行激动系统失去传导各种感觉的特异性。巴比妥类药物可以阻断上行激动系统的活动而起催眠的作用。此外，大脑皮质的感觉运动区、额叶、眶回、扣带回、颞上回、海马、杏仁核、下丘脑等脑区也可通过下行纤维兴奋网状结构。觉醒状态有行为觉醒和脑电觉醒之分，前者表现为对新异刺激有探究行为；后者则不一定有探究行为，但脑电呈现去同步化快波。在动物实验中观察到，静脉注射阿托品阻断脑干网状结构胆碱能系统的活动后，脑电呈现同步化慢波而不出现快波，但动物在行为上并不表现为睡眠；而单纯破坏中脑黑质多巴胺能系统后，动物对新异刺激不再产生探究行为，但脑电仍可有快波出现，这与帕金森病患者缺乏行为觉醒的表现是一致的。可见，行为觉醒的维持可能与黑质多巴胺能系统的功能有关。实验还表明，破坏脑桥蓝斑上部去甲肾上腺素能系统后，动物的脑电快波明显减少，在有感觉传入时，动物仍能被唤醒，脑电呈现快波，但这种唤醒作用很短暂，感觉刺激一停止，唤醒作用随即终止。因此，脑电觉醒的维持与蓝斑上部去甲肾上腺素能系统和脑干网状结构胆碱能系统的作用都有关，前者的作用是持续性的或紧张性的，后者的作用则为时相性的，并能调制前者的脑电觉醒作用。

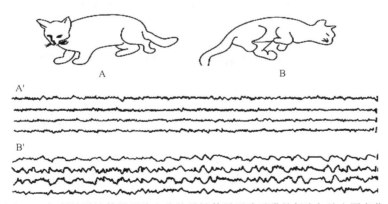

图 4-2　切断特异性传导通路和非特异性传导通路后猫的行为与脑电图变化

A. 切断特异性传导通路而不损伤非特异性传导通路的猫，处于觉醒状态，A'为其脑电图；B. 切断非特异性传导通路的猫，处于昏睡状态，B' 为其脑电图

（二）睡眠的时相和产生机制

睡眠可分为慢波睡眠（slow wave sleep，SWS）和异相睡眠（paradoxical sleep，PS）两个时相，后者又称为快波睡眠（fast wave sleep，FWS）或快速眼球运动睡眠（rapid eye movement sleep，REM sleep）。睡眠过程中两个时相互相交替。成人进入睡眠后，首先是慢波睡眠，持续80～120min 后转入异相睡眠，维持 20～30min 后，又转入慢波睡眠；整个睡眠过程中有 4～5次交替，越近睡眠的后期，异相睡眠持续时间越长（图 4-3）。两种睡眠时相状态均可直接转为觉醒状态，但在觉醒状态下，一般只能进入慢波睡眠，而不能直接进入异相睡眠。

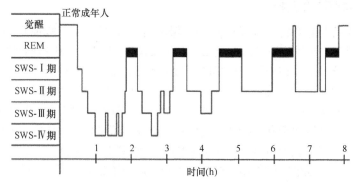

图 4-3 正常成年人整夜睡眠中两个时相交替的示意图

1. 慢波睡眠 根据脑电波的特点，可将人的慢波睡眠分为四个时期。①入睡期（Ⅰ期）：其特征是 α 波逐渐减少，呈现若干 θ 波，脑电波趋于平坦；②浅睡期（Ⅱ期）：其特征是在 θ波的背景上呈现睡眠梭形波（即 σ 波，是 α 波的变异，频率稍快，为 13～15Hz；幅度稍低，为20～40μV）和若干 κ-复合波（是 δ 波和 σ 波的复合）；③中度睡眠期（Ⅲ期）：其特征是出现高幅（＞75μV）δ 波，占 20%～50%；④深度睡眠期（Ⅳ期）：呈现连续的高幅 δ 波，数量超过50%（图 4-4）。

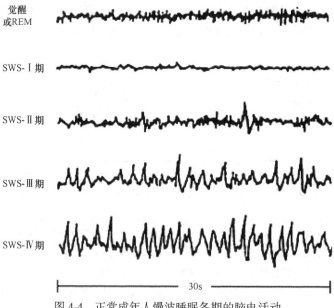

图 4-4 正常成年人慢波睡眠各期的脑电活动

慢波睡眠为正常人所必需。一般成年人持续觉醒 15~16h，便可称为睡眠剥夺，此时极易转为睡眠状态。长期睡眠剥夺后，如果任其自然睡眠，则慢波睡眠，尤其是深度睡眠将明显增加，以补偿前阶段的睡眠不足。在慢波睡眠中，机体的耗氧量下降，但脑的耗氧量不变；同时，腺垂体分泌生长激素明显增多。因此，慢波睡眠有利于促进生长和体力恢复。

睡眠发生的机制至今仍不很清楚，但有众多事实表明，睡眠并非脑活动的简单抑制，而是一个主动过程。根据局部脑区电刺激和记录神经元放电的实验结果，目前认为与慢波睡眠有关的脑区包括：①间脑的下丘脑后部、丘脑髓板内核群邻旁区和丘脑前核；②脑干尾端网状结构，有人称之为上行抑制系统（ascending inhibitory system）；③基底前脑的视前区和 Broca 斜带区。对前两个脑区施以低频电刺激可引起慢波睡眠，而高频电刺激则引起觉醒；对第三个脑区施加低频或高频刺激均可引起慢波睡眠。

关于神经递质和其他化学物质在慢波睡眠发生中所起的作用，有人认为，在人脑内，腺苷、前列腺素 D_2（PGD_2）可促进睡眠，而 5-HT 则可抑制睡眠。

2. 异相睡眠　不分期，其脑电波呈不规则的 β 波，与觉醒时很难区别，但不同的是异相睡眠时眼电显著增强，而肌电明显减弱；其表现与慢波睡眠相比，各种感觉进一步减退，以致唤醒阈提高，骨骼肌反射和肌紧张进一步减弱，肌肉几乎完全松弛，可有间断的阵发性表现，如眼球快速运动、部分躯体抽动、血压升高、心率加快、呼吸加快而不规则等，此外，做梦是异相睡眠期间的特征之一。

异相睡眠也为正常人所必需。如果受试者连续几夜在睡眠过程中一出现异相睡眠就被唤醒，则受试者将变得容易激动；然后任其自然睡眠，则异相睡眠同样出现补偿性增加。在这种情况下，觉醒状态可直接进入异相睡眠，而不需经过慢波睡眠阶段。异相睡眠中，脑的耗氧量增加，脑血流量增多，脑内蛋白质合成加快，但生长激素分泌减少。异相睡眠与幼儿神经系统的成熟有密切的关系，可能有利于建立新的突触联系，促进学习记忆和精力恢复。但异相睡眠期间会出现间断的阵发性表现，这可能与某些疾病易于在夜间发作有关，如心绞痛、哮喘、阻塞性肺气肿缺氧发作等。

异相睡眠的产生可能与脑桥被盖外侧区胆碱能神经元的活动有关。有人将这些神经元称为异相睡眠启动（paradoxical sleep on，PS-ON）神经元。这些神经元可引起脑电发生去同步化快波，并能激发脑桥网状结构、外侧膝状体和视皮质的脑电波出现一种棘波，称为 PGO 锋电位（ponto-geniculo-occipital spike）。PGO 锋电位与快速眼球运动几乎同时出现，在觉醒时和慢波睡眠中相对处于静止状态或明显减少，而在异相睡眠中显著增强，因此被认为是异相睡眠的启动因素。PS-ON 神经元还可通过一定的神经通路显著减弱肌电而增强眼电。此外，在脑桥被盖、蓝斑和中脑中缝核还发现存在异相睡眠关闭（paradoxical sleep off，PS-OFF）神经元。这些神经元为去甲肾上腺素能（蓝斑）和 5-羟色胺能（中缝核）神经元，在觉醒时有规律性放电，在慢波睡眠时放电明显减少，而在异相睡眠时则处于静止状态，它们可能通过引起觉醒而对异相睡眠起终止作用。

第五章 脑的高级功能

人类的大脑得到高度的发展，除感觉和运动功能外，还能完成一些更为复杂的高级功能活动，如学习和记忆、思维和判断、语言和其他认知活动等。长期以来对这些功能的研究手段十分有限。近年来，新发展起来并被广泛应用的电子计算机断层扫描（computed tomography，CT）、正电子发射断层扫描（positron emission tomography，PET）和功能性磁共振影像（functional magnetic resonance imaging，fMRI）及其相关技术给脑的高级功能研究带来了一场革命。

一、学习和记忆

学习和记忆是两个有联系的神经活动过程。学习（learning）是指人和动物依赖于经验来改变自身行为以适应环境的神经活动过程；记忆（memory）则是将学习到的信息进行储存和"读出"的神经活动过程。

（一）学习和记忆的形式

1. 学习的形式 学习可分为非联合型学习（non-associative learning）和联合型学习（associative learning）两种形式。前者不需要在刺激和反应之间形成某种明确的联系，如前文所述的突触可塑性。后者是指在时间上很接近的两个事件重复地发生，最后在脑内逐渐形成联系，如条件反射的建立和消退。

Pavlov 在他的经典动物实验中，给狗以食物，可引起唾液分泌，这是非条件反射，食物就是非条件刺激（unconditioned stimulus）。给狗以铃声刺激，不会引起唾液分泌，因为铃声与食物无关。但是，如果每次给食物之前先出现一次铃声，然后再给予食物，这样多次结合以后，当铃声一出现，动物就会分泌唾液。这种情况下铃声成为条件刺激（conditioned stimulus）。条件反射就是通过条件刺激与非条件刺激在时间上的结合而建立起来的，这个过程称为强化（reinforcement）。实验表明，非条件刺激若不能激动奖赏系统或惩罚系统，条件反射将很难建立；如果非条件刺激能通过这两个系统引起愉快或痛苦的情绪活动，则条件反射就比较容易建立。在上述经典条件反射建立后，如果多次只给予条件刺激（铃声），而不用非条件刺激（喂食）强化，条件反射（唾液分泌）就会减弱，最后完全消失。这称为条件反射的消退（extinction）。条件反射的消退不是条件反射的简单丧失，而是中枢把原先引起兴奋性效应的信号转变为产生抑制性效应的信号。

如果先训练动物学会踩动杠杆而得到食物的操作，然后以灯光或其他信号作为条件刺激，建立条件反射，即在出现某种信号后，动物必须踩杠杆才能得到食物，这种条件反射称为操作式条件反射（operant conditioning）。得到食物是一种奖赏性刺激，因此这种操作式条件反射是一种趋向性条件反射（conditioned approach reflex）。如果预先在食物中注入一种不影响食物的色香味但动物食用后会发生呕吐或其他不适的药物，则动物在多次强化训练后，再见到信号就不再踩动杠杆。这种由于得到惩罚而产生的抑制性条件反射，称为回避性条件反射（conditioned avoidance reflex）。

人类条件反射的建立除可用现实具体的信号，如光、声、嗅、味、触等刺激外，也可用抽象的语词代替具体的信号。Pavlov 把现实具体的信号称为第一信号，而把有关的语词称为第二信号。与此相对应的，人类大脑皮质对第一信号发生反应的功能系统称为第一信号系统（first signal system），而对第二信号发生反应的功能系统则称为第二信号系统（second signal system）。因此，人脑功能有两个信号系统，而动物只有第一信号系统，第二信号系统是人类区别于动物的主要特征。人类可借助语词来表达思维，并进行抽象的思维。

2. 记忆的形式 根据记忆的储存和回忆方式，记忆可分为陈述性记忆（declarative memory）和非陈述性记忆（nondeclarative memory）两类。陈述性记忆与觉知或意识有关，依赖于记忆在海马、内侧颞叶及其他脑区内的滞留时间。这种形式的记忆还可分为情景式记忆（episodic memory）和语义式记忆（semantic memory）。前者是对一件具体事物或一个场面的记忆；而后者则是对文字和语言的记忆。非陈述性记忆则与觉知或意识无关，也不涉及记忆在海马的滞留时间，如某些技巧性的动作、习惯性的行为和条件反射等。陈述性和非陈述性记忆两种形式可以转化，如在学习骑自行车的过程中需对某些情景有陈述性记忆，一旦学会后，就成为一种技巧性动作，由陈述性记忆转变为非陈述性记忆。

根据记忆保留时间的长短可将记忆分为短时程记忆（short-term memory）、中时程记忆（intermediate memory）和长时程记忆（long-term memory）三类。短时程记忆的保留时间仅几秒钟到几分钟，其长短仅能满足于完成某项极为简单的工作，如打电话时的拨号，拨完后记忆随即消失。中时程记忆的保留时间自几分钟到几天，记忆在海马和其他脑区内进行处理，并能转变为长时程记忆。长时程记忆的信息量相当大，保留时间自几天到数年，有些内容，如与自己和最接近的人密切有关的信息，可终生保持记忆。

（二）人类的记忆过程和遗忘

1. 人类的记忆过程 记忆过程可细分为感觉性记忆、第一级记忆、第二级记忆和第三级记忆四个阶段（图 5-1）。感觉性记忆是指通过感觉系统获得信息后，首先储存在脑的感觉区内的阶段，这个阶段一般不超过 1s，若未经处理即很快消失。如果在这阶段把那些不连续的、先后进来的信息整合成新的连续的印象，即可转入第一级记忆。这种转移一般有两条途径，一是将感觉性记忆资料变成口头表达性符号，如语言符号，这是最常见的；二是非口头表达性途径，其机制尚不清楚，但它必然是幼儿学习所必须采取的途径。信息在第一级记忆中平均约停留几秒。通过反复学习和运用，信息便在第一级记忆中循环，从而延长它在第一级记忆中的停留时间，这样，信息就容易转入第二级记忆中。第二级记忆是一个大而持久的储存系统。发生在第

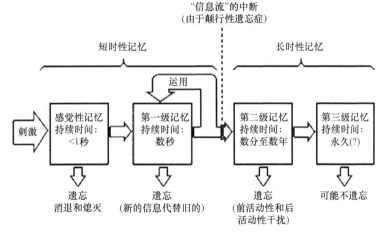

图 5-1 从感觉性记忆至第三级记忆的信息流图解

图示在每一级记忆内储存的持续时间及遗忘的可能机制，只有一部分的储存材料能够到达最稳定的记忆之中，复习（运用）使得从第一级记忆转入第二级记忆更为容易

二级记忆中的遗忘是由于先前的或后来的信息干扰所致。有些记忆，如自己的名字和每天都在操作的手艺等，通过长年累月的运用则不易遗忘，这一类记忆储存在第三级记忆中。

2. 遗忘（loss of memory） 是指部分或完全失去回忆和再认的能力，是一种正常的生理现象。遗忘在学习后即已开始，最初遗忘的速率很快，以后逐渐减慢。实验表明，在学习 20min 后，学习内容的 41.8% 被遗忘，过 1 个月后，学习内容的 78.9% 被遗忘。但遗忘并不意味记忆痕迹（memory trace）的消失，因为复习已经遗忘的内容总比学习新的内容来得容易。产生遗忘的原因与条件刺激久不强化所引起的消退抑制和后来信息的干扰等因素有关。

临床上将疾病情况下发生的遗忘称为记忆缺失或遗忘症（amnesia），可分为顺行性遗忘症（anterograde amnesia）和逆行性遗忘症（retrograde amnesia）两类。前者表现为不能保留新近获得的信息，多见于慢性酒精中毒，其发生机制可能由于信息不能从第一级记忆转入第二级记忆。后者表现为不能回忆脑功能障碍发生之前一段时间内的经历，多见于脑震荡，其发生机制可能是第二级记忆发生了紊乱，而第三级记忆却未受影响。

（三）学习和记忆的机制

迄今为止，有关学习和记忆的机制仍不十分清楚，但有众多证据表明，学习和记忆在脑内有一定的功能定位。与记忆功能密切有关的脑内结构有大脑皮质联络区、海马及其邻近结构、杏仁核、丘脑和脑干网状结构等。破坏皮质联络区的不同区域可引起各种选择性的遗忘症，包括各种失语症和失用症（见后文）；而电刺激清醒的癫痫患者颞叶皮质外侧表面，能诱发对往事的回忆；刺激颞上回，患者似乎听到了以往曾听过的音乐演奏，甚至还似乎看到乐队的影像。顶叶皮质可能储存有关地点的影像记忆。额叶皮质在短时程记忆中有重要作用。如果损伤海马、穹窿、下丘脑乳头体或乳头体-丘脑束及其邻近结构，可引起近期记忆功能的丧失。目前认为，与近期记忆有关的神经结构是海马回路（hippocampal circuit）：海马通过穹窿与下丘脑乳头体相连，再通过乳头体-丘脑束抵达丘脑前核，后者发出纤维投射到扣带回，扣带回则发出纤维又回到海马。此外，丘脑的损伤也可引起记忆丧失，但损伤主要引起顺行性遗忘，而对已经形成的久远记忆影响较小。杏仁核参与情绪有关的记忆，其机制主要是通过对海马活动的控制而实现的。

从生理学的角度看，感觉性记忆和第一级记忆可能与中枢神经元的环路联系有关，这种联系可产生后作用和连续活动。例如，海马回路的活动就与第一级记忆的保持和第一级记忆转入第二级记忆有关。近年来的一个重大突破是对突触可塑性的研究，如习惯化、敏感化和长时程增强普遍存在于中枢神经系统，尤其是在海马等与学习记忆有关的脑区。在训练大鼠进行旋转平台的空间分辨学习中，发现记忆能力强的大鼠海马的长时程增强反应大，而记忆能力差的大鼠反应小。突触可塑性可能是学习和记忆的生理学基础已被普遍接受。

从生物化学的角度看，较长时程的记忆与脑内的物质代谢有关，尤其与脑内蛋白质合成有关。动物在每次学习训练后的 5min 内，接受麻醉、电击、低温处理或给予那些能阻断蛋白质合成的药物、抗体、寡核苷酸，则长时程记忆反应将不能建立。如果这种干预由 5min 一次改为 4h 一次，则长时程记忆的建立将不受影响。在人类，类似于这种情况的是脑震荡或电休克治疗后出现的逆行性遗忘症。此外，有研究表明，脑内乙酰胆碱、儿茶酚胺、GABA、血管升压素等有促进学习和记忆的作用，而缩宫素、阿片肽等则作用相反。

从解剖学的角度看，持久性记忆可能与形态学改变有关。研究表明，海兔在经敏感化处理后感觉末梢上所含的活化区增多，而经习惯化处理后则活化区减少。生活在复杂环境中的大鼠的大脑皮质较厚，而生活在简单环境中的大鼠的皮质则较薄。

二、语言和其他认知活动

（一）优势半球和皮质功能的互补性专门化

人类两侧大脑半球的功能是不对等的。在主要使用右手的成年人，语言活动功能主要由左侧大脑皮质管理，而与右侧皮质无明显关系。左侧皮质在语言活动功能上占优势，故称为优势半球。这种一侧优势（laterality cerebral dominance）的现象仅出现于人类。一侧优势现象虽与遗传有一定关系，但主要在后天生活实践中逐步形成，这与人类习惯使用右手有关。人类的左侧优势自10～12岁起逐步建立，左侧半球若在成年后受损，就很难在右侧皮质再建语言中枢。

左侧半球为优势半球，并不意味着右侧半球不重要。研究指出，右侧半球也有其特殊的重要功能，它在非语词性的认知功能上占优势，如对空间的辨认、深度知觉认识、触-压觉认识、图像视觉认识、音乐欣赏分辨等。

上述两侧大脑半球对不同认识功能的互补性专门化现象，可通过裂脑（split brain）实验加以证实。在患有顽固性癫痫发作的患者，为了控制癫痫在两半球之间传播发作，常将患者的胼胝体连合纤维切断。手术后，患者对出现在左侧视野中的物体（视觉投射到右侧半球）不能用语词说出物体的名称，而对出现在右侧视野中的物体（视觉投射到左侧半球）就能说出物体的名称，说明语言活动中枢在左侧半球。但是，患者右侧半球的视觉认识功能是良好的。例如，将一把钥匙的图像置于患者的左侧视野令其认识，他虽不能用语言说出这一图像是"钥匙"，但可闭着眼睛借助于触觉用左手从几件不同的物品中找出一把钥匙，表明他能认识图像所示的物品。在正常人，虽然语言活动中枢在左侧半球，但能对左侧视野中的物体说出其名称，这是连合纤维将两侧半球的功能联系起来的结果。

一侧优势是指人脑的高级功能向一侧半球集中的现象，左侧半球在语词活动功能上占优势，右侧半球在非语词性认知功能上占优势。但是，这种优势是相对的，因为左侧半球也有一定的非语词性认知功能，右侧半球也有一定的简单的语词活动功能。

（二）大脑皮质的语言活动功能

与语言有关的脑区位于大脑侧沟附近。在颞上回后端的Wernicke区有纤维通过弓状束投射到中央前回底部前方的Broca区，Broca区能将来自Wernicke区的信息处理为相应的发声形式，然后传到位于脑岛的说话区来启动唇、舌、喉的运动而发声。当人们看到某一物体并说出该物体名称时，整个信号传递的过程即按图5-2中所示的顺序进行。在Wernicke区后的角回能将阅读文字形式的信息转为Wernicke区所能接受的听觉文字形式的信息。

临床上发现，人类左侧大脑皮质一定区域（图5-3）的损伤可引起各种特殊的语言活动功能障碍：①流畅失语症（fluent aphasia），由Wernicke区受损所致。有两种不同的表现：一种是患者说话正常，有时说话过度，但所说的话中充满了杂乱语和自创词，患者也不能理解别人说话和书写的含义；另一种流畅失语症是有条件的，患者说话相当好，也能很好地理解别人说的话，但对部分词不能很好地组织或想不起来，这种失语症称为传导失语症（conduction aphasia）。②运动失语症（motor aphasia），由Broca区受损引起。患者可以看懂文字与听懂别人的谈话，但自己却不会说话，不能用语词来口头表达自己的思想，但与发声有关的肌肉并不麻痹。③失写症（agraphia），因损伤额中回后部接近中央前回的手部代表区所致。患者可以听懂别人说话、看懂文字，自己也会说话，但不会书写，手部的其他运动也不受影响。④感觉失语症（sensory aphasia），由颞上回后部的损伤所致。患者可以讲话及书写，也能看懂文字，但听不懂别人的谈话；患者并非听不到别人的发声，而是听不懂谈话的含义，好像听到听不懂的外国语一样。⑤失读症

（alexia），由角回受损所造成。患者看不懂文字的含义，但视觉和其他语言功能（包括书写、说话和听懂别人谈话等）均健全。可见，语言活动的完整功能与广大皮质区域的活动有关，且各区域的功能密切相关，严重的失语症可同时出现上述多种语言活动功能的障碍。此外还发现，如局限于左颞极的损害，患者不能回想起某些地名和人名，而回想起动词和形容词的能力却都正常，这种语言活动功能障碍称为命名性失语症（anomic aphasia）。

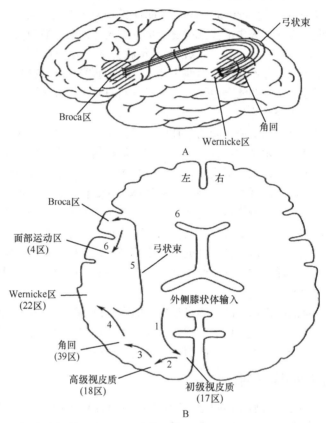

图 5-2　语言中枢传送和处理视觉传入信息的有关脑区和纤维联系示意图

A.语言功能活动有关的脑区部位和纤维联系；B. 看见某一物体后到能说出其名称时的语言信息传送路径（按图中 1→6 的顺序进行，详见正文中所述）

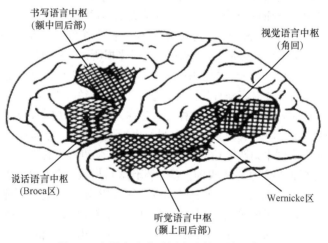

图 5-3　人类大脑皮质语言功能区域示意图

（三）大脑皮质的其他认知活动

除语言活动功能外，大脑皮质还有许多其他认知活动功能。如前额叶皮质可能参与短时程情景式记忆和情绪活动，颞叶联络皮质可能参与听、视觉记忆，而顶叶联络皮质则可能参与精细体感觉和空间深度感觉的学习等。右侧顶叶皮质损伤的患者常表现为穿衣失用症（apraxia），患者虽无肌肉麻痹，但穿衣困难，常将衬衣前后穿倒或只把一个胳膊伸入袖内。右侧大脑皮质顶叶、枕叶、颞叶结合处损伤的患者，常分不清左右侧，穿衣困难，不能绘制图表。右侧半球颞叶中部病变常引起视觉认识障碍，患者不能辨认别人的面部，只能根据语音来辨认熟人，有的患者甚至不认识镜子里自己的面部，这种功能障碍称为面容失认症（prosopagnosia）。患者往往伴有对颜色、物体、地点的认识障碍。此外，还发现额顶部损伤可引起失算症（acalculia）。患者表现为数学计算能力的损害。

（四）两侧大脑皮质功能的相关

两侧大脑皮质既有功能的专门化，又能通过互送信息使未经学习的一侧在一定程度上也习得另一侧经过学习而获得的某种认知能力。联系两侧大脑皮质功能的结构基础是连合纤维。在哺乳动物中最大的连合纤维结构是胼胝体，进化越高等的动物胼胝体越发达，人类的胼胝体估计含有 100 万根纤维。有人事先切断猫的视交叉纤维，使一侧眼的视网膜传入冲动仅向同侧皮质投射，然后将该动物一眼蒙蔽，用另一眼学习对图案的鉴别能力，待其学会后将该眼蒙蔽，测定先前被蒙蔽眼的图案鉴别能力，见到先前被蒙蔽的眼也具有这种鉴别能力。如果事先切断这个动物的胼胝体，则这种现象不再出现。可见，两侧大脑皮质的感觉分析功能是相关的，胼胝体连合纤维能将一侧皮质的活动向另一侧传送。电生理研究表明，刺激一侧皮质某一点可以加强另一侧皮质对应点的感觉传入冲动引发的诱发电位，即起易化作用。这一易化作用是通过胼胝体连合纤维完成的，这类纤维主要联系两侧皮质相对应的部位。人类两侧大脑皮质的功能也是相关的，两半球之间的连合纤维对完成双侧的运动、一般感觉和视觉的协调功能起重要作用。右手学会某种技巧动作后，左手虽未经训练，但在一定程度上也能完成这种技巧动作。说明一侧皮质的学习活动功能可以通过连合纤维向另一侧传送。

第六章　内分泌系统

内分泌系统（endocrine system）是神经系统以外的另一重要的调节系统，它是由身体不同部位和不同构造的内分泌腺和内分泌组织构成的，其功能是对机体的新陈代谢、生长发育和生殖活动等进行体液调节。

内分泌腺（endocrine glands）与一般腺体在结构上的不同是没有排泄管，故又称无管腺（ductless gland）。其分泌的物质称激素，直接透入血液或淋巴，随血液循环运送到全身，影响一定器官的活动。内分泌腺的体积和重量都很小，最大的甲状腺不过几十克；而内分泌组织仅为一些细胞团，分散存在于某些器官之内，如胰腺内的胰岛、睾丸内的间质细胞、卵巢内的卵泡和黄体等。此外，内分泌腺有着丰富的血液供应和自主神经分布；其结构和功能活动有着显著的年龄变化。

内分泌系统与神经系统关系密切。神经系统的某部分（如下丘脑）即同时具有内分泌功能。而内分泌系统的功能紊乱，可导致神经系统功能的失调，如影响机体的行为、情绪、记忆和睡眠等。但是内分泌系统的活动仍然是在中枢神经系统的调控之下进行的，这就是所谓的神经体液调节。

人体的内分泌腺和内分泌组织有甲状腺、甲状旁腺、肾上腺、垂体、松果体、胸腺及胰岛和生殖腺内的内分泌组织（图 6-1）。本章仅对一些重要内分泌腺的形状和位置进行简要描述。

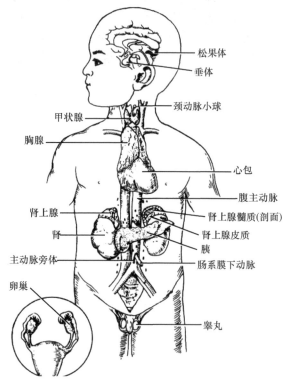

图 6-1　内分泌系统概观

松果体
垂体
颈动脉小球
甲状腺
胸腺
心包
腹主动脉
肾上腺
肾上腺髓质(剖面)
肾上腺皮质
肾
胰
主动脉旁体
肠系膜下动脉
卵巢
睾丸

一、垂　　体

垂体（hypophysis）（图 6-2）是身体内最复杂的内分泌腺，所产生的激素不但与身体骨骼和软组织的生长有关，且可影响其他内分泌腺（甲状腺、肾上腺、性腺）的活动。垂体借漏斗连于下丘脑，呈椭圆形，位于颅中窝、蝶骨体上面的垂体窝内，外包坚韧的硬脑膜（图 6-3）。根据发生和结构特点，垂体可分为腺垂体和神经垂体两大部分。位于前方的腺垂体来自胚胎口凹顶的上皮囊（Rathke 囊），位于后方的神经垂体较小，由第三脑室底向下突出形成。

通常所称的垂体前叶，是以远侧部为主，还包括极小结节部。它分泌的激素可分四类：①生长激素，主要是促进骨和软组织的生长。该类激素如分泌过盛，则形成巨人症（骨骼发育成熟以前）。如幼年时分泌不足则形成侏儒症。②催乳素，使已发育而具备泌乳条件的乳腺（分娩后）分泌乳汁。③黑色细胞刺

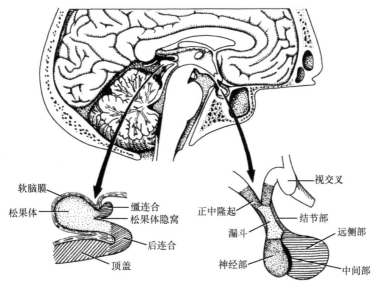

图 6-2 垂体和松果体

激素，使皮肤黑色素细胞合成黑色素。④促激素，即各种促进其他内分泌腺分泌活动的激素，包括促肾上腺皮质激素、促甲状腺激素和促性腺激素等。

通常所称的垂体后叶则以神经部为主，实际上并无分泌作用，其释放的抗利尿激素和催产素是分别由下丘脑的视上核、室旁核分泌产生，并储存于神经部，需要时再由后叶释放入血液。可使血压上升、尿量减少，并能使子宫平滑肌收缩。

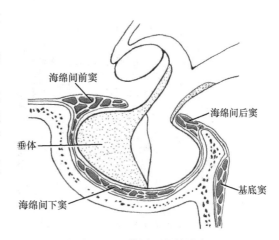

图 6-3 垂体周围的静脉窦

二、松 果 体

松果体（pineal body）（图 6-2）位于丘脑的上后方、两上丘间的浅凹内，以柄附于第三脑室顶的后部，为一椭圆形小体，形似松果，颜色灰红。松果体在儿童期比较发达，一般自 7 岁后开始退化。成年后松果体部分钙化形成钙斑，可在X线片上见到。临床上可根据其位置的改变，作为诊断颅内病变的参考。

松果体可以合成和分泌褪黑激素（melatonin）等多种活性物质。这些激素的生理作用并不十分清楚。实验已经证明，可以影响机体的代谢活动、性腺的发育和月经周期等。松果体有病变破坏而功能不足时，可出现性早熟或生殖器官过度发育。相反，若分泌功能过盛，则可导致青春期延长。松果体的内分泌活动与环境的光照有密切关系，呈明显的昼夜周期变化。

第七章 脑断面解剖

一、头部的横断面解剖及影像

1. 经中央旁小叶上份的横断层面 颅腔内的左、右侧大脑半球被大脑镰相分隔，大脑镰的前、后端分别有上矢状窦的断面，多呈三角形。大脑半球上外侧面的中部可见中央沟，其前方有中央前回、中央前沟和额上回，后方有中央后回、中央后沟和顶上小叶。大脑半球内侧面的中部可见中央旁小叶，其前方是额内侧回，后方是楔前叶（图 7-1）。

2. 经中央旁小叶中份的横断层面 左、右侧大脑半球的断面较上一层面明显增大，仍被大脑纵裂内的大脑镰所分隔。大脑内侧面自前向后为额内侧回、中央旁小叶和楔前叶，与大脑镰之间的纵行裂隙为大脑纵裂池；大脑半球上外侧面自前向后为额上回、额中回、中央前回、中央沟、中央后回和顶上小叶。中央旁小叶位于内侧面中部后、中央旁沟与扣带沟缘支之间，以中央沟的延长线为标志将其分为前、后两部分（图 7-2）。

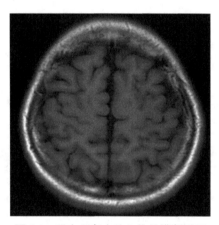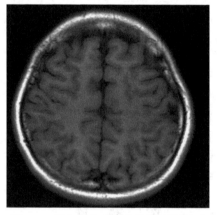

图 7-1 经中央旁小叶上份的横断层面　　图 7-2 经中央旁小叶中份的横断层面

3. 经中央旁小叶下份的横断层面 大脑镰分隔左、右侧大脑半球，大脑半球上外侧面自前向后为额上回、额中回、中央前回、中央沟、中央后回和顶下小叶的缘上回、角回，大脑半球内侧面自前向后为额内侧回、中央旁小叶和楔前叶。左、右侧顶内沟的走行基本对称，均起自中央后沟，呈连续性行向后内侧，将顶叶分为顶上小叶和顶下小叶（图 7-3）。

4. 经半卵圆中心的横断层面 左、右侧大脑半球的髓质断面增至最大，近似半卵圆形，故名半卵圆中心。大脑半球上外侧面自前向后为额上回、额中回、额下回、中央前回、中央沟、中央后回、缘上回、角回和顶上小叶，大脑半球内侧面自前向后为额内侧回、扣带回和楔前叶。半卵圆中心的纤维主要为有髓纤维，在 CT 图像上呈低密度区，在 MRIT1 加权像上呈高信号亮区（图 7-4）。

5. 经顶枕沟上份的横断层面 此层面以胼胝体为界分为前、中、后部分（图 7-5）。

（1）前部：位于胼胝体以前的部分，大脑纵裂内有大脑镰前份及其两侧的大脑纵裂池。大脑半球内侧面可见扣带沟和扣带回，大脑半球上外侧面自前向外依次为额上、中、下回。

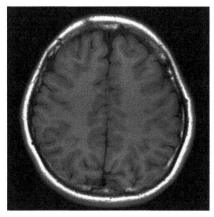 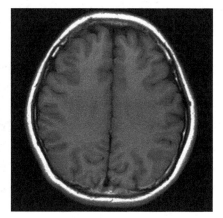

图 7-3　经中央旁小叶下份的横断层面　　　　图 7-4　经半卵圆中心的横断层面

（2）中部：位于胼胝体前、后端之间的部分，正中线上可见分隔侧脑室中央部的透明隔，室腔的外侧壁出现尾状核体断面。大脑半球上外侧面上可见中央前、后回，二者之间的中央沟较明显。

（3）后部：位于胼胝体以后的部分，大脑纵裂内有大脑镰后份及其两侧的大脑纵裂池，大脑镰的前端有下矢状窦的断面，后端有上矢状窦的断面。胼胝体后方有扣带回、扣带沟、楔前叶，顶枕沟和楔叶。大脑半球上外侧面自内侧向外侧有角回和缘上回。

6. 经顶枕沟下份的横断层面　此层面以胼胝体膝、压部为界，分为前、中、后三部分（图 7-6）。

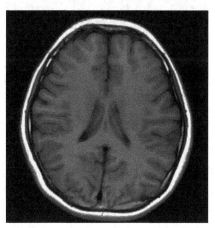 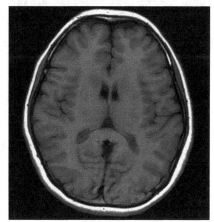

图 7-5　经顶枕沟上份的横断层面　　　　图 7-6　经顶枕沟下份的横断层面

（1）前部：位于胼胝体膝以前的部分。主要结构与上一层面的前部基本相同。

（2）中部：位于胼胝体膝与胼胝体压部之间正中线上可见连于胼胝体膝后方的透明隔，有时可见两侧透明隔之间的透明隔腔（第五脑室），透明隔后方为穹窿。侧室前角的外侧壁上出现尾状核头，穹窿两侧为背侧丘脑。尾状核头和背侧丘脑的外侧为内囊，内囊与岛盖之间自内侧向外侧依次为豆状核壳、外囊、屏状核、最外囊和岛叶，穹窿内侧和胼胝体压部前外侧的腔隙为侧脑室三角区，内有侧脑室脉络丛。

（3）后部：位于胼胝体压部以后的部分，除胼胝体压部与直窦之间有大脑大静脉的断面外，大脑半球内侧面的脑回、脑沟与上一层基本相同。

7. 经室间孔的横断层面 此层面以胼胝体膝、压部为界，分为前、中、后三部分（图7-7）。

（1）前部：位于胼胝体膝和外侧沟的前方，主要结构与上一层面基本相同。

（2）中部：位于胼胝体膝与胼胝体压部之间。前1/3内侧主要为侧脑室前角，由胼胝体膝、透明隔、穹窿柱和尾状核头围成，侧脑室前角向后绕穹窿柱经室间孔连通第三脑室。中1/3内主要为第三脑室和背侧丘脑，第三脑室后份的两侧可见大脑内静脉，背侧丘脑位于第三脉室外侧，背侧丘脑和尾状核头外侧是"＞＜"形的内囊，再向外侧依次为苍白球、壳、外囊、屏状核、最外囊、岛叶皮质和岛盖。岛叶皮质与岛盖之间为大脑外侧裂池，内有大中动脉及其分支的断面。该层面的岛盖主要由颞上回组成。后1/3主要结构为侧脑室三角区，视辐射自内囊后肢绕侧脑室三角区行向后内侧，投射至距状沟周围皮质；听辐射自内囊后肢向前外侧投射至颞横回。在侧脑室三角区前方、背侧丘脑后外侧和视辐射根部之间可见尾状核尾的断面。

（3）后部：位于胼胝体压部以后的部分，中线上的"V"形结构为小脑幕顶，其后端为直窦，再向后为大脑镰及上矢状窦。小脑幕外侧为扣带回，后方是距状钩和舌回，最后为楔叶。大脑半球的后外侧为枕颞外侧回、颞中回和颞上回。

8. 经下丘的横断层面 此层面以外侧沟和四叠体池为界分为前、中、后三部分（图7-8）。

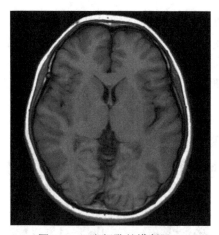 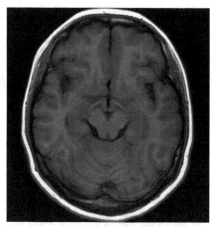

图7-7　经室间孔的横断层面　　　　图7-8　经下丘的横断层面

（1）前部：位于外侧沟以前的部分。大脑纵裂向后到达第三室的前方，大脑纵裂两侧有扣带回、额上回和额下回。外侧沟内为大脑外侧裂池，较宽阔，内有大脑中动脉的断面。

（2）中部：位于外侧沟后方和四叠体池前方之间。第三脑室位于中部的前份，其前外侧有尾状核头和豆状核壳，前方的横行纤维为前连合，向外侧连于两侧颞叶。第三脑室后方的中线上有中脑水管断面。中线两侧自前向后可见大脑脚底、黑质、红核和下丘的断面。豆状核壳外侧自内侧向外侧为外囊、屏状核、最外囊、岛叶、外侧沟及其内的大脑中动脉，再向外侧为颞盖，其前份为颞上回，后份为颞中回。下丘的后方及两侧为四叠体池，其外侧的颞叶内出现脑室下角，下角底壁上的隆起为海马，其前方似鸭嘴状的突起为海马伞断面。海马后内侧突出的脑回为海马旁回。

（3）后部：位于四叠体池以后的部分。下丘的后方有小脑蚓，小脑蚓两侧为"V"形的小脑幕断面，幕后方是直窦。大脑镰及上矢状窦。大脑镰两侧自内侧向外侧依次为枕颞内侧回、枕颞沟和枕颞外侧回。

9. 经视交叉的横断层面 此层面以视交叉和小脑幕为界，分为前、中、后部和左、右侧部

（图 7-9）。

（1）前部：位于视交叉以前的部分。视交叉为横行的条状结构。正中线的前端有鸡冠，后端有交叉池，两侧为直回和眶回。鸡冠的前外侧可见额窦，眶内有眼球、眶脂体和部分眼球外肌。

（2）中部：主要显示鞍上池的结构。鞍上池位于蝶鞍上方，由前方的交叉池和后方的脚间池组成，内有视交叉和颈内动脉、大脑中动脉、后交通动脉。在视交叉和脑桥基底部之间自前向后依次有漏斗、乳头体、鞍背、基底动脉和动眼神经等。

（3）后部：位于鞍背后方和小脑幕切缘的内侧。主要结构为脑桥和小脑的断面。脑桥被盖部后方的腔隙为第四脑室上部。大脑后动脉在脑桥两侧自前向后绕行。脑桥后方为小脑半球及蚓部。蚓部的后方为直窦汇入窦汇处，向两侧延续为横窦。

（4）左、右侧部：位于蝶鞍和小脑幕外侧的部分。主要为端脑颞叶的结构，可见其内的侧脑室下角、内侧的海马旁回和钩，小脑的后方有部分枕叶皮质与颞叶相连。

10. 经小脑中脚的横断层面 此层面可分为前、中、后部和左、右侧部（图 7-10）。

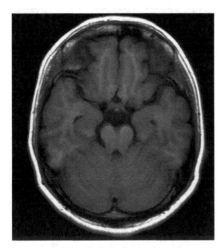 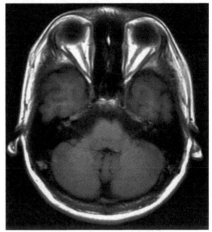

图 7-9 经视交叉的横断层面　　图 7-10 经小脑中脚的横断层面

（1）前部：位于蝶鞍以前的部分，主要结构是鼻腔和眶腔。鼻腔的中部是鼻中隔，鼻中隔与筛窦之间的狭窄裂隙为鼻道上部。眶腔的前份内有眼球，眼球内的双凸透镜状结构为晶状体。眼球后方连有长条状的视神经，其内、外侧分别为内直肌和外直肌，视神经与眼球外肌之间填充有眶脂体。

（2）中部：位于前床突与鞍背之间。前床突内侧有颈内动脉的断面，蝶鞍内有垂体。蝶鞍两侧为海绵窦，动眼神经和滑车神经穿行其中。

（3）后部：位于鞍背和斜坡后方、两侧小脑幕之间。脑桥位于后部的前份，脑桥基底部与斜坡之间为桥池，内有基底动脉通过。三叉神经根位于脑桥基底部与小脑中脚连接处。小脑半球占据后部的大部分，两侧小脑半球之间的狭窄部为蚓部。第四脑室由脑桥被盖部、小脑蚓部和两侧的小脑中脚围成。齿状核位于第四脑室后外侧的小脑髓质内，核朝向前内侧，紧邻第四脑室，故此核处出血易入第四脑室。

（4）左、右侧部：即蝶鞍两侧和小脑幕前外侧的颞叶下部。侧脑室下角已消失，颅骨外侧可见颞肌的断面。

11. 经内耳道的横断层面 此层面以蝶窦和颞骨岩部为界分为前、中、后三部分（图 7-11）。

（1）前部：位于蝶窦以前的部分。主要结构为鼻腔和左、右侧眶腔。正中线上为鼻中隔。

鼻腔外侧壁的后、前份分别有上鼻甲和中鼻甲，鼻甲的外侧为筛窦。眶腔位于鼻腔外侧，呈尖向后方的三角形，其前份有眼球下壁的断面。眶的后份有眶脂体、眼球外肌和眼静脉等。

（2）中部：为蝶窦及其两侧的部分。蝶窦多呈左、右侧两腔，偶有三腔者。蝶窦两侧为颞极下部。颞叶与蝶窦之间可见三叉神经节的断面，在该节的内侧可见颈内动脉行于破裂孔内。颞极外侧隔蝶骨与颞肌相毗邻，颞肌的前端可见三角形的颧骨断面。

（3）后部：位于颞骨岩部后方的颅后窝内。在颞骨岩部断面上可见内耳道及其内的迷路动脉、面神经和前庭蜗神经。内耳道后外侧的骨性空腔为中耳鼓室，其后方为乳突小房。颞骨岩部内侧半后方与脑桥、绒球之间的腔隙为脑桥小脑角池，内有面神经、前庭蜗神经和迷路动脉斜向前外侧穿入内耳道，是听神经瘤的好发部位。在脑桥基底沟内可见基底动脉。延髓后方的小腔隙为第四脑室下部。延髓后外侧有绒球和小脑半球，两侧小脑半球之间为小脑蚓。乙状窦位于小脑半球的外侧和乳突小房的后方。

12. 经外耳道的横断层面 此层面以翼腭窝和外耳道为界分为前、中、后三部分（图7-12）。

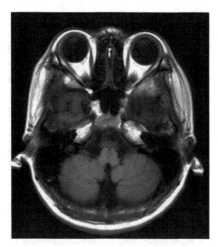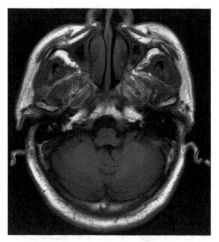

图 7-11 经内耳道的横断层面　　　图 7-12 经外耳道的横断层面

（1）前部：位于翼腭窝以前的部分，主要结构为鼻腔和上颌窦。由筛骨垂直板、鼻中隔软骨和犁骨构成鼻中隔，鼻腔外侧壁的前份有下鼻甲和鼻泪管断面。上颌窦呈三角形，位于下鼻甲外侧。

（2）中部：位于鼻腔和上颌窦的后方、外耳道的前方。鼻腔后方的中线上有犁骨，其两侧为蝶骨翼突。翼突前方与上颌窦之间的腔隙为翼腭窝，窝内充满脂肪组织，其间有上颌动脉和翼腭神经节等。翼突外侧有翼外肌的起始处，颞肌位于翼外肌的外侧，其内有白色的颞腱膜。翼外肌和颞肌的后方为关节结节，关节结节后方是颞下颌关节，可见关节腔和下颌头的断面。此关节的内侧和颈动脉管外口的前方有脑膜中动脉断面。

（3）后部：位于左、右外耳道和枕骨大孔的后方，主要有颞骨岩部和颅后窝内的结构。外耳道行向前内侧，其尖端的内侧可见颈动脉管及其内的颈内动脉，后方为颈静脉孔。乙状窦和乳突小房位于外耳道的后方。颅后窝内的主要结构有枕骨大孔、延髓、椎动脉、小脑半球及小脑扁桃体。

13. 经寰枕关节的横断层面 此层面以鼻咽和下颌颈为界分为前、中、后三部分（图7-13）。

（1）前部：主要由鼻腔和上颌窦组成。鼻腔内的主要结构有鼻中隔软骨和下鼻甲，鼻腔外侧是三角形的上颌窦断面。

（2）中部：为上颌窦后壁后方和下颌颈前方的部分，包括颞下窝、翼腭窝和鼻咽。鼻咽位于鼻腔的后方，其侧壁前份的裂口为咽鼓管咽口，后方的隆起为咽鼓管圆枕，内有咽鼓管软骨。咽鼓管圆枕与咽后壁之间为咽隐窝。腭帆张肌位于咽鼓管咽口外侧，腭帆提肌位于咽鼓管软骨后外侧。在腭帆提肌与翼外肌之间有下颌神经和脑膜中动、静脉通过，二者的后外侧为腮腺。颞肌外侧有冠突和咬肌的断面。

（3）后部：位于下颌颈和鼻咽以后的部分。以寰椎为中心，寰枕关节的关节面呈弧形。在寰椎的左、右侧块之间有椭圆形的齿突。寰枕关节的前外侧有头前直肌，该肌与咽后壁之间有头长肌的断面。颈内动、静脉位于寰枕关节的前外侧，寰枕关节的后外侧有椎动脉、椎静脉。椎管内有脊髓及其被膜。在颈内动、静脉和椎动脉、椎静脉之间可见头外侧直肌的断面。寰椎的后方及两侧有项肌。中线处有头后小直肌，其外侧为头后大直肌、头上斜肌、头半棘肌和头夹肌。头夹肌前份的内侧有二腹肌后腹和头最长肌。

14. 经寰枢正中关节的横断层面 此层面可分为前、中、后三部分（图 7-14）。

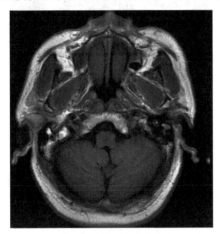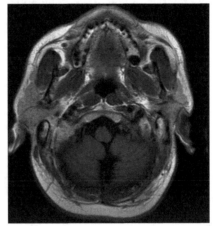

图 7-13 经寰枕关节的横断层面　　　图 7-14 经寰枢正中关节的横断层面

（1）前部：主要由口腔的上颌牙槽突和软腭组成。两侧为颊肌和颊脂体，前方有口轮匝肌的断面。

（2）中部：以鼻咽为中心，咽的前方有软腭，中线两侧横行的肌纤维为腭帆张肌，其外侧为翼内肌和下颌支，下颌支前缘的内侧为颞肌。下颌支的外侧有咬肌，其后方及后内侧有腮腺。靠近腮腺前缘处有颞浅动、静脉和上颌静脉通过。鼻咽的后方及两侧为咽缩肌。咽侧壁与腮腺之间的区域为咽旁间隙，该间隙的后部可见颈内动、静脉，颈内动、静脉的后内侧自前向后有舌咽神经、迷走神经和副神经，舌下神经位于颈内动、静脉之间，颈内动、静脉与腮腺之间有茎突和茎突咽肌，颈内静脉与腮腺之间有二腹肌后腹。

（3）后部：以寰椎为中心，在中线上有寰枢正中关节，可见枢椎齿突和寰椎的前弓、侧块，寰椎横韧带位于齿突后方。侧块的外侧有横突，二者之间有椎动脉、椎静脉通过。寰枢正中关节后方呈新月形，凹面向前的骨为寰椎后弓，二者之间为椎管，内有脊髓及其被膜、椎内静脉丛和神经根。前弓的前方有头长肌和头前直肌，外侧可见两个神经节的断面，前方为迷走神经下神经节，后方为交感神经颈上神经节。咽旁间隙内的颈内动、静脉位于神经节的后外侧。寰椎后弓的后方及两侧与上一层面基本相同，头后小直肌消失，胸锁乳突肌出现。

15. 经枢椎椎体上份的横断层面 此层面以口咽为界，分为前、中、后三部分（图 7-15）。

（1）前部：为腭垂以前的部分。口腔的前方有口轮匝肌，两侧有颊肌、颊脂体、上颌牙槽突和硬腭，后方为软腭。在腭垂两侧有腭扁桃体的断面。

（2）中部：以口咽为中心，其前方有软腭和腭扁桃体，后方为咽后壁，两侧有咽旁间隙、翼内肌、下颌支和咬肌。咽旁间隙的前外侧为翼内肌和腮腺，后内侧为椎前筋膜，内侧为咽侧壁，间隙的后部内有重要的神经、血管通过，鼻咽癌和腮腺肿瘤均可侵犯该间隙的神经、血管，导致相应的临床症状。腮腺的内侧有下颌后静脉和颈外动脉，此动脉的后方有二腹肌后腹。

（3）后部：位于口咽和腮腺以后的部分，以枢椎为中心。椎体与椎前筋膜之间为椎前间隙，内有颈长肌、头长肌和颈交感干。椎体两侧的横突孔内有椎动脉、椎静脉，横突外侧有肩胛提肌的断面。枢椎椎弓的后方有头下斜肌和头后大直肌，二肌的后方及外侧有头半棘肌、头夹肌、斜方肌和胸锁乳突肌。头最长肌位于头半棘肌与头夹肌之间。

16. 经枢椎椎体下份的横断层面　此层面以口咽为界，分为前、中、后三部分（图7-16）。

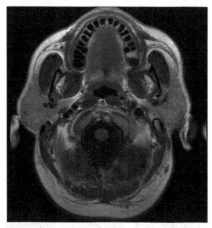
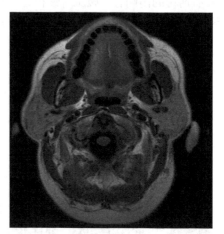

图7-15　经枢椎椎体上份的横断层面　　　图7-16　经枢椎椎体下份的横断层面

（1）前部：有舌和下颌牙槽突及牙齿的断面，其前方的下唇内有口轮匝肌，两侧有颊肌和颊脂体。

（2）中部：以口咽为中心，两侧有茎突咽肌、茎突舌肌、茎突舌骨肌和二腹肌后腹。茎突舌肌的外侧有下颌下腺、翼内肌、下颌支和咬肌。二腹肌后腹的外侧有腮腺，内侧有颈外动脉和下颌后静脉，后内侧有颈内动脉、颈内静脉、舌咽神经、迷走神经下神经节、副神经和舌下神经等。在颈内静脉与胸锁乳突肌之间有颈外侧深淋巴结，腮腺与胸锁乳突肌之间有颈外静脉的断面。

（3）后部：以枢椎椎体为中心，椎体的前方及两侧有颈长肌和头长肌。头长肌的外侧有颈交感干的颈上神经节，该节后方的颈内动脉内侧有迷走神经下神经节。颈内动、静脉的内侧有副神经，外侧有舌下神经通过。横突孔内有椎动脉、椎静脉通过，横突的外侧有中斜角肌和肩胛提肌。椎管内有脊髓及其被膜。棘突的两侧为头下斜肌，后外侧有头半棘肌、头夹肌和斜方肌。头夹肌外侧部的前方为头最长肌，外侧为胸锁乳突肌。

17. 经第3颈椎椎体的横断层面　此层面以口咽为界，分为前、中、后三部分（图7-17）。

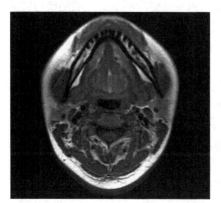

图7-17　经第3颈椎椎体的横断层面

（1）前部：主要由舌和下颌体的断面组成。下颌体的前方为口轮匝肌，下颌体与舌肌之间有舌下腺，因左、右侧的舌下腺相互靠近，故呈凹面向后的马蹄铁形。在舌肌后部的外侧有茎突舌肌，位于口咽两侧。在下颌体与茎突舌肌之间、下颌下腺的前方，有下颌舌骨肌、舌骨舌肌。

（2）中部：以口咽为中心，其前方为舌根，两侧有茎突舌肌、茎突咽肌、茎突舌骨肌、二腹肌后腹和下颌下腺等。咽的后外侧有颈外动脉、颈内动脉、下颌后静脉和颈内静脉。颈内静脉与胸锁乳突肌之间有数个颈外侧深淋巴结。椎体与咽后壁之间有椎前间隙和咽后间隙。

（3）后部：以第3颈椎椎体为中心。椎体前方的椎前间隙内有颈长肌和头长肌，头长肌和颈内动脉之间的前方有颈交感干的颈上神经节。在胸锁乳突肌的前外侧有颈外静脉。颈椎横突孔内有椎动脉、椎静脉通过，椎管内有脊髓及其被膜。横突的外侧有中斜角肌和肩胛提肌。棘突的两侧为颈半棘肌，该肌后方依次为头半棘肌、头夹肌和斜方肌。在头夹肌与肩胛提肌之间为头最长肌。

二、头部的冠状断面解剖及影像

头部的冠状层面均可分为上、下两部分，上部为脑颅，有脑及其被膜等；下部为颌面或颈部，有眶腔、鼻腔、口腔、咽和脊柱颈段等。

1. 经鸡冠的冠状层面（图7-18）

（1）上部：为颅腔内的结构。正中线上有大脑镰，其上端连于上矢状窦，下端连于鸡冠。鸡冠两侧的筛板与额叶下面之间有嗅球。大脑镰两侧为大脑半球额极的冠状断面，层面的上部为额上回，下部为额中回。

（2）下部：由眶腔、鼻腔和口腔组成。

1）眶腔：容纳眼球后半部及其周围的眼球外肌和眶脂体。眼球的内侧有内直肌，内上方为上斜肌，上方为上直肌和上睑提肌，外侧有外直肌，外上方为泪腺，下

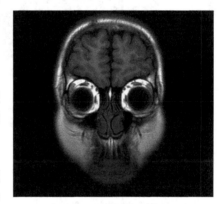

图7-18 经鸡冠的冠状层面

方有下直肌和下斜肌。眼球和眼球外肌之间充填有眶脂体。上斜肌内侧隔薄的骨板邻额窦，内直肌内侧隔薄的骨板邻筛窦。

2）鼻腔和鼻旁窦：鼻腔中间为鼻中隔，向右弯曲。鼻中隔的上部为筛骨垂直板，两侧为左、右侧鼻道。鼻腔外侧壁自上而下有上鼻甲、中鼻道、下鼻甲和下鼻道。中鼻甲自筛板垂直向下，其外下方为中鼻道，内有筛泡。筛泡的下方有呈钩状的下鼻甲，下鼻甲的下方为下鼻道。鼻腔下部的两侧有上颌窦，其上壁为眶下壁，壁内有眶下管及其眶下神经、血管。鼻腔的外上方有额窦和筛窦。

3）口腔：上方为硬腭，下方是下颌体的断面，中间为舌的断面，两侧有颊肌和口轮匝肌。

2. 经上颌窦中份的冠状层面（图7-19）

（1）上部：大脑镰分隔左、右侧大脑半球，其上端连于上矢状窦。在大脑半球的上外侧面上有额上回、额中回和额下回；内侧面的中部出现扣带回和大脑前动脉的分支；底面靠近筛板的上方有嗅束和嗅沟，嗅沟的内侧为直回，外侧为眶回。

（2）下部：主要结构是眶腔、鼻腔、鼻旁窦和口腔。

1）眶腔：视神经位于眶腔的中央，为白色的圆形断面，其周围有硬脑膜包裹。视神经的内

侧自内上向外下依次为上斜肌、内直肌和下直肌，上方为上直肌和上睑提肌。在上睑提肌与眶上壁骨膜之间有额神经，上直肌的下方及内侧有眼动脉和眼上静脉。视神经的外侧有外直肌和泪腺。视神经周围充填有眶脂体。眶外侧壁的外侧有颞肌的断面。

2）鼻腔和鼻旁窦：主要结构与前一层面基本相同，但额窦消失。

3）口腔：主要结构与前一层面基本相同，下壁出现颏舌肌和二腹肌前腹的断面。

3. 经上颌窦后份的冠状层面（图7-20）

（1）上部：大脑镰位于大脑纵裂的上部，其上端连于上矢状窦。大脑镰两侧为大脑半球的额叶，额叶的上外侧面有额上回、额中回和额下回；内侧面的中部有扣带回和大脑前动脉；底面的内侧有直回和嗅沟外侧有眶沟和眶回。

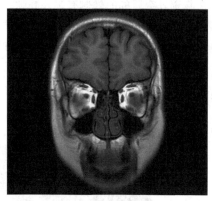
图7-19　经上颌窦中份的冠状层面

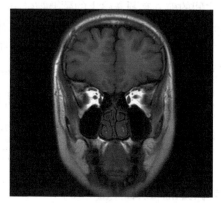
图7-20　经上颌窦后份的冠状层面

（2）下部：由眶腔、鼻腔、鼻旁窦和口腔组成。

1）眶腔：眶腔的中央部为视神经，其周围有硬脑膜和硬膜下隙。视神经的内侧有上斜肌和内直肌，内下方有下斜肌，上方有上直肌和上睑提肌，外侧有外直肌。上直肌下方的内、外侧有眼动脉及其分支。上睑提肌的上方有额神经。外直肌的内侧有展神经和睫状神经节。下直肌的外下方有眼下静脉和动眼神经下支。眶腔外侧有纵行的颞肌。

2）鼻腔和鼻旁窦：鼻腔中线上为鼻中隔，呈上窄下宽状。鼻腔外侧壁上的上鼻甲较小，中鼻甲向上突起再弯曲向下，下鼻甲呈钩状，鼻甲下方为相应的鼻道。筛窦位于上、中鼻甲与眶内侧壁之间，鼻腔两侧的上颌窦较宽阔。眶腔和上颌窦的外侧有颞肌、颧弓和咬肌。

3）口腔：上壁为硬腭，由上颌骨的腭突构成。下壁两侧有下颌体的断面，其内有下颌管及下牙槽神经、血管。两侧下颌体断面之间自上而下依次有颏舌肌、颏舌骨肌、下颌舌骨肌

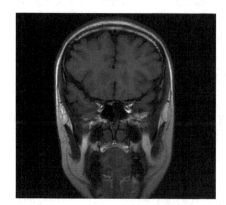
图7-21　经胼胝体膝的冠状层面

和二腹肌前腹的断面。颏舌肌、颏舌骨肌与下颌体之间有舌下腺。口腔侧壁为颊黏膜和颊肌，颊肌的外侧有颊脂体和降口角肌。舌的断面位于口腔中央，主要由舌内肌和舌外肌构成。

4. 经胼胝体膝的冠状层面（图7-21）

（1）上部：颅腔断面除颅前窝外，颅中窝的前份出现。

1）颅前窝的结构：大脑镰及其上端的上矢状窦位于大脑纵裂内。由于大脑前动脉主干沿胼胝体膝的下、前、背侧绕行，故在胼胝体膝的上、下方均可见到大脑前动脉的断面。在胼胝体膝的上方有扣带回、扣带沟和

额内侧回。大脑半球上外侧面和底面的结构与前一层面基本相同。在胼胝体膝两侧的白质中，呈三角形的腔隙为侧脑室前角。

2）颅中窝的结构：位于鼻腔两侧的颅前窝下方，可见颞极的断面。

（2）下部：主要结构有眶尖、鼻旁窦和口腔等。

1）眶尖：位于颞极内侧和鼻腔上外侧。眶尖内白色卵圆形的视神经断面位于内侧，其外下方可见眼动脉和眼上静脉。眼动脉的外侧有滑车神经、动眼神经、眼神经和展神经等。眶尖的内侧有蝶窦，内下方有筛窦。

2）鼻腔和鼻旁窦：鼻腔位于层面的中央部，鼻中隔近似呈垂直位。鼻腔外侧壁上有上、中、下鼻甲和相应的上、中、下鼻道，上鼻甲的外侧为筛窦。鼻腔的外侧有上颌窦后壁。上颌骨的外侧有颞肌、下颌支、颧弓和咬肌等。在颞肌与翼内肌之间有上颌动脉的断面。

3）口腔：口腔的顶壁和下壁与前一层面基本相同。舌下腺的内侧有舌下动、静脉。颊肌的外侧有颊动、静脉和颊神经等。

5. 经前床突的冠状层面（图7-22）

（1）上部：额叶的断面明显增大，颞叶和外侧沟也清晰可见。中线上有大脑纵裂和大脑镰，大脑镰的上端连于上矢状窦，下端邻近胼胝体膝。额内侧回、扣带沟、扣带回和大脑前动脉位于大脑镰的左、右侧。大脑半球上外侧面自上而下有额上回、额中回和中央前回。胼胝体干与胼胝体嘴之间有透明隔，透明隔两侧有近似呈三角形的侧脑室前角，前角上壁及外侧壁上部由胼胝体纤维构成，外侧壁下部和部分下壁由尾状核头构成，下壁的内侧为胼胝体嘴，内侧壁为透明隔。在胼胝体嘴下方的大脑纵裂内有大脑前动脉。外侧沟较宽阔，位于额叶与颞叶之间，内有大脑中动脉及其分支的断面；外侧沟

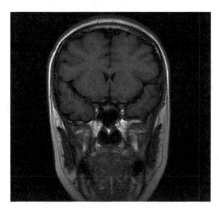

图7-22　经前床突的冠状层面

的内侧有前床突断面。前床突内侧和额叶直回的下方有视神经断面，视神经与前床突之间有位于海绵窦内的颈内动脉虹吸部。海绵窦外侧壁自上而下有动眼神经、滑车神经、眼神经和上颌神经穿过，颈内动脉位于海绵窦内，其外下方有展神经通过。蝶鞍下方为蝶窦。颞叶外侧面的断面自上而下为颞上回、颞下和颞中回。

（2）下部：由鼻咽、颞下窝和口腔组成。

1）鼻咽：鼻咽的上壁为蝶骨体，与蝶窦相邻，鼻咽腔向外上延伸为咽隐窝；侧壁为向内侧隆起的咽鼓管圆枕及其下方的咽鼓管咽口；下壁为软腭的断面。

2）颞下窝：位于蝶骨大翼的下方，该窝的上份有翼外肌，内下份有翼内肌。外侧壁为颞肌和下颌支，翼外肌与颞肌之间有上颌动、静脉的断面。翼内肌与下颌支之间有下牙槽动、静脉通过。

3）口腔：顶为软腭，其上方有腭帆提肌和腭帆张肌；下壁自上而下有颏舌肌（中线两侧）、颏舌骨肌、下颌舌骨肌和二腹肌前腹。下颌舌骨肌与两侧下颌体相连，该肌与舌之间有舌下腺和舌动、静脉，与下颌体之间有下颌下腺和面动、静脉。舌的断面位于口腔中央，口腔侧壁（舌的两侧）有下颌体和下颌支，下颌体内有下颌管及其内的下牙槽神经、血管。下颌支与颧弓之间有咬肌相连。

6. 经视交叉的冠状层面（图7-23）

（1）上部：大脑纵裂内有大脑镰，其上端连于上矢状窦，下端的两侧有大脑前动脉、扣带

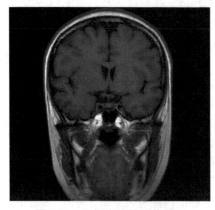

图 7-23　经视交叉的冠状层面

回、扣带沟和额内侧回的断面。大脑半球上外侧面自上而下有额上回、额中回、中央前回和中央后回，外侧沟内有大脑中动脉的断面，颞叶上有颞上回、颞中回和颞下回。透明隔两侧呈三角形的腔隙为侧脑室前角，其顶为胼胝体；内侧壁的上部为透明隔，下部为隔核；底为伏隔核；外侧壁为尾状核头和豆状核壳，两核之间的白质为内囊。在壳与岛叶之间的白质内有屏状核。视交叉与蝶鞍之间的腔隙为鞍上池，池内有颈内动脉前床突上段，颈内动脉向外侧发出大脑中动脉，向前发出大脑前动脉。蝶鞍的上方有垂体，两侧的海绵窦内可见颈内动脉海绵窦段。海绵窦外侧壁自上而下有动眼神经、滑车神经、眼神经和上颌神经穿行。在颈内动内脉海绵窦段的外侧有展神经和三叉神

经节，此节发出下颌神经向下穿卵圆孔出入颅。蝶鞍下方可见部分蝶窦的断面。

（2）下部：由鼻咽、颞下窝和口腔组成。

1）鼻咽：咽隐窝后壁尚存在，两侧有咽鼓管的断面。咽鼓管软骨部的内侧壁为软骨，外侧壁为结缔组织，其管腔处于关闭状态，呈凹面朝向外侧的新月形裂隙。咽鼓管的内下方有腭帆提肌，外侧有腭帆张肌。咽隐窝外上方与破裂孔相邻。

2）颞下窝：下颌神经出卵圆孔后向外下行于翼外肌与翼内肌之间，发出下牙槽神经经翼下颌间隙进入下颌管。翼外肌的断面呈三角形，横行向外侧止于下颌颈。翼内肌呈梭形，斜向外下方，止于下颌角内面。翼外肌下方与下颌支之间有下牙槽动、静脉和上颌动脉通过。翼外肌与下颌神经之间有脑膜中动、静脉通过。下颌支外侧有咬肌和腮腺的断面。

3）口腔：腭帆与翼内肌之间连于舌的弧形肌束为腭舌肌，口腔下壁的肌较多，有舌两侧的舌骨舌肌和舌下方的颏舌骨肌，再向下为"U"形的下颌舌骨肌，其两端连于下颌体。舌动脉位于舌骨舌肌与舌内肌之间。舌下腺位于下颌舌骨肌与舌骨舌肌之间，下颌下腺和面动、静脉位于下颌舌骨肌与下颌体之间。

7. 经颞下颌关节的冠状层面（图 7-24）

（1）上部：大脑半球的上外侧面、内侧面和大脑纵裂内的结构与前一层面基本相同。颞叶底面有枕颞外侧回、枕颞内侧回和靠近脑桥的海马旁回、钩。侧脑室下角及其底壁上的海马清晰可见。胼胝体下方和透明隔两侧呈三角形的腔隙为侧脑室中央部，其顶为胼胝体，下壁为背侧丘脑和穹窿柱，内侧壁为透明隔，外侧壁为尾状核体。穹窿柱与背侧丘脑之间的裂隙为室间孔。两侧背侧丘脑之间的纵行裂隙为第三脑室。

豆状核位于背侧丘脑外侧和尾状核体的外下方，呈尖伸向内侧的楔形，其外侧 1/3 为豆状核壳，内侧 2/3 为苍白球。尾状核体与豆状核之间的白质为内囊前肢，自内下斜向外上。壳与岛叶皮质之间自内侧向外侧依次为外囊、屏状核和最外囊。外侧沟内可见大脑中动脉的断面，外侧沟的上、下方分别为顶盖和颞盖。颞叶与背侧丘脑之间的扁圆形断面为视束。脑桥基底部位于两侧颞叶之间，其下方有基底动脉和小脑下前动脉通过，上方有大脑后动脉和动眼神经通过。脑桥与海马旁回之间被小脑幕相分隔。三叉神经节位于颞骨岩部内侧的硬脑膜下方。

（2）下部：枕骨基底部的外侧为颞骨岩部，其内侧端有颈动脉管内口的断面，外侧端有颞下颌关节窝，窝内有颞下颌关节盘、下颌头和颞下颌关节间隙。下颌颈的内侧有翼外肌，下颌角的内侧有翼内肌，下颌角和翼内肌的下方有下颌下腺。下颌下腺的外下方有面动脉。在翼外肌与翼内肌之间有上颌动、静脉通过。枕骨基底部的下方有头长肌，头长肌与下颌支之间

有弯曲的颈内动、静脉，下颌支的外侧有腮腺。咽腔位于左、右侧下颌下腺之间，内有会厌的断面，外下方有舌骨体的断面。咽腔外上方有长条形的茎突舌骨肌，其与下颌下腺之间有下颌下淋巴结。

8. 经红核和黑质的冠状层面（图 7-25）

（1）上部：以小脑幕为界分为小脑幕上部和小脑幕下部。

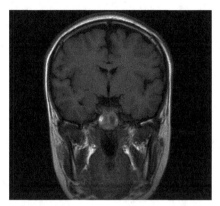 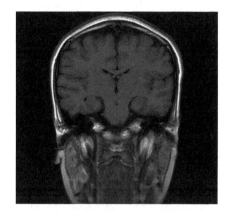

图 7-24　经颞下颌关节的冠状层面　　　　图 7-25　经红核和黑质的冠状层面

1）小脑幕上部（幕上部）：大脑纵裂内有大脑镰和大脑前动脉及其分支，大脑镰的上端连于上矢状窦，下端到达胼胝体。大脑半球的内侧面有扣带回和扣带沟，此沟上方有中央旁小叶；上外侧面自上而下有中央前回、中央后回、顶上小叶和顶下小叶的缘上回。额叶与颞叶之间为外侧沟，内有大脑中动脉及其分支。外侧沟的下方为颞叶，颞叶外侧面自上向下为颞上回、颞中回和颞下回，颞上回伸向外侧沟的部分为颞横回。颞叶底面自外侧向内侧有枕颞外侧回、枕颞内侧回和海马旁回等。在颞叶内，海马旁回上方有狭窄的腔隙为侧脑室下角，其底壁上有与海马旁回相连的海马。脑桥与海马旁回之间可见大脑后动脉的断面。在中线上，透明隔的上端连于胼胝体，下端连于穹窿体，其下方为第三脑室。透明隔两侧的腔隙为侧脑室中央部，其顶壁为胼胝体，下壁为背侧丘脑，内侧壁为透明隔和穹窿体，外侧壁为尾状核体。中线上的第三脑室呈上窄下宽的裂隙状，背侧丘脑位于第三脑室侧壁，其下方有红核和黑质。底丘脑核位于红核的外上方。尾状核和背侧丘脑外侧的白质板为内囊，内囊的外侧为豆状核，豆状核外侧的结构与前一层面基本相同。

2）小脑幕下部（幕下部）：主要结构有脑桥和延髓。三叉神经根附着于脑桥基底部与小脑中脚的连接处。脑桥断面内有呈倒八形的锥体束，其向下进入延髓的锥体。脑桥下部移行于延髓，其前方的中线两侧有椎动脉断面。脑桥小脑角池内可见面神经、前庭蜗神经和迷路动脉向外侧穿入内耳门。

（2）下部：主要有颞骨岩部、寰枕关节和寰枢关节等。

1）颞骨岩部：中份有中耳鼓室，呈不规则的腔隙；鼓室的外侧壁为鼓膜，内侧壁有三个半规管的断面。鼓室的内前方有颈动脉管及其内的颈内动脉，内下方有颈内静脉，此静脉的内侧有舌咽神经、迷走神经和副神经。

2）寰枕关节和寰枢关节：颞骨岩部与枕骨基底部相连接，枕骨髁与寰椎的上关节面构成寰枕关节。齿突位于寰椎的左、右侧块之间，齿突两侧为寰枢正中关节，此关节的外侧有颈内动、静脉。颈内静脉的外侧有腮腺，两者之间为二腹肌后腹的断面。

9. 经小脑中脚的冠状层面（图 7-26）

（1）上部：以小脑幕为界分为小脑幕上部和小脑幕下部。

1）幕上部：大脑半球的上外侧面颞叶底面和大脑纵裂内的结构与前一层面基本相同。胼胝体下方和透明隔两侧有侧脑室，其顶为胼胝体，下壁为背侧丘脑和穹窿体，内侧壁为透明隔，外侧壁为尾状核体。两侧透明隔之间有透明隔腔，透明隔下端的两侧为穹窿体，其下方为窄隙状的第三脑室。背侧丘脑与尾状核体外侧的白质板为内囊。侧脑室中央部的断面近似长方形，侧脑室下角的顶壁内有一与海马相对应的卵圆形灰质团块为尾状核尾。第三脑室下方为中脑的大脑脚，其两侧的腔隙为环池，内有大脑后动脉及其分支的断面。在大脑脚上端的两侧和背侧丘脑外下方有两个椭圆形的灰质团块，位于内侧者为内侧膝状体，位于外侧者为外侧膝状体。环池两侧和小脑幕切迹上方有海马旁回的断面。

2）幕下部：主要结构为脑桥、延髓和小脑。小脑幕起自颞骨岩部，自外下斜向内上，其内上缘形成小脑幕切迹，靠近中脑的大脑脚。小脑幕分隔海马旁回与小脑。小脑中脚如翼状，向后外侧伸向小脑半球。延髓向下移行为脊髓，椎动脉位于延髓两侧，枕骨大孔围绕于延髓与脊髓的交界处。

（2）下部：主要结构有颞骨岩部、枕骨、寰枕关节、寰枢关节和腮腺等。颞骨岩部断面内主要为中耳鼓室或乳突窦，鼓室后下方为乳突小房。颞骨岩部与枕骨交界处有颈静脉窝和颈静脉孔。寰枕关节位于枕骨大孔的外下方，由枕骨髁与寰椎侧块的上关节面构成。枢椎齿突位于寰椎的左、右侧块之间。寰枢外侧关节由寰椎的下关节面和枢椎的上关节面构成，此关节外侧有椎动脉通过，椎动脉的外下方有颈内动、静脉断面，颈内静脉的外侧有二腹肌后腹、胸锁乳突肌和腮腺。

10. 经松果体的冠状层面（图 7-27）

（1）上部：以小脑幕为界分为小脑幕上部和小脑幕下部。

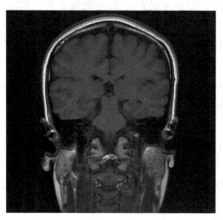 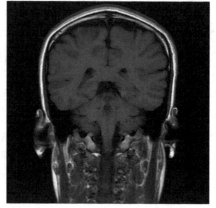

图 7-26　经小脑中脚的冠状层面　　　　图 7-27　经松果体的冠状层面

1）幕上部：大脑纵裂内有大脑镰，其上端连于上矢状窦，上矢状窦两侧可见外侧陷窝。大脑镰两侧的大脑半球内侧面自下而上有扣带回、扣带沟和中央旁小叶后部。大脑半球上外侧面自上而下有中央后回、顶上小叶、缘上回和外侧沟。外侧沟的下方为颞叶，颞叶自上而下可见颞上回、颞中回和颞下回。颞叶的底面自外侧向内侧有枕颞外侧回、枕颞内侧回和海马旁回。胼胝体压部的断面较宽厚，其上方邻接大脑镰。侧脑室三角区位于胼胝体两侧，靠近底壁处有侧脑室脉络丛，三角区向外下方移行为侧脑室下角。胼胝体压部的下方有松果体，松果体的周围为大脑大静脉池，与下方的四叠体池相延续。

2）幕下部：主要结构有小脑半球、小脑蚓和第四脑室。第四脑室的下方为延髓，延髓后外侧有小脑扁桃体，后者靠近枕骨大孔。枕骨大孔内的椎动脉位于脊髓两侧，枕骨大孔外侧有圆形的颈静脉窝，外上方有乙状窦的断面。

（2）下部：主要结构有枕骨、寰椎、枢椎、脊髓和第 3 颈椎等。椎管颈段内可见脊髓、脊神经根和硬脊膜。颈椎的横突孔内可见多个椎动脉断面。第 3 颈椎的外侧有颈内动脉和颈内静脉。寰椎的外下方有近似圆形的头下斜肌。在第 2、3 颈椎外侧有头半棘肌和头夹肌的断面。胸锁乳突肌位于颈总动脉外侧。

11. 经齿状核的冠状层面（图 7-28）

（1）上部：以小脑幕为界分为小脑幕上部和小脑幕下部。

1）幕上部：胼胝体压部较前一层面变薄，其上方的大脑纵裂内有大脑镰；大脑镰的上端连于上矢状窦及外侧陷窝，下端连于下矢状窦。大脑镰两侧的大脑半球内侧面可见扣带回、扣带沟、顶下沟和楔前叶。大脑半球上外侧面自上向下有中央后回、顶上小叶、顶下小叶（缘上回）和颞叶后部的颞中、下回。胼胝体压部的两侧有侧脑室后角，多呈卵圆形，其内侧壁上部有一突起为后角球；压部的下方有大脑大静脉、大脑后动脉和小脑上动脉的断面。海马旁回紧贴小脑幕上方，靠近小脑幕切迹边缘和大脑大静脉。

2）幕下部：左、右侧小脑幕向上汇合成伞状，两侧连于横窦。小脑蚓两侧为小脑幕切迹，其上方与胼胝体压部之间有大脑大静脉池。颅后窝主要被小脑半球所占据，小脑蚓连接左、右侧小脑半球。小脑蚓与小脑半球之间的白质内有齿状核，其锯齿状的灰质围成囊袋状，开口于小脑蚓。小脑蚓两侧有突向下方的脑扁桃体，靠近枕骨大孔的边缘。

（2）下部：位于枕骨下方。中线两侧自上而下有寰椎后弓枢椎棘突、脊髓、脊神经根和第 3 颈椎的断面。寰椎后弓的两侧有头后大直肌和头上斜肌。枢椎棘突两侧有头下斜肌、头半棘肌、头夹肌和肩胛提肌的断面，最外侧为胸锁乳突肌。

12. 经禽距的冠状层面（图 7-29）

（1）上部：以小脑幕为界分为小脑幕上部和小脑幕下部。

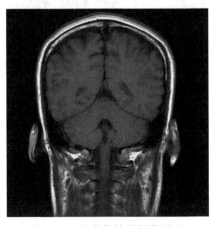
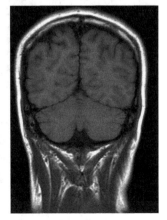

图 7-28 经齿状核的冠状层面　　图 7-29 经禽距的冠状层面

1）幕上部：大脑纵裂内有大脑镰，其上端连于上矢状窦，下端与小脑幕相连。两侧小脑幕与大脑镰连接成"人"字形，连接处为小脑幕顶，内有直窦。大脑半球内侧面可见横行的距状沟，此沟下方为舌回，上方为楔叶；楔叶上方有顶枕沟和楔前叶。侧脑室后角位于距状沟末端的外侧，围绕于距状沟外侧端向侧脑室后角内突起的白质为禽距。大脑半球上外侧面有顶上小叶和顶下小叶的角回，再向下为颞中回、颞下回。颞叶底面自外侧向内侧有枕颞外侧回、枕颞内侧回和舌回。

2）幕下部：小脑幕呈"人"字形，向外侧与横窦相连。幕下结构主要由两侧的小脑半球和中间的小脑蚓组成。

（2）下部：中线上有第2、3颈椎棘突和脊髓的断面。枢椎棘突的两侧有头下斜肌，呈尖伸向内侧的锥形，其上方有斜向外上的头后大直肌。枕骨下方和中线两侧有小片状的头后小直肌。在头下斜肌和头后大直肌的外侧有头半棘肌、头夹肌和胸锁乳突肌。

13. 经小脑镰的冠状层面（图7-30）

（1）上部：以小脑幕为界分为小脑幕上部和小脑幕下部。

1）幕上部：大脑纵裂内有正中矢状位的大脑镰，其上端连于上矢状窦及外侧陷窝，下端连于直窦。在大脑半球内侧面的下部有一较深的横行裂隙为距状沟，此沟下方为舌回，上方有楔叶、顶枕沟和楔前叶。舌回的下外侧有枕颞内侧回和枕颞外侧回。大脑半球上外侧面自上而下有顶上小叶、角回和枕颞外侧回。

2）幕下部：小脑幕近似呈水平位，与大脑镰相连接，其外侧端的横窦呈三角形。幕下部主要有小脑半球和小脑镰，小脑镰内有枕窦。

（2）下部：正中线上可见第2~4颈椎棘突。枢椎棘突的两侧有头后大直肌，该肌内侧有头后小直肌。头半棘肌位于头后大直肌外侧，再向外侧有头夹肌和胸锁乳突肌。

14. 经距状沟中份的冠状层面（图7-31）

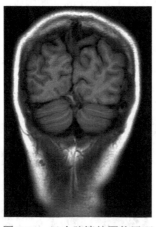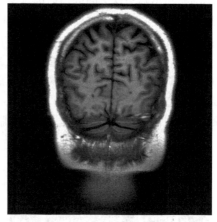

图7-30　经小脑镰的冠状层面　　图7-31　经距状沟中份的冠状层面

（1）上部：大脑镰上端连于上矢状窦，下端与小脑幕相连接。大脑半球内侧面的中部有横行裂隙状的距状沟，其下方为舌回，上方为楔叶。大脑半球上外侧面主要为枕外侧回。小脑幕下方仅有小部分的小脑半球。横窦位于小脑半球外上方，枕内嵴分隔左、右侧小脑半球。

（2）下部：主要是枕骨下方的项肌。靠近中线的头半棘肌较宽大，其外侧的头夹肌呈纵行窄条状。

三、头部的矢状断面解剖及影像

在矢状断面标本上，头部的结构左右对称，故选取头部的正中矢状层面及其左侧半的层面进行观察。每个层面均可分为两部分，即颅内部（上部）和颅外部（下部）。

1. 经颞下颌关节的矢状层面（图 7-32）

（1）颅内部：分为幕上部和幕下部。

1）幕上部：断面结构被外侧沟分为上、下两部分。上部的前份是额叶，该叶后份为中央前回和中央沟；上部的后份和外侧沟后上方是顶叶，其上有中央后回和顶下小叶（缘上回和角回）。下部即外侧沟下方的颞叶，主要有颞上回、颞中回、颞下回和颞横回。

2）幕下部：小脑幕的后端上方有横窦，下方可见横窦的末端延续为乙状窦和小脑半球的断面。

（2）颅外部：可分为前、后两部分。前部为颞下颌关节及其以前的结构，后部是颞下颌关节后方的结构。

1）前部：下颌支呈纵行结构，其后上方可见髁突的断面。髁突与下颌窝、关节结节相连接，关节头与关节窝之间有呈 S 形的关节盘，厚约 1mm。下颌颈前方有翼外肌和宽大的颞肌。咬肌位于下颌角的前方。

2）后部：外耳道呈卵圆形的断面，位于颞下颌关节的后方。下颌支后方和外耳道下方有腮腺。外耳道后方呈不规则的骨性腔隙为乳突小房，乳突的后方有头夹肌、胸锁乳突肌和二腹肌后腹。

2. 经鼓室的矢状层面（图 7-33）

（1）颅内部：分为幕上部和幕下部。

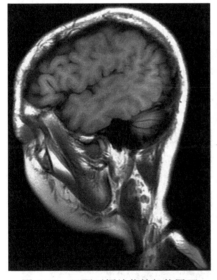 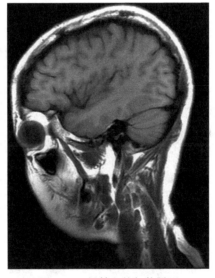

图 7-32 经颞下颌关节的矢状层面　　图 7-33 经鼓室的矢状层面

1）幕上部：以外侧沟为界将大脑半球分为上、下两部分，外侧沟内有大脑中动脉及其分支。上部的前份有额叶的额中回，后份有中央前回、中央沟、中央后回和顶下小叶。下部主要为颞叶，其前份为颞极，后份为枕叶。

2）幕下部：小脑幕连于枕骨横窦沟和颞骨岩部上缘之间后端有横窦。小脑幕下方有小脑半球，小脑半球下方有乙状窦的断面。颞骨岩部断面内的中耳鼓室位于前下方，半规管位于鼓室的后上方。

（2）颅外部：以颞骨岩部前缘为界，分为前、后两部分。

1）前部：主要显示面部的结构。下颌体的断面位于颌面下部，其前缘与眶之间有宽带状的颞肌；翼外肌位于颞肌的后方，两肌之间的血管为上颌动、静脉及其分（属）支。翼外肌后下方的血管为下牙槽动静脉和脑膜中动、静脉等。下颌体的后下方有翼内肌、下颌下腺和下颌下淋巴结等，翼内肌的后方有腮腺、腮腺淋巴结、下颌后静脉、茎突舌骨肌和颈内动、静脉。眶腔及其内的眼球位于前上方，可见部分眼球外肌、眶脂体和上、下睑的断面。

2）后部：主要显示项下部的结构。头上斜肌位于枕骨下方，起自寰椎横突，斜向后上，止于下项线。头下斜肌位于寰椎横突的下方，此处的血管为颈内静脉。头上、下斜肌之间有头半棘肌和头最长肌，此二肌后方为头夹肌。

3. 经颈静脉孔的矢状层面（图 7-34）

（1）颅内部：分为幕上部和幕下部。

1）幕上部：外侧沟内有大脑中动脉的断面。外侧沟上方的大脑半球上缘中点处有中央沟，可区分额叶与顶叶，中央前回较中央后回粗大。外侧沟下方的前份为颞叶，其内的侧脑室下角呈前后位的长条状裂隙，颞叶向后连于枕叶。外侧沟的底为岛叶，颞叶上方和岛叶前份的深部有环形的灰白质相间区域，外层的环形灰质为屏状核，中央部的灰质为豆状核壳，后方是岛叶的后份。

2）幕下部：小脑幕连于颞骨岩部上缘与横窦沟之间。幕下结构主要为小脑半球，小脑半球前下方有乙状窦的断面。颞骨岩部断面上有多处管道，内耳道位于其后上份，前份为颈动脉管，内有颈内动脉。颞骨岩部的前方有棘孔及其内的脑膜中动、静脉。

（2）颅外部：以颈动脉管为界分为前、后两部分。

1）前部：眶腔内主要有眼球、眼球外肌和眶脂体。眼球断面的前份有角膜和晶状体。眼球的上方有上睑提肌和上直肌，下方有下直肌，后方有外直肌，各肌之间充填有眶脂体。眶下壁的下方自上而下有上颌窦、上颌牙槽突、下颌牙槽突和下颌体断面。颅底下方有翼外肌、翼内肌和下颌下腺等。翼外肌的后方有脑膜中动、静脉出入棘孔。翼内肌和下颌下腺的后方自上而下为茎突咽肌、茎突舌肌、茎突舌骨肌和二腹肌。在颞骨岩部的前下方有颈内动脉，后下方有颈内静脉。

2）后部：枕骨下方有斜向前下的头半棘肌、头夹肌和斜方肌。头半棘肌的前下方有头下斜肌。

4. 经海马的矢状层面（图 7-35）

（1）颅内部：分为幕上部和幕下部。

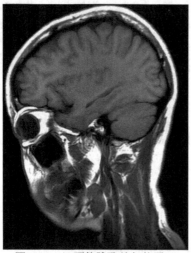 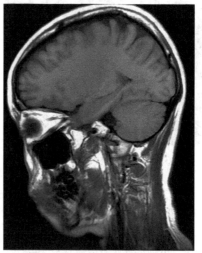

图 7-34　经颈静脉孔的矢状层面　　　　图 7-35　经海马的矢状层面

1）幕上部：外侧沟的上方是额叶，其后方为顶叶。中央前回、中央沟、中央后回和顶上小叶的位置与上一层面基本相同。外侧沟上方的白质内有尾状核头，其位置靠前且颜色较深，苍白球的位置稍后且颜色较浅。侧脑室三角区前方的灰质团块为背侧丘脑枕，其与豆状核之间的白质纤维为内囊后肢。外侧沟的下方有颞叶、侧脑室下角及其底壁上的海马，海马的前方为海马旁回、钩；颞叶向后连于枕叶。

2）幕下部：小脑幕后端连于横窦，向前到达颞骨岩部上缘。小脑半球周边部的灰色结构为小脑皮质，中央部呈白色的区域为小脑髓质。小脑半球的前方有前庭蜗神经、迷路动脉和面神经。颞骨岩部尖端的前方有三叉神经节，向后与三叉神经根相连。三叉神经根与小脑半球之间为脑桥小脑角池；三叉神经节下方有圆形的颈动脉管，内有颈内动脉通过。

（2）颅外部：以颈椎椎体前缘为界，分为前、后两部分。

1）前部：主要有眶、上颌窦和口腔。眶位于上方，其前份有部分眼球壁，眶尖处有视神经和眼球外肌的断面，其余为眶脂体。上颌窦位于眶下方，呈四边形。最下方为口腔，其主要结构为其上、下壁，上壁由上颌骨牙槽突和腭构成，下壁由下颌骨牙槽突和口腔底构成。口腔内有舌的断面，舌的下方有舌下腺、颏舌骨肌、下颌舌骨肌和二腹肌等，颏舌骨肌的后方有舌骨断面。

2）后部：脊柱颈段自上而下有枕骨髁、寰椎侧块和枢椎的上关节面等。寰枕关节和寰枢关节清晰可见。寰椎侧块的后面与后弓的上面形成切迹，此为椎动脉沟的断面，椎动脉行于此沟内，此动脉的后方有斜向后上的头后大直肌，该肌后方有头半棘肌和头夹肌。枢椎椎体的后方有头下斜肌，枢椎椎体的前方有头长肌和颈长肌。

5. 经海绵窦的矢状层面（图 7-36）

（1）颅内部：分为幕上部和幕下部。

1）幕上部：主要有端脑和间脑。大脑半球的前半部为额叶，其前端为额极；后半部有顶叶和枕叶。额上回、中央前回、中央沟、中央后回和顶上小叶自前向后依次排列；顶叶后方有顶枕沟，此沟下方和小脑幕上方的脑回为枕叶，其后端为枕极。大脑髓质深部宽厚的横行纤维为胼胝体。胼胝体压部前方的灰质团块为背侧丘脑，胼胝体干与胼胝体膝下方的灰质团块为尾状核头、体。尾状核头与豆状核壳连接处的后下方有圆形的前连合。胼胝体与背侧丘脑之间的腔隙为侧脑室，背侧丘脑、尾状核与豆状核之间的白质板为内囊。背侧丘脑与脑桥相互移行缩细的部分为中脑的大脑脚，大脑脚前上方的白色纤维束为视束，视束下方有海马旁回钩，钩的前方为颈内动脉断面。

2）幕下部：小脑幕向后连于横窦，向前到达大脑脚两侧形成小脑幕切迹。小脑半球髓质中可见囊袋样的齿状

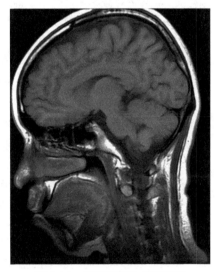

图 7-36 经海绵窦的矢状层面

核，此核前方粗大的白质纤维为小脑中脚。小脑半球下方突向枕骨大孔的部分为小脑扁桃体，其下方有自椎管上行经枕骨大孔进入颅的副神经脊髓根。脑桥向前突出的部分为脑桥基底部，脑桥上缘向上缩细的部分为中脑大脑脚，与背侧丘脑相连。桥池位于脑桥基底部与枕骨斜坡之间，内有基底动脉通过。颈内动脉在颈动脉沟后端向前弯转进入海绵窦，海绵窦外侧壁自上而下有动眼神经、滑车神经、眼神经和上颌神经穿行。海绵窦的前上方和颈内动脉上方有视神经的断面。

（2）颅外部：以椎体前缘分为前、后两部分。

1）前部：主要由鼻旁窦、鼻腔、口腔和咽腔组成。位于颅前窝下方、中鼻甲上方和蝶骨以前的区域为额窦和成群的筛窦。鼻腔外侧壁自上而下有不完整的中鼻甲、中鼻道、下鼻甲和下鼻道。口腔的结构与上层面基本相同。鼻腔、口腔和喉腔的后方为咽腔，鼻咽腔侧壁上有咽鼓管咽口断面，喉咽前方有会厌的断面。

2）后部：由颈椎、椎管和项肌组成。椎管的前壁有寰椎侧块、枢椎椎体和第3颈椎椎体等，

椎体的前方有头前直肌、头长肌和颈长肌。椎管的后壁有寰椎后弓和枢椎棘突等。椎管内有硬脊膜、颈神经根和副神经脊髓根。项肌与上一层面基本相同，自后上向前下有头后小直肌、头后大直肌和头下斜肌。头半棘肌位于头后小直肌的后上方，与枕骨相连，其后方有头夹肌。

6. 经头部正中的矢状层面（图 7-37）

（1）颅内部：以小脑幕和胼胝体为界分为上、下两部分

1）上部：大脑半球内侧面的脑沟、脑叶、脑回和脑血管显示清晰，可见中央沟、扣带沟、胼胝体沟、顶枕沟和距状沟等，借助脑沟可区分出额上回、中央旁小叶、楔前叶、楔叶、扣带回和舌回等。

2）下部：可分为胼胝体下部和小脑幕下部。

胼胝体下部：胼胝体分为胼胝体嘴、膝、干和压部，透明隔位于胼胝体与穹窿之间。室间孔位于穹窿柱与背侧丘脑之间，穹窿体沿背侧丘脑和胼胝体之间向后下方延续为穹窿脚。室间孔的前方有前连合；下丘脑沟位于室间孔与中脑水管之间，其上方有丘脑间黏合。前连合前方的胼胝体嘴与视交叉之间的薄板样结构为终板。穹窿体后方的胼胝体与穹窿连合之间的腔隙为穹窿室（第六脑室）。第三脑室脉络丛位于背侧丘脑的背侧面与内侧面交界处，大

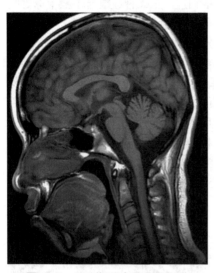

图 7-37　经头部正中的矢状层面

脑内静脉与之相伴行，此静脉起自室间孔，向后越过松果体上方到达胼胝体压部下方，与对侧的大脑内静脉汇合成大脑大静脉。大脑大静脉和松果体周围的腔隙为大脑大静脉池，该池经胼胝体压部下方向前上连通帆间池，向下延续为四叠体池。背侧丘脑和下丘脑内侧面为第三脑室，借下丘脑沟分为上、下部。乳头体的前下方有视交叉、漏斗和灰结节，后方为中脑的大脑脚。乳头体下方至脑桥前上缘之间为脚间池，内有动眼神经及血管。视交叉周围有交叉池。脑桥基底部与枕骨斜坡之间为桥池，内有沿基底沟上行的基底动脉。

小脑幕下部：小脑幕自横窦沟向前到达胼胝体压部后下方，与水平面约 45°角。大脑镰与小脑幕连接处为直窦，向后下汇入窦汇。小脑位于小脑幕下方，小脑半球前下方的突出部分为小脑扁桃体。枕骨大孔上方的延髓与小脑之间为小脑延髓池；小脑与小脑幕之间为小脑上池，向前上连通四叠体池。四叠体池位于中脑背面的上、下丘后方；脑桥和延髓背侧的凹窝为菱形窝，小脑与菱形窝之间构成第四脑室，向上连通中脑水管，向下连通脊髓中央管。第四脑室的脑脊液借第四脑室正中孔和两个外侧孔通向蛛网膜下腔。

（2）颅外部：以椎体前缘分为前、后两部分。

1）前部：主要由鼻腔、口腔和咽腔组成。鼻腔内可见部分鼻中隔和鼻腔外侧壁的结构。鼻腔上方的额骨内有额窦，后上方的蝶骨体内有蝶窦。口腔顶的前份为硬腭，后份为软腭。口腔内有舌的断面，舌的前下方与下颌体之间有舌下腺。口底肌有颏舌骨肌和下颌舌骨肌。舌根与会厌连接处下方的圆形骨断面为舌骨体。咽腔位于鼻腔、口腔的后方和脊柱的前方，呈前后稍扁的肌性管道。鼻腔的后方为鼻咽，可见咽隐窝、咽鼓管圆枕、咽鼓管咽口和咽扁桃体。口腔的后方为口咽，喉腔的后方为喉咽，舌根与会厌相邻。

2）后部：主要结构为椎管和项肌。椎体的前方有头长肌颈长肌和前纵韧带。枢椎椎体与第3 颈椎椎体之间有椎间盘的断面。椎管内有硬脊膜、脊髓和颈神经根等。寰椎后弓与枕骨之间有头后小直肌，其后下方有头半棘肌。

以上 6 层矢状断面是头部一半的矢状断面，头部另一半矢状断面与这一半相同，故从略。

第八章 神经系统现代研究方法

自 19 世纪末起，随着近代神经科学的萌芽，神经系统研究方法犹如一把大门钥匙，打开了神经系统这个巨复杂系统的奇妙世界。在神经科学的发展史上，每一次里程碑的创立，都是基于方法学的突破。我们对中枢神经系统的细胞构筑学的认识，主要依据是 19 世纪 90 年代 F. Nissl 发明的大脑皮质的分层、区分及各核团的划分方法；Cajal 用 Golgi 法和他自己发展的镀银方法创立了神经元学说，成为神经科学的基石；20 世纪 50 年代，电子显微镜的应用将我们带入了神经系统的爱丽丝世界。从 J. Sherrington、J. Eccles、H. H. Dale、O. Loewi、J. Erlanger、H. S. Gasser 等早期神经生理学大师诺贝尔奖获得者的贡献到现代神经生理学的发展，每一次跨越都可以找到赖以攀登的方法学台阶。J. Eccles 曾经写到："In the nervous system，we physiologists are more dependent upon what the anatomists tell us than we are anywhere else." 神经形态学家在生理学家的研究中不断寻找形态学发现的功能意义。今天的神经科学已经不同于 20 世纪 50 年代的神经科学，其各分支学科的发展早已相互渗透、融合，各有彼此，难分难解。回顾半个世纪以来神经科学的进展，我们对神经系单胺类及氨基酸经典递质的认识、对众多的神经肽的认识、对各种受体及离子通道的认识、对神经元及胶质细胞间关系的认识、对神经系发育的认识、对中枢神经系可塑性及再生的认识、对记忆及认知的研究，对神经系的细胞、分子、基因等研究，都是各学科综合研究的成果。神经系统太复杂，涉及面极广，相应的研究方法众多。本章的学习提供了一个认识现代神经科学方法的材料。

第一节 形态学方法

一、神经束路追踪法

研究神经元之间的纤维联系是神经科学研究领域的一个基本问题。目前应用于神经元之间纤维联系的最常用研究方法是利用神经元轴质运输现象的神经束路追踪法。

（一）轴质运输追踪法

利用轴质运输原理追踪神经纤维联系的常用方法有辣根过氧化物酶追踪法、放射自显影神经束路追踪、PHA-L 顺行轴突追踪法、生物素葡聚糖胺顺行轴突追踪法、霍乱毒素 B 亚单位追踪法、荧光素追踪法、其他特殊荧光素追踪剂及病毒追踪法。

1. 辣根过氧化物酶追踪法 1971 年 Kristenson 等及 1972 年 LaVail 等先后将辣根过氧化物酶（horseradish peroxidase，HRP）用于追踪周围神经系统和中枢神经系统的纤维联系，创造了 HRP 追踪技术。最初，HRP 仅被当作逆行追踪剂使用，将 HRP 注射于神经末梢所在部位，HRP 随即通过非特异性整体胞饮（bulk endocytosis）的方式被摄入，包裹在直径为 50nm 的小泡或 100~125nm 的大颗粒囊泡中，小泡可融合成较大泡或连接于其他细胞器上，以便逆行运送。通过组织化学方法显示逆向运送至胞体的 HRP。而后的研究发现，HRP 也可被神经元的胞体摄入，顺向运送至末梢部位，因而也可用作顺向追踪（图 8-1）。因此，HRP 在神经元中的运输无方向特异性，进入神经的 HRP 可向两端运输。

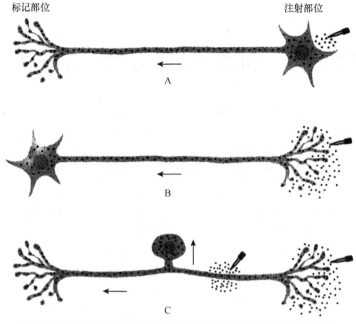

图 8-1　利用轴质运输原理进行神经纤维束路追踪的基本方式
A. 顺行标记；B. 逆行标记；C. 跨节标记（箭头示追踪剂的运输方向）

除了单纯的游离 HRP 之外，还有结合型 HRP。HRP 和麦芽凝集素（wheat germ agglutinin，WGA）共价耦联后形成 WGA-HRP，可大大提高追踪的灵敏度，原因可能是 WGA 属于植物凝集素，经与神经元细胞膜的特异性受体结合的介导被胞饮入神经元。HRP 还可与霍乱毒素的 B 亚单位（CB）结合，HRP 通过 CB 与细胞膜受体结合的介导进入神经元。结合型 HRP 除了灵敏度高和用量较少之外，还可使 HRP 在胞内的降解时间明显延长，并能清晰地显示包括细微分支在内的整个神经元的全貌。由于游离 HRP、WGA-HRP 和 CB-HRP 被摄入神经元的机制不同或受体种类不同，故可将几种 HRP 混合应用，它们通过不同的途径进入胞体，可以明显加强HRP 的标记程度。

HRP 追踪法的问世在神经通路及其功能的研究中具有划时代的意义。与以往的用选择性镀银染色溃变纤维的追踪方法（Nauta 法）相比，HRP 法具有明显的优势，除 Nauta 法难以掌握外，主要还因纤维溃变是基于手术造成的束路或核团破坏，而破坏范围难以精确定位。HRP 法在精确性方面，尤其是局部环路追踪上，显著优于纤维溃变。

HRP 追踪法的基本步骤：

（1）注射 HRP：将 HRP 注射至中枢核团或周围器官、神经的一定部位，向中枢注射 HRP 时，可以采用压力注射和电泳两种方法。压力注射时，用蒸馏水或生理盐水将 HRP 配成 30%～50%的溶液，WGA-HRP 或 CB-HRP 则用 1%～3%的浓度。用微量注射器或拉制的微波管直接注入，注射量依需浸渍范围而定。注射速度需缓慢，注射完毕后，为减少 HRP 沿针道扩散，注射完毕后留针 10～15min 后再缓慢拔针。电泳时，用生理盐水将 HRP、WGA-HRP 或 CB-HRP 配制成浓度为 2.5%或 1%的溶液。电泳时采用间断式通电，HRP 溶液接阳极，动物接阴极。由于泳入的只有 HRP、WGA-HRP 或 CB-HRP，而无液体渗出，故电泳法的主要优点是泳入的范围很小，同时不会形成液体压力而损伤组织。

（2）灌注、固定、取材、切片：尽管 HRP 被摄入的过程很快，但其到达预定部位的时间决定于运输速度及距离，运输速度因动物种类及纤维系统而异。因此，注射 HRP 后，动物存活一定时间后灌注固定动物。选择适当的固定液进行固定是 HRP 追踪法成功的关键之一。HRP 追踪法常用的固定液是多聚甲醛，采用灌注加浸泡（后固定）的措施来保证固定的效果。由于多聚甲醛对 HRP 的酶活性有影响，所以固定后及时切片，切片后充分清洗。

（3）显色：Graham 及 Karnovsky 介绍了用 DAB 和 H_2O_2 进行呈色反应的方法，该反应产物的电子密度较大，利于作电镜观察。在进行呈色反应时，将切片在 H_2O_2 及 DAB 溶液中孵育，使组织中的 HRP 与 H_2O_2 结合成[HRP-H_2O_2]络合物。此络合物氧化供氢的 DAB，使之形成有色的沉淀物，堆聚在 HRP 周围。DAB 的氧化产物呈棕色颗粒，在暗视野下反射出金黄色光。DAB 反应产物在神经元胞体内呈褐色圆粒，反应产物的大小及分布均较均匀，可扩展至树突近段内。HRP 组织化学反应常分两步进行，先预反应，将切片浸入不含 H_2O_2 的呈色剂中将组织浸透。为了定位标记神经元的位置和辨认核团的轮廓，可用焦油紫或中性红复染。

2. 荧光素追踪法　1977 年，荷兰著名神经解剖学家 Kuypers 及其同事首先发现部分荧光化合物可被神经纤维末梢摄取，并通过轴质逆行运输到各自的神经元胞体，切片后在荧光显微镜下可直接观察到这些胞体的定位，从而建立了研究神经纤维联系的荧光素逆行追踪法（fluorescien fluorescent tracing method）。

荧光素追踪剂是一种暴露在一定激发波长光照下，以一定发射波长发出一定颜色荧光的化合物。每一种荧光素都有各自的激发波长和发射波长，不同的发射波长决定了这些荧光素发出的荧光颜色各异。荧光素用于神经通路追踪，除了具有可靠性和灵敏性之外，其更突出的特点则是利用其不同颜色可同时追踪和显示多重神经联系，也可用于发育、移植和细胞内标记。用于细胞内标记时，荧光素可将单个神经元的形态特点与其电生理特性的研究结合起来。荧光素主要用于逆行追踪，顺行标记的荧光很弱，但四甲基罗达明-葡聚糖胺（TMR-DA）的顺行标记纤维和终末则比较明亮。

荧光素（fluorescein）类的神经通路追踪剂，主要用于逆行标记。由于荧光素的种类很多，不同荧光素的激发光波长和发射波长不同、荧光颜色各异，不同荧光素在神经元内的标记特征不同（绝大多数标记细胞质，只有少数仅标记细胞核，如核黄、双脒基黄等）。因此，可选择一种或两种以上的荧光素分别对神经元进行单、双标或多重标记。双重标记和多重标记可用来研究神经元轴突的分支投射，对深入认识和理解神经系统的结构和功能具有重要意义。

由于各种荧光素逆行运输的速度不同，所以脑内注射荧光素后，动物的存活时间也有差异。双重标记时，有时需要做 2 次手术，即先注射运输慢的荧光素，过一定的时间之后，再注射运输较快的荧光素。另外，荧光素在脑内运输的距离也不相同，脑内注射两种以上的荧光素时，要注意不同荧光素之间的配伍，选择在同一激发波长下能同时观察的两种荧光素进行双标研究则更佳。

术后动物的灌注固定、取材和切片与其他方法基本相同，但切片后应尽快贴片，以防荧光素从标记神经元中溢出。由于荧光溶液褪色，裱片后应立即观察。

荧光素追踪法的主要优点是可做双重或多重标记，步骤简便、节省，易与组织化学方法结合应用。它易与各种神经递质组织化学（包括单胺荧光组织化学、酶组织化学和免疫组织化学）结合，便于研究投射神经元的化学性质。荧光素标记的共同缺点是荧光素易扩散，切片不能长久保存，也不易避免过路纤维的摄取，在激发光照射下容易褪色。

（二）变性神经束路追踪法

变性神经束路追踪法（degeneration nerve tract tracing technique）具有悠久的历史。神经元

的轴突损伤之后，在损伤轴突的近侧端和远侧端分别发生逆行和顺行溃变，甚至逆行和顺行跨神经元溃变。引起神经元及其轴突损伤的方法有物理性、化学性手段两大类。锐器的切割、电凝、电离破坏、超声破坏等均属物理性破坏手段，其特点是无选择性，除了损伤神经元及其发出的纤维外，也能破坏通过此损伤部位的纤维，导致非特异性标记。

20 世纪 40 年代，研究神经纤维联系的最主要手段是镀银染色法。虽然此法可根据银染溃变纤维的形态变化来判断追踪溃变纤维的行径，但在密集的神经纤维网中发现单根溃变纤维，尤其是纤维接近终末部位的纤细部分绝非易事。20 世纪 50 年代，另一种镀银法出现——Nauta 法，这种方法能有效抑制正常纤维的染色而仅染出溃变纤维，极大地推动了神经束路学的研究。到 20 世纪 70 年代，变性束路追踪法逐渐被轴质运输追踪法所取代，主要用于一些局部环路的研究。神经纤维溃变时，其纤维及终末出现特征性超微结构变化，可用于在电镜下的超微结构水平分析某些核团的传入纤维来源及其终末的突触关系，并可结合其他标记方法来研究此类传入纤维与特定形态的细胞（Golgi 法）、特定传出投射细胞（逆行标记法）、特定的其他传入纤维（顺行标记法）或含特定化学成分的神经元（免疫组织化学）之间的关系。还可以将变性法与免疫组织化学方法或原位分子杂交技术结合，观察当切断束路（或神经）后起始神经元胞体内化学成分的变化、切断的神经纤维近侧端的形态学及组织化学变化、破坏起源核团后该靶区内神经及末梢的组织化学变化。

在神经通路特别是化学通路及其功能的研究中，化学损伤技术具有重要意义。19 世纪，有人尝试用化学毒性物质对神经组织进行损毁，但这种方法与物理破坏法一样，也存在损伤范围不易控制、目的损毁区及其周围组织（如血管、神经胶质）和过程纤维都被损伤等缺点。随着针对含特定化学物质神经元的化学损毁剂的出现和应用，化学性破坏的特异性才明显增强。化学性破坏主要有三类试剂，单胺能和胆碱类神经毒剂，可分别选择性损毁单胺能和胆碱能神经元；另一类是不具选择性损伤的兴奋性氨基酸类神经毒剂。

二、化学神经解剖学方法

20 世纪 70 年代，免疫组织化学技术被引入脑研究领域，它以特异性强、灵敏度高的特点，使神经元内所含的神经活性物质、受体和转运体（transporter）可视化（visualization），给形态学研究开辟了新的途径，形成了化学神经解剖学（chemical neuroanatomy）这一崭新的领域。化学神经解剖学主要研究各类神经活性物质在脑内的分布、投射状态及相互作用，可以通过定位、定性结合的手段探索脑的结构和功能关系，并对各种神经活性物质的合成酶及受体、转运体开展研究。用原位分子杂交技术在基因水平对神经活性物质及其受体 mRNA 的表达进行观察，使神经解剖学在分子生物学渗透方面取得了划时代的发展。

1. 酶组织化学法和荧光组织化学法 酶组织化学法（enzymohistochemistry）的特点不是显示酶本身，而是利用酶对底物的催化作用，使底物发生颜色变化，借此对该酶进行定位、定量分析。在进行酶组织化学法反应时，保存完好的形态结构和保留最大的酶活性很重要。

（1）乙酰胆碱酯酶组织化学法和 NADPH 法

1）乙酰胆碱酯酶（acetylcholine esterase，AChE）是乙酰胆碱的分解酶，分布于神经组织和肌组织等，如肌肉运动终板的突触后膜上、神经元胞体及突触后膜上。AChE 法的原理是 AChE 分解底物，然后还原重金属盐捕获剂形成有色沉淀。AChE 法的具体方法较多，但自从抗胆碱乙酰转移酶（ChAT）抗体问世后，AChE 法已较少使用。

2）NO 由一氧化氮合酶（nitric oxide synthase，NOS）催化精氨酸产生，NOS 为硫辛酸脱氢酶（diaphase），该酶的活性又依赖于还原型辅酶Ⅱ（NADPH）。NADPH 法的基本原理是硫辛酸脱氢酶氧化底物，从底物将氢传递给 NADPH，通过 NADPH 使受氢体硝基四氮唑蓝（NBT）还原为 formazan，形成蓝色沉淀，以此确定 diaphase 的位置并间接地反映 NO 的分布。将组织切片用含 NADPH 和 NBT 的反应液浸泡 20min（37℃）即可显示结果。

（2）单胺类物质的荧光组织化学法：1962 年 Falck 和 Hillarp 创建了一种灵敏的组织荧光法（Falck-Hillarp 法），用甲醛（formaldehyde，FA）诱发神经组织内单胺类物质发出荧光，并使之能在荧光显微镜下观察。儿茶酚胺类物质发绿色荧光，5-羟色胺（5-HT）发黄色荧光。1964 年 Hillarp 的学生 Dahlstrom 和 Fuxe 用此方法观察 5-HT 及儿茶酚胺类的分布，并对各核团进行了编号，开创了观察脑内神经活性物质定位分布（mapping）的先河。1972 年 Borjklund 等又建立了用乙醛酸（glyosylic acid，GA）诱发荧光的方法，提高了此技术的灵敏度。20 世纪 60～70 年代的诱发荧光法对神经组织内单胺类神经元的发现及分布做出了重要的贡献，进而推动了单胺类递质的功能及临床研究。其后，随着免疫组织化学法的发展，单胺类递质及其合成酶的显示多使用免疫组织化学法。

2. 免疫组织化学法（immunohistochemistry） 是利用免疫学抗体与抗原结合的原理及组织化学技术对组织、细胞特定抗原或抗体进行定位和定量研究的技术。抗原与抗体高度特异的结合决定了免疫组织化学法具有高度的特异性、灵敏性和精确性。免疫组织化学染色的抗原通常是肽或蛋白，有数量不等的抗原决定簇。抗原决定簇由暴露于抗原表面、在空间上相邻的 3～8 个氨基酸组成。一个抗原上可以有多个抗原决定簇。故由此而产生的抗血清中可能含有针对不同决定簇的多克隆（polyclonal）抗体。用杂交瘤技术可以制成针对单个决定簇的单克隆（monoclonal）抗体。因为抗体仅识别特定的抗原决定簇，而不识别抗原本身，因此不同物质只要有相同的抗原决定簇，均可被同一抗体识别，所以在免疫组织化学法中应注意抗体的特异性及交叉反应。

由于在组织和细胞中进行的抗原抗体反应一般是不可见的，需要用标记的方法将某种标志物（如酶、荧光素）结合到抗体上，再用组织化学法显示此标志物或在荧光显微镜下观察荧光素发出的荧光。标记抗体的物质还有铁蛋白、生物素、金颗粒及同位素等。用这些标记的抗体可以在组织切片上鉴别是否发生了特异的抗原抗体反应，并可对与抗体结合的抗原物质进行定位。

免疫细胞化学常用的染色方法有免疫荧光细胞化学染色法、免疫酶组织化学染色法、ABC 法和其他免疫细胞化学染色法。免疫荧光细胞化学染色直接法虽然方法简单、需时短、特异性强，但灵敏度低，且需要分别标记每一种抗体，因此需要的抗体量大，此法之后逐渐被间接法代替。免疫荧光细胞化学染色间接法较直接法灵敏，经过 2 次甚至多次反应，标记强度得到放大，而且只需标记一种抗 IgG 抗体即可鉴定多种抗原。此外，还可将荧光素标记到卵白素（avidin）上，用 ABC 法的染色程序进行孵育和反应。由于 ABC 法的敏感性更高，所以使用得也更广泛。免疫酶组织化学染色法是在免疫荧光组织化学法基础上发展起来的，属于间接法，所不同的仅是用酶标记抗体和用组织化学方法显示结果，间接地对抗原物质进行定位。免疫酶法经过多次改进后，Sternberger（1970）在此基础上创建了过氧化物酶—抗过氧化物酶（peroxidase anti-peroxidase，PAP）法。PAP 法简化了操作步骤，提高了灵敏度，是目前免疫组织化学染色中最常用的方法之一。

ABC 是卵白素（抗生物素）-生物素结合的 HRP 复合物（avidin-biotinylated horseradish peroxidase complex）的简称。生物素（biotin）为一小分子维生素，易于与很多生物分子交联。卵白素是存在于蛋清中的一种糖蛋白，每一分子上有 4 个同生物素亲和力极高的结合点，可以结合 4 个生物素。ABC 复合物是先将 HRP 与生物素结合，然后按一定比例将此复合物与卵白素反应，使每一个卵白素分子上结合 3 个带 HRP 的生物素，留出一个能与其他生物素结合的空位。复合物上携带的 HRP 越多，则酶催化的组织化学反应也越强烈，阳性结果也越明显。

ABC 法是在第一抗体反应后，用生物素结合的 IgG 抗体（biotinylated IgG）桥接。然后用 ABC 孵育，使桥抗体上的生物素与 ABC 中卵白素上的空位结合（图 8-2）。最后仍用 HRP 的底物呈色。由于生物素及卵白素间的亲和力极强，故 ABC 方法比 PAP 法更灵敏，有时又称为亲和细胞化学。在 ABC 法中，第一级抗体是特异性的，第二级抗体是生物素标记的二抗，第三级是 ABC 复合物。ABC 复合物与桥抗体之间是通过生物素结合的，因此 ABC 复合物没有种属特异性，可适用于任何种类的第一抗体。当然，生物素结合的第二抗体必须是针对第一抗体种属的。ABC 法与 PAP 法相比，具有操作时间短、灵敏度更高等优点。

成功的免疫细胞化学染色既要求保持组织细胞的结构，又要求酶反应有精确、稳定的定位并且有高度的特异性和可重复性，因此，对结构和化学反应有影响的任何一种因素都会给染色造成不利影响。免疫组织化学染色的基本过程是固定、制片和反应。

（1）固定：神经系统内很多物质是可溶的，必须首先用固定剂将之交联起来，以免在染色过程中丢失。最常用的是 0.1mol/L 磷酸缓冲液（pH7.4）配制的 10% 福尔马林或 4% 多聚甲醛与 0.2% 苦味酸（picricacid）的混合液，适用于多数情况。但不同物质对固定剂的反应不同，没有一种是适用于一切物质的固定剂。固定剂同时又有可能破坏抗原性。因此，选择合适的固定剂及合适的浓度、固定时间和方法十分重要。

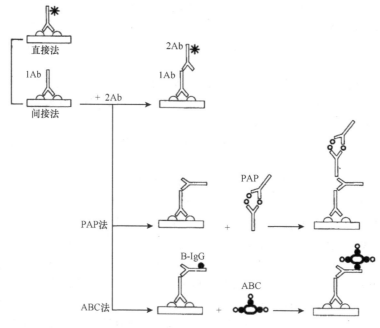

图 8-2　免疫组织（细胞）化学的反应方式

（2）制片：一些薄层组织可以铺片，如视网膜，但大多数材料需作切片因目的不同可以制成石蜡切片、树脂切片、冷冻切片及振动切片。石蜡切片在神经生物学研究领域使用较少。光镜研究用的树脂切片主要是利用树脂包埋后可以将组织切成很薄切片的特点，一个神经元可以被切成若干张切片，用以做不同抗体的染色，以研究不同物质的共存现象。这种切片还可清楚地显示两个结构的关系，如轴突终末与神经元的关系。由于石蜡包埋和树脂包埋过程对抗原都有一定程度的破坏作用，所以常用冷冻切片，冷冻切片对抗原具有较好的保存能力。为了避免冷冻过程中组织和细胞内形成的冰晶对神经元结构的破坏，组织块在切片前必须在蔗糖溶液内浸泡。振动切片较厚，但可以切较软的组织，能避免组织内形成的冰晶对超微结构的破坏和影响，故电镜标本必须用振动切片。

（3）反应：免疫组织化学反应可以将组织切片铺贴在载玻片上反应，也可将切片漂浸于反应液中进行，两者之间无实质差别。虽然漂染法的操作步骤比较烦琐，但染色效果往往优于片染法。在实际操作过程中，除了借鉴他人的成功经验外，还应根据自己的条件和经验探索最为合适的反应条件。需要注意的是向反应液内加入 H_2O_2 时，一定要循序渐进地缓慢进行，使反应液中 H_2O_2 的浓度由低到高，以保证组织化学反应能够比较完全地进行。这样做不仅能得到良好的染色结果，而且能减轻非特异性反应和得到清亮的背底。

为了使 HRP 催化的反应缓慢进行，可以使用葡萄糖氧化酶-葡萄糖法替代 H_2O_2 进行反应。在葡萄糖氧化酶-葡萄糖反应体系中，前者催化后者氧化并释放出游离氧，HRP 在游离氧存在的情况下，使 DAB 发生缓慢的氧化，生成有色反应产物，沉淀在发生反应的部位。

3. 原位杂交组织化学（*in srtu* hybridization histochemistry，ISHH）创于 1969 年。在神经形态学研究中，ISHH 法主要用于显示细胞内的 mRNA。此法目前已很成熟，其灵敏度已达到可以显示细胞内仅几个拷贝的 mRNA 的程度。

ISHH 法是用标记的单链核酸探针与组织切片反应的方法。探针有 cDNA 探针、RNA 探针、寡核苷（oligonucleotide）探针，分别与组织内相互补的 mRNA 结合，形成 DNA-RNA 或 RNA-RNA 杂交体。cDNA 指 mRN 互补的（complementary）DNA 链，由克隆技术产生，原位杂交的特异性强，比 RNA 探针简便，应用较广。主要缺点是 cDNA 探针通常为双链的，必须在使用前加温，使之分离成两条单链，其中之一条为 cDNA 链，能参与杂交。但无关 DNA 链可以和 cDNA 链重新结合（退火，annealing），在杂交过程中与 mRNA 争夺 cDNA，而且其与 cDNA 的结合可能比与 mRNA 的结合更容易。RNA 探针也由克隆技术产生，技术上比 cDNA 困难。其优点是所产生的探针是单链的，不存在退火问题，因此灵敏度更高，RNA- RNA 结合还比 DNA-RNA 结合稳定。寡核苷探针是人工合成的一段与 mRNA 互补的短核苷链。短探针有利于透入组织，寡核苷探针的制备容易、针对性强，因而交叉反应小、特异性强。但由于探针短，其与 mRNA 结合不够牢固，故杂交及杂交后清洗的条件不能太苛刻。

探针的标志物有放射性同位素及非同位素两类。同位素中可供选择的有 ^{32}P、^{35}S 及氚（^3H），利用其放射性在杂交后进行放射自显影，使紧贴在组织切片上的底片或涂于切片上的感光核子乳胶曝光。非同位素标记是近年来发展的方法，如可用生物素、碱性磷酸酶等物质标记探针，但灵敏度不及同位素。此外，还可用地高辛—抗地高辛抗体显示杂交结果。非同位素法与同位素法结合，能同时显示两种 mRNA。放射自显影法灵敏度高，结果的定量研究比组织化学法容易进行。

显示放射性同位素标记探针的杂交结果，可用将 X 线感光胶片与组织切片紧密接触，进行曝光的宏观放射自显法，也可用将感光乳胶直接涂在组织切片上进行曝光的微观放射自显法。后者比前者的分辨率要高。碱性磷酸酶标记探针杂交结果用硝基四氮唑蓝等底物显示。地高辛标记的探针则用免疫组织化学法显示。原位杂交法及免疫组织化学法都是显示细胞化学成分的方法，各有其适用范围及优缺点，两种方法相辅相成。原位杂交及免疫组织化学两种方法的一个共同问题是反应的特异性问题。两种方法的互相印证可以彼此作为其特异性的证据。原位杂交法优于免疫组织化学法的一个重要方面是其能更确切地反映某种物质表达的调节。

4. 激光扫描共聚焦显微镜技术　光学显微镜作为细胞生物学的研究工具仅可分辨出小于

其照明光源波长一半的细胞结构。随着光学、视频、计算机等技术飞速发展而诞生的激光扫描共聚焦显微镜（laser scanning confocal microscope，LSCM，简称共聚焦显微镜）有划时代的意义，使显微镜的分析能力有了质的飞跃，并且随着技术的不断发展和完善，超出了一般形态学观察的范畴，可用于功能学观察。

（1）基本原理：激光的特点为单色性好、相干性好。共聚焦显微镜的激光束经照明针孔由分光镜反射至物镜，并通过物镜聚焦于样品上，在 X-Y 面上逐行扫描。激发出的荧光经原入射光路直接返回，滤去激发光高峰以外部分，以除去或减轻同时被激发的荧光的混杂（bleed through），再通过探测针孔，经光电倍增管（PMT）调节后输送到计算机。在这条光路中，只有在聚焦平面上的光才能穿过探测针孔，即所谓共聚焦，排除了切片中非焦平面的图像。因此，其所采取的图像仅为原切片的一薄层。这种功能称作光学切片（optic sectioning），其厚度决定于物镜的分辨率，用一般 40 倍物镜，其光学切片厚度约为 $0.6\mu m$（作为参考，一个红细胞的直径为 $6\sim8\ \mu m$）。移动 Z 轴做若干层 X-Y 扫描后，可利用计算机软件对图像进行叠加、三维重构或仅显示 Z 轴切面的图像。

LSCM 采用激光作光源，常用的激光为氦氖绿（543nm）、氦氖红（633nm）和氩离子激光（488nm）。目前多选购多线氩离子激光（458nm、488nm、515nm），还有其他激光可供选择，LSCM 的紫外光源附件特别昂贵，除特殊需要外一般不配置。作为替代常增加波长为 405nm 的激光器。对 405nm 激光的使用范围，厂家多仅说明可用于观察 DAPI（一种标记细胞核的荧光素）。其实它还可用于神经形态学研究常用的荧光金（FG），也可用于标记细胞核更常用的荧光素 Hoechst。Hoechst 有几种型号，其中的 34580 型更适用于 405nm 激光。

由于激光扫描共聚焦显微镜采用点扫描，样品暴露在激光下的时间极短，因此样品的荧光不易淬灭。

（2）激光扫描共聚焦显微镜的主要功能及其在神经科学研究中的应用

1）荧光物质标记结构间的形态关系：图像的厚度对于分析不同荧光物质标记结构间的关系极为重要。分析荧光标记的两种递质的关系，由于共聚焦显微镜光学切片很薄，因此两个细胞重叠一起的可能性很小，很容易分辨每种递质的分布，因此共聚焦显微镜已成为递质共存研究的常规工具。

2）细胞间通信研究：多细胞生物体中，细胞间相互影响和控制的生物学过程称为细胞间通信 LSCM 对细胞间通信的研究可用于以下几个方面：①观察细胞间连接及某些连接蛋白、黏附因子的变化，阐明细胞间通信的形态学基础；②测量由细胞缝隙连接介导的分子转移；③测定某些因子对神经元间通信的影响，如胞内 Ca^{2+}、pH、cAMP 水平对缝隙连接的调节；④用荧光漂白后恢复（FRAP）技术监测荧光标记分子通过缝隙连接的情况；⑤通过测定某些物质对神经元通信的影响，寻找新的药物。

3）免疫荧光定量定位测量：LSCM 借助免疫荧光标记方法，可对细胞内荧光标记的物质进行定量、定性、定位的监测。如需要检测细胞膜、细胞核、细胞质内 3 种不同的物质，采用 3 种不同荧光标记的抗体标记样品，在 LSCM 下对 3 个相应的部位进行观察和测量，对神经元进行全方位的定量分析。在做定量分析时，每次扫描的参数必须一致，并需要配备荧光负反馈系统和光电倍增管增益控制系统。

4）细胞内离子分析：使用针对不同细胞内离子的荧光探针能选择性地与特定离子结合，导致荧光探针的荧光强度发生变化，激发光和发射光的波峰偏移，因而能准确地区别结合态和游离态探针。LSCM 可以准确地测定神经元内 Ca^{2+}、K^+、Na^+、Mg^{2+}等的含量，用得较多的是 Ca^{2+} 的测定。Ca^{2+}在细胞代谢反应中发挥第二信使的作用。神经系统的兴奋、神经元内外环境的变化或病理状态等因素均可使细胞代谢产生相应的反应,导致细胞内外的游离 Ca^{2+} 浓度发生移动,而胞内 Ca^{2+} 的周期性变化是细胞生理功能的体现。使用 Ca^{2+} 的荧光探针,如 Fura-2、Fluo-3 等,通过对钙振荡(calcium oscillation)与钙波(calcium wave)的监测记录,可以间接了解 Ca^{2+} 对刺激介质,如化学因子、生长因子、药物及各种激素的反应和作用,对揭示神经元活动的机制有重要意义。

5)细胞膜流动性的测定:细胞膜荧光探针受到激发后,其发射光为偏振光,其光极性的改变依赖于荧光分子周围的膜流动性产生消偏振的性质,故极性测量可间接反映细胞膜的流动性。通过专用计算机软件,LSCM 可对细胞膜流动性进行定量和定性分析。细胞膜流动性的测定在膜磷脂脂肪酸组成分析、药物效应和作用位点、温度反应测定等方面有重要作用。

6)控制生物活性物质的作用方式:许多生物活性物质(神经递质、细胞内第二信使、核苷酸等)均可形成笼锁化合物。当处于笼锁(caged)状态时,其功能被封闭;一旦被特定波长的瞬间光照射,则因光活化而解笼锁(uncaged),恢复其原有活性和功能,从而在生物代谢过程中发挥作用。LSCM 具有光活化测定功能,可以控制使笼锁化合物探针分解的瞬间光波长和照射时间,从而人为地控制多种生物活性物质发挥作用的时间和空间。

第二节 生理药理学方法

一、脑立体定位

在神经科学的研究工作中常常需要对脑内某一个特定脑区或核团进行精确定位,然后采取某些处理措施,如在这个脑区内进行微透析或注射药物,或记录这个脑区内神经细胞的电活动,或定点损毁某一个特定脑区或核团等,然后观察神经细胞功能状态的变化或机体各种生理生化指标的变化。这些实验都需要使用脑区或核团定位的方法。

脑立体定位的基本原理大致一样,由彼此相互垂直的三个平面组成空间立体直角坐标系,按这一坐标系对脑内部的结构进行定位。在脑立体定位仪上按照一定的方法固定大鼠的头部,在这种情况下颅骨表面的一些解剖学标志与脑内各个结构的位置是相对固定的。从而可以以颅骨表面某些解剖学标志的坐标来确定脑内某一个脑区或核团的定位坐标。

大鼠等啮齿类动物的脑立体定位方法是通过耳杆和上颌固定器将其头部固定,然后参考颅骨表面的矢状缝、冠状缝、前囟中心(bregma)、人字缝尖(lamda)等解剖学标志(图 8-3),以确定脑内部结构的位置。实验室常用啮齿类的脑立体定位仪,它的主要部件包括一个主框、一或两个电极移动架及动物头部固定装置(图 8-4)。主框架由"U"形的方棱不锈钢制成,上面有可以沿主框架移动的电极移动架。电极移动架上有一组三维立体移动滑尺,可以左右、前后和上下定量地移动。通过这种三维立体移动滑尺的导向,参考图谱中某一脑区或核团的立体定位坐标,可以将电极准确地插到这个脑区或核团。首先通过电极移动架上的针电极测定大鼠头部的矢状缝是否在正中线上,然后检测固定在立体定位仪上的大鼠头部是否左右对称。移动电极移动架使电极尖端位于前囟中心,然后向后移动电极移动架到人字缝尖,反复调节齿槽板使前囟中心和人字缝尖处于同一高度。下一步确定三维立体定位系统,通过前囟 I 中心及人字缝尖与主框架平行的平面为标定平面,通过前囟中心与上述标定平面垂直的冠状平面为 APO 平面,因此前囟 I 中心的立体定位坐标为 APO、LO、HO。例如,该图谱中伏核的定位坐标为 AP+1.7mm,L 或 R 1.8 mm,H 7 mm 或 V 7mm(由颅骨面向下 7mm)。

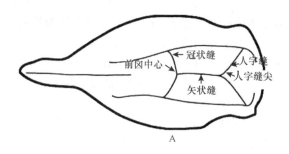

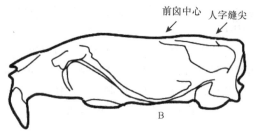

图 8-3 大鼠颅骨表面的解剖学标志

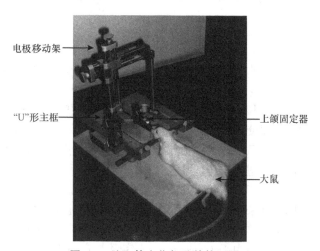

图 8-4 脑立体定位仪及其使用图示

二、脑内微量注射

在中枢神经系统内注射药物的实验方法主要包括脑室注射、脑组织内注射和脊髓蛛网膜下隙内注射。从实验持续的时间上可分为急性实验和慢性实验两种方式。在慢性实验中首先需要做脑内埋管手术，待动物从手术恢复后才能进行脑内注射药物的实验。以大鼠为例首先介绍脑内埋管及慢性注射药物的方法，然后介绍脑内定点急性注射药物的方法。

（一）脑内埋管和慢性注射药物

进行脑内埋管手术前要先查阅脑立体定位图谱，确定目标核团的立体定位坐标，根据立体定位坐标制作套管，然后进行脑内定点埋管手术。

1. 查阅脑立体定位图谱和制作脑内埋植的套管

（1）脑立体定位图谱有许多种，按实验动物的种属分别有大鼠、家兔、豚鼠、猫等的脑立体定位图谱，同一种属内还有不同品系的区别，如 Wistar 大鼠和 Sprague Dawley 大鼠的脑立体定位图谱。在图谱中查找到目标核团的立体定位坐标，然后根据核团大小，选定注射点的位置。例如，在 Paxinos and Watson 的大鼠图谱中伏核的立体定位坐标为：B 1.0~2.7mm，L 或 R 为 1~3mm，V 为颅骨下 5.5~7.5mm（图 8-5），可以选 AP+1.7 mm，L 1.8mm，H 6mm 作为大鼠伏核的立体定位坐标。

（2）制作脑内埋植的套管时首先要确定套管的长度，根据目标核团的定位坐标和颅骨外套管的长度确定其总长度。通常套管需要露出颅骨外约 4mm，以便用牙科水泥将其固定在颅骨上及插注射针头。套管在颅内深度要比给药点的深度少 1~2mm，以防止注射药液顺套管回流。例如，在大鼠伏核内给药点深度的定位坐标为 H 6mm，则套管在颅骨下长度可为 5mm，即比注射点少 1mm，再加上颅骨外面的长度 4mm，则套管的总长度为 9mm。为了避免脑组织感染，在埋植的套管中插入一个内芯，制成的套管及内芯见图 8-5。套管和内芯做好后可以浸泡在 75% 的医用乙醇溶液中，至进行埋管手术时将其放入灭菌生理盐水中备用，在手术完成后将内芯插入到套管中。

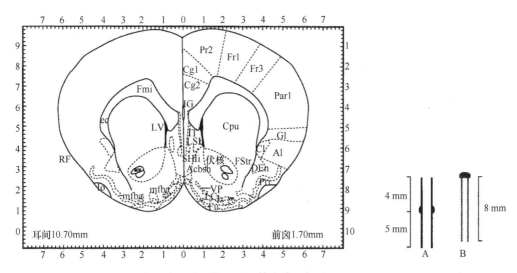

图 8-5　大鼠脑立体定位图谱中伏核的立体定位坐标（Paxinos and Watson，1998）
A. 埋植用的不锈钢套管；B. 套管的不锈钢内芯

2. 脑内埋植套管　大鼠腹腔注射戊巴比妥钠麻醉后将其头部固定在立体定位仪上。对大鼠头皮进行消毒后，纵向切开头皮，暴露颅骨，用生理盐水棉球或过氧化氢溶液棉球清理颅骨顶部表面。调节门齿杆和耳杆，使颅骨顶部表面处于水平位置（图 8-3）。根据目标核团的立体定位坐标，确定在颅骨表面上钻孔的位置。用骨钻在这一标定点处钻一直径大约为 1mm 的圆形孔，然后在电极移动架的引导下将不锈钢套管垂直插入颅内。用少许 502 胶水封住套管和颅骨开口之间的缝隙，再用牙科水泥糊在套管周围。待牙科水泥凝固后，插上预先做好的钢针内芯。

3. 脑内微量注射　在大鼠脑内注射药物时常用 1~10μl 的微量注射器。可以在微量注射器针头的尖端离注射口约 3mm 处用焊锡加粗，使之可以紧密地与 PE-60 管连接，PE-60 管的另一端连接一个用 0.4mm 不锈钢管制成的注射针头。注射针头的长度按照目标核团或脑区的定位坐标确定。由于埋植的套管在颅骨下长度比注射点少 1mm，所以注射管长度应伸出套管 1mm。用微量注射器抽取药液时先抽取 1μl 的空气以形成一个气泡作为标志，然后再抽取适量药液。在注射药物的过程中要观察气泡是否向前移动，以确定药物是否注射到脑组织内。一般来说，脑组织内注射时药物的体积为 0.1~0.5μl，最多不超过 1μl，注射时间不少于 1min。

4. 检查药物的注射部位　在全部实验结束后，向目标核团内注射 0.1μl 染料或墨水，然后用过量的麻醉药将大鼠处死，取鼠脑冷冻后进行厚切片，观察注射点是否位于目标核团内，剔除注射点位于目标核团外的实验动物的数据。

（二）脑内急性注射药物的方法

脑内注射药物的急性实验是在立体定位仪上完成的。动物的手术过程如前所述，按照大鼠脑立体定位图谱，将固定在电极移动架上的微量注射器针头按照目标核团的坐标垂直插入脑组织中，进行微量注射。药物注射后停留数分钟再取出注射针，然后进行后续的实验。

三、脑组织定点损毁

（一）物理性损毁

物理性损毁分为机械性（切除局部脑组织或切断某一神经通路）、高温性射频损伤（radiofrequency lesion）与微波损伤及电解损毁。电解损毁特定的脑区或核团的方法是在脑立体定位上将金属电极插到特定的脑区或核团，按照需要损毁组织的大小通以毫安级阳极电流（一般为数毫安到数十毫安），通电时间约为数秒到数十秒。实验结束后通过组织学方法检测电解损毁部位的范围。

（二）化学损毁

化学损毁法是通过脑立体定位仪，将微量注射器插到特定的脑区或核团内注射某些神经毒剂，引起局部组织内神经细胞或神经纤维的坏死。神经组织化学损毁时常用的神经毒剂有兴奋性神经毒性氨基酸，如海人酸（kainic acid）、鹅膏蕈氨酸（ibotemic acid）、使君子酸（quisqualic acid）等，它们都是兴奋性氨基酸受体的激动剂，属于非选择性化学损毁剂。向出生后的幼鼠特定脑区或核团内注射兴奋性神经毒性氨基酸，引起神经细胞长时间过度兴奋，从而导致该脑区或核团内的神经细胞死亡。兴奋性神经毒性氨基酸对神经细胞的损毁没有选择性，对各种神经细胞均有损伤作用，这是一种常用的非选择性化学损毁神经细胞的方法。

四、脊髓水平给药与灌流

腰部穿刺注射药物是一种常用的脊髓水平给药方法，这种给药方法简单快速，可以在麻醉或清醒的动物（大鼠、小鼠、狗等）上进行，在蛙或蟾蜍实验中也可进行。这种给药方法尤其适用于急性动物实验或一次性注射药物的实验。这种注射方法的缺点也很明显，操作有一定的难度，初学者需要经过多次练习才能准确地将药物注射到动物发生脊髓蛛网膜下隙内。而且应用这种方法时注射的次数受到限制，常常只能注射一次，如果需要多次注射，必须有较长时间的间隔。另外，在清醒的动物上进行注射时常常引起动物发生应激反应。在临床治疗中有时也应用这种注射方法。

Yaksh 在 1976 年建立了脊髓蛛网膜下隙埋植套管法，此法可以在动物的脊髓蛛网膜下隙内多次给药。在大鼠的脊髓蛛网膜下隙内植入柔软无毒的细导管（PE-10），将微量药物沿导管注射到指定的脊髓阶段，药物就会随脑脊液扩散到该部位的脊髓组织中去，从而观察药物在脊髓水平的作用并研究其作用的机制。这种给药方法的优点之一就是在实验中可以经导管多次给药。这种方法还可以在一次实验中反复多次给药，如先给受体的激动剂，再给受体的拮抗剂等，这是腰部穿刺注射药物方法做不到的。其缺点一是需要通过手术埋管，术后需要数天的恢复期；

二是插管过程中易引起脊髓组织的损伤。所以在实验结束后应对每一只动物进行解剖，确定套管的位置及对脊髓的损伤情况。这种慢性给药方法，在神经生理学和神经药理学的研究中得到了广泛的应用。2003 年在 Fairbanks 的评述中提到，这种从动物实验推广临床治疗的给药方法，在脊髓蛛网膜下隙内理管和慢性注射药物如吗啡等阿片类或 α_2 受体激动剂等已经是临床治疗慢性疼痛的最常用的方法之一。下面以大鼠脊髓蛛网膜下隙埋植导管和注射药物为例，说明脊髓蛛网膜下隙给药的方法，然后简单介绍脊髓灌流的方法。

（一）脊髓蛛网膜下隙内埋管

1. PE-10 管的预处理　在大鼠脊髓蛛网膜下隙内埋植的导管是 PE-10 管（polyethylene-10）。PE-10 管的外径为 0.61mm，内径 0.28mm。PE-10 管选取的长度应按照实验目的不同而有所区别。例如，从大鼠的枕骨大孔到脊髓腰膨大部位的长度约为 7.5cm，PE-10 管在体外应留下一段以连接微量注射器，所以应该截取一段长度为 12.5～13.5cm 的 PE-10 管。由于购买的 PE-10 管处于弯曲状态而影响插管，所以常常需要将 PE-10 管烫直。可用两把在钳子缠有胶布的止血钳夹住 PE-10 管的两侧，将其置入盛有热水的烧杯中浸烫数秒钟迅速取出并拉直，然后立即用冷水降温。

剪取一小片封口膜（约 3mm×60mm），沿长轴拉开，在 PE-10 管的 7.5cm 处缠绕，由于初性使封口膜变薄并且具有黏性，在 PE-10 管的 7.5cm 处缠绕成一个宽度为 3～5mm 的小结。封口膜一定要缠紧。因为这个小结是将 PE-10 管固定到组织中的关键部位，如果这个小结没有紧紧黏在 PE-10 管上，注射药物过程中 PE-10 管可能会从脊髓蛛网膜下隙内脱出，实验将无法正常进行。

2. 脊髓蛛网膜下隙埋管　将戊巴比妥注入大鼠腹腔进行麻醉，常规消毒后剪去手术部位的毛发，沿大鼠两耳尖连线的中点垂直线切开皮肤，正中切开肌肉，纵向分离肌肉，充分暴露枕骨大孔。用手术刀尖或弯头注射针头在枕骨大孔硬膜中部轻轻划开一小口，清凉透明的脑脊液就会迅速涌出。

手术前用 75% 的乙醇溶液浸泡 PE-10 管，插管时用生理盐水将其冲洗干净并将 PE-10 管内充满生理盐水。大鼠头部向下倾斜，沿着脊髓尾侧的方向把充满生理盐水的 PE-10 管缓缓从枕骨大孔开口处插入到脊髓蛛网膜下隙内。边插边观察大鼠肢体的反应，将 PE-10 管一直插到封口膜形成的小结处。插管完成后立即进行缝合并固定导管，手术部位缝合后用缝合线将露出的 PE-10 管固定在大鼠颈部背侧的皮肤上。手术完成后立即用封口膜将体外的 PE-10 管的管口密封。术后大鼠一般需要恢复 3～5 天，这期间可以每天注射抗生素预防术后感染。

（二）脊髓蛛网膜下隙内注射药物

1. 微量注射器的改装和使用　在大鼠脊髓蛛网膜下隙内注射药物时常用 50μl 的微量注射器。在使用前应将微量注射器进行改造，在微量注射器针头的尖端离注射口约 3mm 处用焊锡加粗，使其能够紧密地与 PE-60 管连接。截取一段长度为 20～30cm 的 PE-60 管，一端与微量注射器针头连接，另一端与一个外径为 0.35mm、不锈钢管制成的注射针头连接，针头的长度约为 1cm 左右。这个注射针头连接 PE-60 管的一端也用焊锡加粗以便能够与 PE-60 管紧密地连接。在进行脊髓蛛网膜下隙注射时将注射针头与大鼠埋植的 PE-10 管连接。

在抽取药液前必须检查整个注射系统是否漏液。特别需要强调的一点是，为了避免微量注射器的针栓堵塞，导致微量注射器无法使用，整个注射系统要用蒸馏水灌注，不能用生理盐水灌注，因为生理盐水中的水分蒸发会出现 NaCl 结晶。为了便于观察药物是否顺利地注射到蛛网膜下隙内，在抽取药液前通常先抽取 2～3μl 的空气，这样就可以在塑料管中形成一个气泡作为标志，在注射药物的过程中应观察气泡是否向前移动，以确定药物是否顺利地注射到蛛网膜下隙内。

2. 脊髓蛛网膜下隙内注射药物 在脊髓蛛网膜下隙内注射药物的体积一般为 5μl 或 10μl。用微量注射器抽取药液前应先用蒸馏水排除 PE-60 管内的空气。在抽取药液时应先抽取少量空气形成气泡作为标志，再抽取 10μl 的生理盐水，最后抽 10μl（或 5μl）的药物，然后将不锈钢针头插进 PE-10 管。注射时先将 10μl（或 5μl）药物缓缓注射到蛛网膜下隙，继续推动针栓使后续的 10μl 生理盐水冲刷 PE-10 管内的药液，使之全部进入脊髓蛛网膜下隙内。整个注射过程持续约 1min。

3. 注射部位的确定 全部实验结束后，为了鉴定注射位点，可在蛛网膜下隙内注射 0.1μl 染料或墨水。然后处死动物，解剖后观察脊髓腰膨大部位染料渗透情况，从而确定药物在脊髓扩散的范围。

（三）脊髓蛛网膜下隙内灌流

实验中需要检测在某些病理条件下或不同处理后脑脊液中某些神经化学物质的含量及变化时，需要在脊髓的不同节段采集脑脊液。根据实验的目的和要求，采用在不同节段脊髓蛛网膜下隙内灌流，然后应用高压液相色谱或放射免疫测定等方法检测灌流液中这些神经化学物质的含量和变化。

以大鼠为例，手术过程详见本节脊髓蛛网膜下隙埋管的内容。首先向大鼠脊髓蛛网膜下隙插入一根 PE-10 管作为灌流的入液管，然后向大鼠脊髓蛛网膜下隙再插入一根 PE-50 管作为灌流的出液管。入液管和出液管的长度按照实验需要在脊髓某个节段灌流而定，灌流泵连接 PE-10 管将灌流液推入到脊髓蛛网膜下隙冲洗脊髓，然后通过 PE-50 管将灌流液由脊髓蛛网膜下隙导出体外，收集待检测。

第三节　电生理学方法

神经系统的基本功能是通过传导、加工与储存信息，实现感觉、运动、学习记忆及认知思维等复杂活动。神经系统的基本结构与功能单位——神经元，是电活动是进行神经信息传导与加工的基本方式。以引导与测量神经元电位及通道电流变化为基础，在不同层次记录与分析各种电活动的电生理方法（图 8-6）构成了研究与认识神经系统活动规律最重要的手段之一。20世纪 40 年代出现的微电极细胞内记录技术打开了检测单个神经元的基本性质、研究电活动规律及其与兴奋和抑制等基本功能活动内在联系的大门。而 20 世纪 70 年代膜片钳技术的问世则启动了深入研究神经元电活动离子通道机制的探索过程，从而将电生理方法提高到记录与研究单个蛋白质功能活动的分子水平。这是近代电生理方法发展的两个重要阶段。近年来，随着形态学、神经化学、分子生物学、免疫技术及计算机技术的迅速发展，有机地将电生理方法与之结合起来，必将为开拓神经科学的新前景提供广阔的途径。

一、脑电图与诱发电位

脑电图（electroencephalogram，EEG）是指在人或其他动物颅骨表面安置电极，记录大脑整体电活动的电生理记录方法。1924 年 Hans Berger 首先记录到人的脑电图。此后，脑电图在临床诊断和神经科学基础研究中得到了广泛的应用。严格来讲，人们通常所说的 EEG 特指记

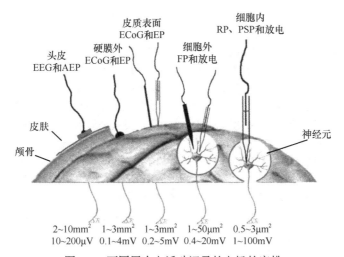

图 8-6　不同层次电活动记录的电极的安排

EEG 和 AEP：记录脑电图和听觉诱发电位；ECoG 和 EP：皮质电图和硬膜外电图；FP 和放电：场电位和单位动作电位；RP、
PSP 和放电：静息电位，突触后电位和跨膜动作电位。模式图下的数字为电极的记录范围和检测信号的幅度

录到大脑皮质的综合电位。EEG 产生的原理是由于脑内大量神经元（如皮质Ⅲ、Ⅴ锥体神经元）树突排列方向一致，这些神经元兴奋产生的突触后电位在细胞外总和形成 EEG。因此，EEG 的幅度、频率等特征与脑内群体神经元的细胞结构和环路特征及细胞外电场密切相关，这也是 EEG 用于诊断和研究的基础。

根据参考电极（reference electrode）的位置，EEG 记录方法有三种：一、单极记录法，即将记录电极放在皮质等活动区域，而将参考电极放在所谓的非活动区（inactivezone），如耳垂。这种方法记录的电位是相对于非活动区的值，可近似看作脑电的绝对值，较为真实地反映脑电地形图（topography EEG）的情况。二、双极记录法，即将记录电极放在皮质等活动区域，记录到的电位是电极之间的电位差，是相对值。这种方法临床常用于需要精确定位局部的电位变化时；还有一种方法就是通过计算将所有记录电极的电位做平均，得到的值作为参考电位。EEG 的优点是对大脑电活动的直接测量，而且是无创的，有较好的时间分辨率，可以应用于多种不同环境。而其缺点也显而易见，由于电信号很弱（μV 级）、信噪比较低，易被头部运动、身体肌肉运动等造成的伪迹所淹没。所得到的结果在受试者之间、实验内部，以及不同实验间的变异很大。这种情况在工程信号处理方法和非线性理论运用于 EEG 的分析后得到较大的改善。EEG 和脑成像方法结合的技术综合了 EEG 时间分辨率高、反应灵敏的优点和脑成像（如 MRI）空间分辨率高、无创性定位脑代谢性变化的特点。近年来，EEG 的无创、便于测量的特点也使得脑机交互界面（brain-machine interface）技术得到了很好的利用。EEG 和新技术的融合、交叉，使其在现代医学及心理学研究中发挥了越来越大的作用。

诱发电位（evoke potentia1，EP）又称事件相关电位（event related potential，ERP）。它是指中枢神经系统对感觉刺激的直接电反应。ERP 和 EEG 都是突触后电位总和的结果，所不同的是，EEG 是外界环境安静情况下记录的大脑自发电活动，而 ERP 则是保持某种外界刺激记录到的脑电诱发活动。ERP 的特点是具有一定的潜伏期，即在实验条件不变的同一系统中，潜伏期应该是恒定的。而自发的 EEG 则不具有这个特点。与 EEG 相比，ERP 的幅值更小（0.1～20μV），因此常常被自发的 EEG 和其他生物电信号所掩盖。但由于 ERP 存在固定的刺激因素，理论上在同一实验条件，同一系统中，记录的反应是相同的。根据这个原理，人们利用平均叠加技术，将 ERP 从背景噪声中提取出来。此外，当刺激因素固定时，中枢系统中的 ERP 并不是在所有部位都可以记录到，而只是局限在和刺激的感觉系统相关的部位。临床上应用听觉诱发电位（AEP）、视觉诱发电位（VEP）及躯体感觉诱发电位（SEP），从其中相关波形（包括幅度与时程等）的变化判定该感觉传导途径中特定部位的功能改变。例如，用于感觉系统传导疾病的诊断；脱髓鞘病变在中枢其他部位出现时检查感觉系统亚临床状况；某些疾病解剖分布和病理生理的辅助诊断；监测患者的神经功能状态变化等。与普通的神经科检查相比，ERP 具有更客观、更敏感的优点，而且可以在患者麻醉或者昏迷的时候进行。其缺点是特异性不够高，这需要结合其他检查方法及患者体征进行判断。

二、细胞外记录

细胞外记录（extracellular recording）是把引导电极放置在神经细胞或神经组织的表面或邻近部位，引导与记录有关放电活动。由于神经细胞或组织发生兴奋性活动时，细胞膜发生短促的去极化（动作电位），在细胞膜表面与组织的兴奋部位显示负电位，而邻近未发生兴奋的部位却保持静息膜电位状态，这样在兴奋区（引导电极部位）与静息区（参考电极部位）之间形成电位差，可以通过胞外电极、放大器、示波器与计算机等进行引导与记录。这种方法在神经科学领域主要用于检测神经动作电位产生的部位、时间及放电序列的频率与模式，一般不用于判定动作电位的幅度与波形。

（一）单个神经细胞电活动的记录

当需要引导与记录中枢某些核团的单个细胞放电活动时，可采用细胞外引导的方法。首先，需制备与选择适用的玻璃微电极或金属微电极，在颅脑定向仪上确定待检测核团的立体坐标方位，然后在颅骨钻孔，撕开硬脑膜，在微推进器的操纵下将电极尖端送到该核团部位，寻找引导的细胞。电极尖端定位是否准确是实验成功的关键，往往需要通过反复尖端标记与切片检查核对才能确定。由于微电极的尖端电阻值较大，常给实验记录带来较大的交流与噪声干扰，在记录基线上显示幅度不等的 50Hz 正弦波或随机杂波。减小交流干扰的手段首先是找到并移开或屏蔽产生交流干扰的源头。其次，是在引导个体或标本上选择适宜的接地点，应尽可能采用一点接地，其中引导电路接地点的选择对干扰程度影响极大，往往需要在实验过程中反复测试选定。此外，可制作一个包围测试标本（包括实验动物）与引导电路的屏蔽罩，以减小周围交流电场的干扰。屏蔽罩可选用双层紫铜网制作，通过良导体接地。凡与交流电源直接连接的导线或电器都不应置放于屏蔽罩内，防止在引导电路附近形成交流干扰源。

（二）神经纤维电活动的记录

引导与记录周围神经单纤维的传入放电脉冲，是早期用以判定传入纤维类型及脉冲数与不同感受器活动关系的一项经典技术。由于其记录稳定，可以长时间引导单根神经纤维的放电脉冲，足以提供充分的采样数据进行放电序列时间模式的分析，近年在神经放电的非线性分析和神经信息传导方式及慢性痛信号的研究中再次受到重视（图8-7）。其基本方法是在体视显微镜放大（×40）条件下，用游丝镊在液状石蜡槽中轻巧撕去严密包围神经干的外膜，然后逐条撕离神经细束，再将分离的神经细束的一端悬挂在单根或双根铂金丝（直径约30μm）引导电极上。经过放大器将神经纤维的放电脉冲显示在示波器上，并通过计算机分析处理。其中分离神经细束是个关键。

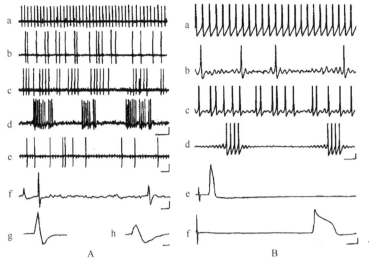

图 8-7　细胞外和细胞内记录的电活动

A. 细胞外记录的神经单纤维的放电：a～d，A-类纤维放电的不同模式，标尺：幅度 0.1mV，时间 200ms；e，C-类纤维的放电，标尺：幅度 0.05mV，时间 200ms；f，A-类与 C-类纤维的诱发放电，传导速度分别为 12m/s 与 1.03m/s，标尺：幅度 0.1mV，时间 5ms；g、h，上图（f）时间标尺扩大到 1ms。B.细胞内记录的神经元胞体电活动：a～d，A-类细胞放电的不同模式，标尺：幅度 10mV，时间 30ms；e、f，A-与 C-类背根节细胞的诱发放电，传导速度分别为 6.7m/s 与 0.6m/s，标尺：幅度 10mV，时间 3ms

成功分离与引导单纤维放电的要点：第一，要设法维持好实验动物的全身状态，如麻醉深度、体温与呼吸等，以便保证施加细束分离的神经干处于良好供血状态，这样分离成功率会显著提高。在离体神经干标本引导单纤维放电时，需及时维持充氧生理溶液的灌流，溶液温度以32℃为宜。第二，选择与修磨两把适用的不锈钢游丝镊，其尖端既要尖锐又要严密合缝，以便准确而灵巧地钳夹与分离神经细束。此时实验者在镜下操作的熟练程度与经验至关重要。第三，分离细束过程应尽量减少对神经干与神经细束的损伤，将细束悬挂到引导电极时避免过大牵张力。通常，分离成功的神经细束可以连续稳定引导放电超过 3～5h。

（三）神经干电活动的记录

通常在神经干上主要记录的是多条神经纤维同步活动叠加的复合动作电位，也就是说只有由同一刺激诱发的复合动作电位才足以在神经干表面引导出来。在体内与离体两种情况下都可以引导。引导电极多采用直径 200～ 500μm 的铂金丝或银丝（外镀氯化银）将神经干悬挂，进行双极引导记录，参考电极（地线）置于刺激与引导电极之间。尽管神经干引导与记录电活动的设备及电路较为简单，但要成功引导电位尚需注意下述要点：第一，在分离引导部位的神经干时，既要将神经干周围组织分离干净，又要避免机械损伤，特别是过分牵拉神经，并经常维持神经干的湿润。离体神经干标本，需要维持生理溶液与供氧。在引导时，通常将引导电极连同悬挂的神经干浸入温的液状石蜡中，既防止神经干燥，又可减小电极间的短路。第二，要尽量减小干扰与刺激伪迹，以便清晰显示动作电位。干扰包括机械牵拉与交流干扰，如实验台和电极的振动、呼吸波动或肌肉的颤抖及交流电干扰波。另外，还可以设法减小刺激电流在周围组织的扩散，如将刺激电极部位神经干的远侧端切断，使之与邻近组织不形成电路，只剩下与引导电极端的神经联系，必要时也可将刺激部位的神经干浸浴在液状石蜡槽中。第三，要识别引导神经电位与假象。通常可以根据下述特征确认引导的神经干电位：不同神经干或不同类型纤维（如 A 与 C 类）的复合电位有其相应的波形与宽度，其电位幅度在一定范围内可随刺激强度而增高，超过该范围，电位幅度维持恒定而刺激伪迹仍随刺激强度增大。当刺激与引导之间距离相当长时，不同类型神经纤维的复合动作电位显示各自明确的潜伏期，而且可因重复刺激而恒定出现。利用这一特点可以测量神经干传导速度或区分不同类型纤维的活性。在神经干施加局麻药可使电位幅度逐渐减小乃至消失，洗脱后可逐渐恢复，这是刺激伪迹或其他干扰波不可能显示的过程。

三、细胞内记录

将微电极尖端插入细胞内，测量膜两侧的电位差值，称为细胞内记录法（intracellular recording）。由于可以准确测量细胞的膜电位，细胞内记录已成为研究与检测神经元电生理性质与膜电位变化的一项经典的基本技术。运用这一技术可以真实地引导与显示动作电位的波形（幅度、波宽与斜率）、局部反应（如突触后电位、发生器电位）及阈下膜电位波动的微小变化（图8-7B）。通过微电极输入不同方向与强度电流，还可以测量膜电阻，显示 I～V 关系曲线及进行单个神经元的胞内刺激或标记。

（一）玻璃微电极

选择质地型号合适、口径一致的微管制备微电极，微管内放置毛细管，以促进尖端的快速充液。在微电极拉制仪上选择适宜的拉制参数，以保证尖端的口径与肩部的斜率达到标准值。除了特殊要求，一般进行胞内引导的微电极尖端口径小于 0.5μm，相当于电极电阻 30～100MΩ。管内充灌 3mol/L KCl 或 2mol/L 醋酸钾。管内连接导线的金属丝可用铂金丝或镀氯化银的银丝，此时作为参考电极地线的材料应与微电极金属丝相同，以减小其间的金属溶解电势差。

（二）微电极放大器

微电极放大器是微电极与一般放大器（或称主放大器）之间不可缺少的连接装置，其主要用途是提高输入阻抗与降低输出阻抗，实际是个阻抗转换器。由于微电极的阻抗非常大（10～100MΩ），而主放大器的输入阻抗比较小，多在 1～2 MΩ 范围，当微电极与神经元及主放大器输入电路串联时，神经元产生的膜电位或动作电位必然将大部分电压降分配在微电极上，输入到放大器的信号仅是其中很小的一部分，显然不能真实反映被测神经元的膜电位变化。微电极放大器的主要特征是具有极高的输入阻抗，可达 $10^{11}\Omega$ 以上，而输出阻抗则小于 500Ω，因而可将微电极采集的细胞电信号大部分输入到主放大器，进而显示与测量。此外，微电极放大器还具有电容补偿，测量微电极电阻，通过微电极向细胞输入去极化或超极化电流及滤波等功能。其实际放大倍数（或称增益）较低，通常为 1 倍或 10 倍。在使用微电极放大器时特别需注意的是保护其探头的信号输入端，因为该输入端受到较高电压信号时有可能击穿探头内的高阻抗场效应管，失去原有的作用。

（三）引导细胞膜电位

细胞内记录方法的主要用途是准确引导与测量神经细胞的膜电位及其变化的数值，包括动作电位全过程与阈下膜电位，如突触后电位、发生器电位、膜电位振荡、逆转电位等。还可以用于细胞内刺激与标记等。

在制备好细胞标本（在体或离体）之后，将已充灌导电液的微电极安装在脉冲调控式微推进器上，在体视显微镜监视下将微电极尖端调整到准备检测的部位。通常从推进微电极到引导膜电位有三个步骤：第一步，将微电极尖端推进并浸入覆盖标本的生理溶液中，此时需测量微电极阻抗，可在 30～100MΩ 选择；施加检测方波脉冲（由刺激器输出）并通过微电极放大器的桥式平衡电路使脉冲幅度与基线持平；另外，尚需将放大器输出调至零电位。第二步，将微电极尖端推进到与标本接触，此时由于尖端电阻增大使得原先已调至消失的方波脉冲显现出来，可以此作为判定微电极刺入标本深度的起始指标。第三步，在微推进器调控下，以每步 3~5μm 的步长向标本内推进，直至刺入欲检测的细胞。微电极刺入细胞的主要标志是测量的直流电位由零值突然增大至–70~–40mV，并维持相对平稳的水平。由于施加了检测脉冲或者稍微增大了该脉冲幅度对神经细胞产生的刺激作用，往往可引发高达 50~70mV 的峰电位。

细胞内记录的主要困难是获得稳定记录的成功率较低。影响成功记录的主要因素有下述几方面：一是细胞状态，特别是在离体标本有相当多的神经元处于"非正常"状态。二是机械移动，这种情况在体记录经常遇到，通过悬吊动物、打开小脑延髓池、肌松等措施，尽可能减少呼吸运动、脑脊液或血流波动及肌肉抽动的影响。三是微电极尖端的阻塞，造成阻抗过大不能真实反映膜电位的数值。近年来配合红外线显微镜，在高倍放大直视神经元条件下，通过选择状态良好的细胞，将微电极尖端刺入细胞中央部，显著提高了胞内记录的成功率。

四、膜 片 钳

（一）膜片钳的基本工作原理

膜片钳技术是一种记录单个或多个离子通道电流的技术，就是将玻璃微管一端拉细并抛光，尖端直径为 1~2μm，管内充灌电极内液，施加负压使管尖与细胞膜表面形成紧密封接，其电阻值可达数个或数十个千兆欧（gigaohm sea1），也称巨阻封接。实际上将吸附在管尖的小片膜与其余部分从电学上完全隔开。由于紧密封接显著降低了记录中的背景噪声，提高了信噪比，因而可以记录到小片膜上仅有几个 pA 的单个通道电流。然后将膜电位钳制到不同水平，记录电流的变化，便可分析离子通道的功能。

测量通道电流的膜片钳放大器原理电路如图 8-8 所示，主要由 I-V（电流–电压）转换器（I-V converter）和差分放大器（DA）组成。I-V 转换器包括一个反馈电阻（R_F）和一个运算放大器（OA）。当发出指令电压（V_e）时，通过运算放大器使微管电位（V_p）与 V_e 维持相等，实际上

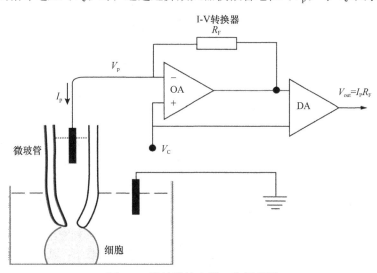

图 8-8 膜片钳放大器工作原理图

膜片钳放大器电路中最重要的部分就是 I-V 转换器和差分放大器（DA），I-V 转换器包括一个反馈电阻（R_F）和一个运算放大器（OA），V_p 是微管电位，V_c 是指令电压，I_p 是微管电流，V_{out} 是输出电压值。差分放大器测得 I-V 转换器输出两端的电压差，运算放大器保持其自身输入两端电压基本相同

等于把细胞膜电位钳制在指令电压水平。此时，微管电流（I_p）通过一个高阻值的反馈电阻，产生较大的电压降，完成了 I-V 转换，进而通过差分放大器（DA）测得电压降值（V_{out}）。输出电压值（V_{out}）除以反馈电阻（R_F）便可得到微管电流（I_p），该微管电流实际上反映细胞膜通道电流值。据此，可以分别记录到不同膜电位水平的通道电流值。由于细胞具有膜电容、串联电阻等特性，影响到电压钳制的准确性，在膜片钳放大器中还设有相应的电容与电阻补偿电路。

（二）膜片钳的基本记录模式

膜片钳有四种基本记录模式（图 8-9）。玻璃微电极尖端与细胞膜接触后，通过给电极轻微的负压吸引形成紧密封接，此为细胞贴附式（cell-attached）。紧密封接形成后，进一步给电极以短促的负压吸引，使其吸附的细胞膜破开，但仍保持封口边缘的密闭，此为全细胞记录式（whole-cell recording）。全细胞式形成后，轻提电极，可将一小片膜从细胞上分离出来，并在电极尖端形成闭合的囊泡，此时细胞膜的外表面对应的是浴液，内表面对应的是电极内液，此为膜外面向外式（outside-out）。细胞贴附式形成后，轻拉电极，可获得一小片膜，此时细胞膜的内表面对应的是浴液，外表面对应的是电极内液，此为膜内面向外式（inside-out）。细胞贴附式、膜外面向外式及膜内面向外式用于研究细胞膜上单通道的功能；全细胞记录式则记录了细胞膜所有通道的电流。

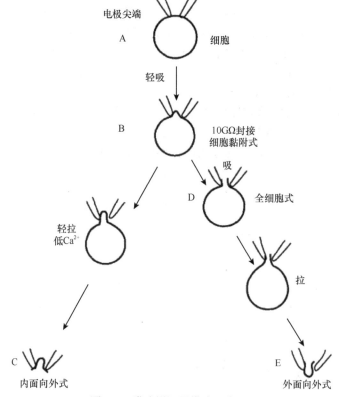

图 8-9 膜片钳记录模式示意图

A.电极与细胞膜接触；B.轻吸形成 GΩ 封接，形成细胞贴附式；C.封接后轻拉电极，电极与小块膜紧密接触，形成膜内面向外式；D.封接后吸电极以破开细胞膜，电极与细胞内相通，但仍保持封口的完整，此为全细胞记录式；E.全细胞式形成后，轻提电极，可形成膜外面向外式

（三）膜片钳实验的仪器设备

实验室所需的主要仪器：显微镜、膜片钳放大器、A/D 转换器、三维微操纵器、计算机、显像系统及实验台等。

在分散细胞膜片钳实验中，显微镜为倒置显微镜以观察贴壁细胞；而在脑片膜片钳实验中，一般可在体视镜下采用盲插的方式，或者利用红外显微镜在可视条件下，对各层次的细胞进行检测。膜片钳放大器目前多采用 AXON 和 HEKA 系列产品。微操纵器宜直接安装在显微镜平台上，其移动部分包括从微操纵器（Holder）、电极尖端到被检测标本，长度应尽可能短，并通过使用远距离控制微操纵器，以减小或消除微小震动。目前使用的远距离控制微操纵器有压电驱动、电机驱动、液压/气压驱动等方式。从结构性能、操作方便及防止漂移来看，压电微操纵器较优，液压/气压和电机微操纵器次之。实验台宜采用一个抗震性能良好的防震台。将实验标本、显微镜、微操纵器及膜片钳放大器的探头等放置在台上。此外，为了减小交流干扰，可选用电屏蔽罩与有关措施（见前文）。实验仪器的连接与布置如图 8-10 所示。

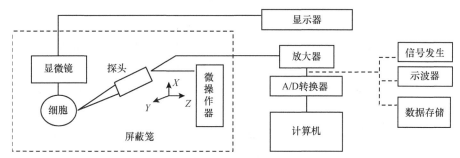

图 8-10　膜片钳实验室的仪器连接图

倒置显微镜用以观察培养细胞和离散细胞，具有水镜的正置显微镜用以观察组织片中的细胞。X、Y、Z 代表微操纵器具有三维操作性

（四）膜片钳实验的准备工作

1. 内液及外液的配制　根据实验目的，选择相应的电极内液及细胞浴液的配方，同时需注意以下几点。

（1）调节渗透压，防止损伤细胞。

（2）单细胞标本的浴液中 pH 缓冲对宜用 HEPES-NaOH，组织片标本的液体中为缓冲 pH 宜用 HCO_3^-，并充以 5% CO_2、95% O_2。

（3）电极内液中 Ca^{2+} 浓度要低，所以应加入一定浓度的 EGTA。

（4）电极内液一定要过滤，$0.2\mu m$ 或 $0.45\mu m$ 的滤膜均可。

（5）由于地线和电极内的银丝均以氯化部分与细胞浴液及电极内液接触，两种液体中应至少含有 10mmol/L 的 Cl^-。

2. 玻璃微电极的制备　玻璃微电极是用玻璃毛细管通过电极拉制仪两步拉制法制成。根据实验目的选择相应的玻璃毛细管。记录单通道电流时，微电极尖端表面应涂敷疏水性树脂以降低电极与细胞外液之间的分布电容及背景噪声，拉制后和涂敷的电极尖端一般需要加热抛光以保持微电极尖端的光滑和干净，有助于顺利稳定的封接，以及减轻对细胞膜的损伤。玻璃微电极要防尘，通常在使用当天拉制，放置在有盖的容器中。

有芯玻璃电极易于充灌电极内液，从电极尾端灌入即可。无芯玻璃电极充灌内液可分为两步，第一步：电极尖端浸入液体中，靠毛细管的虹吸作用将电极尖端充满液体；第二步：从电极尾端灌入。电极充灌的液体不宜多，浸没银丝即可，电极内如有气泡，用手指轻弹电极可去除。全细胞记录中，玻璃微电极的电阻宜在 2～5MΩ；单通道记录中，玻璃微电极的电阻宜在 5～30 MΩ。

3. 银/氯化银电极的制备　银丝氯化方法有多种，如将待氯化的银丝和另一根银丝或铂丝插入含氯的溶液中（如 100mmol/L KCl 溶液或生理盐水），通以直流电流（如 1mA），正极连接待氯化的银丝，负极连接另一银丝，通电后可见银丝表面逐渐形成一层灰色的氯化银涂层。另一简便方法是将待氯化的银丝浸入次氯酸钠溶液中，数小时后完成氯化。通常浸入电极内液的银丝及浸入浴液的地线均应采用氯化银电极，以减小金属极化电流的影响。由于更换玻璃微电极时可能刮掉银丝外的氯化层，在实验中应经常注意观察银丝的色泽及时对电极进行重新氯化。

4. 标本的准备　分散细胞标本包括培养细胞及急性离散细胞，可进行全细胞记录和各种单通道记录；脑片、脊髓片等主要进行全细胞记录，适于研究突触传递的特性。

五、神经元单位放电多通道同步记录技术

清醒动物在体神经元单位放电多通道同步记录（multiple channel single-unit recording in awake freely-moving animals）技术，简称多通道记录，是在清醒动物脑内利用细胞外记录法同步记录不同脑区大量神经元的新兴技术。在 20 世纪最后 10 年中由 Donald J. Woodward、Sam A. Deadwyler 和 John K. Chapin 三个实验室合作研制成功。它的问世为研究神经元集群（neuronal ensembles）活动提供了现实的可能性。

（一）多通道记录技术的基本原理

多通道记录是一种细胞外记录方法。它使用金属或硅晶微电极组成阵列，预先埋置在动物的指定脑区中。待手术恢复后，动物可以在清醒状态下接受各种感觉刺激或完成各种行为任务，并同步记录各脑区的神经活动。为了完成这一过程，需要制作一系列的硬件设备和软件界面。

（二）多通道记录所需的硬件设备

完整的多通道记录系统的硬件设备包括三大部分：①微电极阵列（microarray）及其接口；②神经信号数字化与分检（sorting）系统；③动物行为控制与记录系统。

（三）多通道记录系统的软件系统

多通道记录的软件系统主要包括三部分：①神经放电信号的在线分离；②神经放电信号的高速记录；③动物行为的记录与控制。以下分别叙述。

1. 神经放电信号的在线分离　来自记录电极的神经电信号，在经过放大器放大和滤波后，成为在基线背景上的一串锋电位。经典的电生理方法是在这串记录上设定一个阈值，将真实的放电信号与背景噪声分开。然而，在体内的电生理记录中，由于无法在目视下引导电极尖端接近神经细胞，因此不能保证一个电极尖端附近只有一个神经元。这样，上述记录痕迹中很可能包括一个以上的神经细胞活动。这就违背了单位放电（single unit）记录的初衷，即只记录来自同一个放电单位的活动。混杂了多个神经元的放电称为多元（multiple unit）放电，它的数据在此后分析中的作用要大打折扣。

解决这个问题的方法其实也很简单。如果将记录痕迹在时间轴上拉长，那么每个痕迹其实都是一个漂亮的波形。由于电极与神经元的相对位置不同，该波形也是多种多样的，但通常都会包括一个尖锐的锋电位和一个由相对缓慢的负后电位及正后电位组成的复合波。由于神经细胞放电的"全或无"特性，不同相对位置的神经元通常都会在记录电极上产生不同的波形，而

每个神经细胞本身的波形通常都是比较稳定的。因此，有可能根据波形的特征将来自同一个记录电极上的不同神经细胞的电位波形分检出来，从而得到纯粹的单位放电数据。一般而言，这种分检所依据的方法有三类，即参数分检、窗口分检和主成分分检。

2. 神经放电信号的高速记录　记录神经放电信号有两种可能的方案。一是记录来自各个电极的原始电位活动，待实验结束后再做离线（offline）分析；二是对记录到的电信号进行在线的数字化和分检，从而只需要记录每个单位放电发生的时间标记（time stamp）。前者的优点是同样的数据可以通过设置不同的神经元分检参数，获得不同神经元的活动数据；而且还可以在分析中随时调整参数，以期获得尽可能多的信息。其缺点是将会记录到极其庞大的数据文件，存储非常不便；而且这种分析方式无法用于在线（online）监控。后者的优势是存储文件小，而且可以做到在线监控。但它要求必须在开始正式实验记录前完成神经元的分检，且在实验当中不易调整分检的设置。而且没有实际波形的记录，很难判断记录数据的质量。两种方案各有优劣，在记录时间标记数据的同时，抽样记录部分原始波形。这样就可以达到既保证在线监控的速度和控制存储文件的大小，又可以检验和控制神经信号记录质量的目的。

3. 清醒动物行为的记录与控制　与电生理记录同时发生的行为学事件也需要详细的记录。为此，需要在动物的实验箱内安装一些行为记录装置。同时，为了训练动物的行为任务，还可以配置给水、给食、给药等装置。这些装置的输入信号和输出控制也都需要计算机的支配。通常，在计算机和外部设备之间会有一块作为中介的输入/输出电路板（I/O board），作为计算机和外部设备之间的隔离界面。这样，就可以使用计算机的 TTL 语言信号控制各种不同负载的外部设备了。各种行为控制和反应信号也像神经元放电信号一样以时间标记形式记录在数据库之中，便于此后的分析工作。

（四）多通道记录数据的分析

尽管采用了时间标记方式和精巧的数据库压缩技术，多通道记录仍然可以在几个小时的实验中产生数十兆字节的实验数据。由于同步记录了多个行为事件和多个通道的单位放电事件，因而该数据是以高维度、大容量、多模式的形式存在的。相应地，也需要发展一些独特的数据分析方式加以分析。常见的有单个神经元的常规分析、神经元间相互作用分析和神经元集群活动分析。

（五）通道记录技术的广泛应用

多通道记录技术自创立以来，已经在感觉、运动、情绪、认知等领域的研究中获得了广泛的应用，并取得了极为丰硕的成果。它向人类证实了从 Lashley 到 Hebb 所提出的中枢等效性原理和神经细胞群落（cell assembly）学说的正确性，揭示了脑内同步放电链（synfire chains）和精确放电序列（precise firing sequences）的存在，从而获得了神经科学研究的重大理论进展。同时，它还揭示了感觉编码、运动控制、学习记忆等过程中的一些重要信息，从而促成了人类脑机交互界面（brain-computer interface）技术的重大进展，具有无比广阔的实用前景。

第四节　光学成像方法

光学显微技术是大脑结构与功能研究最重要的基本工具之一。从 19 世纪末至 20 世纪初，Ramony Cajal 等神经解剖学家利用光学显微镜和高尔基染色方法系统地研究了神经细胞的形态及其相互间的联系。他们的一系列工作为我们提供了有关神经系统结构的丰富信息，并奠定了现代神经生物学的基础。早期的光学显微技术主要依靠化学染色后被染细胞和未染组织对光的吸收不同或细胞结构对光造成的相差不同来检测神经细胞的形态和结构。在过去的二三十年中，荧光染料和荧光蛋白的出现及荧光显微成像技术的发展，使我们可以利用众多荧光探针来实时观察神经元结构和电活动的变化，以及细胞内生物分子之间的动态相互作用。荧光显微技术凭借其高灵敏、高时间及空间分辨率的特点已成为现代神经生物学研究中最强有力的实验工具之一。近年来，光学显微技术不仅用来观测并可调控活体神经系统的结构与电活动，使得我们在细胞及分子水平上研究大脑的结构和功能跃上了一个新台阶。

一、观测神经系统结构的光学成像方法

哺乳动物的神经系统由数十亿的神经元组成，每个神经元都与其他成百上千的神经元相联系。由巨大数量的神经元组成的复杂神经网络是学习及记忆等大脑功能的基础。从细胞及分子水平上研究神经元结构的发育与变化是理解大脑如何工作的前提条件。神经元结构如胞体、轴突、树突、突触等直径很小，为微米量级。由于一般光学显微镜的最小分辨距离可达 $0.2\mu m$，光学显微成像因而成为研究大脑神经结构必不可少的工具。根据样品和研究问题的不同，一般需要选择以下不同的光学成像方法。常见的有明场、暗场、相差及微分干涉差显微镜成像；荧光显微镜成像（fluorescence microscopy）；激光共聚焦扫描显微镜成像（confocal laser scanning microscopy，CLSM）；双光子激光扫描显微镜成像（two- photon laser scanning microscopy，TPM）。

针对样品和研究问题的不同，需选用不同的光学显微成像方法来研究神经系统的结构。需要指出的是，尽管光学显微成像在神经生物学研究中的应用已有上百年的历史，至今我们对于大脑结构及变化的大部分知识都来自于用光学显微技术对固定组织的观察。鉴于大脑的复杂性及个体多样性，常常很难通过固定的生物组织去理解大脑在细胞和分子水平上的变化快慢和程度。为了更好地理解大脑的变化及机制，神经生物学家们在过去常用光学显微技术对培养的神经细胞和活脑切片进行动态观察。但培养的神经细胞和组织缺少动物体内错综复杂的神经联系和电活动，究竟大脑结构在学习与记忆等过程中是如何变化的仍然是一个迷团。彻底解开这个迷团需要在活体实验动物上长期跟踪神经细胞、突触和分子的变化。近年来，众多荧光探针和荧光显微探测技术的发展让我们开始能够对活体大脑的细胞和分子动态进行高分辨率的实时观察。由于荧光显微技术发展飞速并在未来活体大脑研究中具有广阔的前景，以下我们将进一步阐述荧光探针及荧光显微探测技术的基本原理，并以实例来说明它们在正常及病变大脑结构研究中的应用。

（一）荧光探针及其对神经元结构的标记

由于荧光分子的不同化学和物理性质，许多被用来标记细胞膜、细胞器、蛋白质并用于测量离子浓度等。近年来发现的多种荧光蛋白质，如绿荧光蛋白，可结合分子生物学方法来标记神经系统中特定的细胞与分子。这些荧光分子的共同特点是能够被能量较高、波长较短的光激发而在几纳秒内发射出能量较低、波长较长的荧光。荧光探针也可用两个单光子同时激发而发出荧光。在双光子激发情况下，单个激发光子的能量比荧光光子能量低一半左右，这种激发方式的优点是易对深层组织荧光分子激发（见双光子扫描显微镜）。无论是单双子还是双光子激发方式，都可用合适的滤光器滤掉激发光而只探测发射的荧光，这样就可以观察到荧光标记的结构了。

与许多非荧光探针相比，荧光染料不仅可以用于标记固定后的生物样品，也可以方便地用于标记和观测活体样品。此外，很多荧光分子通过化学耦联来标记生物分子（如荧光抗体），可用于观察细胞内分子的表达含量与变化。利用荧光分子定点标记蛋白质需要慎重考虑所用的化学标记方法，以提高标记效率并且避免蛋白活性因荧光标记而受到影响。近年来，荧光蛋白被普遍用在细胞或转基因动物中标记神经元结构和特定的分子，大大促进了对神经细胞和分子变化的观察研究。

　　荧光分子的另一个特性是它的吸收和发射特性会因为外界环境的变化而改变。例如，有些化学荧光分子和荧光蛋白的激发及发射光谱会因为结合了钙离子、钠离子或氢离子等而改变。另外，有些荧光分子对电场敏感，如果被定位到膜上就可以提供光学信号来显示膜两侧的电位变化。基于这些发现，人们发明了一些可用于检测神经细胞各种离子浓度和电位变化的荧光探针。

（二）利用光学成像研究神经系统结构实例

　　1. 用荧光显微成像观测神经细胞的结构与发育　　利用不同的荧光标记和成像技术，我们可以观测固定后或活神经细胞的形态、细胞器和特定分子的分布等。使用亲脂的羰花青染料（DiI、DiO 和 DiD）标记神经细胞膜并以激光共聚焦扫描显微成像，可观察鼠脑片神经树突和轴突的复杂形态。使用特定的线粒体染料（Mito Tracker）和落射荧光显微镜，我们可以观测培养的神经细胞中线粒体的分布和运动。使用不同荧光标记的抗体，可以灵敏地探测到培养的神经细胞内不同蛋白激酶的分布。除使用荧光染料外，荧光蛋白可用于活体标记神经细胞的形态并观测。用双光子显微镜间隔拍摄成像可观察到轴突分支和突触前膨体在体内发育期间的快速形成或消失，以及神经元电活动的影响。

　　2. 用活体成像研究鼠脑突触结构可塑性　　在哺乳动物脑部，绝大多数的兴奋性轴-树突触联系出现在称为"棘"的特殊树突结构上。树突棘的可塑性在发育、学习与记忆过程中具有重要的作用。然而，对于它们在发育或成熟的活体动物中的变化知之甚少。甘文标实验组利用经颅双光子显微成像技术（ranscranial two- photon imaging）和表达黄色荧光蛋白（YFP）的转基因小鼠对活体大脑皮质神经元的树突棘进行了观察。通过磨薄头骨的窗口，可以对树突的单个树突棘进行高分辨率光学成像并长期跟踪。对成年鼠体感皮质（barre1 cortex）的研究表明，＞70%的树突棘数目和位置都极为稳定，至少可以存在 19 个月，表明成年以后树突棘非常稳定并在长期信息存储方面可能有重要作用。此外，他们还研究了感觉体验对小鼠体感皮质树突棘的影响。体感皮质是小鼠接受胡须信号的部位，其感觉体验可以通过修剪胡须而被轻易的剥夺。这些高分辨率光学成像研究首次让我们了解到了活体大脑突触联系的发育与变化情况。

　　3. 用活体成像研究阿尔茨海默病（Alzheimer's diseases，AD）**动物模型中的突触病理**　　神经元联系的结构及功能病变在一些神经退化性疾病的病理发生中一般都出现较早，在 AD 中尤其如此。用双光子显微成像和 AD 动物模型，可以对 AD 病理发展过程中神经联系的紊乱进行直接观察。通过把一种 AD 模型的小鼠和表达黄色荧光蛋白的转基因小鼠交配繁育，可用双光子显微镜来研究 AD 大脑中淀粉样物质沉淀对突触连接的损伤在时间和程度上的影响。从几天到几星期的间隔拍摄成像表明在淀粉样物质沉淀周围半径 $15\mu m$ 以内有大量的树突棘和轴突膨体的形成和去除，表明淀粉样物质沉淀导致了其附近神经元结构的变化。这项研究还显示了淀粉样物质沉淀的形成对大脑回路的影响大大超过了以前人们的预测，并提供了清除早期淀粉样物质沉淀治疗方法的基础。

二、控制生物活性分子释放和神经元电活动的光学方法

　　光学显微技术的发展使我们能够越来越详细地观察到神经元结构、电活动及与动物行为之间的关联。但理解大脑的工作机制不仅需要仔细观察，还需要精确地改变神经元的活动并与相

应的动物行为联系起来。虽然我们可以利用直接电刺激或神经递质信号通路中的激动剂和阻断剂来增加或降低神经元的电活动，但这些方法在时间及空间的准确控制上（尤其在体内的情况下应用）存在着很大的局限性。近年来，结合化学合成与分子生物学技术，用光学方法来控制生物活性分子释放和神经元电活动逐渐发展了起来。这些光学方法使我们开始能够在时间及空间上准确控制神经系统细胞和分子的活动，从而更好地理解神经系统活动与行为之间的因果关联。

在过去的 20 多年中，很多神经递质及信号传导分子的螯合剂被发展了起来。这些螯合剂可结合谷氨酸、三磷酸腺苷（ATP）及自由钙离子等形成螯合物，并使螯合物处于非活性状态。但一经瞬时光照，有生物活性的被螯合物（如谷氨酸）可即刻被释放。利用这种特性，用光学显微技术可做到定时定点地释放生物活性分子。近年来这种光控分子释放技术（uncaging）被广泛用于研究谷氨酸及自由钙离子对体外神经细胞结构与功能的影响。在体内实验中，因为几乎所有的神经元都有谷氨酸和 ATP 受体，为了用光释放螯合物来准确地控制神经元活动，Gero Miesenbock 实验组在果蝇特定的神经元（控制逃跑反射）异位表达了来自大鼠的 ATP 受体 P2X2。注射被螯合的 ATP 进入果蝇之后对果蝇进行光照，那些表达 P2X2 的神经细胞就会被ATP 激活而放电，并引起与这些细胞功能相对应的行为（上下跳动及迅速扇动翅膀）。目前，光控分子释放成为了研究和改变神经细胞结构与功能的一种重要方法。但应用到哺乳动物的大脑研究时，光控释放活性分子作用的特异性和准确性仍需提高。

除了用光释放螯合物来间接激活神经元外，近几年的研究发现可直接用光来控制一种 Chan-nelrhodopsin-2（ChR2）的通道蛋白质并导致神经元放电。ChR2 是来自一种名叫 Chlamydomonas reinhardtii 的绿藻的光控七次跨膜通道蛋白质。它在基于维生素 A 的辅基帮助及特定波长光的光照下，通道可迅速打开，随之大量非选择性的正电荷离子会内流。Karl Deisseroth 实验组发现表达 ChR2 通道蛋白质的神经元在 488nm 波长光的光照下，可以在毫秒范围内导致神经元去极化并产生动作电位。最近 Karl Deisseroth 及 Ed Boyden 实验组分别报道了一种来自高盐地带名为 Natronomas pharaon-nis 细菌的光控氯离子泵 NpHR。NpHR 在黄光的刺激下，会将细胞外的氯离子大量泵入胞内导致神经元超极化。由于 ChR2 和 NpHR 两种分子可以使用不同波长的光分别激活，所以可以将它们同时表达在同一个（组）神经元中，用不同波长的光来增加或降低神经元的电活动。ChR2 和 NpHR 两种分子的发现，让我们开始有了既可激活又可失活神经元的光控开关。最近冯国平实验组成功地构造了在大脑表达 ChR2 的转基因鼠。在这种转 ChR2 基因鼠中，人们可以选择性地用光激活大脑内某个特定区域的神经元，并在其他的相关区域内检测神经元兴奋性的变化。ChR2 和其转基因鼠的出现使得我们在活体研究大脑复杂神经回路的连接与功能有了强有力的工具。随着分子生物学及工程学的发展，可以预计在不久的将来我们可以用光选择性地在大脑内激活或失活某一类或某一群神经元，并同时用光学显微技术来研究它们的结构变化。

第五节　脑功能成像

大脑是主宰我们生命活动的最高级中枢，其特殊的地位和重要的功能一直激发着神经科学家们对它的研究兴趣。同时，也正是因为大脑在我们生命中的特殊性，对它的研究存在着特殊的困难。首先它作为我们生命活动的中枢，对每一个人都是头等重要的，研究者不能随便地将其打开，直接地监测它的活动，这使得大脑在物理上对我们来说成为一个黑匣子；更重要的是，大脑功能机制的复杂性使我们即使面对完全暴露的大脑也全然不能窥见它的运作机制，这一点对我们来说构成了一个真正的、完全的黑匣子。

脑功能成像技术是我们打开这一黑匣子，研究其内在工作机制的重要手段。总的说来，其作用就是使得我们可以在无损伤的条件下观察到大脑的功能分布和连接。实验研究中常用的脑功能成像方法：①功能磁共振成像（fMRI），它主要依靠检测血氧水平变化来获得功能信号；②正电子发射断层成像（PET），它能依赖事先注入的放射性示踪物质检测脑的血流和葡萄糖代谢，从而获得大脑活动的信息；③脑电和脑磁图（EEG、MEG），它们分别检测伴随大脑活动发生的电场和磁场改变；④穿颅磁刺激（TMS），它通过短暂地施加外部磁场来干扰特定脑区的神经活动，从而获得结构和功能之间联系的信息。

相对于其他的脑功能成像技术，MRI 出现得较晚，但却发展迅速，且应用广泛。在过去的十几年中，这项技术的不断进步使得研究者可以不用外加造影剂就能无损伤地对人脑中神经元活动的区域进行成像。迄今为止，fMRI 已经被运用于各种神经活动的研究。它们包括初级感觉和运动皮质的活动及注意、语言、学习和记忆等高级认知功能。自从 fMRI 技术出现以来，它已成为研究脑功能的强有力工具，引起了神经科学家、医学成像研究者和临床医生的极大兴趣。

一、脑功能磁共振成像的基本方法

（一）成像数据的采集

重复时间（repetitiontime，TR）、回波时间（echo time，TE）、切片厚度（slice thickness）、空间分辨率及切片数目是一些 fMRI 实验中需要考虑的重要的 MRI 序列参数。TR 是对每个切片重复的 RF 脉冲之间的时间，相当于使用单次激发序列（single-shot sequence）时体积每次采集所需的时间。为了维持适当的时间分辨率，TR 不能设得很长。但是一个 TR 可采集的图像层数是有限的，TR 越短则层数越少。所以选择 TR 时应当考虑到要允许有足够数量的切片。例如，当 TR 为 3s 时，如果每个切片的采集时间是 100ms，则最多可以获得 30 张切片。切片数应该足够多，以覆盖所感兴趣的区域。TR 也受质子自旋的纵向弛豫时间（~1s）的影响，一般选在几秒的范围。TE 决定 BOLD 对比，并且影响获得信号的信噪比（signal - to - noise ratio，SNR）。

在功能脑成像研究中，通常是比较大脑的两种工作状态，如静息状态和活动状态。活动状态下被试可以感觉刺激、完成运动或认知任务。一般的 fMRI 实验方法是矩形设计，或称组块式设计（block design）。在矩形实验设计下，当被试交替处于两种任务状态的同时，我们采集一系列的 $T_2^{\#}$（有时为 T_2）加权像。有时在 fMRI 数据采集的过程中我们还记录被试的行为数据。矩形实验范式下我们需要确定的参数是刺激重复的次数及静息和活动区组持续的时间。刺激重复次数的选择是基于信噪比需要的数据量及被试的实际耐受性。每次扫描（each run）持续的时间通常在分钟级的范围。由于 BOLD 反应的上升和下降时间一般需要 5~10s，每个活动或静息区间的时间通常为数十秒。

在矩形设计中我们通常需要把相同类型的刺激集中放在一起（Block）连续呈现。这种设计对于很多研究大脑高级认知功能（如记忆）的实验来说是不合适的。因为很多实验需要测量每个被试对单个刺激的而不是连续刺激的反应。另外，很多实验要求被试根据呈现的不同刺激做出相应不同的反应，若同类型的刺激都集中在一起而不是混合交替呈现的话就会带来预期效应。即被试在未来刺激呈现之前就已经知道将会发生什么并试图做好准备，而这往往是实验者不希望发生的。还有，将多个刺激集中在一起也使我们难以取得大脑活动的时间信息。

事件相关 fMRI 的引进是功能脑成像发展中革命性的一步。在矩形设计中，典型的任务周期是 1min 或更长，被试执行任务许多次。因此，基于矩形设计的实验结果可以看作一种稳态反应（steady-state response），这种研究得到的图像是对参与特定任务脑区的一个平均观察。因此，会丢失与脑不同部位神经元活动的时间序列，以及像学习或过度重复作业引起的习惯化这样的认知效应有关的重要信息。相反，事件相关的 fMRI 通过增加一个维度——时间，提供了研究神经活动事件（或更加精确的血流动力反应和代谢反应）的进一步研究途径。单个神经活动事件的 BOLD 反应可能显示脑激活的短暂变化和不同脑区之间潜在的可辨别的时间关系。事件相关的 fMRI 除了能提供关于单个神经活动事件的时间信息，还允许非传统的实验范式设计，如那些用来研究偶然事件（infrequent events）的实验范式。相对于矩形设计，事件相关设计的优点包括：①研究者可以在数据收集完毕之后根据被试的行为学指标区分不同的事件。例如，把相同类型的刺激再分为"反应正确"和"错误反应"来进行进一步的分析。②使研究者能够较为细致地研究大脑对于各种事件响应/加工的时间特性。因为在矩形设计下对各个刺激的响应信号在时间上是叠加重合在一起的，相互之间不易区分。③研究者可以根据反应函数的不同来区分不同的区域。④有的事件是不能重复连续呈现的，只有使用事件相关的设计才能对其进行研究。

（二）成像数据的分析

与脑活动相关的 MRI 信号变化只有基线信号的百分之几。为了可靠地检测到这样的信号变化。常常要采用一些统计学方法。MRI 数据除了固有的信号变化幅度较小外，一些其他的噪声也可能影响 fMRI 数据的质量（即信噪比）。因此，在运用统计方法进行常规数据分析之前，我们常常还需要进行一些预处理。数据的预处理通常包括运动矫正（motion correction）、层间时间对齐、时间滤波（temporal filtering）和空间滤波（spatial filtering）。

检测激活最常采用的方法是 student t 检验（student's t-test）、交叉相关（cross-correlation）和一般线性模型（general linear model，GLM）。假定活动期间和静息期间获得的数据曲线是平台状的，并且它们之间的差异反映了大脑活动导致的信号变化，通过检查来自强度差异和这种差异的估计方差（estimated variance）之间比的统计量 t，t 检验试图检测活动时体素信号表现出的显著性变化。t 检验的优点是容易使用，缺点则来自于它对静息和活动条件下信号曲线呈平台状的假设及数据中的噪声是正交分布的假设。交叉相关分析通过一个预定的响应曲线方程可以对 MRI 信号进行灵活的模拟，从而可以从多个方面分析数据。

常规的 fMRI 数据分析都是基于一定的激活模式假设。在通常情况下这样的假设是合理的，其应用在较为简单的实验设计中也是非常简洁且有效的。但是在一些特殊的情况下，如神经活动相当复杂或者对 fMRI 信号响应的时间特性知之甚少，我们还需要用到一些无模式假设的分析方法。根据具体的实验设计和需要研究问题的不同，无模式假设分析的具体方法有很多，其中常常可以看到的是主成分分析（principle component analysis，PCA）、独立成分分析（independent component analysis，ICA）、模糊集簇（fuzzy clustering）及自我组织图（self-organizing map）等。

ICA 是近年来发展较快、使用较多的 fMRI 数据分析新方法。在不需要对激活信号特征做出事先设定的条件下，它可以把采集到的数据分解为若干统计意义上独立的子成分。每一个子成分都具有特定的空间激活分布及相应的信号时间曲线。这些成分有的来自于真实的与任务相关的大脑活动，有的则来自于其他的噪声干扰（如头动）。实际应用表明 ICA 方法不但能够重复出类似于常规分析方法得到的结果，在噪声干扰较大的条件下（如头动，任务完成正确率较低），它能够得到更为精确的激活图。ICA 作为一种数据驱动（datadriven）的分析方法，我们可以预见它在未来的研究中将发挥更多的作用。

脑 fMRI 的基本参数包括 TE、TR、切层数目、切层厚度、图像分辨率等。通常的实验模式分为矩形式的设计和事件相关的设计。实验获得的数据先经过一些预处理（如头动校正），然后再由有（如 t-检验）或无（如 ICA）激活前提假设的数据分析手段产生激活图。除了脑功能活动的基本信息之外，采集到的信号中还夹杂有来自于物理和生理等各方面的噪声，这些噪声值得注意或应被消除。

二、脑功能磁共振成像应用举例

（一）矩形设计——关于 MT- MST 脑区活动受自主性注意调节的实验

这一实验来自于 Kathleen 及其同事。他们研究大脑 MT- MST 区域对运动的感知是否受自主性注意的调节。如图 8-11A 所示，这一实验中给被试呈现的刺激为灰色背景中散布着的一些小点。这些小点分为两类：一类是黑色的，它们相对于背景是静止的；另一类是白色的，它们不断地向视野中心做汇聚运动。实验的两种条件非常简单，即被试要么注意观看黑色静止的点，要么注意观看白色运动的点。根据一个声音提示，被试就在这两种状态间来回切换，每种状态持续 20s。

M-MST 区域是大脑皮质中对运动敏感的地方。图 8-11 下方显示的结果表明尽管被试一直可以看到白色的点在运动，但 MT-MST 区域对这一运动的响应却受到自上而下的注意调节。当被试注意观看这一运动时其响应信号增加，而当被试不注意观看运动时其响应信号下降。被试在两种实验条件下来回切换的同时，这一区域的 fMRI 信号也显示出相应的矩形方波样变化。这一实验设计虽然简单，但却为注意的早期选择理论提供了较强的证据。

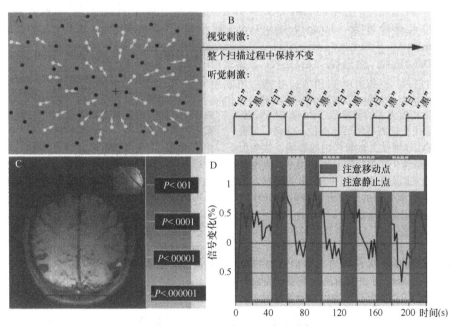

图 8-11　矩形设计 fMRI 实验举例

A. 视觉刺激；B. 实验任务设计；C. 任务激活区域；D. 信号—时间曲线

（二）事件相关设计——关于工作记忆下的注意转移

这一实验来自于我们最近对于工作记忆下注意转移时的大脑活动的研究。我们在对工作记忆中存储的不同信息进行访问时需要把注意在各个记忆子向上来回移动。这种注意移动反映了重要的大脑自上而下的执行控制（exealtive control）功能。我们把注意移动和不移动两种类型的任务随机混合在一起进行事件相关的 fMRI 实验。再分别把对应于注意转移和不转移的两种信号分类叠加平均时，发现至少有三个重要的大脑区域表现出注意转移条件下的激活增强。它们是左侧背外前额叶、扣带回及内侧枕叶区。事件相关的实验设计同时提供了关于大脑激活时间特性方面的信息。数据分析结果显示，左侧背外前额叶在注意转移与不转移两种条件下信号达到峰值的时间差与各被试自身的反应时延长存在显著的正相关。因为这一正相关只存在于左侧背外前额叶而非其他的激活区域，这一结果说明在参与注意转移功能的神经网络中左侧背外前额叶可能具有独特的支配或主导作用。在这项实验工作中我们利用到了一些前面提到的关于事件相关 fMRI 的优点：扫描中把不同类型的任务随机混合；根据任务类型的不同把信号分类处理进行比较；提取脑激活时间特性方面的信息。

三、脑功能磁共振成像的最新发展

（一）趋向采用高场

目前普遍认为 MR 图像本身的信噪比（signal-to-noise ratio，SNR）与磁场强度呈线性关系。而且，作为一种磁化现象，BOLD 对比随着磁场强度增加。事实上，由于静态和动态平均，上面描述的理论显示 BOLD 对比随着磁场强度超线性（supralinearly）增加。因为 SNR 和 BOLD 对比随磁场强度增加，所以尽管在高场下横向弛豫（T_2 和 $T_2^\#$）时间缩短，fMRI 的敏感性仍然随着场强增加。这一点已经在以人和动物为实验对象的研究中，在场强分别为 7T 和 9.4T 的条件下得到证实。此外，大小血管对 BOLD 信号的影响也依赖于磁场强度。大血管对信号的影响作用与场强呈线性关系，而小血管对信号的影响作用与场强的平方成正比。由于微血管作用与 B_0 平方的正比关系，在高场条件下它对功能图像的贡献相对增加。如前面所述，微血管贡献的增加将改善基于 BOLD fMRI 的空间特异性。

（二）利用 MRI 的早期降低信号

血流动力学反映的范围可能在空间上比实际的神经元活动部位大，因此可能会影响 fMRI 的空间特异性。这种观点得到内源信号光学成像研究的支持。内源信号光学成像能够达到高空间分辨率和时间分辨率，并且能够评定血红蛋白的氧合状态。光学成像研究显示神经元兴奋发生后的脱氧血红蛋白浓度变化分两个阶段，首先是一个小的增加，持续约4s，在 2s 时达到最高，然后浓度开始下降，持续到神经元兴奋停止后几秒。Malonek 和 Grinvald 在一项对猫视皮质中皮质柱的光学成像研究中报告：延迟的反应扩展到超过了真正的神经兴奋区域，这表明延迟反应的空间分辨率被限制在 2~3mm。另外，他们也证明，当初始脱氧血红蛋白浓度增加被选择性的测定，差别光学成像信号（the differential optical imaging signal）显示了皮质功能柱的特异变化，这说明检测这个初始反应可能克服目前 fMRI 方法学的空间局限性。因为大多数的 fMRI 研究是基于对延迟反应的检测，所以这些研究可能在空间特异性或空间分辨率上受到固有的限制。一个更加有效的选择可能是检测初始脱氧血红蛋白浓度的增加，它表现为 fMRI 信号降低。

初始脱氧血红蛋白的增加应该造成 BOLD 信号的降低。从功能 MR 波谱和 fMRI 都观察到过这个初始 MR 信号降低。更加有意思的是，这种由 fMRI 监测到的早期反应与光学成像观察到的反应非常一致。最初的 fMRI 信号下降实验（the initial fMRI dip experiments）证明存在早期反应，随后的研究继续探讨了它对于刺激持续时间（stimulus duration）、回波时间（echo time）、刺激间隔（interstimulus interval）及在 1.5T 的探测能力的依赖。这些研究的结果表明，这种 fMRI

信号降低与光学成像研究显示的脱氧血红蛋白浓度的增加一致，而且对于微血管的作用可能更敏感，因为相对于阳性 BOLD 反应（信号上升），微血管的作用随场强增加得更快。更进一步的研究表明这种监测到的信号减低不是有限的刺激间隔造成的假象。微血管的作用随场强的平方增加，因为早期反应很可能与微血管的作用有关，所以可以预料它随场强增加得更快。最近的一项在 7T 条件下进行的研究证明这确实是事实。此外，在猫模型中已经成功运用了这种早期反应定位皮质方向柱（orientation columns）。

（三）利用大脑区域之间的联系

以往的 fMRI 实验研究在很大程度上可以归结为一种模式，即"这里激活，那里没激活"。这种定性式的，把各大脑区域孤立开来分别对待的研究理念近来正在发生改变。因为作为一个超级神经网络，大脑神经元之间，各皮质区域之间在客观上存在着繁复的联系。因此，近年来功能连接方面的研究与日俱增。

应用功能成像技术研究大脑区域之间功能联系的主要方法之一是基于静态下脑区间低频信号的相关分析。有研究表明低频信号波动（小于 0.08Hz）在功能相关的大脑区域之间（如双侧运动、听觉、视觉及感觉皮质之间）存在时间上的相关性。它反映了在空间上各自独立的大脑区域间存在着的联系。根据 Hebb 的理论，这样的联系可能源自于具有较强突触连接的不同区域之间的同步电活动。近来的一些实验表明脑区之间的低频信号相关在一些病理条件下会减弱，如可卡因成瘾、脑损伤、多发性硬化（multipl esclerosis）、阿尔茨海默病。综合起来这些证据均说明了低频信号相关是正常大脑神经活动的一项重要指标，通过它我们可以得到不同脑区功能联系的重要信息。

另外一种研究功能联系的方法是用结构方程分析来确定所谓的有效连接（effective connectivity）。这个方法一般使用于激活的数据。不同脑区的激活随着实验条件的变化被用来做相关分析，得到一个相关矩阵。同时这些脑区之间被假设有一些由连接系数确定的定量连接关系。从这个定量连接关系中各个区之间的相关关系可以根据连接模型来确定。结构分析的方法就是根据测量到的相关矩阵和假设的连接模型来确定这些连接系数。这样的结果使我们能从这些连接系数中确定出各个区在执行任务时的有效连接。

（四）利用非血氧依赖性的信号

由于较好的信噪比和时间分辨，当前多数的 fMRI 研究是基于 BOLD 信号的。然而 BOLD 信号并不直接反映神经元的活动，它是脑血流（cerebral blood flow，CBF）、脑氧代谢（cerebral metabolic rate of oxygen，$CMRO_2$）及脑血体积（cerebral blood volume，CBV）三者变化的一个综合体现，因此其信号本身并不具有直接的生理意义。另外，我们对于 BOLD 信号是否具有足够的空间分辨能力，可以对真实的神经活动区域（如皮质方向柱，cortical orientation columns）进行毫米级甚至更为精确的定位还不太肯定。因为在时间上较为滞后的血氧动力学响应往往在空间范围上会超出初始的神经激活区域。BOLD 信号的这些缺点使得利用非血氧依赖信号的脑成像技术受到了研究者的欢迎。在这里我们简单介绍 CBF 和 CBV。

CBF 是检测神经代谢和功能的重要方法，当前无损伤测量 CBF 的成像技术主要是利用动脉自旋标记（arterial spin labeling，ASL）。当动脉血流经脑组织时会与组织发生水交换。若事先用射频翻转脉冲对动脉血进行了标记，则随后水交换所导致的组织磁化强度变化与血流成正比。基于这一原理，有自旋标记和没有标记的相继两次成像之差就定量地反映了 CBF。

CBF fMRI 一个突出的优点在于其较高的空间特异性。图 8-12 显示了 4.7 T 条件下 CBF

fMRI 检测到的皮质方向柱。图 8-12A 中的 "+" 和 "−" 分别代表对应于 45° 和 135° 刺激的功能区。它们只对自身敏感的刺激表现出信号增强（表现为图中的白色亮斑）。图 8-12B 中的曲线显示了两种功能区在自身敏感和非敏感条件下的信号变化，敏感刺激条件下信号强度大。需要指出的是视皮质方向功能柱的检测是需要亚毫米量级（submillimeter）空间分辨率的，这对于梯度回波

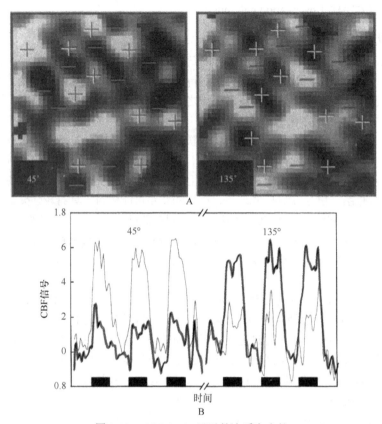

图 8-12　CBF fMRI 显示的皮质方向柱

两个方向（135° 和 45°）的光刺激分别具有各自敏感的皮质区域（A 图中的白斑）和相应的信号时间曲线（B 图）

BOLD fMRI 是难以达到的。

除了较高的空间分辨率，CBF fMRI 的优点还有①能定量测量静息 CBF 及 CBF 的变化，以利于长期实验研究或者在不同的实验人群之间进行比较。②CBF 变化在理论上与场强无关；在信噪比足够的情况下，CBF 变化检测可在低场条件下完成。③BOLD 信号对于组织-空气交界处的磁场不均匀较为敏感，因此对于下额叶/外颞叶区域的成像质量很差。而对于 CBF 信号则不存在这样的问题。④fMRI 信号由于生理或系统原因常常会发生基线漂移，CBF 检测原理中的邻图像相减则有助于减弱这种缓慢的基线漂移。

与 CBF 类似，基于 CBV 的 fMRI 同样具有较高的空间特异性。在一定程度上这是因为包括毛细血管上游小动脉在内的小血管在神经活动时表现出比大血管更为强烈的舒张。在使用外源性造影剂（contrast agent）的条件下，CBV fMRI 在中低场的信噪比通常比 BOLD fMRI 要高（1.5～2 T 约为 5 倍，4.7 T 约为 1.5～2 倍）。但若不使用外源性造影剂，则其信噪比约减少到 BOLD 信号的 1/3。

除 CBF 和 CBV 外，基于非血氧依赖信号的 fMRI 技术还可检测脑激活时的水分子弥散、电流干扰及钙离子内流。Kim 和 Ogawa 的文章对这些技术做了更为详细的综述。

（五）与电生理信号记录（EEG、EMG 等）联合应用

在各种脑功能成像方法中，fMRI 具有高空间分辨率的优点。但是与电生理方法（如 EEG、MEG 或记录细胞电活动）比较，fMRI 的时间分辨率比较低。因此，为了获得高的空间分辨率和时间分辨率，人们希望能够将 fMRI 和电生理方法结合起来。为了增加 EEG 源定位（source localization）的空间分辨率，在根据 EEG 数据重建与脑活动相关的电流偶极子时利用 fMRI 信息作为前提知识的方法已经出现。由于 MRI 扫描的特殊环境，同时记录 fMRI 和 EEG 很困难，但这是有可能实现的。例如，可以通过同时记录 fMRI 数据和 EEG 研究如睡眠期间或癫痫发作时脑的自然活动。一个非常有趣的研究是 fMRI 数据与在动物模型中侵入性电记录直接相关，这对于阐明 BOLD 反应和相应的电生理活动之间的关系提供了重要依据。

第六节 遗传学方法

在人类的 3 万多个基因中，约有 70%的基因特异性或高水平地在大脑表达，因此对大脑基因功能的分析，是神经科学领域的重要使命，对整个生命科学的发展也有巨大的带动作用。

现代遗传学诞生 100 多年来，伴随着与分子生物学的相互渗透与促进，已发展出了一系列有效研究基因及其功能的分子遗传学方法。相对于神经科学的其他研究方法，分子遗传学方法为研究基因、蛋白质等分子的功能提供了更为直接和特异性的手段，正越来越广泛地应用于现代神经科学的研究工作中。分子遗传学方法的不断完善，以及与形态学、生理药理学、电生理学、行为学及功能成像等方法的交织应用，使研究者能够在分子、细胞、神经环路、神经网络、行为等不同层次全面展开对神经系统工作原理的探索；与此同时，新的研究需要也推动了遗传学方法本身的发展。

根据研究策略的不同，遗传学方法一般可以分为正向遗传学方法（forward genetics）和反向遗传学方法（reverse genetics）。正向遗传学方法是指从表型变化研究基因功能的方法，以表型突变的生物个体或群体（含自发突变和非特异诱导突变）为研究对象，探索与特异表型或性状改变相关联的基因型改变，进而推论出相关基因及其产物的生化生理功能。反向遗传学方法则着眼于研究者选定的某个已知序列的基因，运用遗传学手段（如转基因或基因剔除等）对这些基因进行特异性操作，通过观察由此引发的突变个体的表型变化，揭示基因及其产物的生化生理功能。

根据不同的研究目的和实验对象，分子遗传学方法的应用也多种多样。本节主要介绍各重要阶段中分子遗传学方法的基本原理和基本技术路线，以及在神经科学研究中的应用实例。

一、正向遗传学方法

正向遗传学方法是从突变生物的表型（phenotype）变化入手寻找引起该表型变化的基因。由于自然发生的生物体表型突变比较罕见，研究者通常采用物理、化学或生物的方法对受试生物进行处理，使生物体内的基因发生随机突变，然后根据研究者的兴趣筛选出突变体（如生长、形状或行为突变体等），最终找出相应的突变基因并推测其功能。目前最为有效的化学诱变剂包括烷化剂和叠氮化物两类。烷化剂中以甲基磺酸乙酯（ethylm ethane sulfonate，EMS）和 N-乙基-N-亚硝酸脲（N-ethy1-N- nitrosourea，ENU）较为常用。诱导产生突变体时可直接将 EMS 或

ENU 注射入小鼠体内，或以这些诱导剂喂食线虫、果蝇、斑马鱼等低等动物。ENU 和 EMS 中的活性烷基能使雄性动物精母细胞 DNA 中的鸟嘌呤碳 6 位或胸腺嘧啶碳 4 位上的氧烷化，当精子的 DNA 进行复制时，烷化的鸟嘌呤或胸腺嘧啶分别与胸腺嘧啶或鸟嘌呤错配，导致 DNA 上原本的 GC 碱基对被 AT 替代，或 AT 被 GC 替代（图 8-13）。这种由碱基随机突变而引起的碱基错配所导致的基因突变，最终可引发其后代的表型发生改变。叠氮化物中以叠氮化钠（sodium azide，NaN₃）应用最广，NaN₃ 在生物的遗传物质进行复制时因能使 DNA 的碱基发生替换，从而导致突变体的产生。NaN₃ 本身是动植物的呼吸抑制剂，毒性较强，目前主要用在植物（如大麦、玉米等）的诱导突变中。

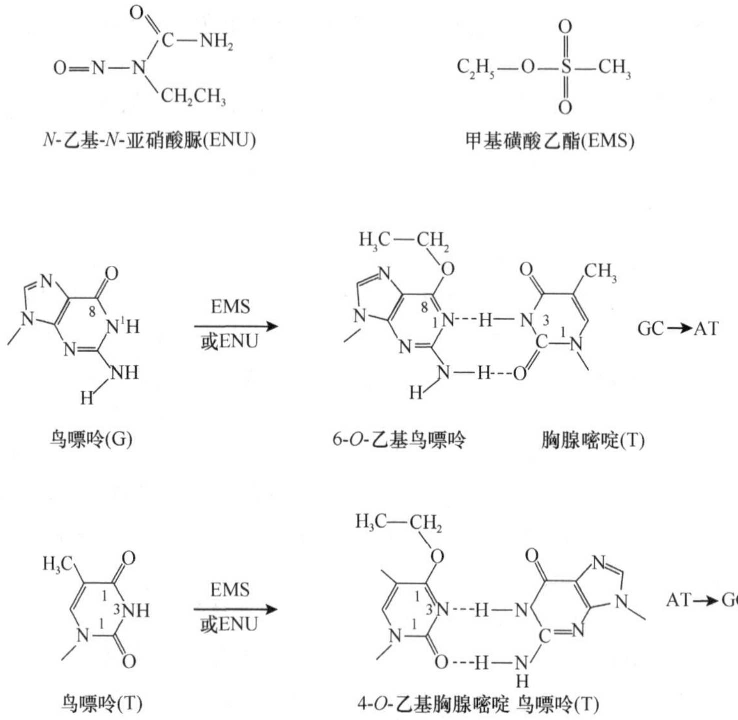

图 8-13　ENU 和 EMS 诱导突变的原理

　　借助正向遗传学的手段，研究者们发现了许多控制与调节重要生物功能的基因，为理解生命现象的分子机制打开了新的视野。其中比较典型的例子，是自 20 世纪 70 年代初以来，Seymour Benzer 研究小组利用化学诱导随机产生突变体的方法，在果蝇中发现了调节生理节律的 *Period* 基因及与学习记忆功能密切相关的 *dunce* 基因。下面我们以 *dunce* 基因的发现为例，来理解正向遗传学方法的基本技术路线。

　　为了研究学习与记忆的生物机制，Benzer 小组首先用化学诱导剂 EMS 喂食正常的雄果蝇（*D.melanogaster*）（基因型 XY），使其基因产生诱导突变后与野生型雌果蝇（基因型：XXY）交配。由于雌果蝇带有一个额外的 X 染色体（attached-X），则 F1 代可能出现以下四种基因型：XXY、YY、XXX、XY，其中 YY 与 XXX 型果蝇不能存活，因此实际得到的 F1 代雄果蝇带有来自父本的 Y 染色体，雌果蝇则带有父本的 X 染色体，而来自父本的 X、Y 染色体均具有突变的可能性。Benzer 小组将 F1 代雄果蝇与野生型雌果蝇进行大量交配，然后对其后代中的雄果蝇进行行为测试。

　　他们采用经典的条件反射学习模式（classic conditioning paradigm）对果蝇进行训练，即分别用不同的气味 A 和 B 作为条件性刺激，给予气味 A 时伴以非条件性刺激（轻微电击），作为联合型学习（associative learning）的对照，给予气味 B 时则不伴随非条件性刺激（图 8-14）。在行为测试时，如果果蝇具有正常的学习记忆能力，在遇到气味 A 时将产生逃避行为；而在遇到气味 B 时，不产生逃避行为。通过这种行为学的筛选，Benzer 小组于 1976 年成功地获得了一个学习记忆能力缺损的突变果蝇系，命名为 dunce+/+（dnc）。

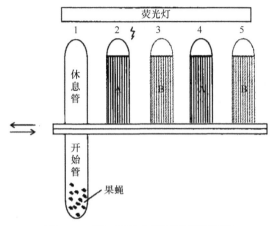

图 8-14　用于训练和测试果蝇的装置

开始管可在管 1～ 5 之间移动。管 1 为休息管，底部打有孔供空气流通。管 2～5 装有带 A、B 两种气味的格栅，其中管 2 有电刺激，管 2 和管 3 供训练用，管 4 和管 5 供测试用

　　1989 年 Ronald L. Davis 研究小组克隆了 dunce 基因，发现该基因所编码的是 cAMP 磷酸二酯酶（cAMP phosphodiesterase，PDEase），由于该酶是调节 cAMP 水平的重要信号分子，因此 dunce 基因的发现，为阐明 cAMP 在学习与记忆过程中的重要性提供了依据。

　　利用正向遗传学方法进行研究最常用的实验材料包括酵母、线虫、果蝇和斑马鱼等物种，这是由于这些生物体具有世代短、后代多、遗传背景清晰、突变率较高、饲养方便等特点。虽然 ENU/EMS 对小鼠同样有效，但因小鼠的饲养规模大、生长周期长，20 世纪 90 年代以前并未被大规模应用；直到 90 年代以后随着功能基因组学研究的广泛开展，小鼠作为哺乳类动物唯一的正向遗传模型，也逐渐用以进行突变体的诱导（图 8-15）。迄今经 ENU 等化学药剂的处理，已在小鼠中获得了上千种的表型突变体，为在高等哺乳动物中揭示神经系统的发育、神经活动的分子基础及神经疾病的机制等提供了极为有用的实验材料。

图 8-15　正向遗传学方法技术路线示意图

　　人类在几万年的进化过程中，也自然地积累了各种的突变基因，这些可遗传的基因突变引起的不同的遗传性疾病，为利用正向遗传学方法研究人类的基因功能提供了宝贵的资源。利用定位克隆等方法（positionalcloning），即依靠连锁分析进行基因的染色体定位，许多与疾病密切相关的基因被分离和克隆，而人类基因组序列图谱的完成则为这项工作带来了极大的方便。例

如，通过对早老性痴呆症患者（30～40 岁而不是通常的 60 岁以上）进行家系分析并进行遗传学作图，发现了早老基因 1（presenilin-1，PS-1）和早老基因 2（presenilin-2，PS-2）等与老年痴呆症的发生密切相关的基因。随着对 PS-1、PS-2 基因的克隆和功能研究，研究者对 PS 基因在 β 淀粉样前体蛋白代谢等的生化过程及成年神经元新生、神经元衰老等方面的生理作用有了深入的了解。

在实际工作中，对以化学诱导剂为手段的正向遗传学方法所产生的诱变体基因进行克隆，需要经过极为复杂的步序，耗时甚长，因此依靠此类手段发现功能基因的进展较为缓慢。最近，复旦大学许田研究小组成功地利用转座子（trans- poson）系统建立了高效的哺乳动物正向遗传学筛选方法。其原理是对甘蓝环蛾（Trichoplusiani）中的转座子基因 piggyBAC（PB）进行改造，使 PB 在高效插入小鼠基因组时，不仅可引起大量的基因突变，还由于 PB 携带的标志基因，使研究者很容易发现突变基因的位置，从而迅速对其进行定位克隆。同时，PB 转座子基因还可在人等哺乳动物的细胞株中高效导入外源基因并稳定表达，为体细胞遗传学研究和基因治疗等提供了新的手段。

二、反向遗传学方法

分子生物学技术在过去 20 多年的飞速发展，特别是人类及其他物种基因组测序的完成，使人们对基因数量和基因序列有了较为确切的描述，对各种基因功能的认识也因此显得更加迫切。由于正向遗传学方法中诱导突变的随机性，研究者无法对基因组中的各个基因进行有选择的研究；而反向遗传学方法则可通过对选定基因进行修饰、对其表达水平进行调高或调低并研究因之出现的表型变化，判断该基因的功能，因此是功能基因组学研究的主要手段。

反向遗传学又可分为转基因技术（调节基因的表达量或改变基因的作用方式）和基因打靶与基因剔除技术（降低或消除基因的表达）两大类。

（一）转基因技术

转基因技术是指将外源的基因导入生物体，使其在生物体的染色体基因组内稳定地整合并遗传给后代的一种方法。利用这一技术，研究者可以将任何感兴趣的基因转入受体生物。1980 年 Jon W. Gordon 研究小组首次成功地将含有猿猴病毒（SV40）和人单纯疱疹病毒（HSV）基因的胞苷激酶（thymidine kinase）基因整合后的质粒 DNA 直接注射到小鼠受精卵原核中，得到了带有这种外源 DNA 的转基因小鼠，由此开辟了利用转基因技术研究生物学问题的新领域。

由于遗传学家对小鼠的生殖生理有较为深刻的了解，因此小鼠是转基因哺乳动物最常用的受体生物，其中 C57/BL6（简称 B6）、FVB 等纯种系及 B6/CBAF1 等杂交系小鼠由于其受精卵原核较为清晰，便于进行显微注射，成为构建转基因小鼠的常用品系。研究表明，受体生物品系不同的遗传背景（如内源基因发生隐性或显性的突变），可影响转基因的表型变化，因此研究者除了考虑外源基因整合的效率、转基因动物的存活率之外，还需要考虑小鼠品系内源性的功能差异。例如，FVB 和 129 纯种小鼠的学习记忆行为较差，因此很少被选来进行神经科学的研究；B6 纯种系也因在出生 6 个月后，部分小鼠往往出现听力障碍，而不适合用以进行与听力相关的转基因研究。

构建转基因小鼠的程序一般如下（图 8-16）。

1. 转基因的载体构建 转基因载体的结构一般含有启动子（promoter）、转基因（transgene）及多聚腺苷尾端[Poly（A）tai1]等。根据实验的目的和要求首先需要选择启动子，它可以是转基因的原启动子也可以是外源的启动子。启动子的强度、组织特异性及在发育过程中的活性变化等在很大程度上决定了研究者对转基因功能研究的效率。为了使转基因的表达具有组织或区域特异性，研究者一般利用具有组织或区域特异性基因的5'端作为控制转基因表达的启动子，这些启动子的长度一般在几拷贝至十几拷贝之间；但由于一些控制基因表达的调节子往往位于这个长度之外，有时可直接利用长达数百拷贝DNA 的 BAC（bacterial artificial chromosome）或 YAC（yeast artificial chromosome）作为启动子。

接下来是选择转基因的 cDNA，其可以是正常的基因，也可以是修饰过的基因，修饰基因编码的蛋白即在功能上发生改变，如某种酶持续活化（constitutively active）或显性失活（dominant negative）等。近来的一些研究证明，当用 cDNA 序列作为转基因时，加入适当的内含子序列和 Poly（A）有助于使转基因在转录后成为成熟的 mRNA，从而促使由该转基因编码的蛋白质的表达。

2. 受精卵的准备 一般对健康的育龄雌鼠（6～16周）先注射孕马血清（PMS），并于 2 日后注射绒毛膜促性腺激素（hCG）促其超排卵，使排卵数由通常的6～

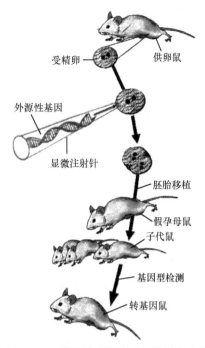

图 8-16 显微注射法转基因小鼠制作流程

8 枚增加至 20～30 枚。经激素处理过的雌鼠与健康可育的雄鼠交配，次日从输卵管内收集受精卵备用。

3. 转基因的导入 通常有两种方法，最常用的是显微注射法，另一种是病毒载体转染法。显微注射法是在显微镜下用玻璃微注射针将外源基因直接注射入受精卵原核内。由于雄原核较大，一般注射入雄原核相对容易些。外源基因导入后，在一部分的受精卵中被随机整合到其染色体的基因组中，随着受精卵的发育而表达和遗传。显微注射的优点通常有如下几方面：第一，外源基因的大小几乎不受限制，转基因可以为几拷贝至几百拷贝。第二，转基因整合到宿主染色体上的拷贝数较高（几到几十个拷贝），并整合到同一位点，有利于转基因在传代过程中保持稳定的高表达。第三，除对注射技巧有较高的要求外，显微注射法转基因技术已很成熟。

病毒载体转染法是近年来开始尝试的一种新方法，通常用经修饰过、已失去致病毒性的反转录病毒介导外源基因的转移。反转录病毒可以较容易地纯化出滴度较高的病毒，从而能有效地生成转基因胚胎。David Baltimore 研究小组所报道的慢病毒载体（lentivirus vector）对受精卵的转染成功率较高，技术操作简单，可直接注射到受精卵的透明带下或细胞胞质内，或与受精卵进行共培养。但病毒载体的转基因包容量较小，最大不超过 9kb，同时，病毒在转染过程中有时会在数个不同的染色体位点上同时整合外源基因（每个整合位点通常只有一个拷贝），因此通过这一方法获得的转基因首建鼠（founder）常常需要进行多代繁殖，才能获得稳定的、单整合位点的转基因小鼠品系。另外，利用这一方法转入的外源基因在动物体内的拷贝数通常没有显微注射的高（常常只有一个拷贝），转基因的蛋白表达量因此常低于显微注射的方法。这些因素使病毒载体转基因法在显微注射技术较为成熟的动物（如小鼠）中未得到广泛应用，但由于其整合的高效性，在构建受精卵供应数量受限制的转基因动物中（如狗、猴等）可能具有较好的前景。

4. 胚胎移植 这一步是将已接受显微注射的受精卵植入假孕雌鼠的输卵管内。假孕雌鼠（亦称孕育鼠，foster mother）是指与输精管结扎的雄鼠交配过的育龄雌鼠，因交配刺激而发生了一系列妊娠反应，可以为受精卵的进一步发育提供一个合适的环境。假孕雌鼠经过正常的 19 天怀孕过程，生出小鼠，待小鼠断乳后（通常在生产 21 天后）可对其进行基因型检测（genotyping）。

5. 对幼鼠进行分析与鉴定 因为只有部分出生的小鼠会在它们的基因组中携带转基因，需要通过基因型分析从而鉴定出转基因鼠。转基因小鼠基因型的分析，一般是在幼鼠断乳后从尾尖或耳部获取少许组织用于提取 DNA，用 PCR 或 Southern blotting 等方法检测转基因的整合情况；而转基因的 mRNA 和蛋白表达情况可用原位杂交、Northern blotting、Western blotting、免疫组织化学等方法进行分析。

（二）基因打靶与基因剔除技术

基因剔除（gene knockout）须通过胚胎干细胞（embryonal stem cells）中的同源重组予以实现。同源重组（homologous recombination）是指因包含相近的 DNA 序列（同源顺序）而引起的发生在 DNA 分子之间的重组交换。胚胎干细胞是动物胚胎发育早期囊胚中未分化的细胞团，具有向各种组织细胞分化的潜能。由于在高等动物细胞内外源基因与宿主基因之间自然发生同源重组的概率很低，Capecchi 研究小组发展了"正-负选择法"筛选发生了基因重组的细胞。基于以上技术，一种新的对胚胎干细胞特定的内源性基因进行剔除或修饰的技术即基因打靶（gene target）产生了，这种技术将一种新基因或修饰后的基因定点引入真核生物的胚胎干细胞基因组中，使之随胚胎干细胞的发育和分化成为受体生物的生殖细胞并遗传给后代。一般大于 2kb 的序列可用于进行基因打靶，打靶序列越长，重组率越高（图 8-17）。基因打靶可分为基因剔除和基因敲入两种情况。

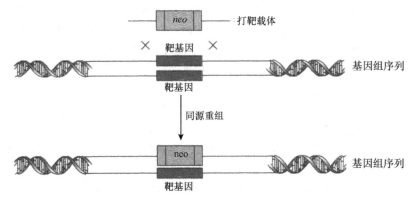

图 8-17　胚胎干细胞介导的基因打靶原理示意图

构建基因打靶小鼠的过程一般如下：

1. 打靶基因的修饰 修饰的方法可以分为两种。一种是通过剔除靶基因的全部序列或关键部分的序列，从而使该基因失去功能，称为基因剔除。另一种是对靶基因的关键部位进行点突变以改变其功能特性，或用另一基因取代靶基因，这类方法称为基因敲入（gene knockin）。

2. 打靶载体在胚胎干细胞中的重组 打靶载体通过电转移法（electroporation）导入胚胎干细胞。由于打靶载体通常带有抗新霉的 neo 基因，因此整合了打靶载体的胚胎干细胞能够在新霉素的环境下继续进行生长，由此这些胚胎干细胞可被筛选出来。通过酶切位点与 Southern blotting 的结合，或应用 PCR 的方法对打靶位点进行分析，进一步确定带有同源重组的胚胎干细胞株。

3. 嵌合体小鼠的产生　将筛选出来的重组胚胎干细胞扩增后，通过显微注射导入毛色为黑色的 B6 小鼠的囊胚中，再将此囊胚通过子宫转移植入假孕母鼠体内，使其发育成嵌合体小鼠（chimeric mice）。由于来自 B6 小鼠囊胚发育而来的表皮组织为黑色，而来自 129 小鼠胚胎干细胞的表皮组织为麻黄色（agouti co1our），也称刺豚鼠色，因此可根据嵌合体小鼠体表麻黄色毛覆盖的面积来估算小鼠有多少组织器官来源于 129 小鼠的胚胎干细胞。

4. 获得基因打靶纯合子小鼠　将通过以上方法选择出的嵌合体小鼠与野生型 B6 小鼠交配，在其后代中选择麻黄色小鼠（因麻黄色相对于黑色是显性的）进行进一步的基因分析，以确认这些小鼠是否含有被修饰过的靶基因。含有修饰基因的小鼠（或靶基因被剔除的小鼠）即为基因打靶的杂合小鼠。通过基因打靶杂合小鼠间的侧交，可获得基因打靶小鼠的纯合子。对照正常鼠和基因打靶鼠表型或生物性状的改变，则可达到研究靶基因功能的目的。

（三）条件性基因剔除技术

为了克服传统的基因剔除技术在神经科学研究中的局限，1996 年，钱卓研究小组利用 Cre/LoxP 系统通过区域特异性表达的 Cre 重组酶"切除"被同向 LoxP 包裹的基因序列，从而达到在某一特定组织或细胞类型，或者在组织细胞发育的特定阶段剔除靶基因，由此发展出了条件性基因剔除技术（conditional gene knockout），又称为第二代基因剔除技术。

Cre/LoxP 系统利用细菌噬菌体 P1 中的 Cre 重组酶，以 LoxP DNA 为靶序列，能特异地引起两个 LoxP 之间的同源序列进行互换。当一个 DNA 上有两个同向的 LoxP 时，这种互换会导致两个 LoxP 之间的 DNA 被"圈除"（loop out），即剔除。

利用 Cre/LoxP 重组系统构建区域特异性（region specific）的基因剔除小鼠，通常需要构建两种遗传工程小鼠：第一，利用基因打靶技术在胚胎干细胞中通过同源重组将 LoxP 序列放入配基因的特定位置，LoxP 放入的位置通常是在内含子中，并且远离重要调控序列。与此同时，作为正选择的 neo 基因也一般是置于不影响基因表达的位置，或者在同源重组后被 Cre 除去，最终要求是除了含 LoxP 序列之外，靶基因及其他基因均能正常表达。将打靶后的胚胎干细胞注射入受体小鼠的囊胚，并通过小鼠的繁育获得带有靶基因被 LoxP 夹裹的纯合子小鼠（称夹裹小鼠，f1oxed mouse）。第二，构建带有区域特异性和（或）细胞类型特异性启动子的 Cre 转基因小鼠系。Cre 转基因小鼠与靶基因夹裹小鼠杂交后，在既携带有夹裹基因又携带有 Cre 转基因的后代中，央裹的靶基因即被 Cre/LoxP 重组系统"切除"，而这种切除只发生在 Cre 有较好表达的区域或细胞类型中。

许多实验揭示 NMDA 受体在神经可塑性中起着极其重要的作用，而原位杂交等技术显示 NMDA 受体在中枢神经系统中具有广泛的表达。正因为如此，当 NMDA 受体主亚基 *NR1* 基因被剔除后，纯合子小鼠由于神经系统功能不全会在出生后的 12h 内死亡，这一结果虽证明了 NMDA 受体在神经网络发育过程中的重要性，却也让研究者无法对 NMDA 受体在学习记忆过程中的作用进行研究。钱卓小组利用其创建的条件性基因剔除技术，在海马 CA1 亚区特异性剔除了 NMDA 受体的 *NR1* 基因，成功地对 NMDA 受体在海马 CA1 亚区的作用进行了研究。他们的方法如下：

1. 构建前脑特异性的 Cre 转基因小鼠　为了达到使 Cre 转基因在前脑特异性表达的目的，该小组选择了 α- CaMK Ⅱ 启动子。如前所述，该启动子只在皮质和海马等前脑区域的神经细胞中特异性表达，且在小鼠出生前的大部分发育期间缺乏转录活性。因此，使用这一启动子可以避免由于在早期发育过程剔除 NMDA 受体基因所带来的弊端。

以显微注射的方法构建带有 α- CaMK Ⅱ 启动子——Cre-Poly（A）的转基因小鼠，并用多种方法证实了 Cre 只在前脑表达。

2. Cre/LoxP 重组效率的检测　由于 Cre/LoxP 重组系统的作用导致两个同向 LoxP 之间 DNA 序列的丢失是一个酶介反应，并非所有的有 Cre 表达的细胞都能高效率地进行重组。利用 *LacZ* 构建了一个 Cre/LoxP 重组的报告基因，在这里 *LacZ* 基因的表达受到 LoxP 位点夹裹的 1.5kb "停止"序列的抑制，没有 Cre 表达的其他区域或组织由于"停止"序列（包括转录停止序列和翻译停止序列）的抑制作用不能被 Cre 解除，*LacZ* 基因则不能表达；而当在细胞里发生了 Cre/LoxP 介导的重组、从而剔除了"停止"序列后，*LacZ* 基因得以表达出来，*LacZ* 的表达方式可以很容易地通过 X-gal 染色或组织化学方法显示出来。

3. 构建 LoxP-NR1-LoxP 打靶小鼠　在 NMDA 受体已鉴定的亚基中，*NR1* 是形成有功能受体所不可或缺的亚基，其缺损将导致 NMDA 受体离子通道功能的丧失，其他亚基则对 NMDA 受体起调节作用。因此，为达到剔除 NMDA 受体基因的目的，研究小组克隆了小鼠 *NR1* 基因的基因组 DNA，获得含有 22 个外显子、40kb 的基因组 DNA。在构建打靶载体时，他们将第一个 LoxP 位点插入 *NR1* 基因外显子 10 和 11 之间的最大内含子(约 5kb)的中间，第二个 LoxP 位点和 neo 基因插入 *NR1* 基因 3'端的下游区，因此这两个 LoxP 位点夹裹了 *NR1* 基因中长达 12kb 的区间。由于这段区间编码 *NR1* 的所有 4 个跨膜区及多肽链的整个 C 末端顺序，Cre/LoxP 系统对 *NR1* 靶基因的剔除，则导致 NMDA 受体的功能完全丧失。

利用这一打靶载体构建了 LoxP-NR1-LoxP 打靶小鼠。通过杂合子小鼠侧交产生 LoxP-NR1-LoxP 纯合子小鼠（fNR1/fNR1，即内源性 *NR1* 基因被 LoxP 包裹）。由于 LoxP 的插入位点不影响 *NR1* 亚基的正常表达，fNR1/fNR1 纯合子小鼠与同笼的野生型小鼠相比，其生化生理功能及行为等一切正常。

一旦将 fNR1/fNR1 纯合子小鼠与选择出来的 CA1-Cre 转基因小鼠（Cre 仅在海马 CA1 区特异性表达）进行杂交，在带有 Cre 转基因的 fNR1/fNR1 纯合小鼠中，Cre/LoxP 的重组作用导致 *NR1* 基因在海马 CA1 区的特异性剔除。利用 CA1 区特异性 *NR1* 基因剔除小鼠进行的一系列生理和行为研究，首次证明了海马 CA1 亚区的 NMDA 受体是控制学习与记忆的关键性分子开关。目前，条件性基因剔除技术已被广泛应用于生物医学的各个领域。

第八节　行为学方法

大脑具有非凡的信息处理、计算和创造能力，调控运动、心跳、呼吸、情绪、决策、学习、记忆、感觉等生物活动，甚至调控免疫系统功能，影响临床疾病的治疗效果。然而，动物模型所反映的脑功能和疾病与人类的有很大差异，也许只能反映某个或某些方面，但是人类正在利用各种动物模型进行脑功能的研究，试图构建人类脑功能和疾病机制的全貌。

动物的行为背后隐藏着复杂的因素，需要考虑环境因素、神经过程、奖励和惩罚机制及生命演化的基本法则，最后通过生物统计学方法得出结论。动物行为学研究所揭示的正常脑功能和脑疾病的机制，虽然和人类疾病存在某种程度上的差异，但是相关的神经通路和过程、受体和信号转导及信号通路、相关的基因及调控机制却绝非大相径庭。

一、行为学的神经基础

（一）条件反射

1. 经典条件反射　经典或巴甫洛夫（Pavlov，1849—1936）条件反射是一种联合型学习。巴甫洛夫给狗进食时，检测狗唾液分泌。巴甫洛夫把食物定义为非条件刺激，唾液分泌定义为非条件反射。然后在给狗进食前打铃声，刚开始铃声并不导致狗分泌唾液（铃声此时是中性刺激），狗只是在进食时才分泌唾液。经过不断地重复打铃声后立即给狗进食，狗学会了铃声和进食的关联，此时仅有铃声就能导致狗分泌唾液。巴甫洛夫把铃声定义为条件刺激，而铃声导致的唾液分泌定义为条件反射。

2. 操作式条件反射　经典条件反射是两种刺激之间的关联，而操作式条件反射是操作行为与该行为结果的关联。任何一种操作式行为有四种可能结果：奖励的呈现或终止；惩罚的呈现或终止。对于动物实验来说，操作式行为需要立即呈现结果，才能形成操作式条件反射，而对人类来说可以通过语言理解行为和结果的关联，因此结果的呈现不一定需要紧接行为操作。

（二）奖励与惩罚

斯金纳（Skinner，1904—1990）是行为主义心理学的奠基人之一，他对行为心理学的一个重要贡献是提出强化理论。奖励使某种行为趋于反复或习惯化，奖励就是正性强化物，其过程称为正性强化。惩罚使人或动物回避某种行为，惩罚就是负性强化物，其过程称为负性强化。中脑多巴系统腹侧背盖核（ventral tegmental area，VTA）和伏隔核（nucleus accumbens，NAc）被广泛认为在奖励与惩罚中起着关键性作用。在此值得强调的是，任何正性强化或负性强化，没有记忆系统的参与是不可能实现的。工作记忆相关的前额叶皮质，情绪记忆相关的杏仁核，陈述性记忆和空间记忆相关的海马，程序记忆相关的纹状体、尾核等记忆系统与NAc都有双向纤维投射（图 8-18）。最近海马－VTA环路被认为是联结了记忆与奖励系统，与永久性记忆形成有着密切关系。

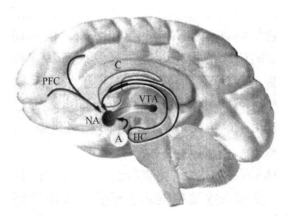

图 8-18　PFC：前额叶；NA：度隔核；VTA：腹侧背盖区；C：尾状核；A：杏仁核；HC：海马（Robbins，Everitt，1999）

二、普通行为学指标

通常任何行为学动物实验都需要的数据是年龄、体重、饮水进食、自发运动量，它们很大程度上反映动物身体状况是否正常。因此，需要定期记录年龄、体重及体重增加速度、进食和饮水量、自发运动量及运动平衡（姿势和步态或通过转棒法实验）、呼吸频率和深度、血压和体温、脑电和心电等，详细情况根据实验目的不同而不同。

三、学习记忆和痴呆症动物模型

学习记忆的动物模型非常多，从低等动物昆虫、鱼类到高等非人动物灵长类都有。在学习记忆的实验动物模型基础上，根据实验目的，利用药理学、脑区损毁、基因敲除或转基因技术，可以干扰记忆的形成、巩固或提取阶段。

（一）空间记忆模型

空间记忆在日常生活中起着重要的作用。空间记忆可分为短时和长时记忆。其中长时记忆是属于陈述性记忆，海马结构在空间记忆的形成、巩固、提取、提取后的再巩固中起着关键性的作用。阿尔茨海默病的早期症状就有空间记忆的损伤，磁共振时可发现海马下托的结构病变。自 1982 年 Morris 报道了大鼠水迷宫模型研究空间学习记忆以来，Morris 水迷宫已经广泛地应用于研究海马功能的学习记忆机制。

1. 基本原理 Morris 水迷宫是由直径为 1.0～2.5m 的圆形水池、隐藏在水池中的逃生平台、水池周围的环境线索、自动轨迹跟踪系统组成。在 Morris 水迷宫的空间学习记忆任务模型中，大鼠由于逃生动机的驱使，很快学会记住平台位置并上平台。上平台所花的时间（逃生潜伏期）或游泳距离被广泛应用于定量评价大鼠学习能力或短时记忆的好坏。大鼠学会很快上平台后，间隔一定时间如 24h，再次放入水池中，此时移去隐藏在水下的平台，观察大鼠定位原有平台位置的能力（如首次跨过平台位置的时间，在一定时间内平台象限所占的时间百分比或跨过平台位置的次数），作为定量评价大鼠长时记忆（通过记忆提取，评价记忆保持的好坏）的指标。因此，Morris 水迷宫是逃生动机驱使下的空间学习记忆动物模型（图 8-19）。

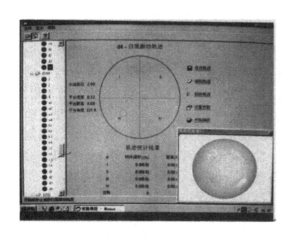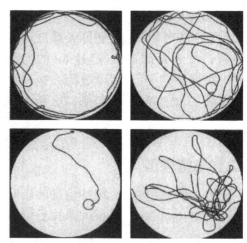

图 8-19 自动跟踪软件记录动物的运动轨迹和相应的时间

第 1 次进入水迷宫的动物出现典型的趋边行为（应激）。记住隐藏平台的动物表现为直线上平台或在平台象限反复搜寻

2. 空间学习任务实验流程

（1）适应阶段：移去隐藏平台，让鼠在水迷宫中自由游泳（free swim）3min，每天 2～4 次，连续进行2～4 天。

（2）学习或记忆形成阶段：固定的隐藏平台位于任意象限的中央。把鼠从假想的东、南、西、北四个方位放入水中。放入水中时把鼠的头面向水池壁，鼠的起始行为就是转身，避免操作者对动物的暗示。通常设定最长游泳时间为90s（或120s）。超过90s鼠没有找到隐藏平台，就用杆引导鼠到平台位置。鼠找到或被引导到平台上时，让其在平台上停留30s，随后用网兜把鼠捞起，用毛巾轻轻擦干鼠身。整个过程就是一次训练（tria）。间隔至少30min后，从另一个位置把鼠放入水池中开始下一次训练。根据需要，1天训练6或8次；或每天训练4次，连续3天或4天，或每天训练1次，连续12天。下水后游到隐藏平台上所花的时间，称为逃生潜伏期（escape latency）。随着训练进展，鼠学习定位隐藏平台空间位置的能力逐渐提高，逃生潜伏期逐渐缩短。需要注意的是，如果没有同时进行实验的正常对照组，实验组的结果是毫无意义的。

（3）记忆测试阶段：记忆测试有探测实验（probetest）和保持实验（retention test）两种。探测实验通常是学习训练结束后30min时进行，测试的是短时记忆的提取。移去隐藏平台，把鼠放入水池中游90s。经典的Morris水迷宫方法是把水池假想上分为四个象限，统计鼠在隐藏平台所在象限化的累积时间和其他象限的时间。通常发现记忆能力好的动物，在隐藏平台所在象限花的时间远远大于在其他任何一个象限的时间。然而这样的指标不能完全客观地代表记忆的提取，因为动物寻找隐藏平台的根本基础是逃生。当动物在隐藏平台位置没有发现平台时，求生动机驱使它到其他象限去寻找。因此，首次到达隐藏平台位置的时间才是最客观的。这样的数据在自动轨迹跟踪软件中可自动获得。另外一个指标就是统计90s内动物跨过隐藏平台位置的次数。同样的指标（象限平台的时间、首次到达隐藏平台位置的时间、跨过隐藏平台位置的次数）也可用于检测24h后动物的长时记忆提取。

（二）工作记忆模型

工作记忆是一种瞬时记忆，维持信息的临时性储存和内在的神经过程，最重要的是执行信息的加工处理。工作记忆与逻辑思维、推理等有着密切的关系，是脑解决各种问题的平台，也是认知功能和智力的根本基础。虽然近年来发现工作记忆与海马结构存在相关性，但通常认为工作记忆与前额叶关系密切。

1. 基本原理 延缓反应是食物奖励驱使的动物行为。食物呈现后被盖子隐藏起来，为了获得食物，动物必须要记住食物被放置的位置，位于左还是右的食物槽（图8-20）。延缓一定时间（如10s）后，只允许动物进行1次选择。动物准确地选择了有食物的食物槽，被记录为正确反应；选择了错误的食物槽，被记录为错误反应，通常重复训练30次。由于放置食物是随机或左右交互的，延缓反应就不仅检测了动物对食物空间位置的短时储存，也检测了脑对空间位置的信息处理。当前额叶受损后，动物的错误率增高，主要表现为不能矫正错误。因此，延缓反应任务是检测动物如鼠、非人灵长类的空间短时记忆或工作记忆，在一定程度上反映了奖励驱使的注意、信息的短时储存、决策、执行等脑高级功能。实际上，延缓反应任务不仅可应用于鼠和猴上，也广泛地应用于人类脑功能和临床疾病如精神分裂症的研究和诊断之中。

2. 重接延缓反应任务（direct delayed response task） 广泛应用于检测前额叶皮质依赖的短时记忆或工作记忆。许多环境因素会干扰测试，如声音、光照、昼夜节律等，测试要求在每天的同一时间进行，并且在隔音安静的试验环境中进行。

（1）适应阶段：连续一段时间让实验猴熟悉测试猴笼、测试房间、试验者、进行试验的食物（花生、苹果等）及在食物槽中取食等。

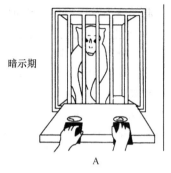
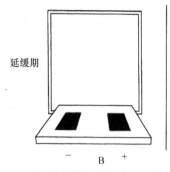

暗示期　　　　　　　　延缓期　　　　　　　　反应期

A　　　　　　　　　−　　B　　+　　　　　　　−　　C　　+

图 8-20　空间延缓反应作业实验程序

A. 暗示期，隔板升起，让猴看见放置食物的位置；B. 延缓期，隔板降下，进行一定时间的延缓；C. 反应期，隔板升起，让猴选择。+代表有食物，−代表无食物

（2）测试阶段：分为暗示期、延缓期和反应期。在暗示期，测试者按半随机表将食物放入一食物槽内，并让猴看见，然后用两个形状、大小和颜色完全相同的不透明盖片分别遮盖左右两个食槽，并立即放下活动隔板，此时延缓期开始，经过几秒的延缓后，隔板被拉起，开始反应期，猴面对两个相同的盖板，只允许猴选择其中一个。选择放有食物的盖板为正确反应（图8-20）。每天测试一个单元，每单元包含 30 次测试，两次测试间隔为 25～30s。根据预训练的最长延缓时间可设计一个单元含 5 种不同延缓期的实验，用以检查动物的工作记忆能力。若检查测试药物对工作记忆的影响，可通过调整 5 种延缓，让其服安慰剂，正确反应率连续 2 天稳定在 60%～70%后，给猴服受试药，若为口服则 1h 后测试，记录正确反应率。给药后第二天及其以后继续给猴口服安慰剂，1h 后测试，延缓时间不变，直至反应正确率恢复到服药前的水平，才开始第二次给药。比较猴服药前后在该作业中的正确反应次数及错误反应的规律。

计算机软件控制系统的操作方法与此相似，在猴的正前方放置红外触摸屏，作业开始时在屏幕正中显示一小方块，提示测试开始，2s 后在小方块的左侧或右侧依照半随机顺序呈现一个实心圆，触摸该圆会得到奖励，此为暗示期；2s 后圆消失，屏幕变黑，此为延缓期，延缓期结束后在小方块两侧同时呈现两个与暗示期相同的实心圆，猴选择触摸其中一个圆，此即反应期。猴做出反应后，触摸屏显示的图像立即消失，该次测试结束，15s 后开始新的测试。如果猴在反应期触摸的圆与暗示期的圆位置相同，即为反应正确，给予食物奖励；反应错误则没有奖励。整个测试过程由运行延缓反应软件的计算机控制触摸屏上信号的显示和食盒的开启，自动记录猴反应的正误及反应时间。

该作业采用食物奖励，因此测试前不饲喂动物，测试后定量定时喂动物。每天在同一时间测试，以此稳定动物操作作业的动机。测试环境保持安静，一般用白噪声（60dB）消除声音干扰。

（三）八臂迷宫任务

1. 基本原理　Olton 和 Samuelson 于 1976 年首次建立八臂迷宫任务。啮齿类动物必须在延缓期记住延缓前曾取食的臂，延缓期结束后选择未曾进入的食物臂为正确反应，获得食物奖励。

2. 实验流程　Olton 和 Papas 1979 年提出的固定四臂取食的程序可同时测定大鼠的空间工作记忆和参考记忆（reference memory），使用较为广泛（图 8-21）。第一阶段为学习阶段，八个臂的末端均放置食粒，让大鼠学习从八臂的末端取食。每天学习训练 1 次，每次 10min。经过 3 天的学习，大鼠能在 10min 内取完八臂末端的食物。第二阶段为训练阶段，仅在其中四个臂的末端放置食物，让大鼠选择进入臂。对同一只大鼠而言，放置食物的四个臂是固定的，但对不同大鼠而言，放置食物的四个臂是不同的。每天训练大鼠一次，每次 10min。动物在 10min 训练中完成取食四臂食物，或进入各臂总次数达 14 次，连续错误次数不超过 1 次为达到学会标准。动物首次进入无食物臂为参考记忆错误，重复进入放置食物的臂为空间工作记忆错误。也有人采用插板延迟程序测试动物的工作记忆，该方法难度较大。

先将动物放在实验室适应 1 周，实验者每天应接触并抓握动物多次，以消除动物的紧张情绪。训练前 1 周开始控制动物食量，使动物体重维持在自由取食时的 85%左右。实验室保持安静，温湿度适宜。注意消除气味和方向偏好的影响。

图 8-21　八臂迷宫示意图

标记Ⓑ的 4 个管放置食物，标记○的臂内无食物，用以测试动物的空间工作记忆和参考记忆能力

四、精神疾病模型

建立恰当的精神疾病动物模型是神经行为学的巨大挑战。精神疾病的分类可参见 "国际疾病分类第 10 版"（International Classification of Diseases，tenth version，ICD-10）和美国精神病学会的诊断标准 "精神障碍诊断与统计手册第 4 版"（Diagnostic and Statistical Manual，forth version，DSM-Ⅳ）。

（一）抑郁症模型

抑郁症是情绪疾病。抑郁症的大、小鼠模型主要是从习得性绝望、奖励等方面模拟人类抑郁症。

1. 强迫游泳（forced swim）　最广泛应用于抗抑郁症药物筛选的动物模型就是强迫游泳，也是临床前新药的药效学指标模型。

（1）基本原理：观察动物在强迫游泳中面对不可逃避的危险而做出的适应性行为。被动行为反映动物的习得性无助或绝望情绪，也就是说，生存动机驱使动物不断地试图逃出水环境，但经过不断尝试学会这是不可能的；因而导致不再挣扎，也就是不动的时间延长。通过一定时间如 5min 内，观测动物不动的时间，定量衡量动物的抑郁状态和鉴定某种药物的抗抑郁药效。

（2）实验流程：在高 45cm，直径 28cm 的玻璃缸中灌入自来水至 35cm 深，水温控制在（25±1）℃。每只或每次测试后，玻璃缸都需要彻底的清洗，以免对另一只动物或下次测试的影响。有两种方案进行测试。第一种，15min 的强迫游泳，记录动物在水缸中的三种行为：a.挣扎，典型的逃生行为，前肢会高出水面。b.游泳，动物主动地游动。a.不动，前肢或四肢几乎不动，既没有挣扎也没有主动的游动行为。把这三种行为各占的时间进行统计。第二种，先进行 15min 的强迫游泳，此时只统计前 5min 的三种行为时间。24h 后再进行 5min 的强迫游泳，同样统计 5min 的三种行为时间。第二种方法的好处在于动物习得性绝望前后进行自身比较和组间比较；第一种难以知道是否由习得性导致不动。通常在强迫游泳结束后，进行开放场实验验证是否因不可逃避的强迫游泳导致了时间-运动量下降。相反，如果是焦虑模型，通常在随后的开放场实验中，动物的时间-运动量增加。

2. 奖励等待（DRL 72s） DRL（differential reinforcement of low rate）是一种基于操作式条件反射的奖励等待模型，被广泛地应用于筛选经典的和新的抗抑郁症药物。

在斯金纳箱中，先训练动物学会在灯光或声音提示下立即压杆就能得到食物奖励。在达到90%的正确率后，训练动物学会在看见灯光或听见声音时要耐心等待 18s 以上才去压杆，获得食物奖励；短于 18s 就压杆，得不到食物奖励。18s 的奖励等待训练 4 周，然后进行 72s 的奖励等待训练。一直训练到动物的正确率保持稳定为止，约为 70% 左右。将连续 3 天的成绩作为基线（100%）。注射抗抑郁症药物后进行正确率的检测，会发现正确率明显提高。可以理解为抗抑郁症药物使食物的奖励效果增强；而抑郁症可以理解为奖励系统紊乱，因此体验不到奖励的快感或没有期待得到奖励的动机。

（二）焦虑症模型

焦虑和抑郁症动物模型在方法上和机制有许多共同性。许多抗抑郁症药物也具有抗焦虑的效果。常用的焦虑模型有高台十字迷宫和开放场行为。各种急性应激方案也是常见的焦虑动物模型。

高台十字迷宫（elevated plus-maze）的研究原型，最早来自 1958 年关于恐惧对新颖刺激和探索行为的影响。高台十字迷宫放置在离地 50~70cm 的高度，提供动物自由探索：两个封闭的和两个开放的臂，交叉成十字。

1. 基本原理 高台十字迷宫利用了啮齿类的恐高行为。由于焦虑和恐惧，动物花更多的时间在两个封闭的臂进行探索，而回避进入两个开放臂。检测指标是动物停留在开放臂和封闭臂的时间和进入次数。

2. 实验流程 大鼠或小鼠放入高台十字迷宫的中央，面向其中一个封闭的臂。让动物自由探索四个臂 5min。四肢都进入一个臂算一次进入，并记录动物第一次进入任何臂的潜伏期。统计进入封闭臂和开放臂的次数，以及在封闭臂和开放臂所探索的时间。还要统计动物在每个臂中的运动距离或跨过的格子数，以及结束后进行开放场实验，检测动物运动的时间-运动量，以排除因为运动能力影响动物进入开放臂的次数和停留时间。此外，检测动物焦虑水平的实验还有黑白穿梭箱、开放场行为、新颖探索后的进食潜伏期、孔探索行为（hole board）、在新颖环境中的社会交流行为（social interaction）。另外，检测抑郁的模型也常用于检测焦虑。

（三）创伤后应激综合征模型

记忆使我们的生活充满亲情和友情，使我们的生活和工作具有延续性和持续性。然而，记忆也可使我们感到伤痛。创伤后应激综合征（post-traumatic stress disorder，PTSD）的典型症状是灾难、创伤等危及生命的强烈应激事件导致的恐惧记忆的反复闯入和再现，并伴随着认知功能的损伤。经历尴尬、羞辱或亲友去世的事件所带来的痛苦折磨会伴随我们终身。最典型的记忆相关疾病是 PTSD，还有毒品成瘾等其他精神疾病。中国有句谚语"一朝被蛇咬，十年怕井绳"，充分地阐明了这种记忆相关的精神障碍。脑不是对任何事件都产生同样牢固的记忆，只对危及生命、情结相关的重要事件形成牢固的记忆。

恐惧条件反射（fear conditioning）被广泛地应用于焦虑、抑郁和 PTSD 的研究中，同时也应用于学习记忆的基础研究中。

1. 基本原理 恐惧条件反射是经典的巴甫洛夫条件反射。根据条件反射建立的方案可分为延迟（delay）和痕迹（trace）两种恐惧条件反射。根据不同的条件刺激，可分为声音（tone）、光（light）和背景（context）恐惧条件反射。一般认为，恐惧条件反射涉及杏仁核、海马等记忆脑区。

2. 实验流程

（1）适应阶段：尽管恐惧条件反射的实验过程对动物就是一种强烈的应激。但是其他应激因素或对新颖环境的反应会使实验结果复杂化。因此，在实验之前最好进行适应操作。把啮齿类动物放入斯金纳箱中自由探索 30min，每天 1 次，连续 2 天。如果想尽量减小背景条件反射（contextual fear conditioning）的影响，就需要回避适应操作，不让动物有任何机会进行斯金纳箱环境的探索。相反，如果着重研究背景恐惧条件反射，则适应操作和条件反射建立前给予动物自由探索环境就非常有必要。简单的恐惧条件反射是声音或光和高强度的电刺激（如 2s 的 2mA 的足底电刺激）一次配对，光或声音先呈现，和电刺激一起结束。这种方案可应用于 PTSD 的研究。恐惧条件方案还有光或声音和电刺激进行多次配对（如 20 次，每次间隔 1~4min），条件刺激和非条件刺激在时间上同时结束。足底电刺激的强度需要控制在 0.5s，小于 1.5mA 的电流。如果不是以 PTSD 为实验目的，如以条件反射学习记忆、以抑郁或焦虑模型为目的，建议电刺激的电流强度保持在 0.5s、0.8~11mA 范围内。

（2）恐惧条件反射后，常用的行为学检测方法是声音惊跳模型。声音惊跳模型的最佳参数是 10Hz、85dB 的声音。动物的惊跳反射最简单的记录方法是地震仪，它能定量地检测动物惊跳的程度。建立恐惧条件反射后，声音惊跳反射大大增强。类似于"惊弓之鸟"的表现。然而最简单的方法是进行恐惧记忆提取实验。把动物放回经历过条件反射的斯金纳箱或环境上类似的斯金纳箱，观测动物表现出的僵立行为。

（四）精神分裂症模型

与其他疾病动物模型相比，发展精神分裂症动物模型更是困难。不能奢求任何疾病动物模型能完全模拟人类疾病。通常疾病动物模型只能从某些生理学方面或神经化学机制去模拟精神分裂症的病理生理。

前脉冲抑制（prepulse inhibition，PPI）啮齿类动物模型广泛应用于精神疾病的研究。它是基于声音惊跳反射的 PPI 实验动物模型构建的。

1. 基本原理 惊跳反射是突然的、相对强的声音导致的躯体肌肉收缩。在声音刺激前 30~500ms，给一次强度相对低的声音（prepulse），可导致惊跳反射的抑制（inhibition）。这种实验模型的优势在于，PPI 是一种感觉运动门控，适用于人类和实验动物。精神分裂症的感觉门控假说认为，感觉门控障碍使感觉信息负荷超载，导致认知功能损伤和思维的支离破碎。

2. 实验流程 在持续的 70dB 白噪声情况下，给予前脉冲声音刺激，强度是 85dB，持续 20ms。声音刺激是 115dB，持续 40 ms。前脉冲和声音刺激间的时间间隔可以是 30ms、60ms、90ms、120ms 或 150ms。每次惊跳反射之间间隔 5min，伴随着持续的白噪声，先进行只有声音刺激、无前脉冲刺激实验，作为基础水平；随后进行前脉冲刺激-惊跳反射刺激实验。一般来说 10 次单独声音惊跳反射，10 次前脉冲-声音惊跳反射实验就可以。声音刺激会导致眨眼反射。记录右眼肌电，测量肌电幅度可反映惊跳反射的强度。实际上，更直接的方法可用地震仪，检测动物惊跳反射的反应强度。PPI 值是前脉冲导致惊跳反射减小（以基础水平为参照）的百分率。前脉冲和声音刺激的间隔为 120ms，是动物实验和临床实验常用的参数，同时，此时的 PPI 值也是最大。

第九章　神经系统病例诊断分析

第一节　脑和脊髓疾病

病例一　左侧面部麻木 20 余天

患者，男性，45 岁。20 天前无明显诱因突发左侧面部麻木，呈持续性，无头痛、头晕，无恶心、呕吐，无肢体麻木及无力，无抽搐，就诊于当地医院。头颅 CT 显示右侧额顶部占位，头颅 MRI 增强不除外转移瘤，为进一步诊治收入神经外科。

入院查体：神志清楚，言语流利，高级认知功能正常。双侧瞳孔等大，对光反射灵敏，眼球运动不受限，面纹对称，伸舌居中。四肢肌力、肌张力正常，腱反射对称，双病理征（－）。面部及四肢深浅感觉未见异常，共济运动稳准。颈部无抵抗，脑膜刺激征（－）。全身无皮下结节。

辅助检查：血常规未见异常，血生化 ALT 193U/L，AST 88U/L，GGT 148U/L，GLU 6.6mmol/L。心电图及胸部 CT 未见异常。

头颅 CT：左侧岛叶及右侧额顶叶皮质及皮质下见多发大小不等的囊性低密度影。左岛叶病变内可见壁结节（图 9-1）。

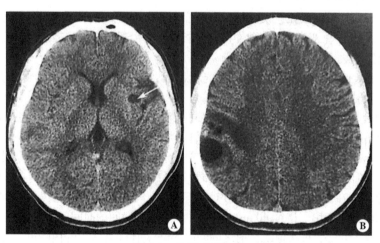

图 9-1　头颅 CT 平扫

（A）左侧岛叶及（B）右侧额顶叶皮质及皮质下见多发大小不等的囊性低密度影，边界光滑清楚。左岛叶病变内可见壁结节（箭头），右额顶叶病灶周围伴低密度水肿带

头颅 MRI：T_1WI 增强扫描（轴位+冠状位）显示左额骨内可见类圆形低信号影；右额顶叶及左岛叶皮质及皮质下可见多发大小不等的类圆形环形强化灶（图 9-2）。

入院诊断：

1. 颅内占位性质待查

2. 脑转移瘤可能性大，不除外脑囊虫病

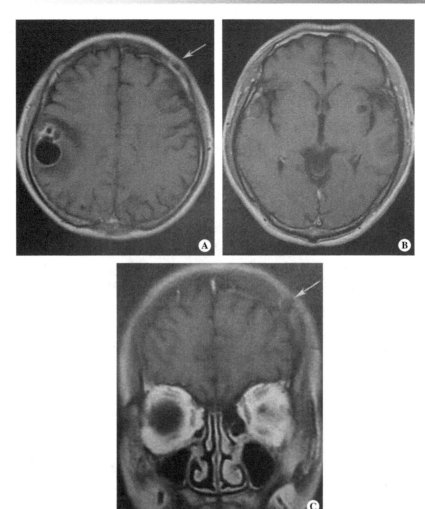

图 9-2 头颅 MRI。（A、C）T₁WI 增强扫描显示左额骨内可见类圆形低信号影（箭头），内部信号欠均匀；（A）右额顶叶及（B）左岛叶皮质及皮质下可见多发大小不等的类圆形环形强化灶，部分囊壁较厚

主治医师查房：

病史特点：①中年男性，急性起病；②左侧面部麻木 20 余天，无头痛、头晕，无肢体运动障碍，不发热；③查体神经系统无阳性体征；④头颅 MRI 增强：双侧半球多发囊性病灶，右侧额叶病灶较大，分叶状，周围轻度水肿，病灶明显环形强化，左侧岛叶病灶囊壁轻度点状强化，周围无水肿，囊壁可疑附壁结节，左额骨内可疑囊性病变。

定位诊断：左侧面部麻木，定位于右侧三叉丘系或丘脑辐射。结合影像学所见定位于双侧大脑半球，以右侧额叶为主。

定性诊断：中年男性，急性起病，表现左侧面部持续麻木，查体无阳性体征。头颅 MRI 增强提示双侧全球多发囊性病灶，右侧额顶叶较大病灶周围轻度水肿，环形强化，左侧岛叶病灶囊壁点状强化，可疑附壁结节，左侧额骨有受累。患者因经济原因在当地仅做了 MRI 增强未做平扫，病灶的囊液特点不清楚，考虑脑囊虫病可能大。但因颅骨受累，且无钙化灶，不除外转移瘤或脑脓肿。因病灶主要位于右侧半球靠近皮质，可以先做部分切除或穿刺活检，也可以试验性驱虫药物治疗，如没有变化再手术。

进一步诊治：神经外科于全麻下行右侧额顶叶肿物切除术，术中见病变为囊性，边界清楚，周围脑组织轻度水肿，切开囊壁，见有清亮液体流出，内含白色杂质，术中冷冻病理报告为脑囊虫，行囊肿及结节完全切除。

最终诊断：

脑囊虫病，伴颅骨内寄生

病例二 发作性右眼闪光感 3 次，进行性言语欠清 3 个月

患者，男性，42 岁。入院前 3 个月，无明显诱因发作 4 次右眼外侧视野闪光感，闪光呈红、黄、蓝三色，持续 1min 左右自行缓解。发病 10 天后出现言语欠流利，就诊于某三级甲等医院，行头颅 MRI 检查显示左侧顶叶皮质下缺血灶，左侧脑干长 T_1、长 T_2 信号，考虑为缺血性脑血管病，并给予阿司匹林口服治疗。闪光感未再发作，而言语不清进行性加重，并出现计算力、记忆力减退，书写缓慢等症状。

入院查体：神志清楚，言语欠流利，找词困难，听理解可，复述好。定向好，计算力可，书写稍困难，近记忆减退，反应稍慢。双眼裂等大，双瞳孔等大等圆，光反应好，双眼外展露白 2mm，余各方向运动充分，鼻唇沟对称，软腭活动好，伸舌略偏左。四肢肌力 5 级，双上肢肌张力稍高，腱反射对称偏低，双侧病理征阴性。双手指鼻欠准，跟膝胫稳准，Romberg 征（－），深浅感觉无异常。颈部无抵抗，脑膜刺激征（－）。

辅助检查：2 个月前头颅 MRI 示左侧顶叶皮质下轻度缺血灶，左侧脑干长 T_1、长 T_2 病灶。1 个月前头颅 MRI：未见明显异常。24h 动态脑电图：左侧后部导联在中-高波幅尖波、尖慢波及慢活动。

入院诊断：

1. 症状性癫痫

2. 言语欠流行原因待查，颅内感染及脑膜癌病待除外

入院后辅助检查：

血常规：WBC $13.39×10^9$/L，PLT $325×10^9$/L，中性粒细胞 78.4%，淋巴细胞 14.7%，尿常规。血生化、甲状腺功能正常。血梅毒抗体测定（TPAB）阳性，艾滋病抗体（－）。

腰穿：脑脊液（CSF）压力 150mmH$_2$O，无色，Pandy 试验（＋＋），WBC 18/mm^3，RBC 细胞 2/mm^3，单核细胞 70%，多核细胞 30%。蛋白 1482mg/L（150～450mg/L），糖正常，氯化物 111.6mmol/L（120～130mmol/L）。涂片未找到细菌和真菌。

脑电图示双侧额颞部多发的单个棘波、棘慢波、尖波。头颅 MRI 平扫示双侧海马、岛叶、丘脑、内囊后肢和下丘脑 T_2、T_2FLAIR 高信号，增强 T_1WI 呈轻度强化（图 9-3）。颞叶病灶 MRS 呈代谢活跃改变。

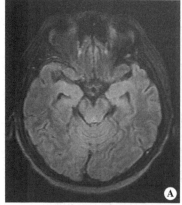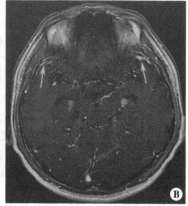

图 9-3 头颅 MRI。A. FLAIR 像显示双侧海马异常高信号；B. 增强扫描显示双侧颞叶前部脑膜轻度强化（箭头）

主治医师查房：

追问病史，患者承认 10 余年前有冶游史。查体：神志清楚，言语欠流利，近记忆力差，计算力差。双眼裂等大，左瞳孔中等偏小，对光反应弱，调节反射好，为阿-罗瞳孔（Argyll-Roberson pupil），双眼外展露白 2mm，余各方向运动充分，鼻唇沟对称，伸舌略偏左，软腭活动好。四肢肌力 5 级，双上肢肌张力稍高，腱反射偏低对称，双侧病理征（－）。双手指鼻欠准，跟膝胫稳准，Romberg 征（－），深浅感觉无异常。颈部无抵抗，脑膜刺激征（－）。

病情分析：患者 10 余年有冶游史，查体发现阿-罗瞳孔，临床记忆力减退，反应较前差，血梅毒抗体阳性，提示既往有梅毒感染的病史。腰穿脑脊液白细胞 $18/mm^3$，单核细胞占 70%，多核细胞占 30%，CSF 蛋白明显升高为 1.482g/L，考虑有梅毒性脑膜血管炎的可能。确诊神经梅毒需要脑脊液中梅毒抗体阳性证实。治疗用大剂量青霉素。

进一步诊治：

脑脊液梅毒快速血清反应素试验（rapid plasma regain，RPR）阳性（1：64），梅毒螺旋体凝集试验（treponema pallidum hemagglutination assay，TPHA）和性病研究试验（venereal disease research laboratory test，VDRL）均为阳性。予以青霉素、糖皮质激素治疗。

最终诊断：

神经梅毒

　　脑膜血管炎

　　麻痹性痴呆

病例三 左侧肢体麻木 5 个月，右侧肢体无力 12 天

患者，女性，32 岁。5 个月前无明显诱因出现左侧肢体麻木，无力弱、头痛、发热，头颅 CT 检查未见明显异常，予 "灯盏花素" 治疗后 10 天，症状完全消失。12 天前，自觉全身乏力后出现右侧肢体力弱，并逐渐加重，6 天前尚能走路，5 天前不能站起，伴右侧肢体麻木，并出现嗜睡、言语减少、语调低。头颅 MRI 显示 "双侧丘脑、右额多发占位性病变"。

入院查体：神志清楚，精神淡漠，部分运动性失语，定向力、计算力、记忆力检查不合作。右鼻唇沟浅，右上肢肌力 0 级，右下肢肌力 2 级，肌张力正常。右侧偏身痛觉减弱。

入院诊断：

颅内多发占位病变性质待查

入院后辅助检查：

头部 MRI 平扫加增强：左侧大脑脚、左侧脑桥、双侧基底节区、丘脑、半卵圆中心，见多发结节状异常信号，边界较清楚，T_1WI 呈低信号，部分周边少许高信号，提示胶质增生；T_2WI 呈高信号，部分周边见少许脑水肿。T_1WI 增强后大部分病灶呈不规则边缘强化，少部分呈结节强化，边界不清。中线结构无移位。印象：脑内多发异常信号，性质待定，不除外炎症性病变（图 9-4）。

主治医师查房：

头部影像检查发现颅内多发异常信号，病变累及脑干、双侧基底核区、丘脑及皮质下白质区域。定位诊断明确，目前主要问题是定性诊断。病理结果中髓鞘染色有明显脱髓鞘，高度怀疑瘤样脱髓鞘病变的可能。

进一步诊治：

病理科讨论病理结果，最后病理诊断倾向：炎性脱髓鞘病变（图 9-5）。甲泼尼龙冲击治疗后，患者病情好转，语言功能好转，能发出清晰的语言，音调较前明显提高，右侧肢体肌力恢复到 4 级。复查头部 MRI 发现病灶较前明显缩小，异常强化范围缩小，部分病灶行程软化灶（图 9-6）。

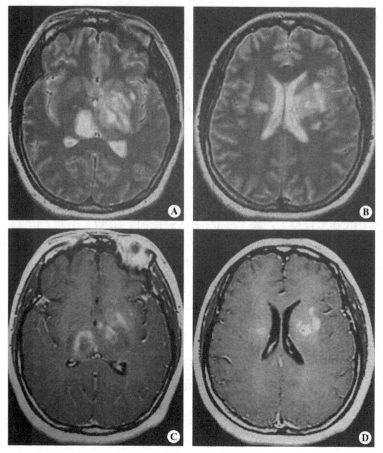

图 9-4 头部 MRI。双侧丘脑、基底核区、脑室旁多发结节状异常信号，边界较清楚；T_2WI 呈高信号（A、B），增强扫描（C、D）呈不规则环形强化或斑片状强化

最终诊断：

瘤样脱髓鞘病变（tumefactive demyelinating lesions，TDL）

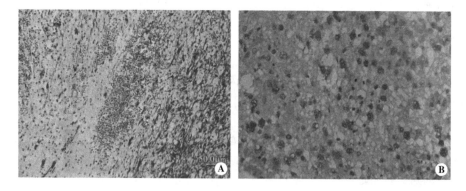

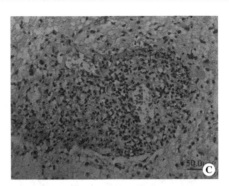

图 9-5　脑组织活检病理

A. Luxol fast blue 染色显示：脑组织大量脱髓鞘，中间可见大量组织细胞；B. 免疫组化染色显示：密集浸润的组织细胞 CD68
（+）；C.HE 染色显示：血管周围有淋巴细胞呈袖套样排列（HE×200）

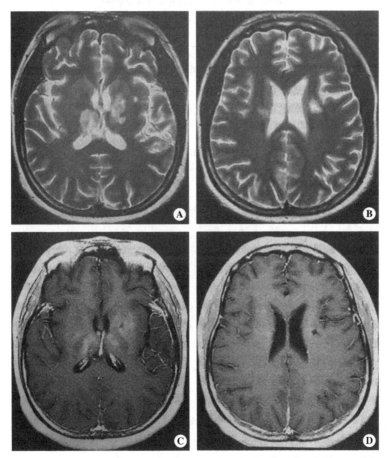

图 9-6　头部 MRI。T_2WI（A、B）及 T_1WI 增强扫描（C、D）显示病灶范围较前明显缩小，强化明显减弱

病例四　右眼疼痛伴右睑下垂 1 周

　　患者，男性，68 岁。1 周以来无明显诱因出现右眼胀痛、右睑下垂，症状持续存在。头颅
MRI 平扫提示"右侧海绵窦内小条片状异常信号，增强扫描见局部强化，炎性病变可能性大"
（图 9-7）。

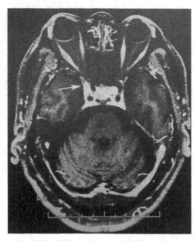

图 9-7　头颅 MRI。增强扫描显示右侧海绵窦内斑片状局部强化（箭头）

入院查体：神志清楚，言语流利。双侧瞳孔等大，对光反射灵敏。右眼睑完全下垂，右眼内收、上视、下视均明显受限，外展充分。左眼裂正常，左眼各方向运动充分，双眼上、下视及左视时有复视，面部感觉无减退。深浅感觉及共济运动正常。颈软，脑膜刺激征（－）。

入院诊断：

眼外肌麻痹查因

　Tolosa-Hunt 综合征（Tolosa-Hunt syndrome，THS）可能

入院后诊治：

头部 MRI：脑动脉硬化

入院后给予泼尼松口服治疗，用药后第 2 天患者右眼疼痛较前减轻，眼睑下垂及眼动受限无明显改善。

主治医师查房：

患者诉右眼胀痛好转，眼睑下垂稍有改善。查体：右眼睑下垂，遮挡角膜 7—5 点，右眼外展充分，内收、上视、下视均受限，左眼活动好，双眼上、下视及左视有复视。四肢肌力 5 级，双侧腱反射对称减弱，左侧病理征（±），右侧病理征（－）。

诊断：老年男性，急性起病，以右眼疼痛及眼外肌麻痹为主要表现，瞳孔不受累，头颅 MRI 增强扫描见右侧海绵窦局部强化。皮质类固醇治疗 2 天后疼痛及眼肌麻痹症状较前缓解，诊断首先考虑 Tolosa-Hunt 综合征。

进一步诊治：

患者继续口服泼尼松，每 3～5 天减量 5mg。患者右眼疼痛及眼肌麻痹症状逐渐改善。治疗 2 周后复查头部 MRI 平扫及增强扫描：右侧海绵窦内颈内动脉外侧小条片状异常信号，增强未见异常强化灶。治疗 1 个月后患者出院，出院时右眼疼痛消失。查体：右睑下垂遮挡角膜 9—3 点，右眼内收露白 1mm，左视仍有复视。

最终诊断：

Tolosa-Hunt 综合征

病例五　四肢麻木无力、言语不清 2 个月

患者，女性，33 岁。2 个月前出现双手及双膝关节以下麻木、无力，行走不稳，言语不清，反应迟钝。偶有头痛、呕吐、饮水呛咳。半个月前行头颅 MRI 检查发现双侧丘脑急性梗死，左侧基底核和双侧尾状核头部出血可能性大（图 9-8）。

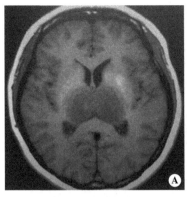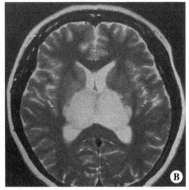

图 9-8　头颅 MRI。T_1WI（A）、T_2WI（B）显示双侧丘脑急性梗死

入院查体：神志清楚，表情淡漠，反应迟钝，言语缓慢，构音清。时间定向力差，人物、地点定向力尚可，记忆力减退。四肢肌力、肌张力正常，双上肢腱反射正常，双下肢腱反射对称降低，右侧病理征（＋），左侧（－）。痛觉两侧相仿。行走不稳，需要搀扶，步距增宽，步态基本正常。

入院诊断：

双侧丘脑梗死原因待查

　　大脑深静脉血栓形成？

主治医师查房：

患者年轻女性，主要表现为反应迟钝、智能下降。曾有四肢麻木、无力，目前四肢肌力、肌张力正常，深、浅感觉正常，步距宽。

头颅 MRI 扫描显示双侧丘脑对称性低密度灶，局部有出血灶，不符合动脉病变的特点。结合患者病史 2 个月，发病初期头颅 CT 平扫未见局部占位，病程相对较短，恶性肿瘤可能性不大，综合考虑深静脉血栓可能性大。

进一步诊治：

头颅 CT 血管成像：平扫见双侧丘脑对称性肿胀、密度减低，边缘模糊；脑室系统未见扩张，中线结构无偏移。静脉期：直窦未见显影，下矢状窦至窦汇可见多发侧支循环。印象：直窦血栓，双侧丘脑梗死（图 9-9）。

最终诊断：

直窦血栓形成（straight sinus thrombosis）

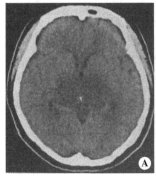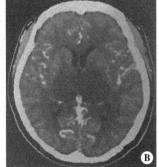

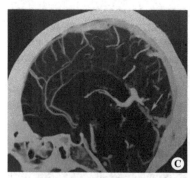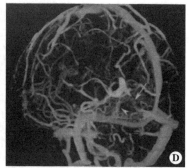

图 9-9　头颅 CT。A. 平扫显示双侧丘脑对称性低密度影；B. 增强扫描未见强化；C、D. CTV 示直窦未见
　　　　阴影（箭头），下矢状窦至窦汇可见多发侧支循环（短箭头）

病例六　行为举止怪异 2 年余，记忆力减退 1 年

患者，女性，38 岁。2 年前家人发现患者出现性格改变，对家人及亲朋好友态度冷淡、不友好，逐渐很少与人来往。在单位与同事和领导关系亦日趋僵化，同事反映患者经常出现与工作环境和场合不符的怪异行为举止，如在正式会议上故意大声喧哗、穿着打扮亦不符合场景。在家经常与小孩争食，有时趁人不备将自认为的"宝物"藏在冰箱内。逐渐出现主动言语少、表达能力下降、词汇贫乏等症状。1 年前开始出现记忆力减退并逐渐加重，以近记忆力减退为主，丢三落四。有时机械性重复、无目的性、刻板性地做同一件事或同一动作，注意力涣散、工作能力减退，失误频出，逐渐不能工作，故辞职。有时情绪低落，经常哭泣，生活能力下降，逐渐发展至不能自理，不修边幅、邋遢、穿衣不知道正反。目前生活不能自理，语言能力差，交流困难，主动言语少，不能按指令完成动作。

入院查体：神志清楚，表情淡漠、略呆板，主动言语少，时间、地点定向力差，不知道日期，不能说出所处的地理位置、医院名称、所在楼层等，记忆力差，以近事遗忘为主，不能回忆当日所进食物，不能回忆近几日内发生的事和见过的人，计算力差。双下肢肌张力高，双侧病理征（+），双上肢伴随动作减少，行走时身体前倾，共济运动检查不合作。

入院诊断：

认知障碍待查

主治医师查房：

病史特点：①中年女性，隐袭起病，进行性发展，有家族史。②病程早期以人格改变、行为举止异常为突出表现，逐渐出现记忆力障碍，日常生活能力下降，曾按抑郁症治疗无效。③查体：表情淡漠、呆板，颈肌及四肢肌张力增高，行走时轻度前倾，双上肢伴随动作少，双侧病理征（+）。④化验检查除 TPOAB 显著增高外其余正常。

定位诊断：人格改变、行为举止异常为突出表现，逐渐出现记忆力障碍和日常生活能力衰退，考虑高级皮质广泛受累，以额颞叶为主；表情呆滞、四肢肌张力增高，伴随动作少，提示锥体外系受累。

进一步诊治：

复查头颅 MRI：外侧裂增宽、脑沟加深、脑室略增大，且以大脑前部萎缩为主，海马萎缩不明显（图 9-10）。

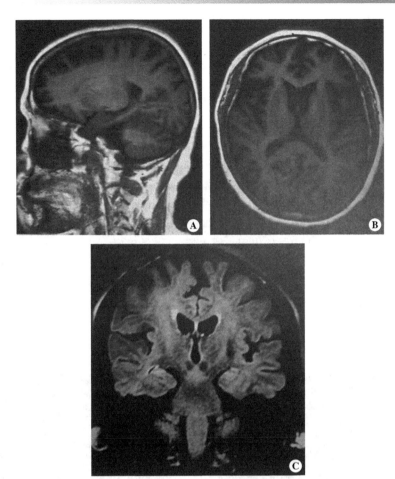

图 9-10　头颅 MRI　A、B. T$_1$WI 矢状位及轴位显示脑萎缩以额颞叶为主，脑沟加深、增宽，大脑后部萎缩不明显，双侧脑室轻度扩张；C. FLAIR 像冠状位显示双侧海马萎缩不明显

神经心理学测试：简易精神状态检查量表（MMSE）6 分，汉密尔顿抑郁量表（HAMD）无抑郁，全面衰退量表（GDS）5 级，ADL 48 分，临床记忆：指向记忆 3 分，图像自由回忆 2 分，人面像回忆、无意义图形、联想回忆均为 0 分。总体印象：重度认知功能减退。蒙特利尔认知评估量表（MoCA）15 分，具体见表 9-1。

表 9-1　MoCA 量表评分情况

	视空间与执行功能	命名	注意力	计算力	语言	抽象思维	延迟回忆	定向力	总分
实际得分	4	1	2	1	1	1	3	2	15
满分	5	3	3	3	3	2	5	6	30

泼尼松龙 60mg/d 治疗，持续 3 周，症状未见好转。

再次查房：

皮质激素治疗 3 周症状无明显改善，可排除桥本脑病，因桥本脑病属于类固醇反应性脑病，对皮质激素很敏感。头颅 MRI 显示外侧裂增宽、脑沟加深、脑室增大，且以大脑前部萎缩为主，双侧不对称，海马萎缩不明显。神经心理学检查提示：语言功能、计算力及记忆力减退为著。

该患者以痴呆为主要表现，锥体外系症状体征出现早而突出，应考虑到皮质基底核变性（corticobasaldegeneration，CBD）和 FTD。本例患者起病年龄较轻，病程早期以性格改变、行为举止怪异、人格改变为主，逐渐出现记忆力障碍和日常生活能力减退，查体可见四肢肌张力增高、动作缓慢、表情呆板等锥体外系表现，脑萎缩以大脑前部明显为主，海马萎缩不明显，这些都支持 FTD 的诊断。而 CBD 起病年龄多在 60 岁以后，且患者常常有失用症。

治疗：盐酸美金刚或选择性 5-羟色胺再摄取抑制剂类药物有一定疗效。

最终诊断：

额颞叶痴呆（frontotemporal dementia，FTD）

病例七 间歇性跛行 3 年，走路前冲 1 年，加重 2 个月

患者，女性，77 岁。3 年前出现行走 200~300m 后双腿发沉，停下休息一段时间后才能继续行走。颈椎、腰椎 MRI 显示：C_3~C_7 椎间盘突出，伴椎管狭窄；L_4 椎体轻度滑脱，L_3~L_4、L_4~L_5 椎间盘膨出，L_5~S_1 椎间盘突出。1 年前行走时出现越走越快、向前冲的现象，步幅小，停步困难。2 个月前行走困难加重，行走时双脚抬不起来，迈步困难，曾因走路前冲向前摔倒 1 次，不敢独自站立、行走。1 个月前出现小便失禁，反应较前迟钝。

入院查体：神志清楚，反应较迟钝，近记忆力明显减退，记不住早饭吃什么，计算力减退，计算过程缓慢。四肢肌力 5 级，左上肢肌张力稍高，余肢体肌张力正常，双侧腱反射活跃对称，双侧病理征（－）。行走时双脚蹭地，步基宽、步幅小、转身动作分次完成，无明显起步、停止困难，双上肢伴随动作存在。

辅助检查：头颅 MRI 示所有脑室明显扩大，T_2 像脑室旁信号增高，大脑凸面脑回无明显萎缩（图 9-11）。

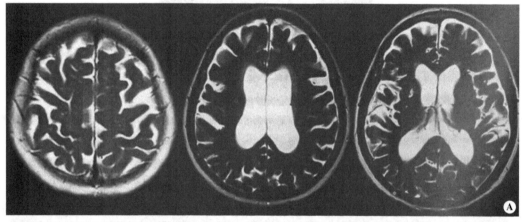
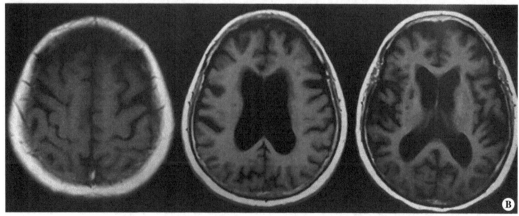

图 9-11　头颅 MRI。所有脑室明显扩大。A. T_2WI 显示脑室旁信号增高；B. T_1WI 显示大脑凸面脑回无明显萎缩

入院诊断：

步态障碍原因待查

　　正常颅压脑积水可能性大

入院后诊治：

双下肢动脉 B 超：双下肢动脉粥样硬化，伴硬化斑块形成，双侧胫前、胫后动脉及左侧腘动脉轻-中度狭窄。

腰穿，脑脊液（CSF）压力 110mmH$_2$O，WBC 18/mm^3，RBC 3000/mm^3，多核细胞 66.7%，蛋白质 517mg/L（150~450mg/L），糖和氯化物正常，共引流脑脊液 40ml。

腰穿引流脑脊液后连续 3 天观察病情，腰穿当天患者步态稍有改善，行走时步基变窄，步速增快，之后 2 天基本恢复之前状态，尿失禁一直无明显改善。

主治医师查房：

追问病史，家属反映患者近 2 个月认知功能下降明显，生活需要人照顾。患者否认有行走后肢体麻木现象。查体：四肢腱反射活跃对称，未见明显肌张力增高，病理征（-），鞍区无感觉障碍，行走时双脚抬不起来，步基宽，步幅小。

病情分析：①患者以步态障碍为突出表现入院，仔细询问病史发现患者存在认知功能障碍和小便失禁的表现。头颅 MRI 显示脑室明显扩大，与脑沟、脑裂增宽不成比例。这些都提示患者具备了正常颅压脑积水（normal pressure hydrocephalus，NPH）。②患者出现间歇性跛行，但并不能解释患者的步态障碍。

NPH 患者一次腰穿后症状改善可不明显，建议留置腰大池引流管连续引流脑脊液 3~5 天，一方面明确诊断，另一方面也可了解脑脊液分流术的效果。

进一步诊治：

腰大池穿刺置管外引流术，连续引流 3 天，共引流脑脊液 300ml，患者步态障碍有所好转，转身较前灵活。择期行侧脑室-腹腔分流术。

最终诊断：

特发性正常颅压脑积水（idiopathic normal pressure hydrocephalus，iNPH）

病例八 智能减退、左侧肢体僵硬 20 个月、左上肢震颤及抽搐发作 10 个月，加重伴右侧肢体僵硬和震颤 4 个月

患者，女性，20 岁。自 20 个月前学习成绩下降后，逐渐出现左侧肢体僵硬、活动不灵。10 个月前出现左上肢震颤及流涎。突发双眼上翻、四肢抽搐伴意识丧失 3 次，每次持续约 2min。头颅 MRI 及增强显示脑桥、中脑、双侧基底核、右额叶可见异常信号，右额叶可见囊性病变及大片白质区异常 T$_1$WI 低信号、T$_2$WI 高信号，T$_1$增强扫描显示右额叶囊性病变及大片白质区异常低信号，部分呈条索状强化。头颅 CT 显示右额叶大片低密度灶。

入院查体：神志清楚，语言困难。双侧瞳孔等大，光反应存在，双眼球各方向运动充分，口唇不能闭合，伸舌不完全。颈项强直，转头困难。四肢肌张力均增高伴震颤，左侧明显。左手屈曲呈钩状，肌力检查配合差。双侧腱反射对称引出，双侧病理征阴性。

入院诊断：

继发性癫痫，颅内病变性质待查。

入院后诊治：

右侧大脑半球病变区活检术。术后病理回报：只见少量脑组织有微囊改变，脱髓鞘变性，胶质细胞增生；可见少数阿尔茨海默病 II 型细胞，髓鞘染色显示髓鞘染色不均匀变浅或脱失；未见肿瘤细胞核囊虫；病变符合脱髓鞘性病变。

以"脱髓鞘病变待查"入院 1 个月后，查体时发现双侧角膜环状黄色色素沉着，血铜蓝蛋白 2.95mg/dl（21～53mg/dl）明显降低，24h 尿铜 701.4μg（＜100μg）明显升高。腹部 B 超：弥漫性肝损害，门脉扩张，胆囊结石。

头颅 MRI：脑干、桥小脑脚、双侧基底核区、双侧放射冠及半卵圆中心和外囊区可见片状异常信号，T_1WI 稍低信号，T_2WI、T_2FLAIR、DWI 呈高信号；右额叶可见囊性异常信号 T_2WI 呈高信号、T_1WI 及 DWI 呈低信号，与脑脊液相似（图 9-12）。

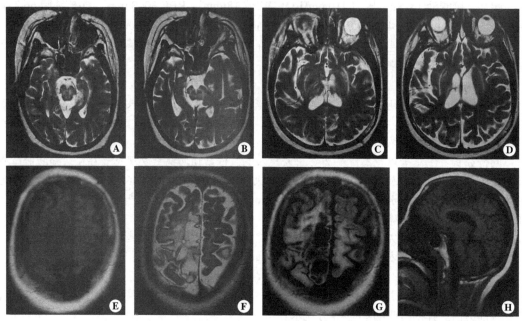

图 9-12　头颅 MRI。A～D T_2WI 像显示：A. 中脑斑片状稍高信号影，边界模糊；B. 中脑"熊猫脸"征；C. 双侧丘脑及豆状核对称性高信号；D. 双侧壳核对称性条状高信号，E～H. 显示右额叶皮质及皮质下可见囊变影，周围白质呈 T_1WI 低信号，T_2WI 高信号，局部皮质萎缩变薄。其中（E）T_1WI、（F）T_2WI、G）FLAIR、（H）T_1WI 矢状位

主治医师查房：

病史特点：①青年女性，隐匿起病。②主要变现进行性智能减退、肢体僵硬、震颤及癫痫发作。③查体：智能下降，张口流涎，构音困难。K-F 环存在，颈肌及四肢肌张力高伴震颤，左侧为重，左手屈曲呈钩状，有肢体扭转痉挛，不能自行行走，双侧病理征（－）。④头颅 MRI：脑干、桥小脑脚、双侧基底核区、双侧放射冠及半卵圆中心和外囊区可见片状异常信号，右额叶可见囊性异常信号。⑤血铜蓝蛋白明显降低，24h 尿铜明显升高。

定位诊断：右额叶、双侧基底核区、脑干。

定性诊断：Wilson 病（Wilson disease，WD，又称肝豆状核变性）。

病情分析：①青年女性，隐匿起病，以强直震颤等锥体外系的症状体征为主要表现，年轻人出现的任何形式的锥体外系表现都要想到与 WD 相鉴别。②发病后首次影像学检查可见铜代谢障碍的典型脑损害改变——双侧基底核、丘脑、中脑及脑桥等部位多发的异常信号，提示 WD 的可能。③治疗：继续减少铜摄入、增加铜排泄。注意青霉胺治疗早期可有神经系统症状加重现象，宜从小剂量开始，逐渐加量。

最终诊断：

Wilson 病

病例九　双下肢麻木无力、跛行半年，二便困难 3 个月

患者，男性，34 岁。于半年前无明显诱因出现双下肢无力，以右下肢为著，伴双膝以下发凉、麻木感，不伴有下肢肿胀、关节畸形，上述症状逐渐加重，出现右下肢行走困难，伴跛行。3 个月前开始出现大便干燥，2～3 天一次，排便费力，同时出现尿频，小便踌躇、排不净，偶有尿急，且有性功能下降。

入院查体：神志清楚，言语流利。双上肢肌力肌张力正常，右下肢近端肌力 4 级，远端肌力 5 级，左下肢肌力 5 级，双下肢肌张力增高，双侧膝腱反射稍活跃，双侧 Babinski 征（＋），双侧 Chaddock 征（＋）。T_8 水平以下痛觉减退，右下肢深感觉减退。

入院诊断：

脊髓病变原因待查

入院后辅助检查：

下胸段脊髓 MRI 检查显示：T_5～T_{11} 节段脊髓水肿，呈条状 T_2 高信号，脊髓表面有蔓状流空影。T_6、T_7 椎间盘轻度突出，向后压迫硬膜囊。印象：T_5～T_{11} 节段脊髓异常信号，考虑血管畸形（图 9-13）。

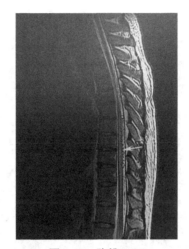

图 9-13　胸椎 MRI

T_2WI 显示 T_5～T_{11} 节段脊髓水肿，呈条状高信号，脊髓后方表面有蔓状流空影（箭头）

主治医师查房：

病史特点：青年男性，慢性起病，进行性加重。双下肢麻木无力半年，逐渐加重至行走困难，并出现小便失禁、大便力弱的症状。

定位诊断：脑神经及双上肢未见异常，T_8 水平以下痛觉减退，定位在 T_8 脊髓双侧脊髓丘脑束，双下肢肌力差，肌张力高，双侧病理反射阳性，定位在双侧皮质脊髓束，综合定位在 T_8 脊髓节段。

定性诊断：慢性起病，双下肢麻木，逐渐出现行走困难，排尿障碍，查体有锥体束征和传导束型的深浅感觉障碍，感觉水平位于胸段。脊髓 MRI 可见 T_5～T_{11} 节段脊髓水肿，呈条状高信号，脊髓表面有蔓状流空影。定性诊断考虑硬脊膜动静脉瘘（spinal dural arteriovenous fistula SDAVF）。

进一步诊治：

全麻下行后正中入路右侧 T_6 半椎板切除、硬脊膜动静脉瘘引流静脉切断术。

最终诊断：

硬脊膜动静脉瘘（spinal dural arteriovenous fistula，SDAVF）

病例十 臀部及双下肢麻木、烧灼感伴肌肉萎缩6年

患者，女性，55岁。6年前开始臀部以下肌肉发酸发麻、烧灼感，肌肉不能受压，整个大腿有过电样的感觉，与咳嗽、用力无关。自感大腿后部肌肉逐渐萎缩。目前腿疼痛不明显，但烧灼感严重，大腿屈曲不能受压，不能久坐，晚上睡觉不能侧卧。

查体：神志清楚，言语流利。脑神经未见异常。双上肢肌力、肌张力正常，腱反射（++）。双侧股四头肌松弛，右侧较左侧明显。双侧股四头肌及左侧股二头肌肌力正常，右侧股二头肌肌力4级，双足背伸、跖屈有力。鞍区痛觉减退，双小腿外侧及双侧脚底痛觉略差。Lasegue征（-），"4"字实验（-）。

辅助检查：

腰椎MRI：腰椎生理曲度存在，各椎间隙无变窄，各椎间盘未见向后突出，椎间孔无变窄。脊髓圆锥形态、信号未见明显异常。椎管无明显狭窄。骶管内可见多发椭圆形液体信号，边界清楚，T_1加权像呈低信号，T_2加权像呈高信号。T_2加权像显示神经根周围液体多（图9-14）。臀部肌肉萎缩，有脂肪变性。

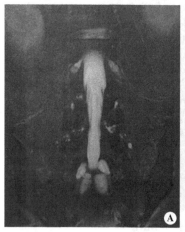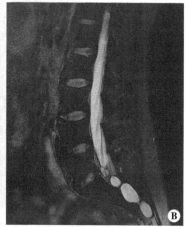

图9-14 腰椎MRI平扫

A. 冠状位T_2WI压脂显示神经根周围液体较多；B. 矢状位T_2WI压脂像显示椎管内可见多发椭圆形水样信号影，边界清楚

初步诊断：

腰骶神经根病变

骶管囊肿？

主治医师查房：

定位诊断：患者主要表现会阴部和下肢感觉异常，双下肢腱反射偏低，双侧股四头肌松弛，肌张力正常，病理征（-）。定位考虑周围神经病变，腰骶神经根和马尾神经受累。

定性诊断：起病隐匿，逐渐加重，中间没有缓解，小剂量激素治疗无效。

定性考虑：骶管内占位性病变，压迫腰骶神经根和马尾神经，出现上述症状。腰椎MRI示多发的骶管内囊肿，T_2加权像示囊肿和神经根袖套含水增加，似炎症改变。考虑Tarlov囊肿。

治疗：骶管囊肿部分切除减压术。切除部分囊壁组织送病理。

病理：镜下可见变性均质的纤维组织构成的囊壁组织，有出血及少量炎细胞浸润。免疫组化：S-100（++），CK1/3（-），CD34（-）。诊断符合（骶）神经束膜囊肿。

最终诊断：

骶管 Tarlov 囊肿（sacral Tarlov cyst）

病例十一 右下肢无力伴肌萎缩 40 年，左下肢无力伴萎缩 7 年

患者，男性，50 岁。患者 10 岁时患脊髓灰质炎，遗留右下肢肌力弱、肌肉萎缩，17 岁时行右足内翻矫形术，能做简单农活。30 年来病情稳定。7 年前无明显诱因出现左下肢力弱，表现蹲起困难，上楼梯费力，平地行走距离受限，伴左下肢肌肉跳动感，怕冷。病情缓慢加重，逐渐出现左下肢变细，以大腿明显，双下肢疲劳，休息时亦感觉疲劳。

入院查体：神清语利，脑神经未见异常。双下肢肌力近端 3～4 级，远端 4～5 级，普遍肌肉萎缩，近端为主，左侧重于右侧，双下肢肌力减低，腱反射未引出，双病理征（－）。鸭步步态，深浅感觉无异常。

入院诊断：

脊髓灰质炎后遗症

　　运动神经元病待除外

入院后辅助检查：

电生理检查：肌电图显示双侧胫前肌、右第 1 骨间肌、左三角肌、右胸 9 脊旁肌、右胸锁乳突肌均可见大量纤颤、正锐波及束颤等自发电位，轻收缩时运动单位电位时限延长、电压增高，尤以四肢肌肉明显，大力收缩时均呈单纯相，四肢肌肉的峰值电压增高达 20～22mV，提示为广泛神经源性损害，支持前角病变。

主治医师查房：

病史特点：①中年男性，隐袭起病，逐渐加重；②右下肢脊髓灰质炎后遗症 40 年，新出现左下肢无力 7 年，伴肌肉萎缩及肉跳；③查体：神志清楚，言语流利，脑神经及双上肢检查基本正常，双下肢明显萎缩，股四头肌肌力 3 级，余肌力 4 级，双下肢腱反射低，双病理征（－），感觉检查正常；④电生理结果提示广泛神经源性损害，前角病变可能性大。

定位诊断：脊髓前角细胞广泛受累。

定性诊断：脊髓灰质炎后综合征。

病情分析：缓慢起病，病程 7 年，查体双下肢无力以近端为主，萎缩以远端为明显，类似"鹤腿"。既往有脊髓灰质炎病史，遗留右下肢残疾，多年来一直稳定。电生理检查可见四肢及胸锁乳突肌广泛神经源性损害，四肢肌肉出现高波幅的单纯相电位，在排除其他神经肌肉疾病后诊断为脊髓灰质炎后综合征。

最终诊断：

脊髓灰质炎后综合征（post-poliomyelitis syndrome，PPS）

病例十二 右手中指、无名指背伸不能 1 年余

患者，男性，20 岁。1 年前无明显诱因发现右手用筷子不灵活，逐渐出现右手中指上抬困难、写字慢。2 个月前右手用力后出现震颤，上述症状逐渐加重，出现右手中指、无名指背伸不能。

神经系统查体：神志清楚，言语流利。脑神经未见异常，未见舌肌萎缩。右手中指、无名指背伸不能，右腕部背伸轻度力弱。右侧肱三头肌反射低于左侧，其余腱反射对称，病理反射（－）。右手背桡侧痛觉稍减退，深感觉正常。

辅助检查：颈椎 MRI 矢状位示：颈椎曲度较直，脊髓在 C_3～C_5 水平明显变细，轴位示：脊髓变扁，髓内有异常信号。

入院诊断：

平山病可能？

主治医师查房：

病史特点：①青年男性，隐袭起病，病情缓慢进展；②主要症状局限在右上肢远端，表现为右手中指、无名指背伸无力，查体还发现右腕部背伸轻度力弱，右侧肱三头肌反射低，右手背桡侧痛觉减退；③颈部 MRI：颈椎曲度变直，颈段脊髓萎缩、变细，髓内有异常信号。

定位诊断：颈段脊髓，以前角损害为主。

定性诊断：平山病（单肢肌萎缩）可能。

病情分析：目前平山病的诊断主要依据 MRI，特别是过屈位颈椎 MRI。患者从发病年龄、性病、临床表现及病情演变等方面都符合平山病的特点，颈段脊髓萎缩、变细，髓内有异常信号都提示有平山病的可能，因此需进一步做过屈过伸位颈椎 MRI 来肯定诊断。

进一步检查：

过屈过伸位颈椎 MRI：颈椎顺利规则，生理曲度存在，各椎间隙无变窄，椎间盘无突出，C_4～C_7 脊髓内见斑片状及条状 T_2WI 高信号，T_1WI 低信号影；过屈位显示 C_4～C_7 水平硬脊膜后壁前移，硬脊膜后壁与椎管后壁间隙增宽，其内有迂曲走行血管影；轴位显示颈髓变扁。印象：考虑平山病（图 9-15）。

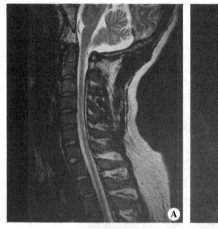
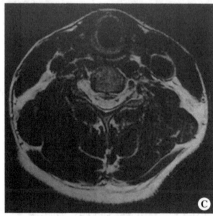

图 9-15 颈椎 MRI 的 T_2WI 像

A. 矢状过伸位显示：C_4～C_7 水平椎管前后径变窄，髓内有异常 T_2 高信号；B. 矢状过屈位显示：C_4～C_7 水平硬脊膜后壁前移，硬脊膜后壁与椎管后壁间隙增宽，其内有迂曲走行血管影；（C）轴位显示：C_5～C_6 水平脊髓受压、变扁，髓内有异常 T_2 高信号

最终诊断：

平山病（Hirayama's disease）

第二节 周围神经和肌肉疾病

病例一 四肢麻木、无力2月余

患者，女性，40岁。2个月前无明显原因发热，体温约38.5℃，按"上呼吸道感染"治疗后体温恢复正常。2周后出现四肢麻木、无力。1个月前又出现构音不清、吞咽困难、尿失禁。

入院查体：双侧面神经麻痹、双侧软腭活动差，双上肢肌力4级，双下肢肌力3级，四肢近端无力重于远端，腱反射均低，T_3以下痛觉减退，双侧Babinski征（−）。

入院诊断：

四肢麻木、无力待查

入院后辅助检查：

肌电图：右三角肌、右第1骨间肌、右股内侧肌、右胫骨前肌显示神经源性损害，神经传导速度显示左正中神经、双胫神经远端潜伏期延长。

主治医师查房：

病史特点：中年女性，亚急性起病，病前有感染史，主要表现为四肢麻木、无力，逐渐发展，随后又出现构音不清、吞咽困难、尿失禁。查体：双侧面神经麻痹、双侧软腭活动差，四肢无力，近端重于远端，T_3以下痛觉减退，双侧病理征（−）。

定位诊断：根据四肢无力，腱反射减低，近端重于远端，定位于多神经根病变，肌电图检查提示神经源性损害，支持上诉分析；神经传导速度检查提示左正中神经、双胫神经远端潜伏期延长，说明还存在周围神经损害。双侧面神经麻痹、双侧软腭活动差，构音和吞咽困难，定位于多脑神经损害。T_3以下感觉水平及尿失禁，说明胸段脊髓受损。

进一步诊治：

查血清梅毒试验USR（−）。泼尼松龙治疗2个月，病情无好转。

再次查房：

血清梅毒试验（−），考虑神经莱姆病，由伯氏疏螺旋体（Borrelia burgdorferi，BB）感染所致。查血清和脑脊液伯氏疏螺旋体抗体。

进一步诊治：

查血清和脑脊液抗BB IgG均为1：256（＞1：64为阳性），予以头孢曲松治疗。

最终诊断：

神经系统莱姆病（Lyme disease of nervous system）

病例二 腹部、背部麻木、疼痛2周，双上肢麻木、无力10天

患者，女性，63岁。2周前无明显诱因出现背痛，11天前疼痛加重，并且扩展至全身背痛和全腹痛，腹、背紧箍感，剧痛难忍，持续不缓解，间断口服止痛药。10天前出现腰、腹部麻木，双上肢酸麻、无力。患者发病以来怕冷、多汗，大便困难，需使用开塞露，小便稍缓慢。

入院查体：神志清楚，精神差，言语流利。四肢肌张力正常，右手握力5级，左手4级。右侧肱二头肌反射可引出，右侧肱三头肌反射、左侧肱二头肌、肱三头肌反射均未引出，双下肢腱反射减低，左膝反射未引出，双侧病理征（−）。T_3～T_{11}水平胸、腹部痛觉差，背部T_7～T_{11}痛觉差。双手尺侧痛觉减退，下肢深、浅感觉正常。右手指鼻准，左侧较差。

入院诊断：

多发性脊神经根炎原因待查

入院后辅助检查：

胸片：双侧肺门增大，不除外结节病（图9-16）。

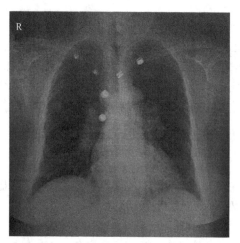

图9-16　双侧肺门增大，不除外结节病（双侧锁骨和胸骨右侧多个小圆形高密度影为衣服纽扣的伪影）

胸部增强CT：纵隔及肺门多发淋巴结肿大，不除外结节病可能（图9-17）。

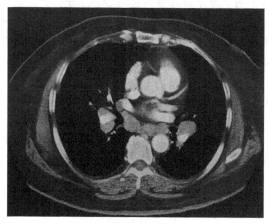

图9-17　胸部增强CT

纵隔及肺门多发淋巴结肿大，考虑结节病可能

主治医师查房：

病史特点：急性起病、进行性加重。主要表现双上肢无力，远端重于近端；双上肢麻木、酸胀和胸、腹部束带感；伴有多汗、怕冷等自主神经症状。四肢腱反射减低，躯干节段性痛觉减退、双手尺侧痛觉减退，病理征未引出。

定位诊断：周围神经病变，多神经病。神经传导速度变化不明显，F波未引出，支持神经根病变。

定性诊断：胸片双侧肺门增大，结节病不除外。胸部增强CT示患者纵隔和肺门淋巴结肿大，临床高度怀疑结节病。皮质激素试验性治疗。

最终诊断：

结节病脊神经根神经病（polyradiculopathy in sarcoidosis）

病例三 双下肢肌肉酸痛、麻木伴头晕40天

患者，男性，60岁。40天前无明显诱因出现右下肢肌肉酸痛、麻木、发凉，脚部症状更明显。5天后左下肢也出现类似症状。双下肢酸痛延伸至髋部，影响睡眠，伴有头晕，头重脚轻，行走困难。逐渐出现双上肢指端麻木。患者发病以来精神状态欠佳，睡眠差，食欲减低，进食减少。有排尿不尽感，小便刺痛，排便无力。

入院查体：神志清楚，体温36.6℃，卧位血压120/80mmHg，立位后1min 75/45mmHg，2min 80/60mmHg，心肺腹未见异常。浅表淋巴结无肿大。脑神经未见异常。四肢肌肉无萎缩，双下肢肌肉有压痛，双上肢近端肌力5⁻级，远端5级，双下肢肌力5⁻级，四肢肌张力正常，双侧肱二、三头肌反射对称减低，双下肢腱反射未引出，右侧病理征可疑（＋），左侧（－）。四肢有长手套、长袜套样痛觉减退，双下肢运动觉、位置觉和振动觉减退，右侧更明显。右手指鼻和右侧跟膝胫试验欠稳准，闭目难立征（＋）。脑膜刺激征（－）。

入院诊断：

1. 周围神经病变性质待查

2. 直立性低血压

入院后辅助检查：

血、尿、便常规正常，大便潜血（－），红细胞沉降率18mm/h。血糖6.4mmol/L，CK及肝肾功能正常，电解质正常，糖化血红蛋白7.0%（4.0%～6.2%）。甲状腺功能TT_3、TT_4、FT_3、FT_4和TSH正常，TgAb 138.2Uml（0～70U/ml），TPOAb＞1300U/ml（0～70Uml），凝血象正常，D-二聚体114ng/ml，胸部正侧位片未见异常。腹部B超肝、胆、胰、脾和双肾未见异常。

主治医师查房：

老年男性，亚急性病程；主要表现为周围神经病变，包括感觉、运动和自主神经（大、小便异常和直立性低血压），影响范围广，以感觉受累为主，并出现感觉性共济失调，结合患者短期内体重明显下降，初步诊断副肿瘤综合征（paraneoplastic neurological syndrome，PNS）可能性大。慢性炎性脱髓鞘性神经根神经病待除外。副肿瘤综合征可能是肿瘤产生的抗原引发的免疫性疾病，比较常见的临床表现是感觉运动神经病和感觉神经元病，自主神经可以受累。欧洲的一项数据库分析发现979例PNS中，感觉神经元病和小脑变性各占24.3%。建议血和脑脊液的免疫学、肿瘤标志物和肿瘤相关的自身抗体检查；肌电图和神经传导速度检查。

进一步检查：

血梅毒抗体（＋），艾滋病抗体（－），丙型肝炎抗体（－）。血IgG、IgA、IgM、C3、C4、RF、ASO及CRP均在正常范围，血清β_2-微球蛋白2.33mg/L（0.7～1.8mg/L）。血自身抗体SSA、SSB、SC1-70、Jo-1、dsDNA及Sm抗体均（－），RNP/Sm抗体弱阳性。ANCA（－），线粒体抗体IgG（－）。血肿瘤标志物CEA、AFP、CA125、CA153、CA199、PSA和神经元特异性烯醇化酶（NSE）和鳞状上皮细胞癌相关抗原（SCC）均在正常范围，血清骨胶素（Cyfra）21-1 4.45ng/ml（0.1～3.30nm/ml）。

腰穿：穿刺过程有损伤，脑脊液（CSF）微混浊，初压100mmH₂O，WBC 34/mm³，RBC1 248/mm³，单核细胞97.1%，多核细胞2.9%，蛋白质1860mg/L（150～450mg/L），糖5.1mmol/L（2.5～4.4mmol/L），氧化物正常，腰穿同时测血糖8.9mmol/L。血和CSF寡克隆区带（－），IgG鞘内合成率111.89mg/24h（＜7.0mg/24h），血和脑脊液中抗Hu、Ri、Yo、CV2和amphiphysin抗体均（－）。

肌电图：双侧腓神经和胫神经运动传导速度明显减慢，双下肢可见传导阻滞。双上肢感觉神经动作电位波幅降低，双下肢感觉神经传导速度未测出；右腓神经 F 波传导速度正常，出现率 5%（＞80%）。印象：符合周围神经病变，神经根亦有受累，以感觉神经轴索损害为主。

胸部增强 CT：左肺下叶后基底段结节，考虑肺癌伴少许阻塞性炎症；左肺门及纵隔淋巴结肿大，淋巴结转移可能；右前纵隔结节，胸腺癌？肿大淋巴结？心包少量积液。头部 MRI：右侧基底核区腔隙灶。胸椎 MRI：脊髓内未见异常信号。椎体前缘见轻度骨质增生，椎间盘未见异常。

痰病理：找到恶性肿瘤细胞，免疫组化 CD56（＋），Syn（＋），LCA（－），TTF-1（－），P63（－），CK5（－），符合小细胞肺癌（图 9-18）。

图 9-18　痰病理
痰中找见小团深染、一致的小细胞癌细胞。HE 染色×400

再次查房：

患者血 Cyfra21-1 轻度升高，胸部增强 CT 结合痰病理，小细胞肺癌诊断基本明确。肌电图结果显示是以感觉神经轴索损害为主的运动感觉性周围神经病。脑脊液 IgG 合成率显著升高，提示中枢神经系统内存在免疫反应，诊断副肿瘤性周围神经病。

与其他肿瘤相比，小细胞肺癌引发副肿瘤综合征的比例较高，表现为中枢或周围神经系统的自身免疫性反应，有时中枢和周围损害同时存在，临床表现复杂，如周围神经病、Lambert-Eaton 肌无力综合征、边缘叶脑炎和小脑性共济失调等。部分患者血和脑脊液中可以发现副肿瘤自身免疫抗体，如抗 Hu、Ri、Yo 抗体等。副肿瘤综合征常常在肿瘤诊断之前出现，甚至 1～3 年后才发现肿瘤，所以临床怀疑副肿瘤综合征的患者，一定要做全面检查寻找肿瘤；当时未发现肿瘤者，应严密随访、定期复查。治疗肿瘤的同时结合免疫调节治疗，如免疫球蛋白、血浆置换、皮质类固醇和免疫抑制剂等。

患者血梅毒抗体阳性，脑神经检查未见异常，脑脊液中白细胞不多，必要时复查脑脊液常规、生化和梅毒检查，以除外活动性梅毒。另外，建议全身行 PET/CT 检查，注意有无转移病灶。

进一步检查：

全身 PET/CT 检查：左肺下叶后基底段分叶状结节，代谢活性明显升高，考虑肺癌可能；结节远端活性未见异常，考虑阻塞性炎症；纵隔 6、7 区及左肺门 10L 区肿大淋巴结，代谢活性增高，考虑转移。

最终诊断：

副肿瘤性周围神经病（paraneoplastic peripheral neuropathy）

病例四　双侧马蹄足术后约 26 年，上楼及举物困难 2 年患者，男性，37岁。26年前因双侧马蹄内翻足手术矫治，据患者回忆术前有足下垂、内翻，无明显运动障碍，术后学习生活不受影响，在校期间体育成绩属中等偏下，余无明显不适。2年前无明显诱因自觉四肢力弱，以上楼及举物时明显，症状逐渐加重。3个月前搬重物时觉双上肢无力，蹲下后站起困难，双手精细动作不灵活。无肢体麻木及疼痛，无头痛及头晕，无意识障碍、言语不清和大小便障碍等。病发后进食尚可，体重无变化。

入院查体：神志清楚、言语流利。脑神经未见异常。四肢近端肌力4⁻级，远端4⁺级，四肢肌肉普遍性肌萎缩，肌张力稍减低，四肢腱反射加强法未引出，双侧病理征（−）。双膝关节以下痛觉及音叉振动觉正常，关节位置觉基本正常。共济运动正常，Romberg征（＋）。双侧桡神经和尺神经有增粗，双足呈弓形足畸形。

电生理检查：肌电图（EMG）示右侧第1骨间肌和右侧胫神经前肌均可见中量的自发电位，轻收缩时运动单位电位时限明显延长（分别为17.3ms和17.8ms），波幅明显增高（分别为2661μV和1119μV），强收缩时均呈单纯相，峰值电压分别为6mV和4mV，提示神经源性损害。

左、右正中神经运动传导速度（MCV）分别为10.5m/s、12.8m/s（>50m/s），远端潜伏期分别为9.7ms、10.8ms<4.0ms），复合肌肉动作电位波幅（CMAP）分别为0.8mV、1.9mV（>5mV）；左、右尺神经MCV分别为14.6m/s、12.8m/s（>55m/s），远端潜伏期均为7.1ms（<3.5ms），CMAP波幅分别为2.3mV、1.9mV（>5mV）；左、右腓总神经的MCV分别为19.0m/s和11.8m/s（>45m/s），远端潜伏期分别为9.7ms、11.7ms（<6.0ms），CMAP波幅均为0.01mV（>5mV）；左、右胫神经MCV分别为13.4m/s和10.6m/s（>45m/s），远端潜伏期分别为12.5ms、9.8ms（<6.0ms），CMAP波幅分别为1.2mV和0.1mV（>5mV）。左右正中和尺神经感觉传导速度（SCV）分别为19.8m/s、21.4m/s、20.0m/s和20.2m/s（>45m/s），左右胫神经SCV分别为15.1m/s和1439m/s（34m/s）。

上述结果提示：多条神经MCV和SCV明显减慢，波幅明显减低，且多条神经有传导阻滞，符合周围神经病变。

入院诊断：

多发性运动感觉神经病原因待查

腓骨及萎缩症？

慢性炎性脱髓鞘性多发性神经病？

入院后辅助检查：

血、尿、便常规正常。红细胞沉降率、ASO、C反应蛋白、类风湿因子均正常。感染三项（HCV-AB、HIV-AB、TPAB）及乙肝两对半均阴性。血糖、血肌酶谱、肝肾功能均正常。血肿瘤标志物正常范围，自身抗体全套阴性，甲状腺功能正常。胸片、腹部B超均未见异常。

主治医师查房：

病史特点：①中青年男性，慢性病程，逐渐加重。②幼年优马蹄足病史，曾行矫形手术，之后生活基本正常。近2年出现四肢无力，近端明显。无药性、毒物摄入及酗酒病史，无家族史。③查体：四肢肌肉普遍性肌萎缩，肌力减退，近端明显，腱反射加强法未引出，双下肢远端感觉减退。双侧桡神经和尺神经优增粗，优弓形足畸形。④电生理检查：多条神经传导速度明显减慢，波幅明显减低，且多条神经有传导阻滞，符合周围神经病变。

定位诊断：周围神经

定性诊断：腓骨肌萎缩症（Charcot-Marie-Tooth，CMT）？慢性炎性脱髓鞘性多发性神经病（chronic inflammatory demyelinating polyradiculoneuropathy，CIDP）？

病情分析：根据患者的临床表现，慢性多发性周围神经病的诊断明确，但具体是遗传性还是获得性的尚不能确定。患者幼年有马蹄足病史，曾行矫形手术，目前查体有弓形足畸形，符合遗传性特点。但患者无家族史，入院前2年才出现明显的四肢无力，病史较短，不太支持遗传性周围神经病，也可能是以前病情很轻，患者未在意。在获得性周围神经病中，要考虑CIDP的可能。

下一步检查：①腰穿；②腓肠神经活检。

进一步检查：

腰穿：脑脊液（CSF）压力130mmH$_2$O，无色透明，WBC 2/mm^3，RBC 6/mm^3，Pandy试验（+），蛋白1164mg/L（150～450mg/L），糖和氯化物正常。

左腓肠神经活检：神经外衣的结缔组织中小血管结构正常，其周围无淋巴细胞和单核细胞浸润，也无刚果红阳性沉积物。神经束内有髓神经纤维髓鞘重度脱失，可以见到大量有髓神经纤维周围出现洋葱球样结构，可见个别小的有髓神经纤维成簇排列的现象。神经内衣结缔组织轻度增生，未见水肿和单核细胞浸润。病理诊断慢性脱髓鞘性周围神经病理改变（图9-19）。

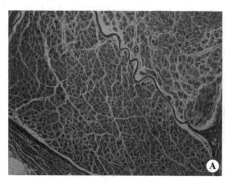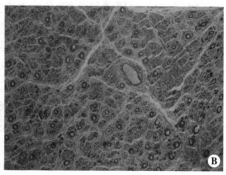

图 9-19 左腓肠神经活检

A. HE染色可见神经束内有髓神经纤维髓鞘重度脱失，仅保留部分中等直径的有髓神经纤维。神经外衣的结缔组织中小血管结构正常，小血管周围无炎细胞浸润。神经束衣和神经内衣未见单核细胞浸润。B. 甲苯胺蓝染色可见大的有髓神经纤维髓鞘重度脱失

最终诊断：

腓骨肌萎缩症1A型（Charcot-Marie-Tooth 1A，CMT1A）

病例五 间断四肢痛性痉挛发作、双手活动不灵伴右手无力2年余

患者，男性，57岁。患者于2004年起无明显诱因出现四肢间断痛性痉挛发作，双手活动不灵、发抖，同时感右手物理、右肩部感肌肉跳动，2006年之后右手无力逐渐加重，鞋子、拿东西时有手抖动明显，影响日常生活。发病后无肢体疼痛麻木、无吞咽讲话困难、无大小便障碍。

神经系统查体：神志清楚，言语流利。脑神经未见异常。四肢未见肌肉萎缩，双上肢近端肌力正常，双手平伸时抖动明显，双侧手指背伸力弱，右侧明显，右手示指背伸不能，双上肢腱反射未引出，双下肢肌力张力正常，腱反射对称减低，病理征（−）。深浅感觉无异常，共济运动正常。颈无抵抗，脑膜刺激征（−），Romberg征（−）。

电生理检查：肌电图检查发现右侧第1骨间肌、右侧胫前肌均可见中量的纤颤、正锐波等自发电位，运动单位电位时限延长，波幅增加，右侧第1骨间肌强收缩呈混合相，峰值电压为4mV，右侧胫前肌强收缩呈单纯相，峰值电压最高达20mV。

左、右正中神经运动传导速度（MCV）分别为8.7m/s、29.3m/s（＞50m/s），复合肌肉动作电位（CMAP）波幅分别为1.4mV、3.5mV（＞5mV）；左、右尺神经MCV分别为17.3m/s、50.9m/s（＞55m/s），CMAP波幅分别为2.6mV、7.4mV（＞5mV）；右腓总和胫神经MCV分别为39.5m/s、40.3m/s（＞45m/s），CMAP波幅分别为4.7mV、3.8mV（＞5mV），上述神经的远端潜伏期均正常。

近端刺激与远端刺激相比，左、右正中神经CMAP波幅下降分别为92%和65%，左、右尺

神经波幅下降分别为59%和64%，右腓总和胫神经波幅下降分别为47%和85%，即上述所查神经有明显的运动传导阻滞。右腓总神经F波出现率为55%（＞80%），传导速度为38.1m/s（＞45m/s）。双侧正中、尺神经感觉传导速度（SCV）均正常，右胫神经（趾-踝）SCV：28.8m/s（＞34m/s），上述感觉神经动作电位波幅减低。

上述结果提示：神经源性损害，复合周围神经病变，运动神经损害为主，有广泛的运动神经传导阻滞。

主治医师查房：

病史特点：①中年男性，隐袭起病，病情逐渐加重。②症状是四肢痛性痉挛发作、双手活动不灵、右手无力，查体见双手手指背伸力弱，右侧明显，说明其肌肉分布不对称，右上肢远端症状最重，肌肉萎缩不明显。无感觉症状和体征，无上运动神经元损害表现，无球部肌肉受累。③肌电图：上下肢的肌肉都提示是神经源性损害，轻收缩时运动单位电位波幅增高，时限增宽，强收缩时呈单纯相或混合相。神经传导速度显示四肢MCV减慢，且多条神经有明显的传导阻滞（近端刺激与远端刺激相比，CMAP波幅下降＞50%），上肢MCV减慢更明显。感觉神经传导速度基本正常，感觉电位波幅稍有减低。肌电图结果提示为周围神经损害，运动神经为主。

定位诊断：周围神经，以运动纤维为主。

定性诊断：多灶性运动神经病（multifocal motor neuropathy，MMN）可能。

病情分析：此患者从发病年龄、临床表现、病情发展及电生理所见都支持MMN的诊断。目前此病诊断主要依据临床表现和电生理检查，其中MCV检测时发现多条神经有肯定的运动传导阻滞非常重要，此患者肌电图结果复合上述特点，因此MMN的可能性较大。需要鉴别的疾病主要包括运动神经元病（motor neuro disease，MND）、慢性炎性脱髓鞘性神经根神经病（chronic inflammatory demyelinating polyradiculoneuropathy，CIDP）及Lewis-Sumner综合征。因为MMN是一种可治性疾病，此患者最住院，行腰穿查脑脊液蛋白等，进一步明确诊断及鉴别诊断，并给予相应的治疗。

入院诊断：

周围神经病

　　多灶性运动神经病可能

入院后辅助检查：

腰穿：脑脊液（CSF）压力180mmH_2O，无色透明，常规生化正常。血寡克隆区带阳性，CSF寡克隆区带阴性。CSF的IgG鞘内合成率为61.5mg/24h（＜7mg/24h），IgG指数为1.65（＜0.7）。

再次查房：

①病史及各项的实验室检查排除了糖尿病性、感染性、中毒性、药物性、营养缺乏性和副肿瘤性周围神经病，自身免疫疾病及副球蛋白血症伴发周围神经病的可能。②MND：病情进展较快，早期可表现为一侧上肢的肌无力和肌萎缩，随病情进展可出现上运动神经元体征及球部肌肉受累的表现，MCV多数正常或轻度减慢，不会出现传导阻滞。此患者病程为2年多，症状主要在右上肢远端，MND的可能性不大。③此患者的病情逐渐加重，病程中无缓解复发，临床表现左右不对称，无感觉障碍，脑脊液蛋白正常，无蛋白-细胞分离现象，不支持CIDP的诊断。④Lewis-Sumner综合征：也有人认为它是CIDP的一种变异性。与MMN相比，Lewis-Sumner综合征常有显著的感觉受累，部分患者有神经病理性疼痛。此患者无感觉症状和体征，尽管SCV个别神经有轻度减慢，感觉点位波幅低，还应该诊断为MMN。应该注意的是，MMN、Lewis-Sumner综合征和CIDP之间在临床表现上可以有过渡或重叠。⑤MMN的治疗：目前研究认为大剂量免疫球蛋白是首选治疗，皮质类固醇和血浆交换无效，也可用环磷酰胺治疗。

最终诊断：

多灶性运动神经病

参 考 文 献

柏树令，2010. 系统解剖学[M]. 北京：人民卫生出版社：295-469.

包新民，舒斯云，1991. 大鼠的脑立体定位图谱[M]. 北京：人民卫生出版社：1-137.

韩济生，1997. 神经科学原理[M]. 北京：北京医科大学出版社：7-92.

康华生，2003. 膜片钳技术及其应用[M]. 北京：科学出版社：71-82.

李淮玉，孙中武，2017. 神经系统疑难病例解析[M]. 安徽：安徽科学技术出版社：1-290.

李云庆，2003. GFP 基因重组病毒在神经解剖研究中的应用[J]. 医学争鸣，33（7）：305-311.

洛树东，高振平，2011. 医用局部解剖学[M]. 北京：人民卫生出版社：281-283.

迈克尔·E·马凳，2012. 断层解剖学[M]. 刘树伟，译. 天津：天津科技翻译出版公司：307-424.

张宝中，2014. 神经系统解剖英语[M]. 北京：人民军医出版社：3-261.

朱长庚，2002. 神经解剖学[M]. 北京：人民卫生出版社：3-128.

Araki K，Araki M，Yamamura K，1997. Targeted integration of DNA using mutant lox sites in embryonic stem cells[J]. Nucleic Acids Res，25（4）：868-872.

Becker JT，Morris RG，1999. Working memorys[J]. Brain Cogn，41（1）：1-8.

Cohen MS，SY Bookheimer，1994. Localization of brain function using magnetic resonance imaging[J]. Trends Neurosci，17（3）：268-277.

Cui Z，Wang H，Tan Y，et al，2004. Inducible and Reversible NR1 knockout reveals crucial role of the NMDA receptor in preserving remote memories in the brain[J]. Neuron，41（5）：781-793.

Ericson H，Blomqvist A，1988. Tracing of neuronal connections with cholera toxin subunit B：Light and Electron microscopic immunohistochemistry using monoclonal antibodies[J]. Neurosci Methods，24（3）：225-235.

Fay RA，Norgren R，1997. Identification of rat brainstem multisynaptic connections to the oral motor nuclei using pseudorabies virus[J]. Brain Res Rev，25（3）：255-275.

Fernando L. Arbona，Babak Khabiri，John A. Norton，2014. 超声引导下区域麻醉—周围神经组织及置管实用操作[M]. 陈晔明，译. 北京：北京大学出版社：31-122.

Helmchen F，Denk W，2005. Deep tissue two-photon microscopy[J]. Nat Methods，2（12）：932-940.

Jacques E. Chelly，2014. 周围神经阻滞彩色图谱[M]. 夏燕飞，译. 北京：人民军医出版社：20-163.

Niell CM，Smith SJ，2004. Live optical imaging of nervous system development[J]. Annu Rev Physiol，66（66）：771-798.

Prinz AA，Abbott LF，Marder E，2004. The dynamic clamp comes of age[J]. Trends Neurosci，27（4）：218-224.

Ungerstedt U，Rostami E，2004. Microdialysis in neurointensive care[J]. Curr Pharm Des，10（18）：2145-2152.

Walsh RN Cummins RA，1976. The open field test：a critical review[J]. Psychol Bull，83（3）：482-504.

Wong PC，Cai H，Borchelt DR，el at，2002. Genetically engineered mouse models of neurodenerative diseases[J]. Nat neurosci，5（7）：633-639.